数据结构与数据库技术

孙志锋　徐镜春　厉小润　编著

浙江大学出版社

内 容 简 介

　　本书主要内容包括两大部分:第一部分为数据结构,包括线性表、栈和队、串、数组、树、图等,以及排序和查找等操作;第二部分为数据库技术,包括数据库概论、数据库技术基础、关系数据库基本理论、数据库设计、关系数据库标准语言 SQL 等。

　　本书适合非计算机专业的本、专科教材,也可供自学计算机基础知识的读者参考。

图书在版编目(CIP)数据

　　数据结构与数据库技术 / 孙志锋编著. —杭州:浙江大学出版社,2004.8(2021.7 重印)
　　新世纪高等院校精品教材
　　ISBN 978-7-308-03800-9

　　Ⅰ.数... Ⅱ.孙... Ⅲ.①数据结构－高等学校－教材②数据库系统－高等学校－教材 Ⅳ.TP311.1

　　中国版本图书馆 CIP 数据核字(2004)第 073333 号

数据结构与数据库技术

孙志锋　徐镜春　厉小润　编著

责任编辑	杜希武
出版发行	浙江大学出版社
	(杭州市天目山路 148 号　邮政编码 310007)
	(网址:http://www.zjupress.com)
排　版	浙江时代出版服务有限公司
印　刷	广东虎彩云印刷有限公司绍兴分公司
开　本	787mm×1092mm　1/16
印　张	20
字　数	512 千字
版 印 次	2004 年 8 月第 1 版　2021 年 7 月第 10 次印刷
书　号	ISBN 978-7-308-03800-3
定　价	50.00 元

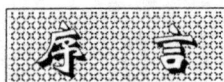

　　数据结构和数据库技术是计算机程序设计的重要理论技术基础,它不仅是高等学校计算机科学与技术类专业学生必修的两门专业基础课程,而且已成为其他理工专业的热门选修课。目前,有关数据结构和数据库技术的书籍很多。随着课程建设的改革、课时的缩减,如何能使学生在有限的课时里更好地掌握这两门课程,并能在实际的软件开发过程中自觉地应用,一直是摆在广大教师面前的课题。

　　本书的作者长期从事计算机软件技术基础的教学工作,他们根据教学大纲的要求,结合目前的教学实际情况,认真编写了《数据结构与数据库技术》这本教材。我通读了全书,发现本书有许多独到之处,概括起来有以下几个方面:

　　1.本书在介绍数据结构的基本运算时,不是仅仅局限于算法思想,而是着眼于程序的实现过程。书中给出的用C++语言编制的各种数据结构算法源程序都真正上机调试通过,便于读者更深刻地领会数据结构的内涵,弥补了其他有关数据结构书籍的不足。

　　2.作者在介绍数据库技术的基本原理和方法的时候,以一个实际的研究课题为主线,深入浅出地讨论了数据库的应用技术,这样有助于学生从实践的角度来深入理解数据库的原理,这种写法在同类教科书中是比较少见的。

　　3.本书首先详细讲述数据结构的相关知识,而在介绍数据库设计的时候,又把软件工程的方法贯穿于其中,对于非计算机专业的计算机软件基础课程而言,这样的内容安排是非常适合的。

　　4.全书对概念、原理的阐述不仅非常准确、精炼,而且通俗易懂。

　　我认为,本书对从事计算机软件教学和开发的人员来说是一部不可多得的好书。能够为本书作序我感到非常荣幸。希望本书能够成为广大读者的良师益友。

浙江大学计算机学院　教授、博士生导师

浙江大学计算机学院　副院长

浙江大学软件学院　常务副院长

2004 年 8 月 8 日于浙大求是园

前　言

随着个人计算机和 Internet 的迅猛发展,以计算机科学技术为核心的信息技术正在深刻地改变着人们的工作方式、生活方式和思维方式。有人预计 21 世纪的计算机软件业将成为全球高科技产业发展的最主要的推动力。因此,作为软件设计技术的理论基础,"数据结构与数据库技术"不仅仅是计算机科学技术学科的核心课程,也是所有应用计算机的其它理工学科需要掌握的课程。

通过对本课程的学习,使学生掌握各种数据结构的基本原理和算法,提高对复杂程序的设计技能,培养良好的程序设计习惯;使学生掌握数据库系统的理论基础、结构化查询语言 SQL及数据库系统的开发技术。

本书是为浙江大学电气工程学院"数据结构与数据库技术"课程编写的教材。在内容表达上,既注重原理又重视实践,并配有大量解释详尽的例题。数据结构部分每章的算法都在 Visual C++ 6.0 上调试通过,有助于读者对课本内容的正确理解和上机实验。本书语言流畅,通俗易懂,内容循序渐进,可以作为高等院校非计算机专业本科生、专科生及成人教育或高等职业专科院校的教材,也可供广大从事计算机软件与应用工作的科技人员及自学考试者参考。

本书的数据结构部分由孙志锋编写,数据库技术部分由厉小润编写,徐镜春对全书的算法进行了上机调试,并对全书的内容进行了仔细的校核,最后由孙志锋对全书进行了统稿。

本书的出版得到了浙江大学各有关部门的领导的大力支持,并受到许多同行专家的指点,在此一并表示衷心感谢。

由于作者水平有限,书中难免有一些不妥之处,恳请读者批评指正。

作　者

2004 年 6 月于浙大求是园

第一部分 数据结构

第二部分　数据库技术

第一部分

数据结构

第1章

绪　论

计算机科学是一门研究数据表示和数据处理的科学。数据是信息在计算机中的表示形式,它是计算机可以直接处理的最基本和最重要的对象。无论是进行科学计算或数据处理、过程控制,还是对文件的存储和检索等,都是对数据进行加工处理的过程。因此,要设计出一个结构好效率高的数据加工处理程序,必须研究数据的组织特性、数据间的相互关系及其对应的存储表示,并利用这些特性和关系设计出相应的算法和程序。数据结构这门学科就是研究这些问题的。

1.1　数据结构的概念

数据结构是计算机科学与技术专业的专业基础课,是十分重要的核心课程。所有的计算机系统软件和应用软件都要用到各种类型的数据结构。因此,要想更好地运用计算机来解决实际问题,仅掌握几种计算机程序设计语言是难以应付众多复杂的课题的。要想有效地使用计算机,充分发挥计算机的性能,还必须学习和掌握好数据结构的有关知识。打好"数据结构"这门课程的扎实基础,对于学习计算机专业的其他课程,如操作系统、编译原理、数据库管理系统、软件工程、人工智能等都是十分有益的。

1.1.1　为什么要学习数据结构

在计算机发展的初期,人们使用计算机的目的主要是处理数值计算问题。当我们使用计算机来解决一个具体问题时,一般需要经过下列几个步骤:首先要从该具体问题抽象出一个适当的数学模型,然后设计或选择一个解此数学模型的算法,最后编出程序进行调试、测试,直至得到最终的解答。例如,求解梁架结构中应力的数学模型的线性方程组,该方程组可以使用迭代算法来求解。

由于当时所涉及的运算对象是简单的整型、实型或布尔类型数据,所以程序设计者的主要精力是集中于程序设计的技巧上,而无须重视数据结构。随着计算机应用领域的扩大和软、硬件的发展,非数值计算问题越来越显得重要。据统计,当今处理非数值计算性问题占用了90%以上的机器时间。这类问题涉及到的数据结构更为复杂,数据元素之间的相互关系一般无法用数学方程式加以描述。因此,解决这类问题的关键不再是数学分析和计算方法,而是要设计出合适的数据结构,才能有效地解决问题。下面所列举的就是属于这一类的具体问题。

【例1】 学生信息检索系统。当我们需要查找某个学生有关情况的时候,或者想查询某个专业或年级的学生有关情况的时候,只要我们建立了相关的数据结构,按照某种算法编写了相关程序,就可以实现计算机自动检索。由此,可以在学生信息检索系统中建立一张按学号顺序排列的学生信息表和分别按姓名、专业、年级顺序排列的索引表,如图1.1所示。这四张表便是学生信息检索的数学模型,计算机的主要操作便是按照某个特定要求(如给定姓名)对学生信息表进行查询。

诸如此类的还有电话自动查号系统、考试查分系统、仓库库存管理系统等。在这类文档管理的数学模型中,计算机处理的对象之间通常存在着的是一种简单的线性次序关系,这类数学模型可称为线性数据结构。

学　号	姓　名	性别	专　　业	年　级
980001	吴承志	男	计算机科学与技术	1998 级
980002	李淑芳	女	信息与计算科学	1998 级
990301	刘　丽	女	数学与应用数学	1999 级
990302	张会友	男	信息与计算科学	1999 级
990303	石宝国	男	计算机科学与技术	1999 级
000801	何文颖	女	计算机科学与技术	2000 级
000802	赵胜利	男	数学与应用数学	2000 级
000803	崔文靖	男	信息与计算科学	2000 级
010601	刘　丽	女	计算机科学与技术	2001 级
010602	魏永鸣	男	数学与应用数学	2001 级

(a)学生信息表

崔文靖	8
何文颖	6
李淑芳	2
刘　丽	3,9
石宝国	5
魏永鸣	10
吴承志	1
赵胜利	7
张会有	4

(b)姓名索引表

计算机科学与技术	1,5,6,9
信息与计算科学	2,4,8
数学与应用数学	3,7,10

(c)专业索引表

2000 级	6,7,8
2001 级	9,10
1998 级	1,2,3
1999 级	4,5

(d)年级索引表

图1.1　学生信息查询系统中的数据结构

【例2】 教学计划编排问题。一个教学计划包含许多课程,在教学计划包含的许多课程之间,有些必须按规定的先后次序进行排列,有些则没有次序要求。即有些课程之间有先修和后续的关系,有些课程可以任意安排次序。这种各个课程之间的次序关系可用一个称作图的数据结构来表示,如图 1.2 所示。有向图中的每个顶点表示一门课程,如果从顶点 v_i 到 v_j 之间存在有向边 $<v_i,v_j>$,则表示课程 i 必须先于课程 j 进行。

课程编号	课程名称	先修课程
C_1	计算机导论	无
C_2	数据结构	C_1,C_4
C_3	汇编语言	C_1
C_4	C 程序设计语言	C_1
C_5	计算机图形学	C_2,C_3,C_4
C_6	接口技术	C_3
C_7	数据库原理	C_2,C_9
C_8	编译原理	C_4
C_9	操作系统	C_2

(a)计算机专业的课程设置

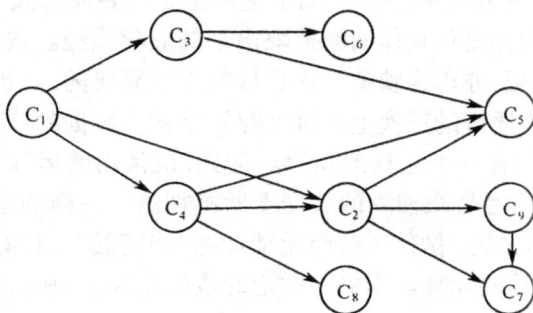

(b)表示课程之间优先关系的有向图

图 1.2 教学计划编排问题的数据结构

由以上两个例子可见,描述这类非数值计算问题的数学模型不再是数学方程,而是诸如表、图之类的数据结构。因此,可以说数据结构课程主要是研究非数值计算的程序设计问题中所出现的计算机操作对象以及它们之间的关系和操作的学科。

学习数据结构的目的是为了了解计算机处理对象的特性,将实际问题中所涉及的处理对象在计算机中表示出来并对它们进行处理。与此同时,通过算法训练来提高学生的思维能力,通过程序设计的技能训练来促进学生的综合应用能力和专业素质的提高。

1.1.2 有关概念和术语

在系统地学习数据结构知识之前,首先应对一些基本概念和术语赋予确切的含义。

数据(Data):是能够被计算机识别、存储和加工处理的信息的载体。它是计算机程序加工的原料。计算机科学中,所谓数据就是计算机加工处理的对象,它可以是数值数据,也可以是非数值数据。数值数据是一些整数、实数或复数,主要用于工程计算、科学计算和商务处理等;非数值数据包括字符、文字、图形、图像、语音等。

数据元素(Data Element):是数据的基本单位。在不同的情况下,数据元素又可称为元素、结点、顶点、记录等。例如,学生信息检索系统中学生信息表中的一个记录,教学计划编排问题中的一个顶点等,都被称为一个数据元素。

数据对象(Data Object)或**数据元素类**(Data Element Class)L 是具有相同性质的数据元素的集合。在某个具体问题中,数据元素都具有相同的性质(元素值不一定相等),属于同一数据对象(数据元素类),数据元素是数据元素类的一个实例。例如,在交通咨询系统的交通网中,所有的顶点是一个数据元素类,顶点 A 和顶点 B 各自代表一个城市,是该数据元素类中的两个实例,其数据元素的值分别为 A 和 B。

数据结构(Data Structure):指的是数据之间的相互关系,即数据的组织形式。虽然至今没有一个关于数据结构的标准定义,但它一般包括以下三方面的内容:

(1)数据元素之间的逻辑关系,也称为数据的逻辑结构(Logical Structure)。

(2)数据元素及其关系在计算机存储器内的表示,也称为数据的存储结构(Storage Structure)。

(3)数据的运算,即对数据施加的操作。

数据的逻辑结构是从逻辑关系上描述数据,它与数据的存储无关,是独立于计算机的。因此,数据的逻辑结构可以看作是从具体问题抽象出来的数学模型。数据的存储结构是逻辑结构在计算机存储器里的实现(亦称为映象),它是依赖于计算机的,对机器语言而言,存储结构是具体的,但我们只在高级语言的层次上来讨论存储结构。数据的运算是定义在数据的逻辑结构上的,每种逻辑结构都有一个运算的集合。例如,最常用的运算有:检索,插入,删除,更新,排序等。这些运算实际上是在抽象的数据上所施加的一系列抽象的操作,所谓抽象的操作,是指我们只知道这些操作是"做什么",而无须考虑"如何做"。只有确定了存储结构之后,我们才考虑如何具体实现这些运算。本书中讨论的数据运算,均在高级语言的层次上用相应的算法来实现。

在不会产生混淆的前提下,我们常将数据的逻辑结构简称为数据结构。

数据的逻辑结构有以下两大类:

1)线性结构

线性结构的逻辑特征:有且仅有一个开始结点和一个终端结点,并且所有结点都最多只有一个直接前趋和直接后继。

2)非线性结构

非线性结构的逻辑特征:一个结点可能有多个直接前趋和直接后继。

数据的存储结构可用以下四种基本的存储方法得到:

1)顺序存储方法:把逻辑上相邻的结点存储在物理位置上相邻的存储单元里,结点间的逻辑关系由存储单元的邻接关系来体现。

2)链接存储方法:该方法不要求逻辑上相邻的结点在物理位置上也相邻,结点间的逻辑关系由附加的指针字段表示。

3)索引存储方法:在存储结点信息的同时,还建立附加的索引表。

4)散列存储方法:根据结点的关键字直接计算出该结点的存储地址。

同一逻辑结构可有不同的存储结构;同理在给定了数据的逻辑结构和存储结构之后,按定义的运算集合及其运算的性质不同,也可能导致完全不同的数据结构。例如,线性表是一种逻辑结构,若采用顺序方法的存储表示,则为顺序表;若采用链接方法的存储表示,则为链表;若采用散列方法的存储表示,则为散列表;若对线性表上的插入、删除运算限制在表的一端进行,则为栈;若对插入限制在表的一端进行,而删除限制在表的另一端进行,则为队列。

综上所述,我们可以将**数据结构**定义为:按某种数据关系组织起来的一批数据,应用计算机语言,可按一定的存储表示方式把它们存储在计算机的存储器中,并在该数据中定义了一个运算的集合。

上述这些基本概念的相互关系归纳如下:

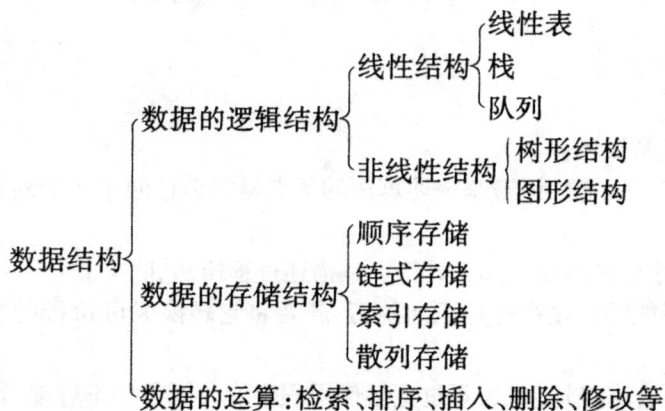

```
                                         ┌ 线性表
                        ┌ 线性结构 ┤ 栈
                        │                └ 队列
            ┌ 数据的逻辑结构 ┤
            │           │                ┌ 树形结构
            │           └ 非线性结构 ┤ 图形结构
            │                          └
            │                ┌ 顺序存储
数据结构 ┤  数据的存储结构 ┤ 链式存储
            │                │ 索引存储
            │                └ 散列存储
            │
            └ 数据的运算:检索、排序、插入、删除、修改等
```

1.2　算法和算法分析

算法与数据结构的关系紧密,在算法设计时,先要确定相应的数据结构,而在讨论某一种数据结构时,也必然会涉及实现一定功能的算法。下面就从算法特性、算法描述、算法性能分析与度量等三个方面对算法进行介绍。

1.2.1　算法特性

算法(Algorithm)是对特定问题求解步骤的一种描述,是指令的有限序列。其中每一条指令表示一个或多个操作。一个算法应该具有下列特性:

(1)有穷性:一个算法必须在有穷步之后结束,即必须在有限时间内完成。

(2)确定性:算法的每一步必须有确切的定义,无二义性。

(3)可行性:算法中的每一步都可以通过已经实现的基本运算的有限次执行得以实现。

(4)输入性:一个算法具有零个或多个输入,这些输入取自特定的数据对象集合。

(5)输出性:一个算法具有一个或多个输出,这些输出同输入之间存在某种特定的关系。

算法的含义与程序十分相似,但又有区别。一个程序不一定满足有穷性。例如操作系统,只要整个系统不遭破坏,它将永远不会停止,即使没有作业需要处理,它仍处于动态等待中。因此,操作系统不是一个算法。另一方面,程序中的指令必须是机器可执行的,而算法中的指令则无此限制。算法代表了对问题的求解方法和步骤,而程序则是算法在计算机上的特定的实现。一个算法若用程序设计语言来描述,则它就是一个程序。

算法与数据结构是相辅相成的。解决某一特定类型问题的算法可以选定不同的数据结构,而且选择恰当与否直接影响算法的效率;反之,一种数据结构的优劣由各种算法的执行效率来体现。

要设计一个好的算法通常要考虑以下的要求:

(1)正确:算法的执行结果应当满足预先规定的功能和性能要求。

(2)可读:一个算法应当思路清晰、层次分明、简单明了、易读易懂。

(3)健壮:当输入不合法数据时,应能作适当处理,不至引起严重后果。

(4)高效:有效使用存储空间和有较高的时间效率。

1.2.2 算法描述

算法可以使用各种不同的方法来描述。

最简单的方法是使用自然语言。用自然语言来描述算法的优点是简单且便于人们对算法的阅读。缺点是不够严谨。

可以使用程序流程图、N-S 图等算法描述工具。其特点是描述过程简洁、明了。

用以上两种方法描述的算法不能够直接在计算机上执行,若要将它转换成可执行的程序还有一个编程的问题。

可以直接使用某种程序设计语言来描述算法,不过直接使用程序设计语言并不容易,而且不太直观,常常需要借助于注释才能使人看明白。

为了解决理解与执行这两者之间的矛盾,人们常常使用一种称为伪码语言的描述方法来进行算法描述。伪码语言介于高级程序设计语言和自然语言之间,它忽略高级程序设计语言中一些严格的语法规则与描述细节,因此它比程序设计语言更容易描述和被人理解,而比自然语言更接近程序设计语言。它虽然不能直接执行但很容易被转换成高级语言。

由于绝大部分读者都学过 C 语言,故本书的算法均用 C++ 来描述。

1.2.3 算法性能分析与度量

求解同一个问题,可以有许多不同的算法,那么如何来评价这些算法的好坏呢?

显然,选用的算法首先应该是"正确的"。此外,主要考虑如下三点:

(1)执行算法所耗费的时间;

(2)执行算法所耗费的存储空间,其中主要考虑辅助存储空间;

(3)算法应易于理解,易于编码,易于调试等等。

当然我们希望选用一个所占存储空间小、运行时间短、其他性能也好的算法。然而,实际上很难做到十全十美。原因是上述要求有时相互抵触。要节约算法的执行时间往往要以牺牲更多的空间为代价;而为了节省空间又可能要以更多的时间作代价。因此我们只能根据具体情况有所侧重。若该程序使用次数较少,则力求算法简明易懂,易于转换为上机的程序。对于反复多次使用的程序,应尽可能选用快速的算法。若待解决的问题数据量极大,机器的存储空间较小,则相应算法主要考虑如何节省空间。本书主要讨论算法的时间特性,偶尔也讨论空间特性。

我们可以从一个算法的时间复杂度与空间复杂度来评价算法的优劣。

1. 时间复杂度

一个算法所耗费的时间,应该是该算法中每条语句的执行时间之和,而每条语句的执行时间是该语句的执行次数(也称为频度(Frequency Count))与该语句一次执行所需时间的乘积。当我们将一个算法转换成程序并在计算机上执行时,其运行所需要的时间取决于下列因素:

(1)硬件的速度。例如使用奔Ⅲ机还是使用奔Ⅳ机。

(2)书写程序的语言。实现语言的级别越高,其执行效率就越低。

(3)编译程序所生成目标代码的质量。对于代码优化较好的编译程序其所生成的程序质量较高。

(4)问题的规模。例如,求 100 以内的素数与求 1000 以内的素数其执行时间必然是不同的。

显然,在各种因素都不能确定的情况下,很难比较出算法的执行时间。也就是说,用执行算法的绝对时间来衡量算法的效率是不合适的。因此我们假设每条语句的一次执行所需的时间均是单位时间,这样,一个算法的时间耗费就是该算法中所有语句的频度之和。于是,我们就可独立于机器的软、硬件系统来分析算法的时间耗费,这样一个特定算法的运行工作量的大小就只依赖于问题的规模(通常用正整数 n 表示),或者说它是问题规模的函数。

【例 3】 求两个 n 阶方阵的乘积 C=A×B, 其算法如下:

```
#define   n 自然数
MATRIXMLT(float A[ ][n],B[ ] [n],C [ ][n])
{int   i,j,k;
(1)        for ( i=0;i<n;i++)                          n+1
(2)          for (j=0;j<n;j++)                         n(n+1)
(3)            {C [i][j]=0 ;                            n²
(4)              for (k=0;k<n;k++)                      n²(n+1)
(5)              C [i][j]= C [i][j]+ A [i][k]*B [k][j] ; n³
              }
} /* MATRIXMLT */
```

其中右边列出的是各语句的频度。语句(1)的循环控制变量 i 要增加到 n,测试 $i \geqslant n$ 成立才会终止,故它的频度是 n+1,但是它的循环体却只能执行 n 次。语句(2)作为语句(1)循环体内的语句应该执行 n 次,但语句(2)本身要执行 n+1 次,所以语句(2)的频度是 n(n+1)。同理可得到语句(3),(4)和(5)的频度分别是 $n^2, n^2(n+1)$ 和 n^3。该算法中所有语句的频度之和(即算法的时间耗费)为

$$T(n) = 2n^3 + 3n^2 + 2n + 1$$

由此可知,算法 MATRIXMLT 的时间耗费 T(n)是矩阵阶数 n 的函数。

一般地,我们将算法所要求解问题的输入量(或初始数据量)称为问题的规模(Size,大小),并用一个整数表示。例如,矩阵乘积问题的规模是矩阵的阶数,而一个图论问题的规模则是图中的顶点数或边数。一个算法的时间复杂度(Time Complexity,也称时间复杂性)T(n)则是该算法的时间耗费,它是该算法所求解问题规模 n 的函数。许多时候要精确地计算 T(n)是困难的,我们引入渐近时间复杂度在数量上估计一个算法的执行时间,也能够达到分析算法的目的。当问题的规模 n 趋向无穷大时,我们把时间复杂度 T(n)的数量级(阶)称为算法的**渐近时间复杂度**。

例如,算法 MATRIXMLT 的时间复杂度 T(n),当 n 趋向无穷大时,显然有

$$\lim_{n \to \infty} T(n)/n^3 = \lim_{n \to \infty} (2n^3 + 3n^2 + 2n + 1) / n^3 = 2$$

这表明,当 n 充分大时,T(n)和 n^3 之比是一个不等于零的常数,即 T(n)和 n^3 是同阶的,

或说 $T(n)$ 和 n^3 的数量级相同,可记作 $T(n) = O(n^3)$。我们称 $T(n) = O(n^3)$ 是算法 MA-TRIXMLT 的渐近时间复杂度。其中记号"O"是数学符号,其严格的数学定义是:

定义(大 O 记号):如果存在三个正常数 c_1, c_2 和 n_0,使得对所有的 $n \geqslant n_0$,有:

$$c_1 g(n) \leqslant f(n) \leqslant c_2 g(n)$$

则有:

$$f(n) = O(g(n))$$

在算法分析时,往往对算法的时间复杂度和渐近时间复杂度不予区分,而经常是将渐近时间复杂度 $T(n) = O(f(n))$ 简称为时间复杂度,其中的 $f(n)$ 一般是算法中频度最大的语句频度。

时间复杂度相应的数量级(阶)按递增排列有:

常数阶 $O(1)$

对数阶 $O(\log_2 n)$

线性阶 $O(n)$

线性对数阶 $O(n\log_2 n)$

平方阶 $O(n^2)$

立方阶 $O(n^3)$

……

k 次方阶 $O(n^k)$

指数阶 $O(2^n)$

【例 4】分析以下程序段的时间复杂度。

```
i=1;                          (1)
while (i<=n) i=i*2;           (2)
```

其中语句(1) 的频度是 1,设语句(2) 的频度是 $f(n)$,则有:

$$2^{f(n)-1} \leqslant n$$

即 $f(n) \leqslant \log_2 n + 1$,取最大值 $f(n) = \log_2 n + 1$

则该程序段的时间复杂度为

$$T(n) = 1 + f(n) = 1 + 1 + \log_2 n = O(\log_2 n)$$

2. 空间复杂度

一个程序的**空间复杂度**(Space complexity)是指程序运行从开始到结束所需的最大存储量。

程序的一次运行是针对所求解的问题的某一特定实例而言的。例如,求解排序问题的排序算法的每次执行是对一组特定个数的元素进行排序。对该组元素的排序是排序问题的一个实例。元素个数可视为该实例的特征。

程序运行所需的存储空间包括以下两部分:

(1)固定部分。这部分空间与所处理数据的大小和个数无关,或者称与问题的实例的特征无关。主要包括程序代码、常量、简单变量、定长成分的结构变量所占的空间。

(2)可变部分。这部分空间大小与算法在某次执行中处理的特定数据的大小和规模有关。例如 100 个数据元素的排序算法与 1000 个数据元素的排序算法所需的存储空间显然是不同的。

习　题

一、简答题

1. 简述下列术语：

数据、数据元素、数据对象、数据结构、逻辑结构、存储结构、时间复杂度、渐近时间复杂度。

2. 试举一个数据结构的例子，并叙述其逻辑结构、存储结构、运算三方面的内容。

3. 何谓算法？试叙述算法的特性及算法必须满足的条件。

二、写出下面程序段的时间复杂度

1. i＝1;k＝0;
```
while(i＜n)
    {k＝k＋10＊i;i＋＋;
    }
```

2. i＝0;j＝0;
```
while(i＋j＜＝n)
    {if(i＞j)j＋＋;
    else i＋＋;}
```

3. x＝n;　/＊n＞1＊/
```
while (x＞＝(y＋1)＊(y＋1)) y＋＋;
```

4. x＝99;y＝100;
```
while(y＞0)
    if (x＞100){x＝x－10;y－－;}
    else x＋＋;
```

第 2 章

线性表

线性表是最简单、最基本、也是最常用的一种线性结构。它有两种存储方法:顺序存储和链式存储,它的主要基本操作是插入、删除和检索等。

2.1 线性表的逻辑结构

2.1.1 线性表的定义

线性表是一种线性结构。线性结构的特点是数据元素之间是一种线性关系,即数据元素"一个接一个的排列"。在一个线性表中数据元素的类型是相同的,或者说线性表是由同一类型的数据元素构成的线性结构。在实际问题中线性表的例子是很多的,如学生情况信息表是一个线性表,表中数据元素的类型为学生类型;一个字符串也是一个线性表,表中数据元素的类型为字符型,等等。

综上所述,线性表定义如下:

线性表是具有相同数据类型的 n (n≥0)个数据元素的有限序列,通常记为:

$$(a_1, a_2, \cdots, a_{i-1}, a_i, a_{i+1}, \cdots, a_n)$$

其中 n 为表长, n=0 时称为空表。

表中相邻元素之间存在着顺序关系。将 a_{i-1} 称为 a_i 的直接前趋, a_{i+1} 称为 a_i 的直接后继。就是说:对于 a_i,当 i=2,…,n 时,有且仅有一个直接前趋 a_{i-1};当 i=1,2,…,n-1 时,有且仅有一个直接后继 a_{i+1};而 a_1 是表中第一个元素,它没有前趋; a_n 是最后一个元素,它没有后继。

2.1.2 线性表的基本操作

在第一章中提到,数据结构的运算是定义在逻辑结构层次上的,而运算的具体实现是建立在存储结构上的。

线性表上的基本操作有:

(1) 线性表初始化:Init_List(L)

初始条件:表 L 不存在

操作结果:构造一个空的线性表

(2) 求线性表的长度:Length_List(L)

初始条件:表 L 存在

操作结果:返回线性表中的所含元素的个数

(3) 取表元:Get_List(L,i)

初始条件:表 L 存在且 $1 \leqslant i \leqslant$ Length_List(L)

操作结果:返回线性表 L 中的第 i 个元素的值或地址

(4) 按值查找:Locate_List(L,x),x 是给定的一个数据元素。

初始条件:线性表 L 存在

操作结果:在表 L 中查找值为 x 的数据元素,其结果返回在 L 中首次出现的值为 x 的
那个元素的序号或地址,称为查找成功;否则,在 L 中未找到值为 x 的数
据元素,返回一特殊值表示查找失败。

(5) 插入操作:Insert_List(L,i,x)

初始条件:线性表 L 存在,插入位置正确 ($1 \leqslant i \leqslant n+1$,n 为插入前的表长)。

操作结果:在线性表 L 的第 i 个位置上插入一个值为 x 的新元素,这样使原序号为 i,
i+1,…,n 的数据元素的序号变为 i+1,i+2,…,n+1,插入后表长＝原
表长＋1。

(6) 删除操作:Delete_List(L,i)

初始条件:线性表 L 存在,$1 \leqslant i \leqslant n$。

操作结果:在线性表 L 中删除序号为 i 的数据元素,删除后使序号为 i+1, i+2,…, n
的元素变为序号为 i, i+1,…,n−1,新表长＝原表长−1。

需要说明的是:

(1) 某数据结构上的基本运算,不是它的全部运算,而是一些常用的基本的运算,而每一
个基本运算在实现时也可能根据不同的存储结构派生出一系列相关的运算来。比如线性表的
查找在链式存储结构中还会有按序号查找;再如插入运算,也可能是将新元素 x 插入到适当
位置上等等,不可能也没有必要全部定义出它的运算集,读者掌握了某一数据结构上的基本运
算后,其他的运算可以通过基本运算来实现,也可以直接去实现。

(2) 在上面各操作中定义的线性表 L 仅仅是一个抽象在逻辑结构层次的线性表,尚未涉
及到它的存储结构,因此每个操作在逻辑结构层次上尚不能用具体的某种程序语言写出具体
的算法,而算法的实现只有在存储结构确立之后。下面两节就是讨论在特定存储结构下算法
的实现。

2.2　线性表的顺序存储及运算实现

2.2.1　顺序表

线性表的顺序存储是指在内存中用地址连续的一块存储空间顺序存放线性表的各元素,
用这种存储形式存储的线性表称其为顺序表。因为内存中的地址空间是线性的,因此,用物理

上的相邻表示数据元素之间的逻辑相邻关系是既简单又自然的。如图 2.1 所示。设 a_1 的存储地址为 $Loc(a_1)$，每个数据元素占 d 个存储地址，则第 i 个数据元素的地址为：

$$Loc(a_i) = Loc(a_1) + (i-1) * d \qquad 1 \leqslant i \leqslant n$$

这就是说只要知道顺序表首地址和每个数据元素所占地址单元的个数就可求出第 i 个数据元素的地址来，这也是顺序表具有按数据元素的序号随机存取的特点。

　　在程序设计语言中，一维数组在内存中占用的存储空间就是一组连续的存储区域，因此，用一维数组来表示顺序表的数据存储区域是再合适不过的。考虑到线性表的运算有插入、删除等运算，即表长是可变的，因此，数组的容量需设计得足够大。假设用 data[MAXSIZE] 来表示，其中 MAXSIZE 是一个根据实际问题定义的足够大的整数，线性表中的数据从 data[0] 开始依次顺序存放。由于当前线性表中的实际元素个数可能未达到 MAXSIZE 多个，因此需用一个变量 last 记录当前线性表中最后一个元素在数组中的位置，即 last 起一个指针的作用，始终指向线性表中最后一个元素。表空时 last = -1。这种存储思想的具体描述可以是多样的。如可以是：

　　　　　　　　datatype data[MAXSIZE];

　　　　　　　　int last;

　　这样表示的顺序表如图 2.1 所示。表长为 last + 1，数据元素分别存放在 data[0] 到 data[last] 中。这样使用简单方便，但有时不便管理。

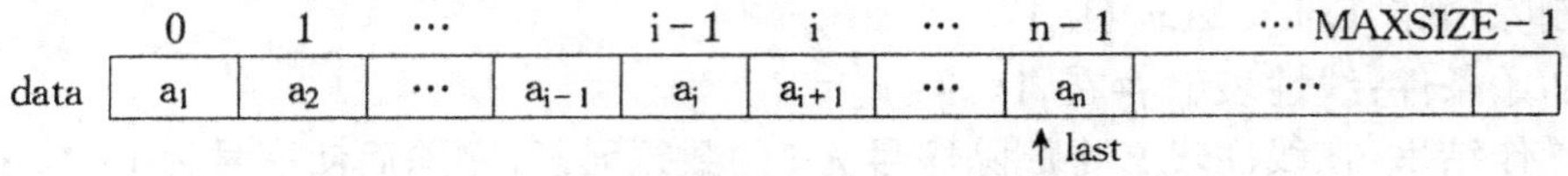

图 2.1　线性表的顺序存储示意图

　　从结构性上考虑，通常将 data 和 last 封装成一个结构作为顺序表的类型：

typedef struct
　　　　｛ datatype data[MAXSIZE];
　　　　　int last;
　　　　｝ SeqList;

　　定义一个顺序表：SeqList L ;

　　这样表示的线性表如图 2.2(a) 所示。表长 = L.last + 1，线性表中的数据元素 a_1 至 a_n 分别存放在 L.data[0] 至 L.data[L.last] 中。

　　由于我们后面的算法用 C 语言描述，根据 C 语言中的一些规则，有时定义一个指向 SeqList 类型的指针更为方便：

　　　　　　　　SeqList * L ;

　　L 是一个指针变量，线性表的存储空间通过 L = (SeqList *)malloc(sizeof(SeqList)) 操作来获得。

　　L 中存放的是顺序表的地址，这样表示的线性表如图 2.2(b) 所示。表长表示为 (* L).last + 1 或 L→last + 1，线性表的存储区域为 L→data，线性表中数据元素的存储空间为：

　　　　　　　　L→data[0] ～ L→data[L→last]。

　　在以后的算法中多用这种方法表示，读者在读算法时注意相关数据结构的类型说明。

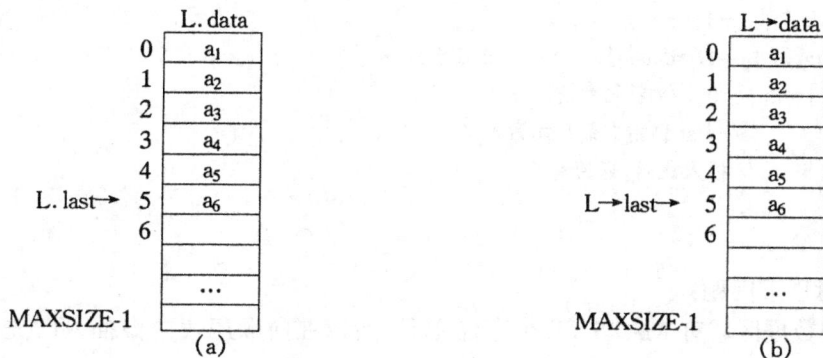

图 2.2　线性表的顺序存储示意图

2.2.2　顺序表上基本运算的实现

1. 顺序表的初始化

顺序表的初始化即构造一个空表,这对表是一个加工型的运算,因此,将 L 设为指针参数,首先动态分配存储空间,然后,将表中 last 指针置为 - 1,表示表中没有数据元素。

初始化算法 2.1:

```
SeqList * Init_SeqList( )
{ SeqList * L;
  L = (SeqList * )malloc(sizeof(SeqList));
  L→last = -1; return L;
}
```

2. 插入运算

线性表的插入是指在表的第 i 个位置上插入一个值为 x 的新元素,插入后使原表长为 n 的表:

$$(a_1, a_2, \cdots, a_{i-1}, a_i, a_{i+1}, \cdots, a_n)$$

成为表长为 n + 1 的表:

$$(a_1, a_2, \cdots, a_{i-1}, x, a_i, a_{i+1}, \cdots, a_n)。$$

i 的取值范围为 $1 \leqslant i \leqslant n+1$。插入运算的示意图如图 2.3 所示。

顺序表上完成这一运算则通过以下步骤进行:

(1) 将 $a_i \sim a_n$ 顺序向下移动(移动次序是从 a_n 到 a_i),为新元素让出位置;

(2) 将 x 置入空出的第 i 个位置;

(3) 修改 last 指针(相当于修改表长),使之仍指向最后一个元素。

插入元素算法 2.2:

```
int Insert_SeqList(SeqList * L, int i, datatype x)
{ int j;
  if (L→last == MAXSIZE - 1)
      { printf("表满"); return(-1); }   /* 表空间已满,不能插入 * /
  if (i<1 || i>L→last+2)     /* 检查插入位置的正确性 * /
      { printf("位置错"); return(0); }
```

```
for(j=L→last;j>=i-1;j--)
        L→data[j+1]=L→data[j];    /* 结点移动 */
L→data[i-1]=x;        /* 新元素插入 */
L→last++;         /* last 仍指向最后元素 */
return (1);        /* 插入成功,返回 */
}
```

本算法中注意以下问题:

(1) 顺序表中数据区域有 MAXSIZE 个存储单元,所以在向顺序表中做插入时先检查表空间是否满了,在表满的情况下不能再做插入,否则产生溢出错误。

(2) 要检验插入位置的有效性,这里 i 的有效范围是:$1 \leqslant i \leqslant n+1$,其中 n 为原表长。

(3) 注意数据的移动次序和方向。

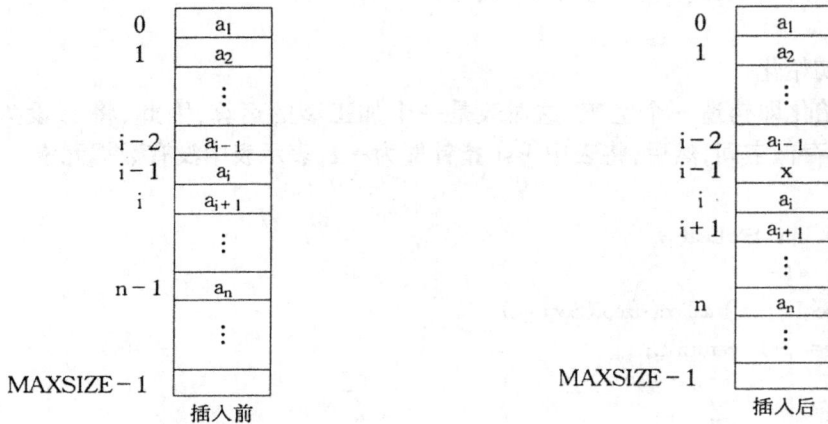

图 2.3 顺序表中的插入

插入算法的时间复杂度分析如下:

顺序表上的插入运算,时间主要消耗在数据的移动上,在第 i 个位置上插入 x,从 a_i 到 a_n 都要向下移动一个位置,共需要移动 $n-i+1$ 个元素,而 i 的取值范围为:$1 \leqslant i \leqslant n+1$,即有 $n+1$ 个位置可以插入。设在第 i 个位置上做插入的概率为 p_i,则平均移动数据元素的次数:

$$E_{in} = \sum_{i=1}^{n+1} p_i(n-i+1)$$

设:$p_i = 1/(n+1)$,即为等概率情况,则:

$$E_{in} = \sum_{i=1}^{n+1} p_i(n-i+1) = \frac{1}{n+1}\sum_{i=1}^{n+1}(n-i+1) = \frac{n}{2}$$

这说明:在顺序表上做插入操作需移动表中一半的数据元素。显然时间复杂度为 $O(n)$。

3. 删除运算

线性表的删除运算是指将表中第 i 个元素从线性表中去掉,删除后使原表长为 n 的线性表:

$$(a_1, a_2, \cdots, a_{i-1}, a_i, a_{i+1}, \cdots, a_n)$$

成为表长为 n－1 的线性表：

$$(a_1, a_2, \cdots, a_{i-1}, a_{i+1}, \cdots, a_n)$$

i 的取值范围为：$1 \leqslant i \leqslant n$。删除运算的示意图如图 2.4 所示。

顺序表上完成这一运算的步骤如下：

（1）将 $a_{i+1} \sim a_n$ 顺序向上移动，a_i 元素被 a_{i+1} 覆盖；

（2）修改 last 指针（相当于修改表长）使之仍指向最后一个元素。

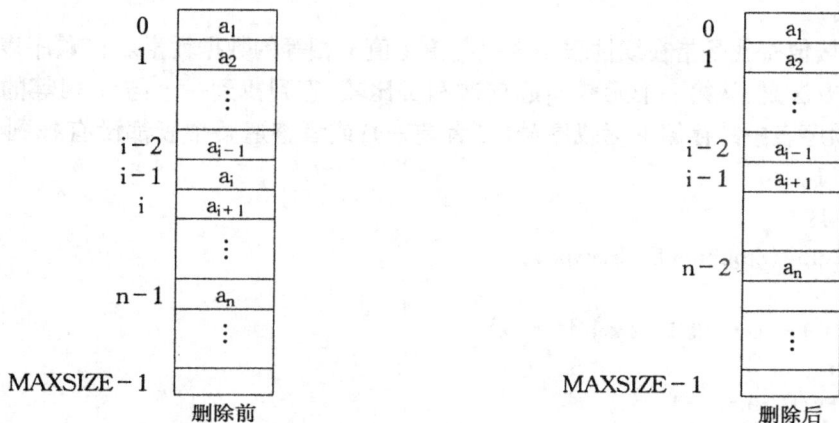

图 2.4　顺序表中的删除

删除元素算法 2.3：

```
int Delete_SeqList(SeqList * L, int i)
{ int j;
  if(i<1 || i>L→last+1)  /*检查空表及删除位置的合法性*/
          { printf("不存在第 i 个元素"); return(0); }
  for(j=i;j<=L→last;j++)
          L→data[j-1]=L→data[j]; /*向上移动*/
  L→last--;
  return(1);              /*删除成功*/
}
```

本算法注意以下问题：

（1）删除第 i 个元素，i 的取值为 $1 \leqslant i \leqslant n$，否则第 i 个元素不存在，因此，要检查删除位置的有效性。

（2）当表空时不能做删除，因表空时 L→last 的值为 －1，条件（i<1 || i>L→last+1）也包括了对表空的检查。

（3）删除 a_i 之后，该数据已不存在，如果需要，先取出 a_i，再做删除。

删除算法的时间复杂度分析如下：

与插入运算相同，其时间主要消耗在移动表中元素上，删除第 i 个元素时，其后面的元素 $a_{i+1} \sim a_n$ 都要向上移动一个位置，共移动了 n－i 个元素，所以平均移动数据元素的次数：

$$E_{de} = \sum_{i=1}^{n} p_i(n-i)$$

在等概率情况下，$p_i = 1/n$，则：

$$E_{de} = \sum_{i=1}^{n} p_i(n-i) = \frac{1}{n}\sum_{i=1}^{n+1}(n-i) = \frac{n-1}{2}$$

这说明顺序表上做删除运算时大约需要移动表中一半的元素，显然该算法的时间复杂度为 $O(n)$。

4. 按值查找

线性表中的按值查找是指在线性表中查找与给定值 x 相等的数据元素。在顺序表中完成该运算最简单的方法是：从第一个元素 a_1 起依次和 x 比较，直到找到一个与 x 相等的数据元素，则返回它在顺序表中的存储下标或序号（二者差一）；或者查遍整个表都没有找到与 x 相等的元素，返回 -1。

按值查找算法 2.4：

```
int Location_SeqList(SeqList * L, datatype x)
  {  int i = 0;
     while(i <= L→last && L→data[i]! = x)
       i + +;
     if (i > L→last) return -1;
     else     return i; /*返回的是存储位置 * /
  }
```

本算法的主要运算是比较。显然比较的次数与 x 在表中的位置有关，也与表长有关。当 $a_1 = x$ 时，比较一次成功。当 $a_n = x$ 时比较 n 次成功。查找成功的平均比较次数为 $(n+1)/2$，时间复杂度为 $O(n)$。

2.3　线性表的链式存储及运算实现

由于顺序表的存贮特点是用物理上的相邻实现了逻辑上的相邻，它要求用连续的存储单元顺序存储线性表中各元素，因此，对顺序表插入、删除时需要通过移动数据元素来实现，影响了运行效率。本节介绍线性表链式存储结构，它不需要用地址连续的存储单元来实现，因为它不要求逻辑上相邻的两个数据元素物理上也相邻，它是通过"链"建立起数据元素之间的逻辑关系，因此对线性表的插入、删除不需要移动数据元素，只需要修改"链"。

2.3.1　单链表

链表是通过一组任意的存储单元来存储线性表中的数据元素的，那么怎样表示出数据元素之间的线性关系呢？为建立起数据元素之间的线性关系，对每个数据元素 a_i，除了存放数据元素的自身的信息 a_i 之外，还需要存放其后继 a_{i+1} 所在的存贮单元的地址，这两部分信息组成一个"结点"，结点的结构如图 2.5 所示。存放数据元素信息的称为数据域，存放其后继元素地址的称为指针域。因此 n 个元素的线性表通过每个结点的指针域拉成了一个"链子"，称之为链表。因为每个结点中只有一个指向后继的指针，所以称其为单链表。

链表是由一个个结点构成的,结点类型定义如下:

```
typedef struct node
  {  datatype data;
     struct node * next;
  } LNode, * LinkList;
```

图 2.5　单链表结点结构

定义头指针变量:

LinkList H;

如图 2.6 是线性表 $(a_1,a_2,a_3,a_4,a_5,a_6,a_7,a_8)$ 对应的链式存储结构示意图。

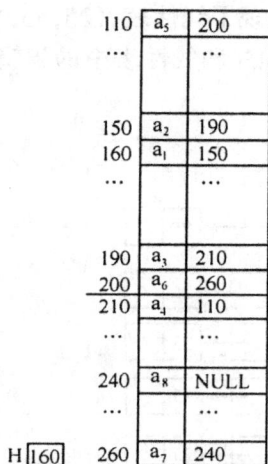

图 2.6　链式存储结构

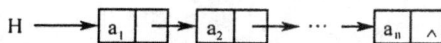

图 2.7 单链表示意图

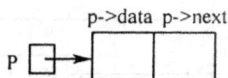

图 2.8 申请一个结点

当然必须将第一个结点的地址 160 放到一个指针变量如 H 中,最后一个结点没有后继,其指针域必须置空(NULL),表明此表到此结束,这样就可以从第一个结点的地址开始"顺藤摸瓜",找到每个结点。

作为线性表的一种存储结构,我们关心的是结点间的逻辑结构,而对每个结点的实际地址并不关心,所以通常的单链表用图 2.7 的形式而不用图 2.6 的形式表示。

通常我们用"头指针"来标识一个单链表,如单链表 L、单链表 H 等,是指某链表的第一个结点的地址放在了指针变量 L、H 中,头指针为"NULL"则表示一个空表。

需要进一步指出的是:上面定义的 LNode 是结点的类型,LinkList 是指向 LNode 类型结点的指针类型。为了增强程序的可读性,通常将标识一个链表的头指针说明为 LinkList 类型的变量,如:

LinkList L;

当 L 有定义时,值要么为 NULL(表示一个空表),要么为第一个结点的地址(即链表的头指针)。将操作中用到指向某结点的指针变量说明为 LNode * 类型,如:

LNode * p;

则语句:

p = (LNode *)malloc(sizeof(LNode));

完成了申请一块 LNode 类型的存储单元的操作,并将其地址赋值给变量 p,如图 2.8 所示。p

所指的结点为 $*$p，$*$p 的类型为 LNode 型，所以该结点的数据域为（$*$p）. data 或 p→data，指针域为（$*$p）. next 或 p→next。free(p)则表示释放 p 所指的结点。

2.3.2　单链表上基本运算的实现

1. 建立单链表

(1)在链表的头部插入结点建立单链表

链表与顺序表不同，它是一种动态管理的存储结构，链表中的每个结点占用的存储空间不是预先分配，而是运行时系统根据需求而生成的，因此建立单链表从空表开始，每读入一个数据元素则申请一个结点，然后插在链表的头部，如图 2.9 展现了线性表：(25,45,18,76,29)之链表的建立过程，因为是在链表的头部插入，读入数据的顺序和线性表中的逻辑顺序是相反的。

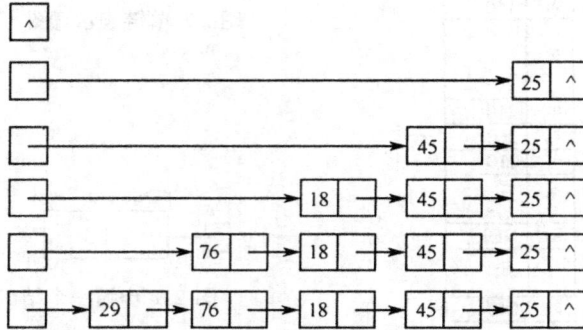

图 2.9　在头部插入建立单链表

头部插入结点建立单链表算法 2.5：

```
LinkList   Creat－LinkList1( )
{   LinkList L＝NULL; /* 空表 * /
    LNode  * s;
    int x;        /* 设数据元素的类型为 int * /
    scanf("%d",&x);
    while (x! ＝flag) /*  ＃define flag －1 * /
       { s＝ (LNode * )malloc(sizeof(LNode));
         s→data＝x;
         s→next＝L; L＝s;
         scanf ("%d",&x);
       }
    return L;
}
```

(2)在单链表的尾部插入结点建立单链表

头部插入建立单链表简单，但读入的数据元素的顺序与生成的链表中元素的顺序是相反的，若希望次序一致，则用尾部插入的方法。因为每次是将新结点插入到链表的尾部，所以需加入一个指针 r 用来始终指向链表中的尾结点,以便能够将新结点插入到链表的尾部,如图 2.10 展现了在链表的尾部插入结点建立链表的过程。

算法思路:

初始状态:头指针 H=NULL,尾指针 r=NULL;按线性表中元素的顺序依次读入数据元素,不是结束标志时,申请结点,将新结点插入到 r 所指结点的后面,然后 r 指向新结点(但第一个结点有所不同,读者注意下面算法中的有关部分)。

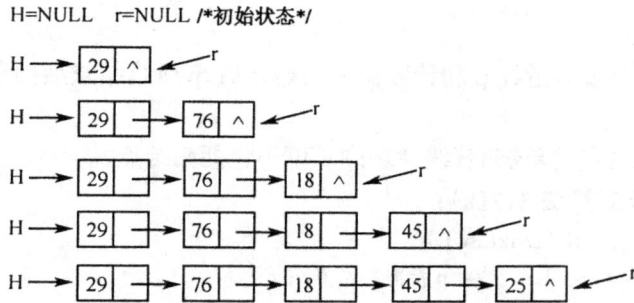

图 2.10　在尾部插入建立单链表

尾部插入结点建立单链表算法 2.6:

```
LinkList Creat_LinkList2( )
  { LinkList L=NULL;
    LNode   * s, * r=NULL;
    int x;        /* 设数据元素的类型为 int * /
    scanf("%d",&x);
    while (x! =flag)
      { s= (LNode * )malloc(sizeof(LNode)); s→data=x;
        if  (L= =NULL)  L=s;  /* 第一个结点的处理 * /
        else  r→next=s;      /* 其他结点的处理 * /
        r=s;        /* r 指向新的尾结点 * /
        scanf("%d",&x);
      }
    if (r! =NULL)  r→next=NULL; /* 对于非空表,最后结点的指针域放空指针 * /
    return L;
  }
```

在上面的算法中,第一个结点的处理和其他结点是不同的,原因是第一个结点加入时链表为空,它没有直接前驱结点,它的地址就是整个链表的指针,需要放在链表的头指针变量中;而其他结点有直接前驱结点,其地址放入直接前驱结点的指针域。"第一个结点"的问题在很多操作中都会遇到,如在链表中插入结点时,将结点插在第一个位置和其他位置是不同的,在链表中删除结点时,删除第一个结点和其他结点的处理也是不同的,等等。为了方便操作,有时在链表的头部加入一个"头结点",头结点的类型与普通结点一致,标识链表的头指针变量 L 中存放该结点的地址,这样即使是空表,头指针变量 L 也不为空了。头结点的加入使得"第一个结点"的问题不再存在,也使得"空表"和"非空表"的处理成为一致。

头结点的加入完全是为了运算的方便,它的数据域无定义,指针域中存放的是第一个数据结点的地址,空表时为空。

图2.11(a)、(b)分别是带头结点的单链表空表和非空表的示意图。

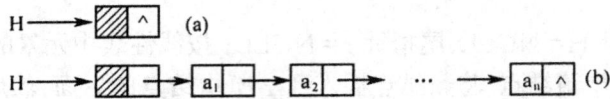

图2.11　带头结点的单链表

2. 求表长

算法思路:设一个移动指针 p 和计数器 j,初始化后,p 所指结点后面若还有结点,p 向后移动,计数器加1。

(1)设 L 是带头结点的单链表(线性表的长度不包括头结点)。

求带头结点单链表长度算法 2.7(a):

```
int Length_LinkList1 (LinkList L)
{ LNode  * p=L;   /* p指向头结点 */
  int  j=0;
  while (p→next)
   { p=p→next; j++; }    /* p所指的是第j个结点 */
  return j;
}
```

(2)设 L 是不带头结点的单链表。

求不带头结点单链表长度算法 2.7(b):

```
int  Length_LinkList2 (LinkList L)
{ LNode  * p=L;
  int  j;
  if (p= =NULL) return  0;   /* 空表的情况 */
  j=1; /* 在非空表的情况下,p所指的是第一个结点 */;
  while (p→next )
   { p=p→next; j++; }
  return  j;
}
```

从上面两个算法中看到,不带头结点的单链表空表情况要单独处理,而带上头结点之后则不用了。在以后的算法中不加说明则认为单链表是带头结点的。

算法 2.7(a)、(b)的时间复杂度均为 O(n)。

3. 查找

(1) 按序号查找 Get_Linklist(L,i)

算法思路:从链表的第一个元素结点起,判断当前结点是否是第 i 个,若是,则返回该结点的指针,否则继续后一个,至表结束为止。没有第 i 个结点时返回空。

按序号查找算法 2.8(a):

```
LNode  * Get_LinkList(LinkList  L, int  i)
/* 在带头结点的单链表 L 中查找第 i 个元素结点,找到返回其指针,否则返回空 */
{ LNode  * p=L;
```

```
        int  j=0;
        while (p→next！=NULL && j<i )
            | p=p→next;  j++; |
        if (j==i) return p;
        else return NULL;
    |
```

（2）按值查找即定位 Locate_LinkList(L,x)

算法思路：从链表的第一个元素结点起，判断当前结点其值是否等于 x，若是，返回该结点的指针，否则继续后一个，至表结束为止。找不到时返回空。

按值查找算法 2.8(b)：

```
LNode  * Locate_LinkList( LinkList  L, datatype  x)
    /* 在带头结点的单链表 L 中查找值为 x 的结点，找到后返回其指针，否则返回空 */
|   LNode  * p=L→next;
    while ( p！=NULL && p→data！=x)
        p=p→next;
    return p;
|
```

算法 2.8(a)、(b)的时间复杂度均为 O(n)。

4.插入

（1）后插结点：设 p 指向单链表中某结点，s 指向待插入的值为 x 的新结点，将 * s 插入到 * p 的后面，插入示意图如图 2.12。

操作如下：

　　① s→next＝p→next;

　　② p→next＝s;

注意：两个指针的操作顺序不能交换。

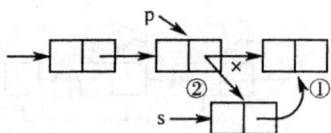

图 2.12　在 * p 之后插入 * s

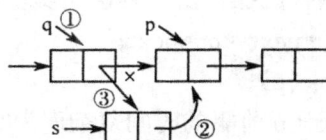

图 2.13　在 * p 之前插入 * s

（2）前插结点：设 p 指向链表中某结点，s 指向待插入的值为 x 的新结点，将 * s 插入到 * p 的前面，插入示意图如图 2.13，与后插不同的是：首先要找到 * p 的前驱 * q，然后再完成在 * q 之后插入 * s，设单链表头指针为 L，操作如下：

```
        q＝L;
    ① while (q→next！=p)
            q＝q→next;          /* 找 * p 的直接前驱 */
    ② s→next＝q→next;
    ③ q→next＝s;
```

后插操作的时间复杂度为 O(1)，前插操作因为要找 * p 的前驱，时间复杂度为 O(n)；其实我们关心的更是数据元素之间的逻辑关系，所以前插操作仍然可以将 * s 插入到 * p 的后面,然后将 p→data 与 s→data 交换即可,这样既满足了逻辑关系,也能使得时间复杂度为 O(1)。

(3)插入运算 Insert_LinkList(L,i,x)

算法思路:①寻找第 i-1 个结点,若存在继续 2,否则结束;

②申请、填装新结点;

③将新结点插入,结束。

单链表插入结点算法 2.9:

```
int   Insert_LinkList( LinkList L, int i, datatype x)
        /* 在带头结点的单链表 L 的第 i 个位置上插入值为 x 的元素 */
    { LNode * p, * s;
      p=Get_LinkList(L,i-1); /*查找第 i-1 个结点 */
      if (p= =NULL)
          { printf("参数 i 错");return 0; } /*第 i-1 个不存在不能插入 */
      else {
          s= (LNode * )malloc(sizeof(LNode)); /* 申请、填装结点 */
          s→data=x;
          s→next=p→next;       /* 新结点插入在第 i-1 个结点的后面 */
          p→next=s;
          return 1;
          }
    }
```

算法 2.9 的时间复杂度为 O(n)。

5. 删除

(1)删除结点:设 p 指向单链表中某结点,删除 * p。操作示意图如图 2.14 所示。通过示意图可见,要实现对结点 * p 的删除,首先要找到 * p 的前驱结点 * q,然后完成指针的操作即可。指针的操作由下列语句实现:

q→next=p→next;

free(p);

显然找 * p 前驱的时间复杂度为 O(n)。

若要删除 * p 的后继结点(假设存在),则可以直接完成:

s=p→next;

p→next=s→next;

free(s);

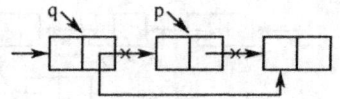
图 2.14　删除 * p

该操作的时间复杂度为 O(1)。

(2)删除运算:Del_LinkList(L,i)

算法思路:①查找到第 i-1 个结点,若存在继续 2,否则结束;

②若存在第 i 个结点则继续 3,否则结束;

③删除第 i 个结点,结束。

单链表删除结点算法 2.10:

```
int   Del_LinkList(LinkList  L,int  i)
      /* 删除带头结点的单链表 L 上的第 i 个数据结点 */
```

```
{  LinkList  p,s;
   p=Get_LinkList(L,i-1);  /* 查找第 i-1 个结点 */
   if (p= =NULL)
       { printf("第 i-1 个结点不存在");return -1; }
   else   if (p→next= =NULL)
       { printf("第 i 个结点不存在");return 0; }
   else
       { s=p→next;   /* s 指向第 i 个结点 */
         p→next=s→next;      /* 从链表中删除 */
         free(s);             /* 释放 *s */
         return 1;
       }
}
```

算法 2.10 的时间复杂度为 O(n)。

通过上面的基本操作我们得知:

(1) 在带头结点的单链表上插入、删除一个结点,必须知道其前驱结点。

(2) 单链表不具有按序号随机访问的特点,只能从头指针开始一个个顺序进行。

2.3.3 单循环链表

对于单链表而言,最后一个结点的指针域是空指针,如果将该链表头指针置入该指针域,则使得链表头尾结点相连,就构成了**单循环链表**,如图 2.15 所示。

在单循环链表上的操作基本上与非循环链表相同,只是判断链表尾结点的方法不同,将原来判断指针是否为 NULL 变为是否是头指针,没有其他较大的变化。

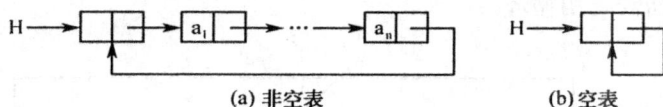

(a) 非空表   (b) 空表

图 2.15 带头结点的单循环链表

对于单链表只能从头结点开始遍历整个链表,而对于单循环链表则可以从表中任意结点开始遍历整个链表。不仅如此,有时对链表常做的操作是在表尾、表头进行,此时可以改变一下链表的标识方法,不用头指针而用一个指向尾结点的指针 R 来标识,可以使得操作效率得以提高。

例如对两个单循环链表 H1 、H2 的连接操作,是将 H2 的第一个数据结点接到 H1 的尾结点,如用头指针标识,则需要找到第一个链表的尾结点,其时间复杂度为 O(n),而链表若用尾指针 R1 、R2 来标识,则时间复杂度为 O(1)。操作如下:

```
p= R1 →next;   /* 保存 R1 的头结点指针 */
R1→next=R2→next→next;   /* 头尾连接 */
free(R2→next);   /* 释放第二个表的头结点 */
R2→next=p;   /* 组成循环链表 */
```

这一过程可见图 2.16。

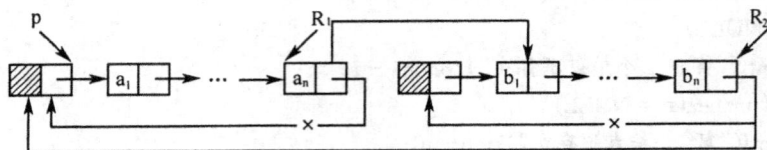

图 2.16　两个用尾指针标识的单循环链表的连接

2.3.4　双向链表

以上讨论的单链表的结点中只有一个指向其后继结点的指针域 next,因此若已知某结点的指针为 p,其后继结点的指针则为 p→next,而找其前驱则只能从该链表的头指针开始,顺着各结点的 next 域进行,也就是说找后继的时间复杂度是 O(1),找前驱的时间复杂度是 O(n),如果也希望找前驱的时间复杂度达到 O(1),则只能付出空间的代价:每个结点再加一个指向前驱的指针域,结点的结构如图 2.17 所示,用这种结点组成的链表称为双向链表。

双向链表结点的类型定义如下:

typedef struct dlnode

　{ datatype data;

　　struct dlnode * prior, * next;

　}DLNode, * DLinkList;

prior	data	next

图 2.17　双向链表结点结构

和单链表类似,双向链表通常也是用头指针标识,也可以带头结点和做成循环结构,图 2.18 是带头结点的双向循环链表示意图。显然通过某结点的指针 p 即可以直接得到它的后继结点的指针 p→next,也可以直接得到它的前驱结点的指针 p→prior。这样,在有些操作中需要找前驱时,则勿需再用循环。

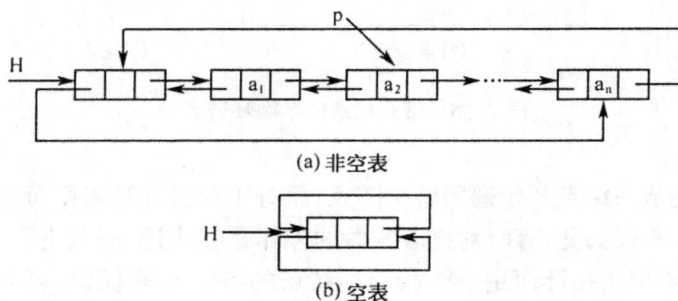

(a) 非空表

(b) 空表

图 2.18　带头结点的双向循环链表

2.3.5　单链表应用举例

【例 1】　已知单链表 H,写一算法将其倒置。即实现如图 2.19 的操作。(a)为倒置前,(b)为倒置后。

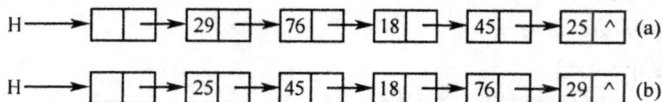

图 2.19 单链表的倒置

算法思路:依次取原链表中的每个结点,将其作为第一个结点插入到新链表中去,指针 p 用来指向当前结点,p 为空时结束。

倒置单链表算法 2.11:

```
void reverse (LinkList H)
{ LNode  * p, * q;
  p=H→next;      /* p 指向第一个数据结点 * /
  H→next=NULL;      /* 将原链表置为空表 H * /
  while (p)
    { q=p;   p=p→next;
      q→next=H→next;   /* 将当前结点插到头结点的后面 * /
      H→next=q;
    }
}
```

该算法只是对链表中顺序扫描一边即完成了倒置,所以时间复杂度为 O(n)。

【例 2】已知单链表 L,写一算法,删除其重复结点,即实现如图 2.20 的操作。(a)为删除前,(b)为删除后。

算法思路:

用指针 p 指向第一个数据结点,从它的后继结点开始到表的结束,找与其值相同的结点并删除之;p 指向下一个;依此类推,p 指向最后结点时算法结束。

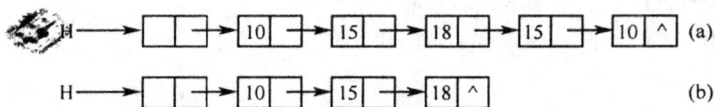

图 2.20 删除重复结点

删除单链表重复结点算法 2.12:

```
void pur_ LinkList(LinkList H)
{ LNode * p, * q, * r;
  p=H→next; /* p 指向第一个结点 * /
  if(p= = NULL) return;
  while (p→next)
    { q=p;
      while (q→next) /* 从 * p 的后继开始找重复结点 * /
        { if (q→next→data= = p→data)
            { r=q→next; /* 找到重复结点,用 r 指向,删除 * r * /
              q→next = r→next;
              free(r);
```

```
          }    /* if * /
       else q = q→next;
     }  /* while(q→next) * /
   p = p→next;        /* p 指向下一个,继续 * /
  }  /* while(p→next) * /
}
```

该算法的时间复杂度为 $O(n^2)$。

【例3】 设有两个带头结点的单链表 A、B,其中元素递增有序,编写算法将 A、B 归并成一个按元素值递减(允许有相同值)有序的链表 C,要求用 A、B 中的原结点形成,不能重新申请结点。

算法思路:利用 A、B 两表有序的特点,依次进行比较,将当前值较小者摘下,插入到 C 表的头部,得到的 C 表则为递减有序的。

合并有序表算法 2.13:

```
LinkList merge(LinkList A,LinkList B)
     /* 设 A、B 均为带头结点的单链表 * /
  { LinkList C; LNode * p, * q, * s;
  p = A→next;q = B→next;
  C = A;      /* C 表的头结点 * /
  C→next = NULL;
  free(B);
  while (p&&q)
    { if (p→data<q→data)
       { s = p;p = p→next; }
      else
       {s = q;q = q→next; }    /* 从原 A、B 表上摘下较小者 * /
      s→next = C→next;        /* 插入到 C 表的头部 * /
      C→next = s;
    }  /* while * /
  if (p = = NULL) p = q;
  while (p)    /* 将剩余的结点一个个摘下,插入到 C 表的头部 * /
    { s = p;p = p→next;
     s→next = C→next;
     C→next = s;
    }
      return C;
  }
```

该算法的时间复杂度为 $O(m+n)$。

2.4   顺序表和链表的比较

本章介绍了线性表的逻辑结构及它的两种存储结构:顺序表和链表。通过对它们的讨论和比较,可知它们各有优缺点。

顺序存储有三个优点：

(1) 方法简单，各种高级语言中都有数组，容易实现。

(2) 不用为表示结点间的逻辑关系而增加额外的存储开销。

(3) 顺序表具有按元素序号随机访问的特点。

但它也有两个缺点：

(1) 在顺序表中做插入删除操作时，平均需移动大约表中一半的元素，因此对 n 较大的顺序表效率低。

(2) 需要预先分配足够大的存储空间，估计过大，可能会导致顺序表后部大量闲置；预先分配过小，又会造成溢出。

链表的优缺点恰好与顺序表相反。

在实际使用中怎样选取存储结构呢？通常有以下几点考虑：

(1) 基于存储的考虑

顺序表的存储空间是静态分配的，在程序执行之前必须明确规定它的存储规模，也就是说事先对"MAXSIZE"要有合适的设定，过大造成浪费，过小造成溢出。可见对线性表的长度或存储规模难以估计时，不宜采用顺序表；链表不用事先估计存储规模，但链表的存储密度较低。存储密度是指一个结点中数据元素所占的存储单元和整个结点所占的存储单元之比。显然链式存储结构的存储密度是小于 1 的。

(2) 基于运算的考虑

在顺序表中按序号访问 a_i 的时间复杂度是 O(1)，而链表中按序号访问的时间复杂度是 O(n)，所以如果经常做的运算是按序号访问数据元素，显然顺序表优于链表；而在顺序表中做插入、删除时平均需移动表中一半的元素，当数据元素的信息量较大且表较长时，这一点是不应忽视的；在链表中做插入、删除，虽然也要找插入位置，但操作主要是比较操作，从这个角度考虑显然后者优于前者。

(3) 基于环境的考虑

顺序表容易实现，任何高级语言中都有数组类型，链表的操作是基于指针的，相对来讲前者简单些，也是用户考虑的一个因素。

总之，两种存储结构各有长短，选择那一种由实际问题中的主要因素决定。通常"较稳定"的线性表选择顺序存储，而频繁做插入、删除的即动态性较强的线性表宜选择链式存储。

习　题

一、单选题

1. 线性表是(　　)。

　　(A) 一个有限序列，可以为空　　　(B) 一个有限序列，不能为空

　　(C) 一个无限序列，可以为空　　　(D) 一个无限序列，不能为空

2. 对顺序存储的线性表，设其长度为 n，在任何位置上插入或删除操作都是等概率的。插入一个元素时平均要移动表中的(　　)个元素。

　　(A) n/2　　　　　(B) (n+1)/2　　　　(C) (n−1)/2　　　　　(D) n

3. 线性表采用链式存储时，其地址(　　)。

　　(A) 必须是连续的　　　　　　(B) 部分地址必须是连续的

　　(C) 一定是不连续的　　　　　(D) 连续与否均可以

4. 用链表表示线性表的优点是（　　　　）。

　　(A)便于随机存取　　　　　　(B)花费的存储空间较顺序存储少

　　(C)便于插入和删除　　　　　(D)数据元素的物理顺序与逻辑顺序相同

5. 单链表中,增加一个头结点的目的是为了(　　　　)。

　　(A) 使单链表至少有一个结点　(B)标识表结点中首结点的位置

　　(C)方便运算的实现　　　　　(D) 说明单链表是线性表的链式存储

6. 若某线性表中最常用的操作是在最后一个元素之后插入一个元素和删除第一个元素,
则采用(　　　　)存储方式最节省运算时间。

　　(A) 单链表　　　　　　　　　(B) 仅有头指针的单循环链表

　　(C) 双链表　　　　　　　　　(D) 仅有尾指针的单循环链表

二、填空题

1. 带头结点的单链表 H 为空的条件是_____。

2. 非空单循环链表 L 中 * p 是尾结点的条件是_____。

3. 在一个单链表中 p 所指结点之后插入一个由指针 f 所指结点,应执行 s→next = _____;和 p→next = _____的操作。

4. 在一个单链表中 p 所指结点之前插入一个由指针 f 所指结点,可执行以下操作:

s→next = _____;

p→next = s;

t = p→data;

p→data = _____;

s→data = _____。

三、算法设计题

1. 线性表用顺序存储,设计一个算法,用尽可能少的辅助存储空间将顺序表中前 m 个元素和后 n 个元素进行整体互换。即将线性表

$$(a_1, a_2, \cdots, a_m, b_1, b_2, \cdots, b_n)$$

改变为:

$$(b_1, b_2, \cdots, b_n, a_1, a_2, \cdots, a_m)$$

2. 已知带头结点的单链表 L 中的结点是按整数值递增排列的,试写一算法,将值为 x 的结点插入到表 L 中,使得 L 仍然有序。分析算法的时间复杂度。

3. 已知两个单链表 A 和 B 分别表示两个集合,其元素递增排列,编写一个函数求出 A 和 B 的交集 C,要求 C 同样以元素递增的单链表形式存储。

第 3 章

栈和队列

栈和队列是在软件设计中常用的两种数据结构,它们的逻辑结构和线性表相同。其特点在于运算受到了限制:栈按"后进先出"的规则进行操作,队列按"先进先出"的规则进行操作,故称运算受限制的线性表。

3.1　栈

3.1.1　栈的定义及基本运算

栈是限制在表的一端进行插入和删除的线性表。允许插入、删除的这一端称为栈顶,另一个固定端称为栈底。当表中没有元素时称为空栈。如图 3.1 所示栈中有三个元素,进栈的顺序是 a_1、a_2、a_3,当需要出栈时其顺序为 a_3、a_2、a_1,所以栈又称为后进先出的线性表(Last In First Out),简称 LIFO 表。

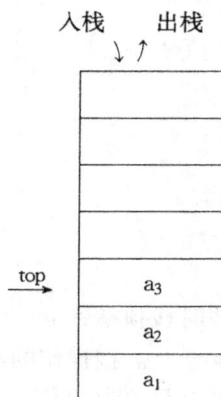

图 3.1　栈示意图

在日常生活中,有很多后进先出的例子,读者可以列举。在程序设计中,常常需要栈这样的数据结构,使得与保存数据时相反顺序来使用这些数据。对于栈,常做的基本运算有:

(1) 栈初始化:Init_Stack( )

初始条件:栈不存在。

操作结果:构造并返回一个空栈。

(2) 判栈空:Empty_Stack(s)

初始条件:栈 s 已存在。

操作结果:若 s 为空栈返回为 1,否则返回为 0。

(3) 入栈: Push_Stack(s,x)

初始条件:栈 s 已存在。

操作结果:在栈 s 的顶部插入一个新元素 x, x 成为新的栈顶元素。

(4) 出栈:Pop_Stack(s)

初始条件:栈 s 存在且非空。

操作结果:栈 s 的顶部元素从栈中删除,栈中少了一个元素。

(5) 读栈顶元素:Top_Stack(s)

初始条件:栈 s 存在且非空。

操作结果:栈顶元素作为结果返回,栈不变化。

3.1.2 栈的存储及运算实现

由于栈是运算受限的线性表,因此线性表的存储结构对栈也是适用的,只是操作不同而已。下面分别用顺序存储方式与链式存储方式讨论栈及其操作的实现。

1. 顺序栈

利用顺序存储方式实现的栈称为**顺序栈**。类似于顺序表的定义,栈中的数据元素用一个预设的足够长度的一维数组来实现:datatype data[MAXSIZE],栈底位置可以设置在数组的任一个端点,而栈顶是随着插入和删除而变化的,用一个 int top 来作为栈顶的指针,指明当前栈顶的位置,同样将 data 和 top 封装在一个结构中,顺序栈的类型描述如下:

```
#define MAXSIZE 1024
typedef struct
  {datatype data[MAXSIZE];
   int    top;
  }SeqStack;
```

定义一个指向顺序栈的指针:

SeqStack * s;

通常 0 下标端设为栈底,这样空栈时栈顶指针 top= -1; 入栈时,栈顶指针加 1,即 s→top++; 出栈时,栈顶指针减 1,即 s→top--。栈操作的示意图如图 3.2 所示。

图(a)是空栈,图(b)是元素 A 入栈之后,图(c)是 A、B、C、D、E 五个元素依次入栈之后,图(d)是在图(c)之后 E、D 相继出栈,此时栈中还有三个元素,或许最近出栈的元素 D、E 仍然在原先的单元存储着,但 top 指针已经指向了新的栈顶,则元素 D、E 已不在栈中了。如果再有第六个元素 F 入栈,就把 D 覆盖了。通过这个示意图要深刻理解栈顶指针的作用。

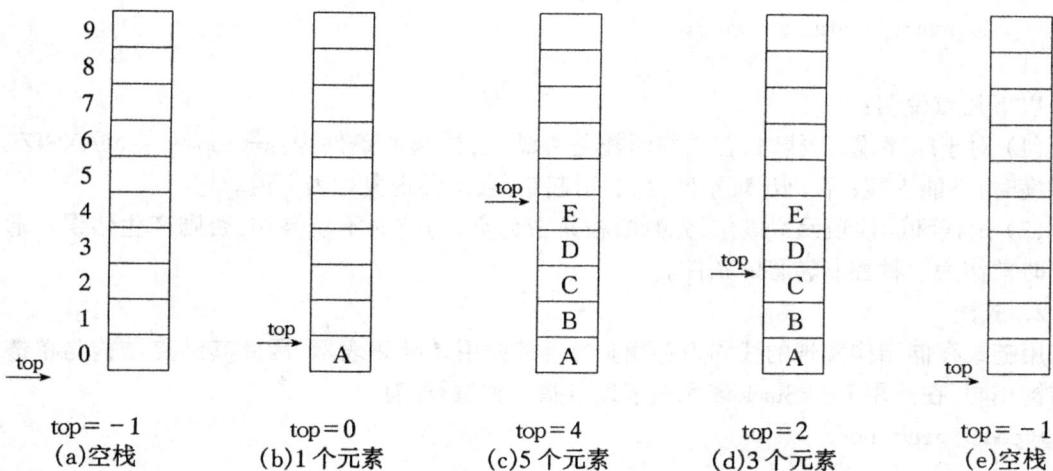

图 3.2　栈顶指针 top 与栈中数据元素的关系

顺序栈基本操作实现算法 3.1:

（1）置空栈

```
SeqStack * Init_SeqStack()
    {   SeqStack * s;
        s = (SeqStack * )malloc(sizeof(SeqStack));
        s→top= -1; return s;
    }
```

（2）判空栈

```
int Empty_SeqStack(SeqStack * s)
    { if (s→top= = -1) return 1;
      else return 0;
    }
```

（3）入栈

```
int Push_SeqStack (SeqStack * s, datatype x)
    { if (s→top= =MAXSIZE-1) return 0; /* 栈满不能入栈 * /
      else { s→top++;
            s→data[s→top]=x;
            return 1;}
    }
```

（4）出栈

```
int  Pop_SeqStack(SeqStack * s, datatype * x)
    { if  (Empty_SeqStack ( s ) ) return 0; /* 栈空不能出栈 * /
      else {  * x = s→data[s→top];
            s→top- -; return 1;}       /* 栈顶元素存入 * x,返回 * /
    }
```

（5）取栈顶元素

```
datatype Top_SeqStack(SeqStack * s)
```

```
{  if ( Empty_SeqStack ( s ) ) return 0;  /* 栈空 * /
   else return (s→data[s→top] );
}
```

以下几点说明：

(1) 对于顺序栈，入栈时，首先判断栈是否满了，栈满的条件为：s→top＝ ＝MAXSIZE－1，栈满时，不能入栈；否则出现空间溢出，引起错误，这种现象称为上溢。

(2) 出栈和读栈顶元素操作，先判断栈是否为空，为空时不能操作，否则产生错误。通常栈空时常作为一种控制转移的条件。

2. 链栈

用链式存储结构实现的栈称为链栈。通常链栈用单链表表示，因此其结点结构与单链表的结构相同，在此用 LinkStack 表示链表结点指针类型，即有：

```
typedef struct node
    { datatype data;
      struct node * next;
    }StackNode, *  LinkStack;
```

定义 top 为栈顶指针： LinkStack top ;

因为栈中的主要运算是在栈顶插入、删除，显然在链表的头部做栈顶是最方便的，而且没有必要像单链表那样为了运算方便附加一个头结点。通常将链栈表示成图 3.3 的形式。

链栈基本操作的实现算法 3.2：

(1) 置空栈

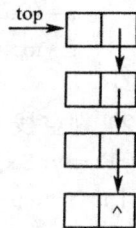

图 3.3　链栈示意图

```
LinkStack Init_LinkStack()
 {   return NULL;
 }
```

(2) 判栈空

```
int Empty_LinkStack(LinkStack top )
{  if(top＝ ＝NULL) return 1;
   else   return   0;
}
```

(3) 入栈

```
LinkStack   Push_LinkStack(LinkStack top, datatype x)
{   StackNode  * s;
    s＝(StackNode  * )malloc(sizeof(StackNode) );
    s→data＝x;
    s→next＝top;
    top＝s;
    return top;
}
```

(4) 出栈

```
LinkStack Pop_LinkStack (LinkStack top, datatype * x)
{   StackNode   * p;
    if (top＝ ＝NULL) return NULL;
    else { * x ＝  top→data;
```

```
            p = top;
            top = top→next;
            free (p);
            return top;
        }
    }
```

3.2 栈的应用举例

由于栈的"后进先出"特点,在很多实际问题中都利用栈做一个辅助的数据结构来进行求解,下面通过几个例子进行说明。

【例1】 栈在数制转换问题中应用。

将十进制数 N 转换为 r 进制的数,其转换方法利用辗转相除法。以 N＝3467,r＝8 为例转换方法如下:

N	N／8（整除）	N％8(求余)	
3467	433	3	低
433	54	1	
54	6	6	高
6	0	6	

所以:$(3467)_{10} = (6613)_8$

我们看到所转换的 8 进制数按低位到高位的顺序产生的,而通常的输出是从高位到低位的,恰好与计算所得次序相反,因此转换过程中每得到一位 8 进制数先进栈保存,转换完毕后依次出栈正好是转换结果。算法思想如下:

① 若 N≠0,则将 N％r 压入栈 s 中,执行②;若 N＝0,将栈 s 的内容依次出栈,算法结束。

② 用 N／r 代替 N。

数制转换算法 3.3(a):

```
typedef  int datatype;
void conversion(int N, int r)
{ SeqStack * s;
  datetype x;
  s= Init_SeqStack();
  while ( N )
    { Push_SeqStack (s, N％r );
      N=N／r;
    }
  while  ( ! Empty_SeqStack(s))
    { Pop_SeqStack (s,&x);
      printf("％d",x);
    }
}
```

数制转换算法 3.3(b):

```
＃define L 10
void conversion(int N, int r)
{ int s[L],top;  /*定义一个顺序栈*／
  int  x;
    top = -1;   /*初始化栈*／
  while ( N )
    {  s[++top]=N％r; /*余数入栈*／
      N=N／r;  /*商作为被除数继续*／
    }
  while (top!=-1)
    { x=s[top--];
      printf("％d",x);
    }
}
```

算法 3.3(a)是把对栈的操作抽象为模块调用,使问题的层次更加清楚。而算法 3.3(b)中直接用 int 向量 s 和 int 变量 top 作为一个栈来使用。往往初学者将栈视为一个很复杂的东西,不知道如何使用,通过这个例子可以消除对栈的"神秘"感,当应用程序中需要一个与数据保存时相反顺序使用数据时,就要想到栈。通常用顺序栈较多,因为很便利。

在后面的例子中,为了在算法中表现出问题的层次,有关栈的操作调用了相关函数,如像算法 3.3(a)那样,对余数的入栈操作:Push－SeqStack (s,N % r);因为是用 C 语言描述,第一个参数是栈的地址才能对栈进行加工。

【例 2】 栈与递归。

栈的一个重要应用是在程序设计语言中实现递归过程。现实中,有许多实际问题是递归定义的,这时用递归方法可以使许多问题的结构大大简化。以 n! 为例:

n! 的定义为:

$$n! = \begin{cases} 1 & n=0 \quad /* 递归终止条件 */ \\ n*(n-1)! & n>0 \quad /* 递归步骤/* \end{cases}$$

根据定义可以很自然的写出相应的递归函数

```
int fact (int n)
  {  if (n= =0)   return 1 ;
     else return   (n * fact (n−1) ) ;
  }
```

递归函数都有一个终止递归的条件,如上例 n=0 时,将不再继续递归下去。

递归函数的调用类似于多层函数的嵌套调用,只是调用单位和被调用单位是同一个函数而已。在每次调用时系统将属于各个递归层次的信息组成一个活动记录(Activation Record),这个记录中包含着本层调用的实参、返回地址、局部变量等信息,并将这个活动记录保存在系统的"递归工作栈"中,每当递归调用一次,就要在栈顶为过程建立一个新的活动记录,一旦本次调用结束,则将栈顶活动记录出栈,根据获得的返回地址信息返回到本次的调用处。下面以求 3! 为例说明执行调用时工作栈中的状况,递归工作栈如图 3.4 所示。

为了方便,将求阶乘程序修改如下:

```
    main ( )
    { int m,n=3 ;
      m= fact (n) ;
R1:
      printf ("%d! = %d \ n",n,m) ;
    }
    int fact (int n)
    {  int  f ;
       if (n= =0) f=1 ;
       else f=n * fact (n−1);
R2:
       return f ;
    }
```

	参数	返回地址
fact(0)	0	R2
fact(1)	1	R2
fact(2)	2	R2
fact(3)	3	R1

图 3.4 递归工作栈示意图

其中 R1 为主函数调用 fact 时返回点地址,R2 为 fact 函数中递归调用 fact (n−1)时返回点地址。

程序的执行过程可用图 3.5 来示意。

设主函数中 n=3：

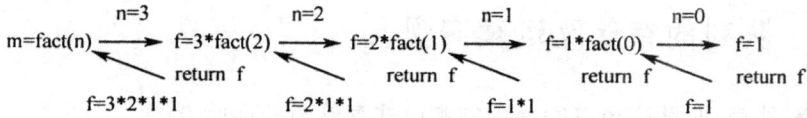

$$m=fact(n) \xrightarrow{n=3} f=3*fact(2) \xrightarrow{n=2} f=2*fact(1) \xrightarrow{n=1} f=1*fact(0) \xrightarrow{n=0} f=1$$

return f　　　　　return f　　　　　return f　　　　　return f

f=3*2*1*1　　　　　f=2*1*1　　　　　f=1*1　　　　　f=1

图 3.5　fact(3)的执行过程

3.3　队列

3.3.1　队列的定义及基本运算

前面所讲的栈是一种后进先出的数据结构,而在实际问题中还经常使用一种"先进先出"(FIFO—First In First Out)的数据结构:即插入在表一端进行,而删除在表的另一端进行,我们将这种数据结构称为队或队列,把允许插入的一端叫队尾(rear),把允许删除的一端叫队头(front)。如图 3.6 所示是一个有 5 个元素的队列。入队的顺序依次为 a_1、a_2、a_3、a_4、a_5,出队时的顺序将依然是 a_1、a_2、a_3、a_4、a_5。

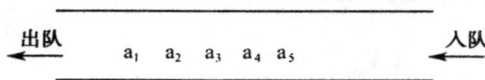

出队 ←　　　　a_1　a_2　a_3　a_4　a_5　　　　入队 ←

图 3.6　队列示意图

显然,队列也是一种运算受限制的线性表,又叫先进先出表。在日常生活中队列的例子很多,如排队买东西,排头的买完后走掉,新来的排在队尾。

在队列上进行的基本操作有:

(1) 队列初始化:Init_Queue( )

　　初始条件:队不存在。

　　操作结果:构造一个空队。

(2) 入队操作:In_Queue(q,x),

　　初始条件:队 q 存在。

　　操作结果:对已存在的队列 q,插入一个元素 x 到队尾,队发生变化。

(3) 出队操作:Out_Queue(q,x)

　　初始条件:队 q 存在且非空。

　　操作结果:删除队首元素,并返回其值,队发生变化。

(4) 读队头元素:Front_Queue(q,x)

　　初始条件:队 q 存在且非空。

　　操作结果:读队头元素,并返回其值,队不变;

(5) 判队空操作:Empty_Queue(q)

初始条件：队 q 存在。

操作结果：若 q 为空队则返回为 1，否则返回为 0。

3.3.2　队列的存储及运算实现

与线性表、栈类似，队列也有顺序存储和链式存储两种存储方法。

1. 顺序队

顺序存储的队称为顺序队。因为队的队头和队尾都是活动的，因此，除了队列的数据区外还有队头、队尾两个指针。顺序队的类型定义如下：

＃define　MAXSIZE　1024　　／＊队列的最大容量＊／

typedef　struct

　｛datatype　data[MAXSIZE]；　／＊队员的存储空间＊／

　　int rear,front；　／＊队头、队尾指针＊／

　｝SeQueue；

定义一个指向队的指针变量：

　SeQueue　＊sq；

申请一个顺序队的存储空间：

　sq＝(SeQueue ＊)malloc(sizeof(SeQueue))；

队列的数据区为：

　sq→data[0]...sq→data[MAXSIZE － 1]

队头指针：sq→front

队尾指针：sq→rear

设队头指针指向队头元素前面一个位置，队尾指针指向队尾元素（这样的设置是为了某些运算的方便，并不是唯一的方法）。

置空队则为：sq→front＝sq→rear＝ －1；

在不考虑溢出的情况下，入队操作队尾指针加 1，指向新位置后，元素入队。操作如下：

　　sq→rear＋＋；

　　sq→data[sq→rear]＝x；　／＊原队头元素送 x 中＊／

在不考虑队空的情况下，出队操作队头指针加 1，表明队头元素出队。操作如下：

　　sq→front＋＋；

　　x＝sq→data[sq→front]；

队中元素的个数：m＝(sq→rear)－(q→front)；

队满时：m＝ MAXSIZE；　队空时：m＝0。

按照上述思想建立的空队及入队出队示意图如图 3.7 所示，设 MAXSIZE＝10。

从图中可以看到，随着入队出队的进行，会使整个队列整体向后移动，这样就出现了图 3.7(d)中的现象：队尾指针已经移到了最后，再有元素入队就会出现溢出，而事实上此时队中并未真的"满员"，这种现象为"假溢出"，这是由于"队尾入队头出"这种受限制的操作所造成。解决假溢出的方法之一是将队列的数据区 data[0..MAXSIZE－1]看成头尾相接的循环结构，头尾指针的关系不变，将其称为"循环队"，"循环队"的示意图如图 3.8 所示。

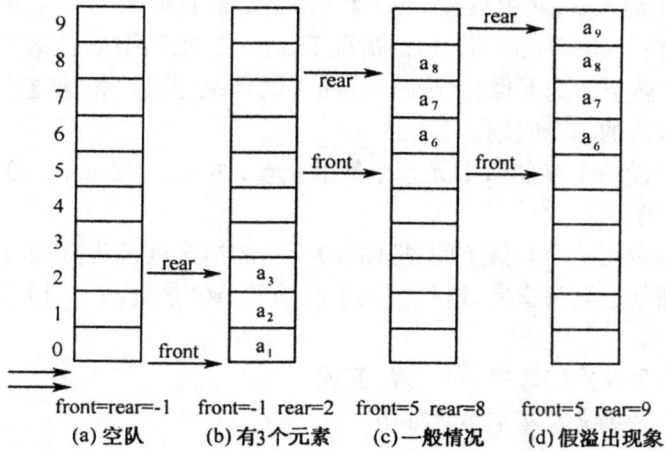

图 3.7 队列操作示意图

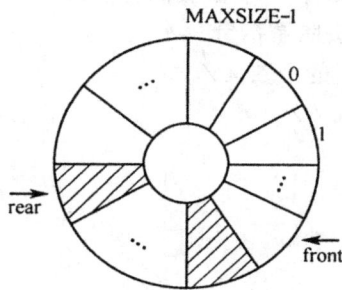

图 3.8 循环队列示意图

因为是头尾相接的循环结构,入队时的队尾指针加 1 操作修改为:

$$sq \rightarrow rear = (sq \rightarrow rear + 1) \% MAXSIZE;$$

出队时的队头指针加 1 操作修改为:

$$sq \rightarrow front = (sq \rightarrow front + 1) \% MAXSIZE;$$

设 MAXSIZE = 10,图 3.9 是循环队列操作示意图。

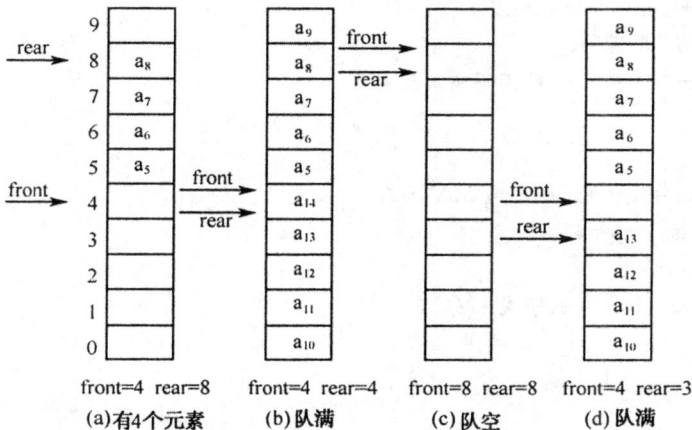

图 3.9 循环队列操作示意图

从图 3.9 所示的循环队列可以看出,(a)中具有 a_5、a_6、a_7、a_8 四个元素,此时 front = 4,rear

=8;随着 $a_9 \sim a_{14}$ 相继入队,队中具有了 10 个元素,队满,此时 front=4,rear=4,如(b)所示,可见在队满情况下有:front=rear。若在(a)情况下,$a_5 \sim a_8$ 相继出队,此时队空,front=8,rear=8,如(c)所示,即在队空情况下也有:front=rear。就是说"队满"和"队空"的条件是相同的了。这显然是必须要解决的一个问题。

方法之一是附设一个存储队中元素个数的变量,如 num,当 num=0 时为队空,当 num=MAXSIZE 时为队满。

另一种方法是少用一个元素空间,把图(d)所示的情况就视为队满,此时的状态是队尾指针加 1 就会从后面赶上队头指针,这种情况下队满的条件是:(rear+1) % MAXSIZE=front,也能和空队区别开。

下面的循环队列及操作按第一种方法实现。

循环队列的类型定义及基本运算如下:

```
typedef  struct  {
    datatype data[MAXSIZE];    /* 数据的存储区 */
    int front,rear;   /* 队头队尾指针 */
    int num;   /* 队中元素的个数 */
}c_SeQueue;   /* 循环队 */
```

循环队列操作算法 3.4:

(1) 置空队

```
c_SeQueue *   Init_SeQueue()
{   c_SeQueue * q;
    q=(c_SeQueue * )malloc(sizeof(c_SeQueue));
    q→front=q→rear=MAXSIZE-1;
    q→num=0;
    return q;
}
```

(2) 入队

```
int    In_SeQueue ( c_SeQueue * q, datatype  x)
    { if   (q→num= =MAXSIZE)
      { printf("队满");
        return -1;   /* 队满不能入队 */
      }
    else
      { q→rear=(q→rear+1) % MAXSIZE;
        q→data[q→rear]=x;
        q→num++;
        return 1;   /* 入队完成 */
      }
    }
```

(3) 出队

```
int    Out_SeQueue (c_SeQueue * q, datatype   * x)
    { if  (q→num= =0)
        {  printf("队空");
```

```
                    return -1;    /*队空不能出队*/
                }
            else
              { q→front=(q→front+1) % MAXSIZE;
                *x=q→data[q→front]; /*读出队头元素*/
                q→num--;
                return 1;    /*出队完成*/
              }
        }
```

（4）判队空

```
    int Empty_SeQueue(c_SeQueue *q)
        { if (q→num==0) return 1;
            else return 0;
        }
```

下列主程序的输出结果应为字符串"china"。

```
#include<stdio.h>
#include<malloc.h>
#define MAXSIZE   256
typedef char datatype;
void main()
{  //输出"china"
    c_SeQueue *q;
    q=Init_SeQueue();
    char x='n',y='c';
    In_SeQueue(q,x);
    In_SeQueue(q,'a');
    In_SeQueue(q,y);
    Out_SeQueue(q,&x);
    In_SeQueue(q,'h');
    In_SeQueue(q,'i');
    Out_SeQueue(q,&x);
    In_SeQueue(q,'n');
    while(! Empty_SeQueue(q))
        {
        Out_SeQueue (q,&y);
        printf("%c",y);
        }
    printf("%c\n",x);
}
```

2. 链队

链式存储的队称为链队。和链栈类似，用单链表来实现链队，根据队的 FIFO 原则，为了操作上的方便，我们分别需要一个头指针和尾指针，如图 3.10 所示。

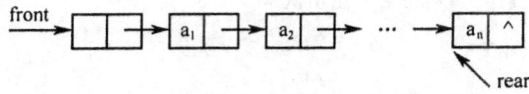

图 3.10 链队示意图

图 3.10 中头指针 front 和尾指针 rear 是两个独立的指针变量,通常将二者封装在一个结构中。

链队的描述如下:

```
typedef struct node
    { datatype   data;
      struct   node * next;
    } QNode;   /* 链队结点的类型 */
typedef struct
    { QNode   * front, * rear;
    } LQueue;   /* 将头尾指针封装在一起的链队 */
```

定义一个指向链队的指针:

```
    LQueue   * q;
```

按这种思想建立的带头结点的链队如图 3.11 所示。

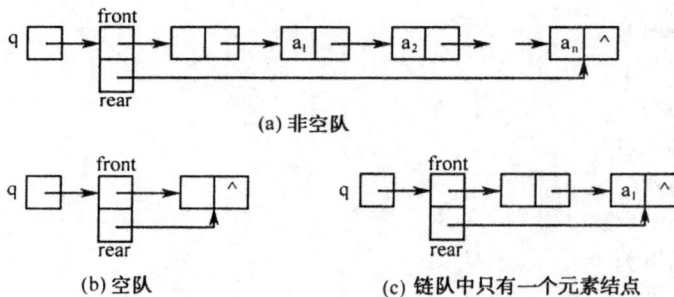

(a) 非空队

(b) 空队   (c) 链队中只有一个元素结点

图 3.11 头尾指针封装在一起的链队

链队操作算法 3.5:

(1) 创建一个带头结点的空队:

```
LQueue   * Init_LQueue()
    { LQueue * q;
      QNode * p;
      q = (LQueue * )malloc(sizeof(LQueue)); /* 申请头尾指针结点 */
      p = (QNode * )malloc(sizeof(QNode));   /* 申请链队头结点 */
      p→next = NULL;    q→front = q→rear = p;
      return q;
    }
```

(2) 入队

```
        void In_LQueue(LQueue * q, datatype  x)
        {  QNode * p;
           p= (QNode * )malloc(sizeof(QNode));    /* 申请新结点 * /
           p→data= x;    p→next= NULL;
           q→rear→next= p;
           q→rear= p;
        }
```

（3）判队空

```
    int  Empty_LQueue( LQueue * q)
    { if (q→front= = q→rear)    return 1;
      else   return 0;
    }
```

（4）出队

```
    int Out_LQueue(LQueue * q, datatype  * x)
    {  QNode * p;
       if (Empty_LQueue(q) )
          { printf ("队空"); return 0;
          }    /* 队空,出队失败 * /
       else
          { p= q→front→next;
            q→front→next= p→next;
            * x= p→data; /* 队头元素放 x 中 * /
            free(p);
            if (q→front→next= = NULL)
            q→rear= q→front;
                /* 只有一个元素时,出队后队空,此时还要要修改队尾指针参考图 3.16(c) * /
            return 1;
          }
    }
```

习　题

一、基本题

1. 栈和队列数据结构的特点是什么？

2. 设有编号为 1,2,3,4 的四辆车,顺序进入一个栈式结构的站台,试写出这四辆车开出车站的所有可能的顺序(每辆车可能入站,可能不入站,时间也可能不等)。

3. 试证明：若借助栈由输入序列 $1,2,\cdots,n$ 得到输出序列为 $p_1 p_2 \cdots p_n$（它是输入序列的一个排列）,则在输出序列中不可能出现这样的情形：存在着 $i<j<k$,使得 $p_j<p_k<p_i$。

二、设计算法题

1. 假设称正读和反读都相同的字符序列为"回文",例如,"abcddcba"、"qwerewq"是回文,

"ashgash"不是回文。试写一个算法判断读入的一个以'@'为结束符的字符序列是否为回文。

2. 设以数组 se[m]存放循环队列的元素,同时设变量 front 和 rear 分别作为队头队尾指针,且队头指针指向队头前一个位置,并用第二种方法解决"队满"和"队空"冲突。写出这样设计的循环队列入队出队的算法。

3. 假设以数组 se[m]存放循环队列的元素,同时设变量 rear 和 num 分别作为队尾指针和队中元素个数记录,试给出判别此循环队列的队满条件,并写出相应入队和出队的算法。

4. 假设以带头结点的循环链表表示一个队列,并且只设一个队尾指针指向尾元素结点(注意不设头指针),试写出相应的置空队、入队、出队的算法。

5. 设计一个算法判别一个算术表达式的圆括号是否正确配对。

6. 写一个算法,借助于栈将一个单链表置逆。

第 4 章

串

串(即字符串)是一种特殊的线性表,它的数据元素仅由一个字符组成。计算机非数值处理的对象经常是字符串数据,如在汇编语言和高级语言的编译程序中,源程序和目标程序都是字符串数据。在事物处理程序中,顾客的姓名、地址、货物的产地、名称等,一般也是作为字符串处理的。另外串还具有自身的特性,常常把一个串作为一个整体来处理。因此,这一章我们把串作为独立结构的概念加以研究,介绍串的存储结构及基本运算。

4.1　串及其基本运算

4.1.1　串的基本概念

1.串的定义

串是由零个或多个任意字符组成的字符序列。一般记作:

$$s = \text{“}a_1\, a_2 \cdots\, a_n\text{”}$$

其中 s 是串名;在本书中,用双引号作为串的定界符,引号引起来的字符序列为串值,引号本身不属于串的内容;$a_i(1 \leqslant i \leqslant n)$是一个任意字符,它称为串的元素,是构成串的基本单位,i 是它在整个串中的序号;n 为串的长度,表示串中所包含的字符个数,当 n = 0 时,称为空串,通常记为 φ。

2.几个术语

子串与主串:串中任意连续的字符组成的子序列称为该串的子串。包含子串的串相应地称为主串。

子串的位置:子串的第一个字符在主串中的序号称为子串的位置。

串相等:称两个串是相等的,是指两个串的长度相等且对应字符都相等。

4.1.2　串的基本运算

串的运算有很多,下面介绍部分基本运算:

1. 求串长 StrLength(s)

操作条件：串 s 存在。

操作结果：求出串 s 的长度。

2．串赋值 StrAssign(s1,s2)

操作条件：s1 是一个串变量，s2 或者是一个串常量，或者是一个串变量（通常 s2 是一个串常量时称为串赋值，是一个串变量称为串拷贝）。

操作结果：将 s2 的串值赋值给 s1，s1 原来的值被覆盖掉。

3．连接操作 : StrConcat (s1,s2,s) 或 StrConcat (s1,s2)

操作条件：串 s1、s2 存在。

操作结果：两个串的联接就是将一个串的串值紧接着放在另一个串的后面,连接成一个串。前者是产生新串 s,s1 和 s2 不改变;后者是在 s1 的后面联接 s2 的串值,s1 改变, s2 不改变。

例如：s1 = "he",s2 = " bei",前者操作结果是 s = "he bei";后者操作结果是 s1 = "he bei"。

4．求子串 SubStr (s,i,len)

操作条件：串 s 存在,$1 \leqslant i \leqslant StrLength(s)$,$0 \leqslant len \leqslant StrLength(s) - i + 1$。

操作结果：返回从串 s 的第 i 个字符开始的长度为 len 的子串。len = 0 得到的是空串。

例如：SubStr("abcdefghi",3,4) = "cdef"。

5．串比较 StrCmp(s1,s2)

操作条件：串 s1、s2 存在。

操作结果：若 s1 = s2,操作返回值为 0;若 s1 < s2, 返回值 < 0;若 s1 > s2, 返回值 > 0。

注意：字符的大小由其 ASCⅡ 码值的大小决定。

6．子串定位 StrIndex(s,t):找子串 t 在主串 s 中首次出现的位置

操作条件：串 s、t 存在。

操作结果：若 t∈s,则操作返回 t 在 s 中首次出现的位置,否则返回值为 -1。

如：StrIndex("abcdebda","bc") = 2

　　StrIndex("abcdebda","ba") = -1

7．串插入 StrInsert(s,i,t)

操作条件：串 s、t 存在,$1 \leqslant i \leqslant StrLength(s) + 1$。

操作结果：将串 t 插入到串 s 的第 i 个字符开始的位置上,s 的串值发生改变。

8．串删除 StrDelete(s,i,len)

操作条件：串 s 存在,$1 \leqslant i \leqslant StrLength(s)$,$0 \leqslant len \leqslant StrLength(s) - i + 1$。

操作结果：删除串 s 中从第 i 个字符开始的长度为 len 的子串,s 的串值改变。

9．串替换 StrRep(s,t,r)

操作条件：串 s、t、r 存在,t 不为空。

操作结果：用串 r 替换串 s 中出现的所有与串 t 相等的不重叠的子串,s 的串值改变。

以上是串的几个基本操作。其中前 5 个操作是最为基本的,它们不能用其他的操作来合成,因此通常将这 5 个基本操作称为最小操作集。

4.2　串的定长顺序存储及基本运算

因为串是数据元素类型为字符型的线性表,所以线性表的存储方式仍适用于串;也因为字符的特殊性和字符串经常作为一个整体来处理的特点,串在存储时还有一些与一般线性表不同的方法。

4.2.1　串的定长顺序存储

类似于顺序表,用一组地址连续的存储单元存储串值中的字符序列叫做串的定长顺序存储。所谓定长是指按预定义的大小,为每一个串变量分配一个固定长度的存储区,如:

＃define MAXSIZE　256

char　s[MAXSIZE];

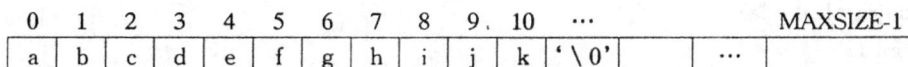

则串的最大长度不能超过 256。

那么如何来标识串实际长度? 有以下几种方法:

(1) 类似顺序表,用一个指针来指向最后一个字符,这样表示的串描述如下:

typedef struct

｛　char　data[MAXSIZE];

　　int　curlen;

｝SeqString;

定义一个串变量:SeqString s;

这种存储方式可以直接得到串的长度:s.curlen+1。如图 4.1 所示,串的实际长度为 11。

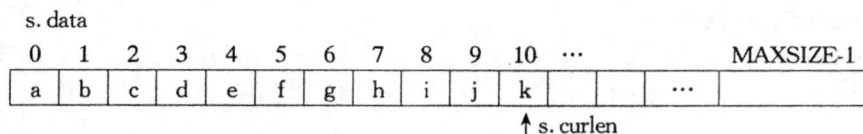

s.data

0	1	2	3	4	5	6	7	8	9	10	⋯				MAXSIZE-1
a	b	c	d	e	f	g	h	i	j	k			⋯		

↑ s.curlen

图 4.1　串的顺序存储方式 1

(2) 在串尾存储一个不会在串中出现的特殊字符作为串的终结符,以此表示串的结尾。比如 C 语言中处理定长串的方法就是这样的,它是用'＼0'来表示串的结束。这种存储方法不能直接得到串的长度,它是用判断当前字符是否是'＼0'来确定串是否结束,从而求得串的长度。如图 4.2 所示。

char s[MAXSIZE];

0	1	2	3	4	5	6	7	8	9	10	⋯			MAXSIZE-1
a	b	c	d	e	f	g	h	i	j	k	'＼0'		⋯	

图 4.2　串的顺序存储方式 2

(3) 设定长串存储空间:char s[MAXSIZE];用 s[0]存放串的实际长度,串值存放在 s[1]~s[MAXSIZE−1],字符的序号和存储位置一致,应用更为方便。

4.2.2　定长顺序串的基本运算

采用上述第一种方法来标识串实际长度,串赋值、求串长、连接操作、求子串、串比较的算法及验证主程序如下,其中 StrShow 为显示字符串的函数。

定长顺序串的基本算法 4.1:

```
#include<stdio. h>
#define MAXSIZE 256
#define OK 1
#define ERROR 0


typedef struct{
char data[MAXSIZE];
int curlen;
}SeqString;


int StrAssign(SeqString &s1,char data[MAXSIZE])
{ int i;
  for(i =0; data[i]! =′\0′;i++)
      if(i<MAXSIZE)s1. data[i]=data[i];
      else return ERROR;
  s1. curlen=i;
  return OK;
}


int StrLength(SeqString s)
{return s. curlen;
}


int StrConcat(SeqString s1,SeqString s2,SeqString &s)
{int i=0, j, len1, len2;
 len1= StrLength(s1); len2= StrLength(s2);
 if(len1+ len2>MAXSIZE-1) return 0 ; /* s 长度不够 */
 j=0;
 while(j<s1. curlen) {s. data[i]=s1. data[j];i++ ;j++ ;}
 j=0;
 while(j<s2. curlen) {s. data[i]=s2. data[j];i++ ;j++ ;}
 s. curlen=len1+ len2;
 return 1;
}


int StrSub (SeqString &t, SeqString s, int i, int len)
/* 用 t 返回串 s 中第个 i 字符开始的长度为 len 的子串 1≤i≤串长 */
```

```
{ int slen;int j;
  slen = StrLength(s);
  if ( i<1 || i>slen || len<0 || len>slen-i+1){
      printf("参数不对"); return 0; }
  for (j = 0; j<len; j++)
      t.data[j] = s.data[i+j-1];
  t.curlen = len;
  return 1;
}


int StrComp(SeqString s1,SeqString s2)
/*若 s1==s2,操作返回值为 0;若 s1<s2,返回值<0;若 s1>s2,返回值>0
{  int i = 0;
   while (i<s1.curlen && i<s2.curlen && s1.data[i]==s2.data[i] ) i++;
   if(i<s1.curlen && i<s2.curlen)
     return (s1.data[i]-s2.data[i]);
   else if(i<s1.curlen)
         return (s1.data[i]);
       else return (-s2.data[i]);
}


void StrShow(SeqString s)
{for(int i = 0;i<s.curlen;i++)
     printf("%c",s.data[i]);
 printf("\n");
}


void main()
{SeqString s1,s2,s;
 StrAssign(s1,"Republic of China!");
 StrAssign(s2,"Peoples ");
 printf("第一串:\n");StrShow(s1);
 printf("第二串:\n");StrShow(s2);
 if(StrSub (s, s1, 13, 5))
     {printf("子串:\n");StrShow(s);}
 if(StrConcat (s2, s1, s))
     {printf("串联接:\n");StrShow(s);}
 else
     printf("串溢出\n");
 printf("联接串与第二串比较:%d\n",StrComp(s, s2));
}
```

　　采用上述第二种方法来标识串实际长度,求串长、连接操作、求子串、串比较的算法及验证
主程序如下:

定长顺序串的基本算法 4.2：

```
#include<stdio.h>
#define MAXSIZE 256
int StrLength(char s1[])
{int count=0;
 while(s1[count]! ='\0')count++;
 return count;
}
int StrConcat (char s1[],char s2[],char s[])
{/* 把两个串 s1 和 s2 首尾连接成一个新串 s。*/
  int i=0, j, len1, len2;
  len1= StrLength(s1); len2= StrLength(s2);
  if  (len1+ len2>MAXSIZE-1)   return  0 ; /* s 长度不够 */
  j=0;
  while(s1[j]! ='\0')  { s[i]=s1[j];i++; j++; }
  j=0;
  while(s2[j]! ='\0')  { s[i]=s2[j];i++; j++; }
  s[i]='\0'; return 1;
}
int StrSub (char * t, char * s, int i, int len)
/* 用 t 返回串 s 中第个 i 字符开始的长度为 len 的子串 1≤i≤串长 */
{ int slen;
  slen= StrLength(s);
  if ( i<1 || i>slen || len<0 || len>slen-i+1)
   { printf("参数不对\n"); return 0; }
    for (int j=0; j<len; j++) t[j]=s[i+j-1];
    t[j]='\0';
    return 1;
  }
  int StrComp(char * s1, char * s2)
  { int i=0;
    while (s1[i]= =s2[i] && s1[i]! ='\0') i++;
    return (s1[i]-s2[i]);
  }

  void main()
  { char * s1="Republic of China!";
    char * s2="Peoples ";
    char s[MAXSIZE];
    printf("第一串:%s\n",s1);
    printf("第二串:%s\n",s2);
    if(StrSub (s, s1, 13, 5))
        printf("子串:%s\n",s);
    if(StrConcat (s2, s1, s))
```

```
        printf("串联接:%s\n",s);
    else
        printf("串溢出\n");
    printf("联接串与第二串比较:%d\n",StrComp(s, s2));
}
```

习 题

1. 设有 A=" ",B="mule",C="old",D="my",E="foxolddesk",请计算下面运算的结果。

(a) StrConcat (D,C,s)

(b) StrLength(A)

(c) StrLength(D)

(d) SubStr (B,3,2)

(e) SubStr (C,1,0)

(f) StrIndex(E,C)

(g) StrInsert(E,2,D)

(h) StrDelete(E,3,4)

2. 采用顺序存储结构存储串,编写一个函数计算一个子串在一个字符串中出现的次数,如果该子串不出现则为 0。

第 5 章

数　组

数组也可视为线性表的推广,其特点是数据元素仍然是一个线性表。本章讨论多维数组的逻辑结构和存储结构,特殊矩阵和稀疏矩阵的压缩存储等。

5.1　多维数组

5.1.1　数组的逻辑结构

数组作为一种数据结构其特点是结构中的元素本身可以是具有某种结构的数据,但属于同一数据类型,比如:一维数组可以看作一个线性表,二维数组可以看作"数据元素是一维数组"的一维数组,三维数组可以看作"数据元素是二维数组"的一维数组,依此类推。图 5.1 是一个 m 行 n 列的二维数组。

$$A = \begin{bmatrix} a_{11} & a_{12} & \cdots & a_{1n} \\ a_{21} & a_{22} & \cdots & a_{2n} \\ \vdots & \vdots & \vdots & \vdots \\ a_{m1} & a_{m2} & \cdots & a_{mn} \end{bmatrix}$$

图 5.1　m 行 n 列的二维数组

数组是一个具有固定格式和数量的数据有序集,每一个数据元素有唯一的一组下标来标识,因此,在数组上不能做插入、删除数据元素的操作。通常在各种高级语言中数组一旦被定义,每一维数组的大小及上下界都不能改变。在数组中通常做下面两种操作:

(1) 取值操作:给定一组下标,读其对应的数据元素。

(2) 赋值操作:给定一组下标,存储或修改与其相对应的数据元素。

我们着重研究二维和三维数组,因为它们的应用是最广泛的,尤其是二维数组。

5.1.2　数组的内存映象

现在来讨论数组在计算机中的存储表示。通常,数组在内存中被映象为向量,即用向量作为数组的一种存储结构,这是因为内存的地址空间是一维的。数组的行列固定后,通过一个映象函数,即可根据数组元素的下标得到它的存储地址。

对于一维数组按下标顺序分配即可。

对多维数组分配时,要把它的元素映象存储在一维存储器中,一般有两种存储方式:一是以行为主序(即先行后列)的顺序存放,即一行分配完了接着分配下一行,如 BASIC、PASCAL、COBOL、C 等程序设计语言中用的是以行为主的顺序分配。另一种是以列为主序(先列后行)的顺序存放,即一列一列地分配,如 FORTRAN 语言中,用的是以列为主序的分配顺序。以行为主序的分配规律是:最右边的下标先变化,即最右下标从小到大,循环一遍后,右边第二个下标再变,…,从右向左,最后是左下标变化。以列为主序分配的规律恰好相反:最左边的下标先变化,即最左下标从小到大,循环一遍后,左边第二个下标再变,…,从左向右,最后是右下标变化。

例如一个 2×3 二维数组,逻辑结构可以用图 5.2 表示。以行为主序的内存映象如图 5.3(a)所示,分配顺序为:a_{11},a_{12},a_{13},a_{21},a_{22},a_{23};以列为主序的内存映象如图 5.3(b)所示,分配顺序为:a_{11},a_{21},a_{12},a_{22},a_{13},a_{23}。

a_{11}	a_{12}	a_{13}
a_{21}	a_{22}	a_{23}

图 5.2 2×3 数组的逻辑状态

a_{11}
a_{12}
a_{13}
a_{21}
a_{22}
a_{23}

(a)以行为主序

a_{11}
a_{21}
a_{12}
a_{22}
a_{13}
a_{23}

(b)以列为主序

图 5.3 2×3 数组的物理状态

设有 m×n 二维数组 A_{mn},下面我们介绍按元素的下标求其地址的计算方法。

以"以行为主序"的分配为例:设数组的基址为 $LOC(a_{11})$,每个数组元素占据 L 个地址单元,那么 a_{ij} 的物理地址可用一线性寻址函数计算:

$$LOC(a_{ij}) = LOC(a_{11}) + ((i-1)*n + j-1)*L$$

这是因为数组元素 a_{ij} 的前面有 i-1 行,每一行的元素个数为 n,在第 i 行中它的前面还有 j-1 个数组元素。

在 C 语言中,数组中每一维的下界定义为 0,则:

$$LOC(a_{ij}) = LOC(a_{00}) + (i*n + j)*L$$

推广到一般的二维数组:$A[c_1..d_1][c_2..d_2]$,则 a_{ij} 的物理地址计算函数为:

$$LOC(a_{ij}) = LOC(a_{c1\,c2}) + ((i-c_1)*(d_2-c_2+1) + (j-c_2))*L$$

同理,对于三维数组 A_{mnp},即 m×n×p 数组,数组元素 a_{ijk} 的物理地址为:

$$LOC(a_{ijk}) = LOC(a_{111}) + ((i-1)*n*p + (j-1)*p + k-1)*L$$

推广到一般的三维数组:$A[c_1..d_1][c_2..d_2][c_3..d_3]$,则 a_{ijk} 的物理地址为:

$$LOC(i,j) = LOC(a_{c1\,c2\,c3}) + ((i-c_1)*(d_2-c_2+1)*(d_3-c_3+1)$$
$$+ (j-c_2)*(d_3-c_3+1) + (k-c_3))*L$$

三维数组的逻辑结构和以行为主序的分配示意图如图 5.4 所示。

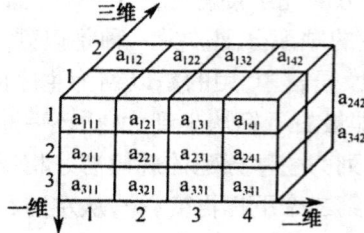

(a)一个 3 * 4 * 2 的三维数组的逻辑结构

(b)以行为主序的三维数组内存映象

图 5.4　三维数组示意图

【例 1】　若矩阵 $A_{m \times n}$ 中存在某个元素 a_{ij} 满足：a_{ij} 是第 i 行中最小值且是第 j 列中的最大值，则称该元素为矩阵 A 的一个鞍点。试编写一个算法，找出 A 中的所有鞍点。

基本思想：在矩阵 A 中求出每一行的最小值元素（可能不唯一），然后判断该元素它是否是它所在列中的最大值，是则打印出，接着处理下一行。矩阵 A 用一个二维数组表示。

找矩阵鞍点算法 5.1：

```
#define M 64  /* 矩阵最大行数 */
#define N 64  /* 矩阵最大列数 */
#include <stdio. h>
void saddle (int A[ ][N], int m, int n)  /* m,n 是矩阵 A 的行和列 */
{ int i,j,k,p,min;
  for(i=0;i<m;i++)  /* 按行处理 */
    { min=A[i][0];
      for (j=1; j<n; j++)
        if (A[i][j]<min ) min=A[i][j];   /* 找第 i 行最小值 */
      for (j=0; j<n; j++)  /* 检测该行中的每一个最小值是否是鞍点 */
        if (A[i][j]==min )
          { k=j;   p=0;
            while (p<m && A[p][j]<=min) p++;
            if ( p>=m) printf ("%d,%d,%d\n", i,k,min);
          } /* if */
    } /* for i */
}
```

算法的时间复杂度为 O(m * (n + m * n))。

若用如下主程序和数据调试:

```
void main( )
{ int A[M][N] = {{6,4,6,3,5},
                 {7,3,8,2,4},
                 {3,4,6,2,5},
                 {5,7,2,1,7}};
  saddle(A,4,5);
}
```

则运行结果是:0,3,3,表示下标为(0,3)的元素 3 是一个鞍点。

5.2 特殊矩阵的压缩存储

对于一个矩阵结构显然用一个二维数组来表示是非常恰当的。但在有些情况下,比如常见的一些特殊矩阵,如三角矩阵、对称矩阵、带状矩阵、稀疏矩阵等,从节约存储空间的角度考虑,这种存储是不太合适的。下面从这一角度来考虑这些特殊矩阵的存储方法。

5.2.1 对称矩阵

对称矩阵的特点是:在一个 n 阶方阵中,有 $a_{ij} = a_{ji}$,其中 $1 \leqslant i, j \leqslant n$,如图 5.5 所示是一个 5 阶对称矩阵。对称矩阵关于主对角线对称,因此只需存储上三角或下三角部分即可。比如,我们只存储下三角中的元素 a_{ij},其中 $j \leqslant i$ 且 $1 \leqslant i \leqslant n$,存储次序是:第 1 行的前 1 个元素,第 2 行的前 2 个元素,…,第 n 行的前 n 个元素。对于上三角中的元素 $a_{ij}(i < j)$,它和对应的 a_{ji} 相等,因此当访问的元素在上三角时,直接去访问和它对应的下三角元素即可。这样,原来需要 n * n 个存储单元,现在只需要 n(n+1)/2 个存储单元了,节约了 n(n-1)/2 个存储单元,当 n 较大时,这是可观的一部分存储资源。

$$A = \begin{bmatrix} 3 & 6 & 4 & 7 & 8 \\ 6 & 2 & 8 & 4 & 2 \\ 4 & 8 & 1 & 6 & 9 \\ 7 & 4 & 6 & 0 & 5 \\ 8 & 2 & 9 & 5 & 7 \end{bmatrix}$$

3	6	2	4	8	1	7	4	6	0	8	2	9	5	7

图 5.5 5 阶对称方阵及它的压缩存储

如何只存储下三角部分呢? 对下三角部分以行为主序顺序存储到一个向量中去,在下三角中共有 n * (n+1)/2 个元素,因此,不失一般性,设存储到向量 SA[n(n+1)/2] 中,存储顺序可用图 5.6 示意,这样,原矩阵下三角中的某一个元素 a_{ij} 则具体对应一个 SA[k],下面的问题是要找到 k 与 i、j 之间的关系。

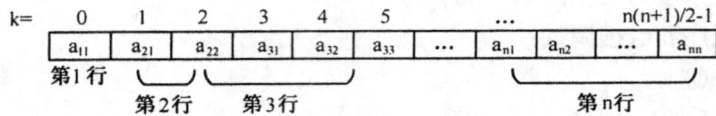

图 5.6　一般对称矩阵的压缩存储

对于下三角中的元素 a_{ij},其特点是:$i \geqslant j$ 且 $1 \leqslant i \leqslant n$,存储到 SA 中后,根据存储原则,它前面有 $i-1$ 行,共有 $1+2+\cdots+i-1=i*(i-1)/2$ 个元素,而 a_{ij} 又是它所在的行中的第 j 个,所以在上面的排列顺序中,a_{ij} 是第 $i*(i-1)/2+j$ 个元素,因此它在 SA 中的下标 k 与 i,j 的关系为:

$$k=i*(i-1)/2+j-1 \quad (0 \leqslant k < n*(n+1)/2)$$

若 $i<j$,则 a_{ij} 是上三角中的元素,因为 $a_{ij}=a_{ji}$,这样,访问上三角中的元素 a_{ij} 时改为去访问和它对应的下三角中的 a_{ji} 即可,因此将上式中的行列下标交换就是上三角中的元素在 SA 中的对应关系:

$$k=j*(j-1)/2+i-1 \quad (0 \leqslant k < n*(n+1)/2)$$

综上所述,对于对称矩阵中的任意元素 a_{ij},若令 $I=\max(i,j)$,$J=\min(i,j)$,则将上面两个式子综合起来得到:

$$k=I*(I-1)/2+J-1$$

5.2.2　三角矩阵

形如图 5.7 的矩阵称为三角矩阵,其中 c 为某个常数。其中 5.7(a)为下三角矩阵:主对角线以上均为同一个常数;(b)为上三角矩阵,主对角线以下均为同一个常数;下面讨论它们的压缩存储方法。

$$\begin{bmatrix} 3 & c & c & c & c \\ 6 & 2 & c & c & c \\ 4 & 8 & 1 & c & c \\ 7 & 4 & 6 & 0 & c \\ 8 & 2 & 9 & 5 & 7 \end{bmatrix} \qquad \begin{bmatrix} 3 & 4 & 8 & 1 & 0 \\ c & 2 & 9 & 4 & 6 \\ c & c & 1 & 5 & 7 \\ c & c & c & 0 & 8 \\ c & c & c & c & 7 \end{bmatrix}$$

　　　　(a)下三角矩阵　　　　　　　　　　　　　　　(b)上三角矩阵

图 5.7　三角矩阵

1. 下三角矩阵

与对称矩阵类似,不同之处在于存完下三角中的元素之后,紧接着存储对角线上方的常量,因为是同一个常数,所以存一个即可,设存入向量:SA$[n*(n+1)/2]$ 中,这样一共存储了 $n*(n+1)/2+1$ 个元素,如图 5.8 所示。SA$[k]$ 与 a_{ij} 的对应关系为:

$$k=\begin{cases} i*(i-1)/2+j-1 & \text{当 } i \geqslant j \\ n*(n+1)/2 & \text{当 } i < j \end{cases}$$

2. 上三角矩阵

对于上三角矩阵,存储思想与下三角类似,以行为主序顺序存储上三角部分,最后存储对

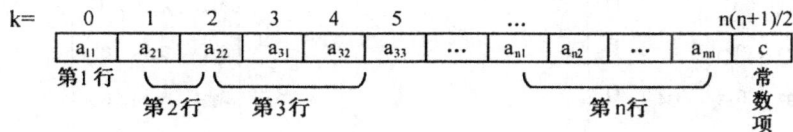

图 5.8 下三角矩阵的压缩存储

角线下方的常量。对于第 1 行,存储 n 个元素,第 2 行存储 n-1 个元素,…,第 p 行存储(n-p+1)个元素,a_{ij}的前面有 i-1 行,总共存储的元素个数为:

$$n + (n-1) + \cdots + (n-i+2) = \sum_{p=1}^{i-1}(n-p+1) = (i-1)*(2n-i+2)/2$$

而 a_{ij} 是它所在的行中要存储的第(j-i+1)个,所以,它是上三角存储顺序中的第 $(i-1)*(2n-i+2)/2+(j-i+1)$个,因此它在 SA 中的下标为:

$$k=(i-1)*(2n-i+2)/2+j-i$$

上三角矩阵的压缩存储表如图 5.9 所示,SA[k] 与 a_{ij} 的对应关系为:

$$k=\begin{cases}(i-1)*(2n-i+2)/2+j-i & \text{当 } i\leqslant j \\ n*(n+1)/2 & \text{当 } i>j\end{cases}$$

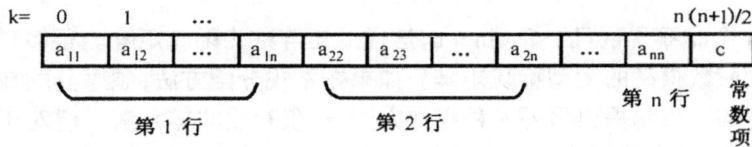

图 5.9 上三角矩阵的压缩存储

5.2.3 带状矩阵

n 阶矩阵 A 称为带状矩阵,如果存在最小正数 m,满足当 $|i-j|\geqslant m$ 时,$a_{ij}=0$,这时称 $w=2m-1$ 为矩阵 A 的带宽。如图 5.10(a)是一个 w=3(m=2)的带状矩阵。带状矩阵也称为对角矩阵。由图 5.10(a)可看出,在这种矩阵中,所有非零元素都集中在以主对角线为中心的带状区域中,即除了主对角线和它的上下方若干条对角线的元素外,所有其他元素都为零(或同一个常数 c)。

带状矩阵 A 也可以采用压缩存储。一种压缩方法是将 A 压缩到一个 n 行 w 列的二维数组 B 中,如图 5.10(b)所示,当某行非零元素的个数小于带宽 w 时,先存放非零元素后补零。那么 a_{ij}映射为 $b_{i'j'}$,映射关系为:

$$i'=i$$
$$j'=\begin{cases}j & \text{当 } i\leqslant m \\ j-i+m & \text{当 } i>m\end{cases}$$

另一种压缩方法是将带状矩阵压缩到向量 C 中去,按以行为主序,顺序的存储其非零元素,如图 5.10(c)所示,按其压缩规律,找到相应的映象函数。

如当 w=3 时,映象函数为:

$$k=2*i+j-3$$

$$A = \begin{bmatrix} a_{11} & a_{12} & 0 & 0 & 0 \\ a_{21} & a_{22} & a_{23} & 0 & 0 \\ 0 & a_{32} & a_{33} & a_{34} & 0 \\ 0 & 0 & a_{43} & a_{44} & a_{45} \\ 0 & 0 & 0 & a_{54} & a_{55} \end{bmatrix}$$

(a)w=3 的 5 阶带状矩阵

$$B = \begin{bmatrix} a_{11} & a_{12} & 0 \\ a_{21} & a_{22} & a_{23} \\ a_{32} & a_{33} & a_{34} \\ a_{43} & a_{44} & a_{45} \\ a_{54} & a_{55} & 0 \end{bmatrix}$$

(b)压缩为 5 * 3 的矩阵

C=	0	1	2	3	4	5	6	7	8	9	10	11	12
	a_{11}	a_{12}	a_{21}	a_{22}	a_{23}	a_{32}	a_{33}	a_{34}	a_{43}	a_{44}	a_{45}	a_{54}	a_{55}

(c)压缩为向量

图 5.10 带状矩阵及压缩存储

5.3 稀疏矩阵

设 m * n 矩阵中有 t 个非零元素且 t≪m * n,这样的矩阵称为稀疏矩阵。很多科学管理及工程计算中,常会遇到阶数很高的大型稀疏矩阵。如果按常规分配方法,顺序分配在计算机内,那将是相当浪费内存的。为此提出另外一种存储方法,仅仅存放非零元素。但对于这类矩阵,通常零元素分布没有规律,为了能找到相应的元素,所以仅存储非零元素的值是不够的,还要记下它所在的行和列。于是采取如下方法:将非零元素所在的行、列以及它的值构成一个三元组(i,j,v),然后再按某种规律存储这些三元组,这种方法可以节约存储空间。下面讨论稀疏矩阵的压缩存储方法。

5.3.1 稀疏矩阵的三元组表存储

将三元组按行优先的顺序,同一行中列号从小到大的规律排列成一个线性表,称为三元组表,采用顺序存储方法存储该表。如图 5.11 稀疏矩阵对应的三元组表为图 5.12。

$$A = \begin{bmatrix} 15 & 0 & 0 & 22 & 0 & -15 \\ 0 & 11 & 3 & 0 & 0 & 0 \\ 0 & 0 & 0 & 6 & 0 & 0 \\ 0 & 0 & 0 & 0 & 0 & 0 \\ 91 & 0 & 0 & 0 & 0 & 0 \\ 0 & 0 & 0 & 0 & 0 & 0 \end{bmatrix}$$

图 5.11 稀疏矩阵

	i	j	v
1	1	1	15
2	1	4	22
3	1	6	-15
4	2	2	11
5	2	3	3
6	3	4	6
7	5	1	91

图 5.12 三元组表

显然,要唯一地表示一个稀疏矩阵,在存储三元组表的同时还需要存储该矩阵的行数、列

数,为了运算方便,矩阵的非零元素的个数也同时存储。这种存储的思想实现如下:

```
#define SMAX   1024   /*一个足够大的数*/
typedef  struct
   { int i,j;   /*非零元素的行、列*/
     datatype  v;   /*非零元素值*/
   }SPNode;   /*三元组类型*/
typedef  struct
   { int mu,nu,tu;   /*矩阵的行数、列数及非零元素的个数*/
     SPNode  data[SMAX];   /*三元组表*/
   } SPMatrix;  /*三元组表的存储类型*/
```

这样的存储方法确实节约了存储空间,但矩阵的运算从算法上可能变得复杂些。下面我们讨论这种存储方式下的稀疏矩阵的转置运算。

设 A 是一个 m*n 的稀疏矩阵,有 t 个非零元素,则其转置 B 是一个 n*m 的稀疏矩阵,并且也有 t 个非零元素。由 A 求 B 需要:

①将 A 的行、列转化成 B 的列、行;

②将 A.data 中每一三元组的行列交换后转化到 B.data 中。

看上去以上两点完成之后,似乎完成了 B 的计算,但实际上这样还不够。因为我们前面规定三元组的是按一行一行且每行中的元素是按列号从小到大的规律顺序存放的,因此 B 也必须按此规律实现。A 的转置 B 如图 5.13 所示,图 5.14 是它对应的三元组存储,就是说,在 A 的三元组存储基础上得到 B 的三元组表存储(为了运算方便,矩阵的行列都从 1 算起,三元组表 data 也从 1 单元用起)。

稀疏矩阵求转量的算法思路:

①A 的行、列转化成 B 的列、行;

②在 A.data 中依次寻找第一列、第二列、直到最后一列,并将找到的每个三元组的行、列交换后顺序存储到 B.data 中即可。

$$B=\begin{bmatrix} 15 & 0 & 0 & 0 & 91 & 0 \\ 0 & 11 & 0 & 0 & 0 & 0 \\ 0 & 3 & 0 & 0 & 0 & 0 \\ 22 & 0 & 6 & 0 & 0 & 0 \\ 0 & 0 & 0 & 0 & 0 & 0 \\ -15 & 0 & 0 & 0 & 0 & 0 \end{bmatrix}$$

图 5.13 A 的转置 B

	i	j	v
1	1	1	15
2	1	5	91
3	2	2	11
4	3	2	3
5	4	1	22
6	4	3	6
7	6	1	-15

图 5.14 B 的三元组表

稀疏矩阵转置算法 5.2:

```
#include <malloc.h>
#include <stdio.h>
#define SMAX   1024        /*一个足够大的数*/
typedef int datatype;
typedef  struct
```

```
    { int i,j;        /* 非零元素的行、列 */
      datatype  v;        /* 非零元素值 */
    }SPNode;        /* 三元组类型 */
typedef  struct
    { int mu,nu,tu;        /* 矩阵的行、列及非零元素的个数 */
      SPNode  data[SMAX];        /* 三元组表 */
    } SPMatrix;        /* 三元组表的存储类型 */
SPMatrix * TransM1 (SPMatrix * A)
{SPMatrix *B;
 int p,q,col;
 B=(SPMatrix *)malloc(sizeof(SPMatrix));    /* 申请存储空间 */
 B→mu=A→nu; B→nu=A→mu; B→tu=A→tu;
 if(B→tu>0) /* 有非零元素则转换 */
 {  q=1;
    for (col=1; col<=(A→nu); col++) /* 按 A 的列序转换 */
      for (p=1; p<=(A→tu); p++)    /* 扫描整个三元组表 */
          if(A→data[p].j==col)
              {B→data[q].i= A→data[p].j ;
               B→data[q].j= A→data[p].i ;
               B→data[q].v= A→data[p].v;
               q++;
              } /* if */
 } /* if(B→tu>0) */
 return B;        /* 返回的是转置矩阵的指针 */
}    /* TransM1 */
```

　　分析该算法,其时间主要耗费在 col 和 p 的二重循环上,所以时间复杂度为 $O(n*t)$,显然当非零元素的个数 t 和 m * n 同数量级时,算法的时间复杂度为 $O((m*n)^2)$(例如,假设在 100×500 的矩阵中有 t=10000 个非零元素),和通常存储方式下矩阵转置算法相比,可能节约了一定量的存储空间,但算法的时间复杂度差一些。

　　算法 5.2 的效率低的原因是算法要从 A 的三元组表中寻找第一列、第二列、…、第 n 列,要反复搜索 A 的三元组表 n 遍,若能直接确定 A 中每一三元组在 B 中的位置,则对 A 的三元组表扫描一次即可。这是可以做到的,因为 A 中第一列的第一个非零元素一定存储在 B.data[1],如果还知道第一列的非零元素的个数,那么第二列的第一个非零元素在 B.data 中的位置便等于第一列的第一个非零元素在 B.data 中的位置加上第一列的非零元素的个数,如此类推。因为 A 中三元组的存放顺序是先行后列,对同一行来说,必定先遇到列号小的元素,这样只需扫描一遍 A.data 即可。

　　根据这个想法,需引入两个向量来实现:num[n+1]和 cpot[n+1],num[col]表示矩阵 A 中第 col 列的非零元素的个数(为了方便均从 1 单元用起),cpot[col]初始值表示矩阵 A 中的第 col 列的第一个非零元素在 B.data 中的位置。于是 cpot 的初始值为:

cpot[1]=1;

cpot[col]=cpot[col-1]+num[col-1]; $(2\leqslant col\leqslant n)$

例如对于图 5.11 的矩阵 A 的 num 和 cpot 的值如下:

Col	1	2	3	4	5	6
num[col]	2	1	1	2	0	1
cpot[col]	1	3	4	5	7	7

图 5.15　矩阵 A 的 num 与 cpot 值

依次扫描 A. data,当扫描到一个 col 列元素时,直接将其存放在 B. data 的 cpot[col]位置上,然后 cpot[col]加 1,使 cpot[col]的值始终是下一个 col 列元素在 B. data 中的位置。按以上思想,可以得到下面算法。

稀疏矩阵转置的改进算法 5.3:

```
#define CMAX   512    /* 一个足够大的列数 */
SPMatrix  *  TransM2 (SPMatrix * A)
  { SPMatrix * B;
    int  i,j,k;
    int num[CMAX +1],cpot[CMAX +1];
    B = ( SPMatrix * )malloc(sizeof(SPMatrix));   /* 申请存储空间 */
    B→mu = A→nu;   B→nu = A→mu;   B→tu = A→tu;
        /* 稀疏矩阵的行、列、元素个数 */
    if (B→tu>0) /* 有非零元素则转换 */
      { for (i=1;i<= A→nu;i++)   num[i]=0;
        for  (i=1;i<=A→tu;i++) /* 求矩阵 A 中每一列非零元素的个数 */
          { j= A→data[i].j;
            num[j]++;
          }
        cpot[1]=1;  /* 求矩阵 A 中每一列第一个非零元素在 B.data 中的位置 */
        for (i=2;i<=A→nu;i++)
          cpot[i]= cpot[i-1]+num[i-1];
        for (i=1; i<= (A→tu); i++) /* 扫描三元组表 */
          { j=A→data[i].j; /* 当前三元组的列号 */
            k=cpot[j]; /* 当前三元组在 B. data 中的位置 */
            B→data[k].i= A→data[i].j;
            B→data[k].j= A→data[i].i;
            B→data[k].v= A→data[i].v;
            cpot[j]++;
          }  /* for i */
      }  /* if  (B→tu>0) */
    return B;    /* 返回的是转置矩阵的指针 */
  }  /* TransM2 */
```

分析这个算法的时间复杂度:这个算法中有四个循环,它们互不嵌套,分别执行 n,t,n-1,t 次,在每个循环中,每次迭代的时间是一常量,因此总的计算量是 O(n+t)。当然它所需要的存储空间比前一个算法多了两个向量。

5.3.2　稀疏矩阵的十字链表存储

三元组表可以看作稀疏矩阵的顺序存储,但是在做一些操作(如加法、乘法)时,非零项数目及非零元素的位置会发生变化,这时这种表示就十分不便。在这节中,我们介绍稀疏矩阵的一种链式存储结构——十字链表,它具备链式存储的特点,因此,在某些情况下,采用十字链表表示稀疏矩阵是很方便的。

用十字链表表示稀疏矩阵的基本思想是:对每个非零元素存储为一个结点,结点由 5 个域组成,其结构如图 5.16 表示。其中:row 域存储非零元素的行号;col 域存储非零元素的列号;v 域存储本元素的值;right 是行指针域,用来指向本行中下一个非零元素;down 是列指针域,用来指向本列中下一个非零元素。

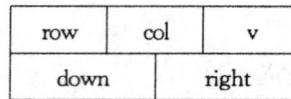

图 5.16　十字链表的结点结构

图 5.17 是一个稀疏矩阵 A 及其十字链表:

$$A = \begin{bmatrix} 3 & 0 & 0 & 7 \\ 0 & 0 & -1 & 0 \\ 2 & 0 & 0 & 0 \\ 0 & 0 & 0 & 0 \\ 0 & 0 & 0 & -8 \end{bmatrix}$$

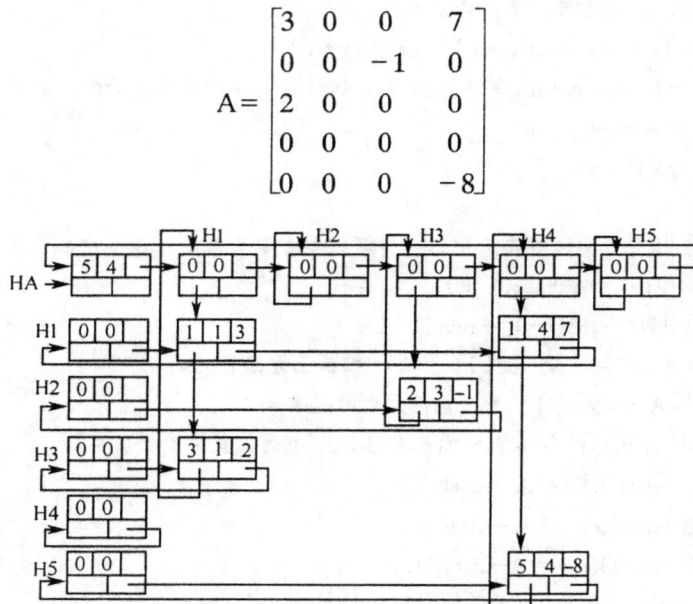

图 5.17　用十字链表表示的稀疏矩阵 A

稀疏矩阵中每一行的非零元素结点按其列号从小到大顺序由 right 域链成一个带表头结点的循环行链表,同样每一列中的非零元素按其行号从小到大顺序由 down 域也链成一个带表头结点的循环列链表。即每个非零元素 a_{ij} 既是第 i 行循环链表中的一个结点,又是第 j 列循环链表中的一个结点。行链表、列链表的头结点的 row 域和 col 域置 0。每一列链表的表头结点的 down 域指向该列链表的第一个元素结点,每一行链表的表头结点的 right 域指向该行链表的第一个元素结点。由于各行、列链表头结点的 row 域、col 域均为零,行链表头结点只用

right 指针域,列链表头结点只用 down 指针域,故这两组表头结点可以合用,也就是说对于第 i 行的链表和第 i 列的链表可以共用同一个头结点。为了方便地找到每一行或每一列,将每行(列)的这些头结点链接起来,因为头结点的值域空闲,所以用头结点的值域作为连接各头结点的链域,即第 i 行(列)的头结点的值域指向第 i+1 行(列)的头结点,…,形成一个循环表。这个循环表又有一个头结点,这就是最后的总头结点,指针 HA 指向它。总头结点的 row 和 col 域存储原矩阵的行数和列数。

因为非零元素结点的值域是 datatype 类型,而在表头结点中需要一个指针类型才能把表头结点链成一个单循环链表。为了使整个结构的结点一致,我们规定表头结点和其他结点有同样的结构,因此该域用一个联合来表示。改进后的结点结构如图 5.18 所示。

row	col	v/next
down		right

图 5.18 十字链表中非零元素和表头共用的结点结构

结点的结构定义如下:

```
typedef  struct  node
  { int  row, col;
    struct node * down, * right;
    union  v_next
          {  datatype  v;
             struct node  * next;
          }v_next;
  }  MNode, * MLink;
```

让我们看基于这种存储结构的稀疏矩阵的运算。这里将介绍两个算法,创建一个稀疏矩阵的十字链表和用十字链表表示的两个稀疏矩阵的相加。

1. 建立稀疏矩阵 A 的十字链表

首先输入的信息是:m(A 的行数),n(A 的列数),t(非零项的数目),紧跟着输入的是 t 个形如 (i,j,a_{ij}) 的三元组。

算法的设计思想是:首先建立每行(每列)只有头结点的空链表,并建立起这些头结点拉成的循环链表;然后每输入一个三元组 (i,j,a_{ij}),则将其结点按其列号的大小插入到第 i 个行链表中去,同时也按其行号的大小将该结点插入到第 j 个列链表中去。在算法中将利用一个辅助数组 hd[s+1],其中 s=max(m, n),hd [i] 指向第 i 行(第 i 列)链表的头结点。这样做可以在建立链表时随机地访问任何一行(列),为建表带来方便。

建立稀疏矩阵的十字链表算法 5.4:

```
#define  RCMAX  512  /* 行列最大数 */
typedef int datatype;
MLink CreatMLink(void) /* 返回十字链表的头指针 */
{  MLink H;
   MNode * p, * q, * hd[RCMAX+1];
   int i,j,m,n,t,k,s;
   datatype v;
```

```
scanf("%d,%d,%d",&m,&n,&t);
s=m; if(n>s) s=n;
H=(MLink)malloc(sizeof(MNode));      /* 申请总头结点 */
H→row=m; H→col=n; hd[0]=H;
for(i=1; i<=s; i++)
{       p=(MLink)malloc(sizeof(MNode));   /* 申请第 i 个头结点 */
        p→row=0; p→col=0;
        p→right=p; p→down=p;
        hd[i]=p;
        hd[i-1]→v_next.next=p;
}
hd[s]→v_next.next=H;  /* 将头结点们形成循环链表 */
for (k=1;k<=t;k++)
{    scanf ("%d,%d,%d",&i,&j,&v); /* 输入一个三元组,设值为 int */
     p=(MLink)malloc(sizeof(MNode));
     p→row=i; p→col=j; p→v_next.v=v;
     /* 以下是将 *p 插入到第 j 列链表中去,且按列号有序 */
     q=hd[i];
     while ( q→right!=hd[i] && (q→right→col)<j )q=q→right;  /* 按列号找位置 */
     p→right=q→right;     /* 插入 */
     q→right=p;
     /* 以下是将 *p 插入到第 i 行链表中去,且按行号有序 */
     q=hd[j];
     while ( q→down!=hd[j] && (q→down→row)<i ) q=q→down;  /* 按行号找位置 */
     p→down=q→down; /* 插入 */
     q→down=p;
}  /* for k */
return H;
}   /* CreatMLink */
```

上述算法中,建立头结点循环链表时间复杂度为 $O(s)$,插入每个结点到相应的行表和列表的时间复杂度是 $O(t*s)$,这是因为每个结点插入时都要在链表中寻找插入位置,所以总的时间复杂度为 $O(t*s)$。该算法对三元组的输入顺序没有要求。如果我们输入三元组时是按以行(或列)为主序输入的,则每次将新结点插入到链表的尾部,改进算法后,时间复杂度为 $O(s+t)$。建议读者自己尝试写出改进算法。

2. 两个十字链表表示的稀疏矩阵的加法

已知两个稀疏矩阵 A 和 B,分别采用十字链表存储,计算 C=A+B,C 也采用十字链表方式存储,并且在 A 的基础上形成 C,即 A 改成了 C。

由矩阵的加法规则可知,只有 A 和 B 行列对应相等,二者才能相加。C 中的非零元素 c_{ij} 只可能有 3 种情况:或者是 $a_{ij}+b_{ij}$,或者是 $a_{ij}(b_{ij}=0)$,或者是 $b_{ij}(a_{ij}=0)$。因此当 B 加到 A 上时,对 A 十字链表的当前结点来说,对应下列四种情况:或者改变结点的值($a_{ij}+b_{ij}\neq0$),或者删除一个结点($a_{ij}+b_{ij}=0$),或者是 a_{ij} 不变($b_{ij}=0$),或者插入一个新结点($a_{ij}=0$)。整个运算从矩阵的第一行起逐行进行。对每一行都从行表的头结点出发,分别找到 A 和 B 在该行中的第一个非零元素结点后开始比较,然后按四种不同情况分别处理。设 pa 和 pb 分别指向 A 和 B 的十字链表中行号相同的两个结点,四种情况如下:

(1) 若 pa→col = pb→col 且 pa→v + pb→v≠0,则只要用 $a_{ij} + b_{ij}$ 的值改写 pa 所指结点的值域即可。

(2) 若 pa→col = pb→col 且 pa→v + pb→v = 0,则需要在矩阵 A 的十字链表中删除 pa 所指结点,此时需改变该行链表中前趋结点的 right 域,以及该列链表中前趋结点的 down 域。

(3) 若 pa→col < pb→col 且 pa→col≠0(即不是表头结点),则只需要将 pa 指针向右推进一步,并继续进行比较。

(4) 若 pa→col > pb→col 或 pa→col = 0(即是表头结点),则需要在矩阵 A 的十字链表中插入一个 pb 所指结点。

由前面建立十字链表算法知,总表头结点的行列域存放的是矩阵的行和列,而各行(列)链表的头结点其行列域值为零,当然各非零元素结点的行列域其值不会为零,上面分析的四种情况利用了这些信息来判断是否为表头结点。

十字链表表示的稀疏矩阵相加算法 5.5:

```
MLink AddMat (MLink Ha, MLink Hb)
{  MNode  * p, * q, * pa, * pb, * ca, * cb, * qa;
   datatype x;
   if (Ha→row! = Hb→row || Ha→col! = Hb→col) return NULL;
      ca = Ha→v_next.next;  /* ca 初始指向 A 矩阵中第一行表头结点 * /
      cb = Hb→v_next.next;  /* cb 初始指向 B 矩阵中第一行表头结点 * /
      do { pa = ca→right;   /* pa 指向 A 矩阵当前行中第一个结点 * /
           qa = ca;           /* qa 是 pa 的前驱 * /
           pb = cb→right;     /* pb 指向 B 矩阵当前行中第一个结点 * /
           while (pb→col! = 0)  /* 当前行没有处理完 * /
           {    if (pa→col < pb→col && pa→col! = 0 )  /* 第三种情况 * /
                { qa = pa;
                  pa = pa→right;
                }
                else if (pa→col > pb→col || pa→col = = 0 )  /* 第四种情况 * /
                {  p = (MLink)malloc(sizeof(MNode));
                   p→row = pb→row; p→col = pb→col; p→v_next.v = pb→v_next.v;
                   p→right = pa;qa→right = p;  /* 新结点插入 * pa 的前面 * /
                   pa = p;
                    /* 新结点还要插到列链表的合适位置,先找位置,再插入 * /
                   q = Find_JH(Ha,p→col);  /* 从列链表的头结点找起 * /
                   while(q→down→row! = 0 && q→down→row<p→row) q = q→down;
                   p→down = q→down;  /* 插在 * q 的后面 * /
                   q→down = p;
                   pb = pb→right;
                }  /* if * /
              else  /* 第一、二种情况 * /
                 {x = pa→v_next.v + pb→v_next.v;
```

```
                if (x==0)    /* 第二种情况 */
                {  qa→right=pa→right;  /* 从行链中删除 */
                   /* 还要从列链中删除,找 *pa 的列前驱结点 */
                   q= Find_JH (Ha,pa→col); /* 从列链表的头结点找起 */
                   while ( q→down→row < pa→row  ) q=q→down;
                   q→down=pa→down;
                   free (pa);
                   pa=qa;
                }  /* if (x==0) */
                else   /* 第一种情况 */
                {  pa→v_next.v=x;
                   qa=pa;
                }
                pa=pa→right;
                pb=pb→right;
             }
        }  /* while */
        ca=ca→v_next.next;    /* ca 指向 A 中下一行的表头结点 */
        cb=cb→v_next.next;    /* cb 指向 B 中下一行的表头结点 */
     } while (ca→row==0);     /* 当还有未处理完的行则继续 */
     return  Ha;
}
MLink Find_JH(MLink Ha, int col)
{   MLink p=Ha→v_next.next;
    int j=1;
    while(j<col) {p=p→v_next.next;j++;}
    return p;
}
```

　　为了保持算法的层次,在上面的算法中,用到了一个函数 Find_JH。该函数的功能是:返回十字链表 H 中第 j 列链表的头结点指针。

　　如果加上以下打印函数,可打印出运算结果。

```
void print_MLinkMat(MLink A)
{   int i,j;
    MLink q,p=A;
    printf("   A=   ");
    for (j=1;j<=A→col;j++)
        printf("%4d",j);
    printf("\n");
    for (i=1;i<=A→row;i++)
    {   j=1;
        p=p→v_next.next; /* 第 i 行的头节点 */
        q=p→right;   /* 第 i 行的第一个节点 */
```

```
        printf("i=%4d  ",i);
        while  (q! =p )
          {  for(;j<q→col;j++ ) printf("   ");
             j++ ;
             printf("%4d",q→v－next.v);
             q=q→right;
          }
        printf("\n");
    } /* for i * /
}
```

主程序如下:

```
void main( )
{   MNode * A, * B, * C;
    printf("请输入矩阵 A:\n");
    A=CreatMLink( );
    print－MLinkMat(A);
    printf("请输入矩阵 B:\n");
    B=CreatMLink( );
    print－MLinkMat(B);
    C=AddMat(A,B);
    if(C)
        print－MLinkMat(C);
    else
        printf("非法矩阵加法! \n");
}
```

如果

$$A=\begin{bmatrix} 3 & 0 & 0 & 7 \\ 0 & 0 & 0 & -1 \\ 0 & 2 & 0 & 0 \end{bmatrix} \qquad B=\begin{bmatrix} 4 & 0 & 1 & 0 \\ 0 & 0 & 0 & 1 \\ 0 & 2 & 0 & 3 \end{bmatrix}$$

输入内容如下:

请输入矩阵 A:	请输入矩阵 B:
3,4,4	3,4,5
1,1,3	1,1,4
1,4,7	1,3,1
2,4,-1	2,4,1
3,2,2	3,2,2
	3,4,3

请读者上机运行程序输出结果。

习 题

一、单项选择题

1. 二维数组 M 的成员是 6 个字符(每个字符占一个存储单元)组成的串,行下标 i 的范围从 0 到 8,列下标 j 的范围从 1 到 10,则存放 M 至少需要(1)个字符;M 的第 8 列和第 5 行共占(2)个字节;若 M 按行优先方式存储,元素 M[8][5] 的起始地址与当 M 按列优先方式存储时的(3)元素的起始地址一致。

(1) A. 90   B. 180   C. 240   D. 540

(2) A. 108   B. 114   C. 54   D. 60

(3) A. M[8][5]   B. M[3][10]   C. M[5][8]   D. M[0][9]

2. 数组 A 中,每个元素 A 的存储占 3 个单元,行下标 i 从 1 到 8,列下标 j 从 1 到 10,从首地址 SA 开始连续存放在存储器内,存放该数组至少需要的单元个数是(1),若该数组按行存放时,元素 A[8][5] 的起始地址是(2),若该数组按列存放时,元素 A[8][5] 的起始地址是(3)。

(1) A. 80   B. 100   C. 240   D. 270

(2) A. SA + 141   B. SA + 144   C. SA + 222   D. SA + 225

(3) A. SA + 141   B. SA + 180   C. SA + 222   D. SA + 225

3. 稀疏矩阵一般的压缩存储方法有两种,即(　　)

A. 二维数组和三维数组   B. 三元组和散列

C. 三元组和十字链表   D. 散列和十字链表

二、简答题

1. 假设按行优先存储整数数组 A[9][3][5][8] 时,第一个元素的字节地址是 100,每个整数占 4 个字节。问下列元素的存储地址是什么。

(1) a_{0000} (2) a_{1111} (3) a_{3125} (4) a_{8247}

2. 设有三对角矩阵 $A_{n \times n}$,将其三条对角线上的元素存于数组 B[3][n] 中,使得元素 $B[u][v] = a_{ij}$,试推导出从 (i, j) 到 (u, v) 的下标变换公式。

3. 假设一个准对角矩阵:

$$
\begin{bmatrix}
a_{11} & a_{12} & & & & & \\
a_{21} & a_{22} & & & & & \\
& & a_{33} & a_{34} & & & \\
& & a_{43} & a_{44} & & & \\
& & & & \cdots & & \\
& & & & a_{ij} & & \\
& & & & \cdots & & \\
& & & & & a_{2m-1,2m-1} & a_{2m-1,2m} \\
& & & & & a_{2m,2m-1} & a_{2m,2m}
\end{bmatrix}
$$

按以下方式存储于一维数组 B[4m]中：

k=	0	1	2	3	4	5	6	⋯	k	⋯		4m−1	4m
	a_{11}	a_{12}	a_{21}	a_{22}	a_{33}	a_{34}	a_{43}	⋯	a_{ij}	⋯	$a_{2m-1,2m}$	$a_{2m,2m-1}$	$a_{2m,2m}$

写出由一对下标(i,j)求 k 的转换公式。

4.现有如下的稀疏矩阵 A：

$$
\begin{bmatrix}
15 & 0 & 0 & 22 & 0 & -15 \\
0 & 13 & 3 & 0 & 0 & 0 \\
0 & 0 & 0 & -6 & 0 & 0 \\
0 & 0 & 0 & 0 & 0 & 0 \\
91 & 0 & 0 & 0 & 0 & 0 \\
0 & 0 & 28 & 0 & 0 & 0
\end{bmatrix}
$$

要求用以下两种方法来表示：

(1)三元组表示法；

(2)十字链表法。

第 6 章

树

在前面几章里讨论的数据结构都属于线性结构,线性结构的特点是逻辑结构简单,易于进行查找、插入和删除等操作。它主要用于对客观世界中具有单一的前驱和后继的数据关系进行描述,而现实中的许多事物的关系并非这样简单。如人类社会的家族谱,各种社会组织机构以及城市交通、通讯等,这些事物中的联系都是非线性的,采用非线性结构进行描绘会更明确和便利。

树形结构是一类重要的非线性结构,它是结点之间有分支、层次关系的结构,非常类似于自然界中的树。树是树形结构的一个重要类型。

6.1　树的概念

在现实生活中,存在很多可用树形结构描述的实际问题。例如,某家族的血统关系如下:张源有三个孩子张明、张亮和张丽;而张明有两个孩子张林和张维;张亮有三个孩子张平、张华和张群;张平有两个孩子张晶和张磊。这个家族关系可以很自然地用图 6.1 所示的树形图来描述,它很像一棵倒画的树。其中"树根"是张源,树的"分支点"是张明、张亮和张平,该家族的其余成员均是"树叶";而树枝(即图中的线段)描述了家族成员的关系。显然,以张源为根的树是一个大家庭,它可以分成以张明、张亮和张丽为根的三个小家庭,每个小家庭又都是一个树形结构。由此可抽象出树的递归定义。

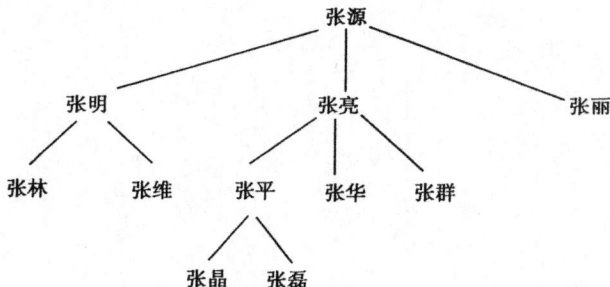

图 6.1　家族关系图

6.1.1 树的定义

树(Tree)是 n(n≥0)个有限数据元素的集合。当 n＝0 时，称这棵树为空树。在一棵非空树 T 中：

(1)有一个特殊的数据元素称为树的根结点，根结点没有前驱结点；

(2)若 n＞1，除根结点之外的其余数据元素被分成 m(m＞0)个互不相交的集合 $T_1, T_2,$ …,T_m,其中每一个集合 $T_i(1 \leq i \leq m)$ 本身又是一棵树。树 $T_1, T_2, \cdots, T_m$ 称为这个根结点的子树。

从树的定义和图 6.2(a)的示例可以看出，树具有下面两个特点：

(1) 树的根结点没有前驱结点，除根结点之外的所有结点有且只有一个前驱结点；

(2) 树中所有结点可以有零个或多个后继结点。

由此特点可知，图 6.2(b)、(c)、(d)所示的都不是树结构。

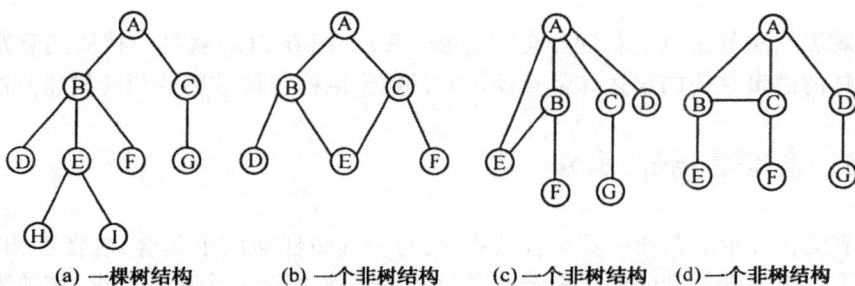

(a) 一棵树结构　　　(b) 一个非树结构　　　(c) 一个非树结构　　(d) 一个非树结构

图 6.2 树结构和非树结构的示意

6.1.2 相关术语

树常用的相关术语有以下这些：

(1)**结点的度**：结点所拥有的子树的个数称为该结点的度。

(2)**叶结点**：度为 0 的结点称为叶结点，或者称为终端结点。

(3)**分支结点**：度不为 0 的结点称为分支结点，或者称为非终端结点。一棵树的结点除叶结点外，其余的都是分支结点。

(4)**孩子、双亲**：树中一个结点的子树的根结点称为这个结点的孩子，这个结点称为它孩子结点的双亲。

(5)**兄弟**：具有同一个双亲的孩子结点互称为兄弟。

(6)**路径、路径长度**：如果有一棵树的一串结点 $n_1, n_2, \cdots, n_k$,结点 n_i 是 n_{i+1} 的父结点($1 \leq i < k$),就把 $n_1, n_2, \cdots, n_k$ 称为一条由 n_1 至 n_k 的路径，这条路径的长度是 k－1。

(7)**祖先、子孙**：在树中，如果有一条路径从结点 M 到结点 N，那么 M 就称为 N 的祖先，而 N 称为 M 的子孙。

(8)**结点的层数**：规定树的根结点的层数为 1，其余结点的层数等于它的双亲结点的层数加 1。

(9)**树的深度**：树中所有结点的最大层数称为树的深度。

（10）**树的度**：树中各结点度的最大值称为该树的度。

（11）**有序树和无序树**：如果一棵树中结点的各子树从左到右是有次序的，即若交换了某结点各子树的相对位置，则构成不同的树，称这棵树为有序树；反之，则称为无序树。

（12）**森林**：零棵或有限棵不相交的树的集合称为森林。这里的"不相交"指的是不同树没有"共用"结点。自然界中树和森林是不同的概念，但在数据结构中，树和森林只有很小的差别。任何一棵树，删去根结点就变成了森林。

6.2　树的表示

常用的树的表示方法有以下三种，各用于不同的目的。

6.2.1　直观表示法

树的直观表示法就是以倒着的分支树的形式表示，图 6.2(a)就是一棵树的直观表示。其特点就是对树的逻辑结构的描述非常直观。它是数据结构中最常用的树的描述方法。

6.2.2　嵌套集合表示法

所谓嵌套集合表示法是指一些集合的集合，对于其中任何两个集合，或者不相交，或者一个包含另一个。用嵌套集合的形式表示树，就是将根结点视为一个大的集合，其若干棵子树构成这个大集合中若干个互不相交的子集，如此嵌套下去，即构成一棵树的嵌套集合表示。图 6.3(a)就是图 6.2(a)表示的一棵树的嵌套集合表示。

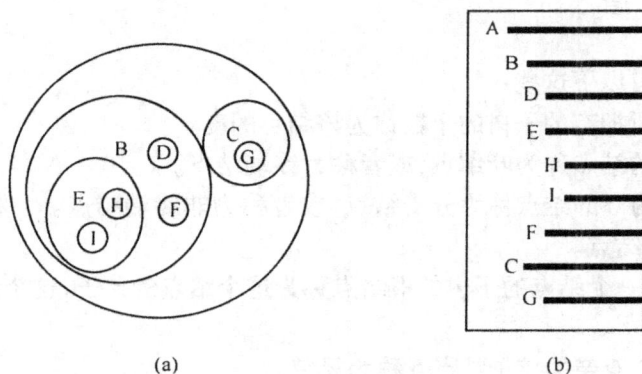

(a)　　　　　　　(b)

图 6.3　对图 6.2 (a) 所示树的其他两种表示法示意

6.2.3　凹入表示法

图 6.2(a)表示的树的凹入表示法如图 6.3 (b)所示。

树的凹入表示法主要用于树的屏幕和打印输出。

【例 1】 假设在树中,结点 x 是结点 y 的双亲时,用(x,y)来表示树边。已知一棵树边的集合为:{(i,m),(i,n),(b,e),(e,i),(b,d),(a,b),(g,j),(g,k),(c,g),(c,f),(h,l),(c,h),(a,c)}。分别用树的直观表示法、嵌套集合表示法、凹入表示法画出此树,并回答下列问题:

(1) 哪个是根结点?

(2) 哪些是叶结点?

(3) 哪个是 g 的双亲?

(4) 哪些是 g 的祖先?

(5) 哪些是 g 的孩子?

(6) 哪些是 e 的子孙?

(7) 哪些是 e 的兄弟? 哪些是 f 的兄弟?

(8) 结点 b 和 n 的层次各是多少?

(9) 树的深度是多少?

(10) 以结点 c 为根的子树的深度是多少?

(11) 树的度数是多少?

解:用树的直观表示法、嵌套集合表示法、凹入表示法画出的树分别如图 6.4(a)、(b)、(c) 所示。

(1) a 是根结点;

(2) d、m、n、f、j、k、l 是叶结点;

(3) c 是 g 的双亲;

(4) a、c 是 g 的祖先;

(5) g 的孩子是 j、k;

(6) e 的子孙是 i、m、n;

(7) e 的兄弟是 d,f 的兄弟是 g、h;

(8) b 的层次是 2,n 的层次是 5;

(9) 树的深度为 5;

(10) 以 c 为根的子树的深度为 3;

(11) 树的度数为 3。

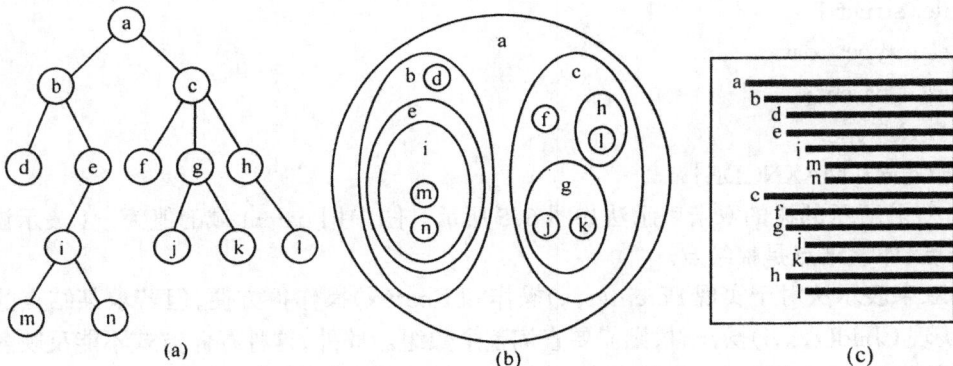

图 6.4 一棵树的三种表示法

6.3　树的基本操作与存储

6.3.1　树的基本操作

树的基本操作通常有以下几种：

（1）Initiate(t)初始化一棵空树 t。

（2）Root(x)求结点 x 所在树的根结点。

（3）Parent(t,x)求树 t 中结点 x 的双亲结点。

（4）Child(t,x,i)求树 t 中结点 x 的第 i 个孩子结点。

（5）RightSibling(t,x)求树 t 中结点 x 的第一个右边兄弟结点简称求右兄弟结点。

（6）Insert(t,x,i,s)把以 s 为根结点的树插入到树 t 中作为结点 x 的第 i 棵子树。

（7）Delete(t,x,i)在树 t 中删除结点 x 的第 i 棵子树。

（8）Traverse(t)是树的遍历操作，即按某种方式访问树 t 中的每个结点，且使每个结点只被访问一次。

6.3.2　树的存储结构

在计算机中，树的存储有多种方式，既可以采用顺序存储结构，也可以采用链式存储结构，但无论采用何种存储方式，都要求存储结构不但能存储各结点本身的数据信息，还要能唯一地反映树中各结点之间的逻辑关系。下面介绍几种基本树的存储方式。

1. 双亲表示法

由树的定义可以知道，树中的每个结点都有唯一的一个双亲结点。根据这一特性，可用一组连续的存储空间（一维数组）存储树中的各个结点，数组中的一个元素表示树中的一个结点，数组元素为结构体类型，其中包括结点本身的信息以及结点的双亲结点在数组中的序号，树的这种存储方法称为双亲表示法。其存储表示可描述为：

```
#define MAXNODE <树中结点的最大个数>
typedef struct {
    elemtype  data;
    int   parent;
}NodeType;
NodeType t[MAXNODE];
```

图 6.2(a)所示的树的双亲表示法如图 6.5 所示。图中用 parent 域的值为 −1 表示该结点无双亲结点，即该结点是根结点。

树的双亲表示法对于实现 Parent(t,x)操作和 Root(x)操作很方便，但若求某结点的孩子结点，即实现 Child(t,x,i)操作时，则需要查询整个数组。此外，这种存储方式不能反映各兄弟结点之间的关系，所以实现 RightSibling(t,x)操作也比较困难。在实际中，如果需要实现这些操作，可在结点结构中增设存放第一个孩子的域和存放第一个右兄弟的域，就能较方便地实现上述操作了。

序号	data	parent
0	A	-1
1	B	0
2	C	0
3	D	1
4	E	1
5	F	1
6	G	2
7	H	4
8	I	4

图 6.5　图 6.2(a)所示树的双亲表示法示意

2. 孩子表示法

(1)多重链表法

由于树中每个结点都有零个或多个孩子结点,因此,可以令每个结点包括一个结点信息域和多个指针域,每个指针域指向该结点的一个孩子结点,通过各个指针域值反映出树中各结点之间的逻辑关系。在这种表示法中,树中每个结点有多个指针域,形成了多条链表,所以这种方法又常称为多重链表法。

在一棵树中,各结点的度数各异,因此结点的指针域个数的设置有两种方法:

① 每个结点指针域的个数等于该结点的度数;

② 每个结点指针域的个数等于树的度数。

对于方法①,它虽然在一定程度上节约了存储空间,但由于树中各结点是不同构的,各种操作不容易实现,所以这种方法很少采用;方法②中各结点是同构的,各种操作相对容易实现,但为此付出的代价是存储空间的浪费。图 6.6 是图 6.2(a)所示的树采用方法②的存储结构示意图。显然,方法②适用于各结点的度数相差不大的情况。

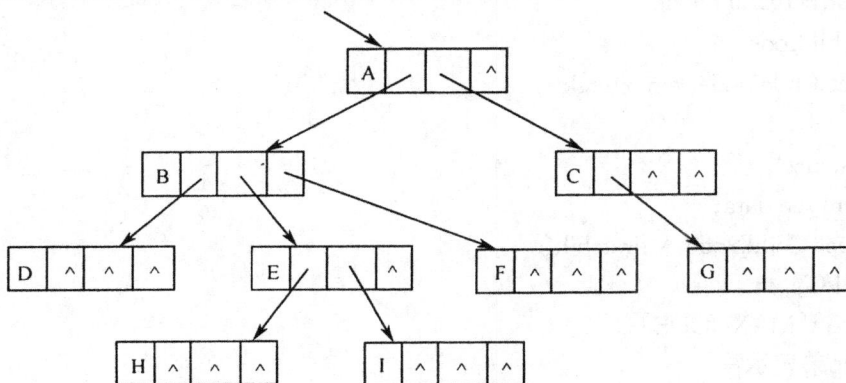

图 6.6　图 6.2(a)所示树的孩子表示法示意

树中结点的存储表示可描述为：

＃define MAXSON ＜树的度数＞

typedef struct TreeNode｛

    elemtype data；

    struct TreeNode　＊son［MAXSON］；

  ｝NodeType；

对于任意一棵树 t，可以定义：NodeType ＊t；使变量 t 为指向树的根结点的指针。

（2）孩子链表表示法

孩子链表法是将树按如图 6.7 所示的形式存储。其主体是一个与结点个数一样大小的一维数组，数组的每一个元素有两个域组成，一个域用来存放结点信息，另一个用来存放指针，该指针指向由该结点孩子组成的单链表的首位置。单链表的结构也由两个域组成，一个存放孩子结点在一维数组中的序号，另一个是指针域，指向下一个孩子。

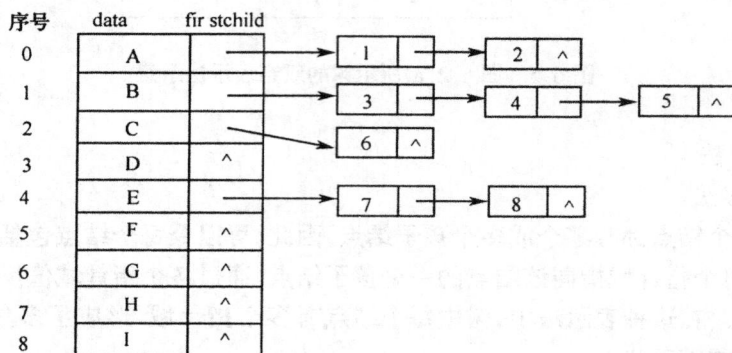

图 6.7　图 6.2(a)所示树的孩子链表表示法示意

在孩子表示法中查找双亲比较困难，查找孩子却十分方便，故适用于对孩子操作多的应用。

这种存储表示可描述为：

＃define MAXNODE ＜树中结点的最大个数＞

typedef struct ChildNode｛

  int childcode；

  struct ChildNode ＊ nextchild；

  ｝

typedef struct｛

    elemtype data；

    struct ChildNode ＊ firstchild；

  ｝NodeType；

NodeType t［MAXNODE］；

3．孩子兄弟表示法

这是一种常用的存储结构。其方法是这样的：在树中，每个结点除其信息域外，再增加两个分别指向该结点的第一个孩子结点和右兄弟结点的指针。在这种存储结构下，树中结点的存储表示可描述为：

　　typedef struct CSNode{

　　elemtype data;

　　struct CSNode ＊firstchild, ＊nextsibling;

　　}CSNode, ＊CSTree;

图 6.8 给出了图 6.2(a)所示的树采用孩子兄弟表示法时的存储示意图。

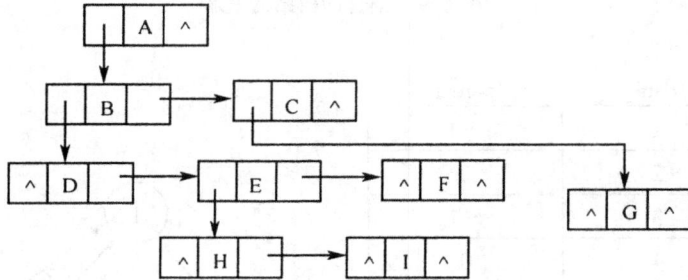

图 6.8　图 6.2(a)所示树的孩子兄弟表示法示意

6.4　树的应用

　　树的应用十分广泛,在后面介绍的排序和查找常用的两项技术中,就有以树结构组织数据进行操作的。本节仅讨论树在集合表示方面的应用。

　　集合是一种常用的数据表示方法,对集合可以做多种操作。假设集合 S 由若干个元素组成,可以按照某一规则把集合 S 划分成若干个互不相交的子集合。例如,集合 $S=\{1,2,3,4,5,6,7,8,9,10\}$,可以被分成如下三个互不相交的子集合：

$$S_1 = \{1,2,4,7\}$$
$$S_2 = \{3,5,8\}$$
$$S_3 = \{6,9,10\}$$

集合 $\{S_1,S_2,S_3\}$ 就被称为集合 S 的一个划分。

　　此外,在集合上还有最常用的一些运算,比如集合的交、并、补、差以及判定一个元素是否是集合中的元素,等等。

　　为了有效地对集合执行各种操作,可以用树结构表示集合。用树中的一个结点表示集合中的一个元素,树结构采用双亲表示法存储。例如,集合 S_1、S_2 和 S_3 可分别表示为图 6.9(a)、(b)、(c)所示的结构。将它们作为集合 S 的一个划分,存储在一维数组中,如图 6.10 所示。

　　数组元素结构的存储表示描述如下：

　　typedef struct {

　　　　elemtype　　data;

　　　　int　　　　parent;

　　　}NodeType;

其中 data 域存储结点本身的数据,parent 域为指向双亲结点的指针,即存储双亲结点在数组中的序号。

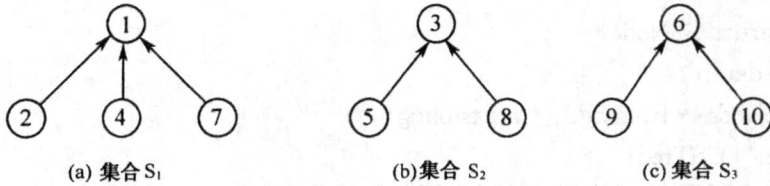

(a) 集合 S_1　　　　　　(b) 集合 S_2　　　　　　(c) 集合 S_3

图 6.9　集合的树结构表示

序号	data	parent
0	1	−1
1	2	0
2	3	−1
3	4	0
4	5	2
5	6	−1
6	7	0
7	8	2
8	9	5
9	10	5

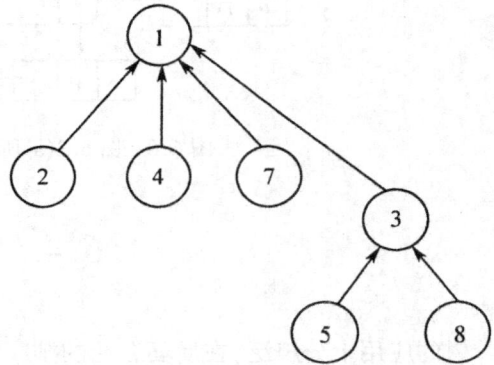

图 6.10　集合 S_1、S_2、S_3 的树结构存储示意　　　　图 6.11　集合 S_1 并集合 S_2 后的树结构示意

当集合采用这种存储表示方法时,很容易实现集合的一些基本操作。例如,求两个集合的并集,就可以简单地把一个集合的树根结点作为另一个集合的树根结点的孩子结点。如求上述集合 S_1 和 S_2 的并集,可以表示为:

$$S_1 \bigcup S_2 = \{1,2,3,4,5,7,8\}$$

该结果用树结构表示如图 6.11 所示。

集合并运算算法 6.1:

```
void Union(NodeType a[ ],int i,int j)
/*合并以数组 a 的第 i 个元素和第 j 个元素为树根结点的集合 */
{ if (a[i].parent! = −1||a[j].parent! = −1)
   {printf(″\ n 调用参数不正确″);
    return;
   }
  a[j].parent=i; /* 将 i 置为两个集合共同的根结点 */
}
```

如果要查找某个元素所在的集合,可以沿着该元素的双亲域向上查,当查到某个元素的双亲域值为−1 时,该元素就是所查元素所属集合的树根结点。

查找根结点算法 6.2:

```
int Find(NodeType a[ ],elemtype x)
```

```
{/* 在数组 a 中查找值为 x 的元素所属的集合, * /
 /* 若找到,返回树根结点在数组 a 中的序号;否则,返回 −1 * /
 /* 常量 MAXNODE 为数组 a 的最大容量 * /
 int i,j;
 i=0;
 while (i<MAXNODE && a[i].data! =x) i++;
 if (i>=MAXNODE) return −1;  /* 值为 x 的元素不属于该组集合,返回−1 * /
 j=i;
 while (a[j].parent! =−1) j=a[j].parent;
 return j;      /* j 为该集合的树根结点在数组 a 中的序号 * /
}
```

习 题

1. 假设在树中,结点 x 是结点 y 的双亲时,用(x,y)来表示树边。已知一棵树边的集合为:{(A,B),(A,C),(B,D),(B,E),(B,F),(C,G),(E,H),(E,I),(G,J),(I,K),(I,L)}。分别用树的直观表示法、嵌套集合表示法、凹入表示法画出此树,并回答下列问题:

(1) 哪个是根结点?

(2) 哪些是叶结点?

(3) 哪个是 G 的双亲?

(4) 哪些是 G 的祖先?

(5) 哪些是 E 的孩子?

(6) 哪些是 E 的子孙?

(7) 哪些是 E 的兄弟?

(8) 结点 B 和 I 的层次各是多少?

(9) 树的深度是多少?

(10) 以结点 B 为根的子树的深度是多少?

(11) 树的度数是多少?

2. 给出上题所示树的双亲表示法、多重链表法、孩子链表表示法及孩子兄弟表示法等四种存储结构,并指出哪些存储结构易于求指定结点的祖先,哪些易于求指定结点的子孙?

第7章

二叉树

二叉树是树形结构的另一个重要类型,许多实际问题抽象出来的数据结构往往是二叉树的形式,即使是一般的树也能简单地转换为二叉树,而且二叉树的存储结构及其算法都较为简单,因此,二叉树显得特别重要。

7.1　二叉树的基本概念

定义　二叉树(Binary Tree)是 n (n≥0)个结点的有限集,它或者是空集(n=0),或者由一个根结点及两棵不相交的分别称作这个根的左子树和右子树的二叉树组成。

二叉树是有序的,即若将其左、右子树颠倒,就成为另一棵不同的二叉树。即使树中结点只有一棵子树,也要区分它是左子树还是右子树。因此二叉树具有五种基本形态,分别是:(a)空二叉树;(b)只有根结点的二叉树;(c)只有根结点和左子树的二叉树;(d)只有根结点和右子树的二叉树;(e)具有根结点、左子树和右子树的二叉树。如图 7.1 所示。

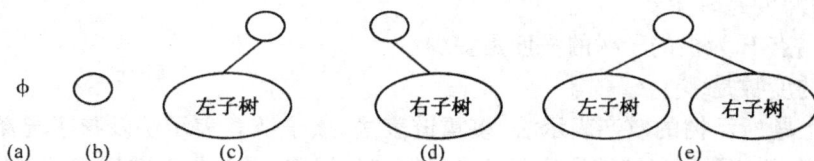

图 7.1　二叉树的五种基本形态

二叉树中,每个结点最多只能有两棵子树,并且有左右之分。显然,它与无序树不同。但它似乎是度数为 2 的有序树,其实不然。这是因为在有序树中,虽然一个结点的若干孩子之间是有左右次序的,但是若该结点只有一个孩子,就无所谓左右次序。而在二叉树中,即使是一个孩子也有左右之分。例如,图 7.2 中(a)和(b)是两棵不同的二叉树,虽然它们同图 7.3 中的普通树(作为有序树或无序树)很相似,但是它们却不能等同于这棵普通树。若将这三棵树均看做普通树,则它们就是相同的了。

由此可见,二叉树并非是树的特殊情形,尽管两者有许多相似之处,但它们是两种不同的数据结构。

满二叉树和完全二叉树是二叉树的两种特殊情形。下面讨论它们的定义与性质。

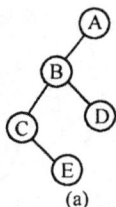

图 7.2 两棵不同的二叉树　　　　图 7.3 一棵普通树

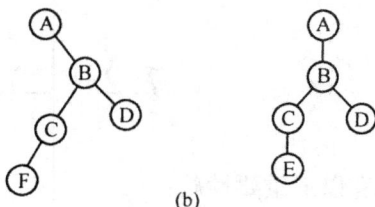

在一棵二叉树中,如果所有分支结点都存在左子树和右子树,并且所有叶子结点都在同一层次上,这样的一棵二叉树称作**满二叉树**。如图 7.4 所示,(a)图就是一棵满二叉树,(b)图则不是满二叉树。这是因为,(b)图虽然其所有结点要么是含有左右子树的分支结点,要么是叶子结点,但由于其叶子未在同一层上,故不是满二叉树。

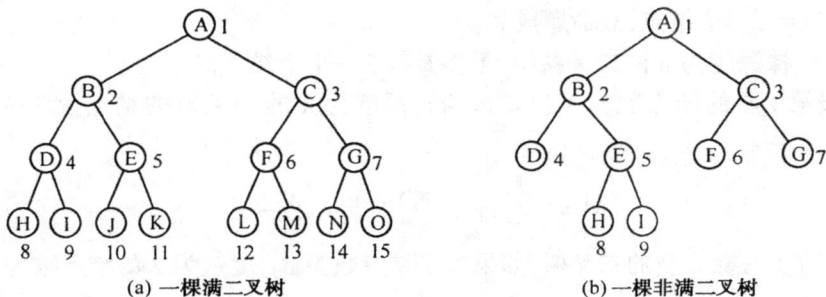

图 7.4 满二叉树和非满二叉树示意图

一棵深度为 k 的有 n 个结点的二叉树,对树中的结点按从上至下、从左到右的顺序进行编号,如果编号为 $i(1 \leqslant i \leqslant n)$ 的结点与满二叉树中编号为 i 的结点在二叉树中的位置相同,则这棵二叉树称为**完全二叉树**。完全二叉树的特点是:叶子结点只能出现在最下层和次下层,且最下层的叶子结点集中在树的左部。显然,一棵满二叉树必定是一棵完全二叉树,而完全二叉树未必是满二叉树。如图 7.5(a)为一棵完全二叉树,图 7.5(b)和图 7.4(b)都不是完全二叉树。

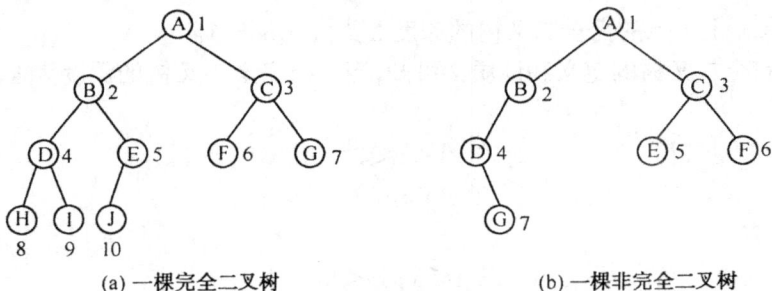

图 7.5 完全二叉树和非完全二叉树示意图

7.2　二叉树的性质

二叉树具有以下重要性质：

性质 1　一棵非空二叉树的第 i 层上最多有 2^{i-1} 个结点($i \geqslant 1$)。

证明　可用数学归纳法证明之：

归纳基础　$i=1$ 时，有 $2^{i-1}=2^0=1$。因为第 1 层上只有一个根结点，所以命题成立。

归纳假设　假设对所有的 $j(1 \leqslant j < i)$ 命题成立，即第 j 层上至多有 2^{i-1} 个结点，证明 $j=i$ 时命题亦成立。

归纳步骤　根据归纳假设，第 $i-1$ 层上至多有 2^{i-2} 个结点。由于二叉树的每个结点至多有两个孩子，故第 i 层上的结点数至多是第 $i-1$ 层上的最大结点数的 2 倍，即 $j=i$ 时，该层上至多有 $2 \times 2^{i-2}=2^{i-1}$ 个结点，故命题成立。

性质 2　一棵深度为 k 的二叉树中，最多具有 2^k-1 个结点。

证明　设第 i 层的结点数为 $x_i(1 \leqslant i \leqslant k)$，深度为 k 的二叉树的结点数为 M，x_i 最多为 2^{i-1}，则有：

$$M = \sum_{i=1}^{k} x_i \leqslant \sum_{i=1}^{k} 2^{i-1} = 2^k - 1$$

性质 3　对于一棵非空的二叉树，如果叶子结点数为 n_0，度数为 2 的结点数为 n_2，则有：

$$n_0 = n_2 + 1。$$

证明　设 n 为二叉树的结点总数，n_1 为二叉树中度为 1 的结点数，则有：

$$n = n_0 + n_1 + n_2 \tag{1}$$

另一方面，1 度结点有 1 个孩子，2 度结点有两个孩子。所以，二叉树中孩子结点的总数是 n_1+2n_2，二叉树中只有根结点不是任何结点的孩子，故二叉树中的结点总数又可表示为

$$n = n_1 + 2n_2 + 1 \tag{2}$$

综合(1)、(2)式可以得到：

$$n_0 = n_2 + 1$$

性质 4　具有 n 个结点的完全二叉树的深度 k 为 $[\log_2 n] + 1$。

证明　根据完全二叉树的定义和性质 2 可知，当一棵完全二叉树的深度为 k、结点个数为 n 时，有

$$2^{k-1} - 1 < n \leqslant 2^k - 1$$

即

$$2^{k-1} \leqslant n < 2^k$$

对不等式取对数，有

$$k - 1 \leqslant \log_2 n < k$$

由于 k 是整数，所以有 $k = [\log_2 n] + 1$。

7.3　二叉树的存储

7.3.1　顺序存储结构

所谓二叉树的顺序存储,就是用一组连续的存储单元存放二叉树中的结点。一般是按照二叉树结点从上至下、从左到右的顺序存储。这样结点在存储位置上的前驱后继关系并不一定就是它们在逻辑上的邻接关系,然而只有通过一些方法确定某结点在逻辑上的前驱结点和后继结点,这种存储才有意义。因此,依据二叉树的性质,完全二叉树和满二叉树采用顺序存储比较合适,树中结点的序号可以唯一地反映出结点之间的逻辑关系,这样既能够最大可能地节省存储空间,又可以利用数组元素的下标值确定结点在二叉树中的位置,以及结点之间的关系。图 7.6 给出了图 7.5(a)所示的完全二叉树的顺序存储示意。

对于一般的二叉树,如果仍按从上至下和从左到右的顺序将树中的结点顺序存储在一维数组中,则数组元素下标之间的关系不能够反映二叉树中结点之间的逻辑关系,只有增添一些并不存在的空结点,使之成为一棵完全二叉树的形式,然后再用一维数组顺序存储。如图 7.7 给出了一棵一般二叉树改造后的完全二叉树形态和其顺序存储状态示意图。显然,这种存储对于需增加许多空结点才能将一棵二叉树改造成为一棵完全二叉树的存储时,会造成空间的大量浪费,不宜用顺序存储结构。最坏的情况是右单支树,如图 7.8 所示,一棵深度为 k 的右单支树,只有 k 个结点,却需分配 $2^k - 1$ 个存储单元。

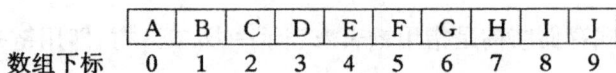

A	B	C	D	E	F	G	H	I	J

数组下标　0　1　2　3　4　5　6　7　8　9

图 7.6　完全二叉树的顺序存储示意图

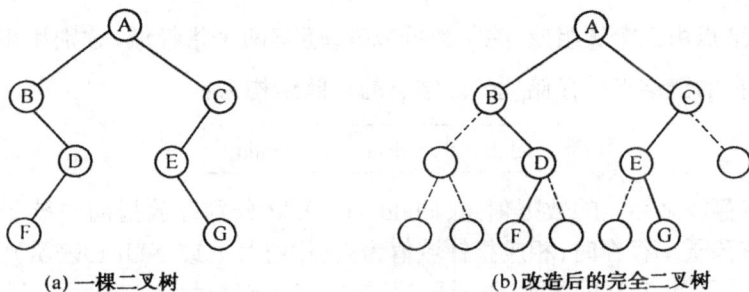

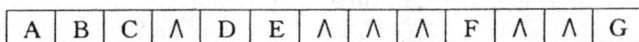

(a) 一棵二叉树　　　　　　　　　　(b) 改造后的完全二叉树

A	B	C	∧	D	E	∧	∧	∧	F	∧	∧	G

(c) 改造后完全二叉树顺序存储状态

图 7.7　一般二叉树及其顺序存储示意图

(a) 一棵右单支二叉树　　(b) 改造后的右单支树对应的完全二叉树

A	∧	B	∧	∧	∧	C	∧	∧	∧	∧	∧	∧	∧	D

(c) 单支树改造后完全二叉树的顺序存储状态

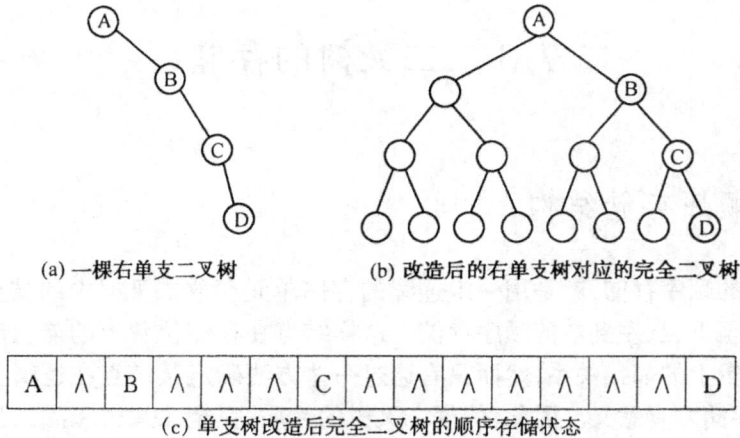

图 7.8　右单支二叉树及其顺序存储示意图

二叉树的顺序存储表示可描述为：

＃define MAXNODE　　1024　　　　　　　　　　／＊二叉树的最大结点数＊／

typedef elemtype SqBiTree[MAXNODE];　　　　　／＊0号单元存放根结点＊／

SqBiTree bt;

即将 bt 定义为含有 MAXNODE 个 elemtype 类型元素的一维数组。

7.3.2　链式存储结构

所谓二叉树的链式存储结构是指用链表来表示一棵二叉树,即用链来指示元素的逻辑关系。通常有下面两种形式。

1. 二叉链表存储

链表中每个结点由三个域组成,除了数据域外,还有两个指针域,分别用来给出该结点左孩子和右孩子所在的链结点的存储地址。结点的存储结构为：

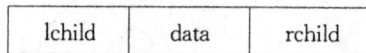

lchild	data	rchild

其中,data 域存放某结点的数据信息;lchild 与 rchild 分别存放指向左孩子和右孩子的指针,当左孩子或右孩子不存在时,相应指针域值为空(用符号∧或 NULL 表示)。

图 7.9(a)给出了图 7.5(b)所示的一棵二叉树的二叉链表示。

二叉链表也可以带头结点的方式存放,如图 7.9(b)所示。

2. 三叉链表存储

每个结点由四个域组成,具体结构为：

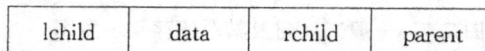

lchild	data	rchild	parent

其中,data、lchild 以及 rchild 三个域的意义同二叉链表结构;parent 域为指向该结点双亲结点的指针。这种存储结构既便于查找孩子结点,又便于查找双亲结点,但相对于二叉链表存

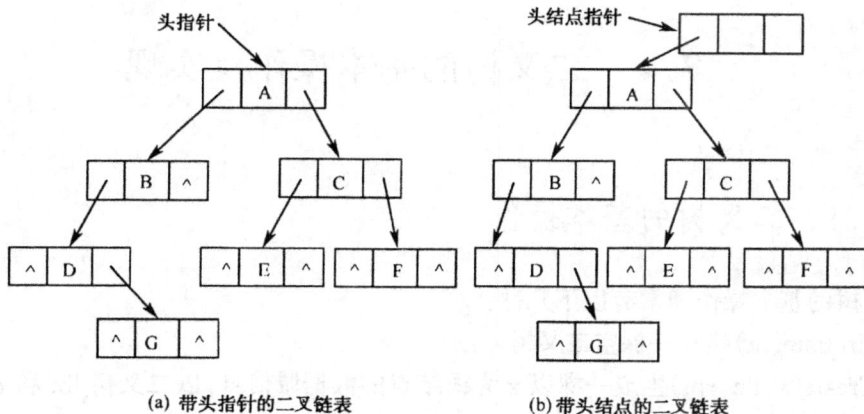

图 7.9　图 7.5(b)所示二叉树的二叉链表表示示意图

储结构而言,它增加了空间开销和管理开销。

图 7.10 给出了图 7.5(b)所示的一棵二叉树的三叉链表表示。

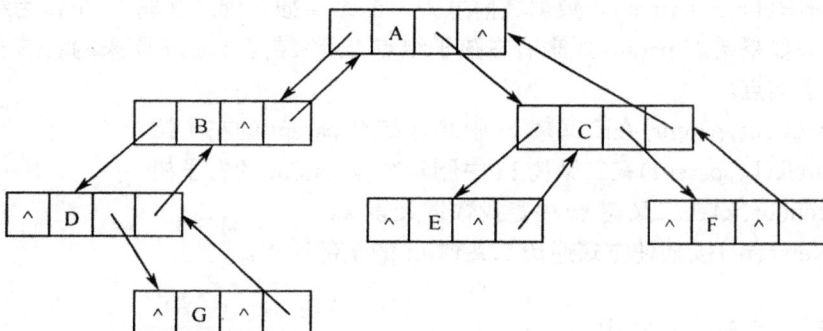

图 7.10　图 7.5(b)所示二叉树的三叉链表表示示意图

尽管在二叉链表中无法由结点直接找到其双亲,但由于二叉链表结构灵活,操作方便,对于一般情况的二叉树,甚至比顺序存储结构还节省空间。因此,二叉链表是最常用的二叉树存储方式。本书后面所涉及到的二叉树的链式存储结构不加特别说明的都是指二叉链表结构。

二叉树的二叉链表结点存储表示可描述为:

```
typedef struct BiTNode{
    elemtype data;
    struct BiTNode * lchild, * rchild;        /* 左右孩子指针 */
}BiTNode, * BiTree;
```

即将 BiTree 定义为指向二叉链表结点结构的指针类型。

7.4　二叉树的基本操作及实现

7.4.1　二叉树的基本操作

二叉树的基本操作通常有以下几种：

（1）Initiate(bt)建立一棵空二叉树。

（2）Create(x,lbt,rbt)生成一棵以 x 为根结点的数据域信息,以二叉树 lbt 和 rbt 为左子树和右子树的二叉树。

（3）InsertL(bt,x,parent)将数据域信息为 x 的结点插入到二叉树 bt 中作为结点 parent 的左孩子结点。如果结点 parent 原来有左孩子结点,则将结点 parent 原来的左孩子结点作为结点 x 的左孩子结点。

（4）InsertR(bt,x,parent)将数据域信息为 x 的结点插入到二叉树 bt 中作为结点 parent 的右孩子结点。如果结点 parent 原来有右孩子结点,则将结点 parent 原来的右孩子结点作为结点 x 的右孩子结点。

（5）DeleteL(bt,parent)在二叉树 bt 中删除结点 parent 的左子树。

（6）DeleteR(bt,parent)在二叉树 bt 中删除结点 parent 的右子树。

（7）Search(bt,x)在二叉树 bt 中查找数据元素 x。

（8）Traverse(bt)按某种方式遍历二叉树 bt 的全部结点。

7.4.2　算法的实现

算法的实现依赖于具体的存储结构,当二叉树采用不同的存储结构时,上述各种操作的实现算法是不同的。下面讨论基于二叉链表存储结构的上述操作的实现算法。

（1）初始化算法 7.1：

```
int Initiate (BiTree * bt)
{ /* 初始化建立二叉树 * bt 的头结点 * /
  if(( * bt = (BiTNode * )malloc(sizeof(BiTNode))) = = NULL)
    return 0;
  ( * bt)→lchild = NULL;
  ( * bt)→rchild = NULL;
  return 1;
}
```

（2）生成二叉树算法 7.2：

```
BiTree Create(elemtype x,BiTree lbt,BiTree rbt)
{ /* 生成一棵以 x 为根结点的数据域值以 lbt 和 rbt 为左右子树的二叉树 * /
  BiTree p;
  if ((p = (BiTNode * )malloc(sizeof(BiTNode))) = = NULL) return NULL;
  p→data = x;
```

```
    p→lchild = lbt;
    p→rchild = rbt;
    return p;
}
```

(3)二叉树左子树插入算法 7.3：

```
BiTree InsertL(BiTree bt,elemtype x,BiTree parent)
{/* 在二叉树 bt 的结点 parent 的左子树插入结点数据元素 x。当 parent 为空时插入失败。parent 的左
孩子结点为空时,直接插入左子树;parent 的左子树非空时,parent 的左子树作为新结点的左子树。插入
成功时返回根结点指针。* /
    BiTree   p;
    if (parent = = NULL)
      { printf("\ n 插入出错");
        return NULL;
      }
    if ((p = (BiTNode * )malloc(sizeof(BiTNode))) = = NULL) return NULL;
    p→data = x;
    p→lchild = NULL;
    p→rchild = NULL;
    if (parent→lchild = = NULL) parent→lchild = p;
    else {p→lchild = parent→lchild;
         parent→lchild = p;
         }
    return bt;
}
```

(4)BiTree InsertR(BiTree bt,elemtype x,BiTree parent)功能类同于(3),算法略。

(5)二叉树删除左子树算法 7.4：

```
BiTree DeleteL(BiTree bt,BiTree parent)
{/* 在二叉树 bt 中删除结点 parent 的左子树.当 parent 或 parent 的左孩子结点为空时删除失败。删除
成功时返回根结点指针;删除失败时返回空指针。* /
    BiTree p;
    if  (parent = = NULL||parent→lchild = = NULL)
      { printf("\ n 删除出错");
        return NULL;
      }
    p = parent→lchild;
    parent→lchild = NULL;
    PostOrder_free(p);
    return bt;
}
void PostOrder_free(BiTree bt)
{ if (bt = = NULL) return;   /* 递归调用的结束条件 * /
    PostOrder_free(bt→lchild);
    PostOrder_free(bt→rchild);
```

```
    free(bt);                /* 释放结点 */
}
```

注意:算法 7.4 中释放空间函数 PostOrder_free(p)采用了后面将要介绍的后序遍历操作的递归方法来实现。因为如果采用 free(p)语句,当 p 为非叶子结点时,仅释放了所删子树根结点的空间。

(6)BiTree DeleteR(BiTree bt,BiTree parent) 功能类同于(5),只是删除结点 parent 的右子树。算法略。

操作 Search(bt,x)实际是遍历操作 Traverse(bt)的特例,关于二叉树的遍历操作的实现,将在下一节中重点介绍。

7.5　二叉树的遍历方法及递归实现

二叉树的遍历是指按照某种顺序访问二叉树中的每个结点,使每个结点被访问一次且仅被访问一次。

遍历是二叉树中经常要用到的一种操作。因为在实际应用问题中,常常需要按一定顺序对二叉树中的每个结点逐个进行访问,查找具有某一特点的结点,然后对这些满足条件的结点进行处理。

通过一次完整的遍历,可使二叉树中结点信息由非线性排列变为某种意义上的线性序列。也就是说,遍历操作使非线性结构线性化。

由二叉树的定义可知,一棵二叉树由根结点、根结点的左子树和根结点的右子树三部分组成。因此,只要依次遍历这三部分,就可以遍历整棵二叉树。若以 D、L、R 分别表示访问根结点、遍历根结点的左子树、遍历根结点的右子树,则二叉树的遍历方式有六种:DLR、LDR、LRD、DRL、RDL 和 RLD。如果限定先左后右,则只有前三种方式,即 DLR(称为先序遍历)、LDR(称为中序遍历)和 LRD(称为后序遍历)。

7.5.1　先序遍历(DLR)

先序遍历的递归过程为:若二叉树为空,遍历结束。否则,
(1)访问根结点;
(2)先序遍历根结点的左子树;
(3)先序遍历根结点的右子树。

先序遍历二叉树的递归算法 7.5:
```
void PreOrder(BiTree bt)
{ if (bt == NULL) return;     /* 递归调用的结束条件 */
  Visit(bt);    /* 访问结点 */
  PreOrder(bt→lchild);    /* 先序递归遍历 bt 的左子树 */
  PreOrder(bt→rchild);    /* 先序递归遍历 bt 的右子树 */
}
void Visit(BiTree p)
{printf(" %c ",p→data);
```

}

访问结点的函数可以根据需要确定,这里简单地表示为打印数据元素函数,后面中序遍历和后序遍历也采用这个函数。

对于图7.5(b)所示的二叉树,按先序遍历所得到的结点序列为:

$$A\ B\ D\ G\ C\ E\ F$$

7.5.2 中序遍历(LDR)

中序遍历的递归过程为:若二叉树为空,遍历结束。否则,

(1)中序遍历根结点的左子树;

(2)访问根结点;

(3)中序遍历根结点的右子树。

中序遍历二叉树的递归算法7.6:

```
void InOrder(BiTree bt)
{ if (bt= =NULL) return;    /* 递归调用的结束条件 */
  InOrder(bt→lchild);    /* 中序递归遍历 bt 的左子树 */
  Visit(bt);    /* 访问结点 */
  InOrder(bt→rchild);    /* 中序递归遍历 bt 的右子树 */
}
```

对于图7.5(b)所示的二叉树,按中序遍历所得到的结点序列为:

$$D\ G\ B\ A\ E\ C\ F$$

7.5.3 后序遍历(LRD)

后序遍历的递归过程为:若二叉树为空,遍历结束。否则,

(1)后序遍历根结点的左子树;

(2)后序遍历根结点的右子树;

(3)访问根结点。

后序遍历二叉树的递归算法7.7:

```
void PostOrder(BiTree bt)
{ if (bt= =NULL) return;    /* 递归调用的结束条件 */
  PostOrder (bt→lchild);    /* 后序递归遍历 bt 的左子树 */
  PostOrder (bt→rchild);    /* 后序递归遍历 bt 的右子树 */
  Visit(bt);    /* 访问结点的数据域 */
}
```

对于图7.5(b)所示的二叉树,按后序遍历所得到的结点序列为:

$$G\ D\ B\ E\ F\ C\ A$$

7.5.4 层次遍历

所谓二叉树的层次遍历,是指从二叉树的第一层(根结点)开始,从上至下逐层遍历,在同

一层中,则按从左到右的顺序对结点逐个访问。对于图 7.5(b)所示的二叉树,按层次遍历所得到的结果序列为:

$$A\ B\ C\ D\ E\ F\ G$$

下面讨论层次遍历的算法。

由层次遍历的定义可以推知,在进行层次遍历时,对一层结点访问完后,再按照它们的访问次序对各个结点的左孩子和右孩子顺序访问,这样一层一层进行,先遇到的结点先访问,这与队列的操作原则比较吻合。因此,在进行层次遍历时,可设置一个队列结构,遍历从二叉树的根结点开始,首先将根结点指针入队列,然后从队头取出一个元素,每取一个元素,执行下面两个操作:

(1) 访问该元素所指结点;

(2) 若该元素所指结点的左、右孩子结点非空,则将该元素所指结点的左孩子指针和右孩子指针顺序入队。

此过程不断进行,当队列为空时,二叉树的层次遍历结束。

在下面的层次遍历算法中,二叉树以二叉链表存放,一维数组 queue[MAXNODE]用以实现队列,变量 front 和 rear 分别表示当前队首元素和队尾元素在数组中的位置。

层次遍历二叉树的算法 7.8:

```
void LevelOrder(BiTree bt)
{ BiTree queue[MAXNODE];
  int front,rear;
  if (bt = = NULL) return;
  front = -1;
  rear = 0;
  queue[rear] = bt;
  while(front! = rear)
      {front + + ;
       Visit(queue[front]);              /* 访问队首结点的数据域 */
       if (queue[front]→lchild! = NULL)/* 将队首结点的左孩子结点入队列 */
              { rear + + ;
                queue[rear] = queue[front]→lchild;
              }
       if (queue[front]→rchild! = NULL)/* 将队首结点的右孩子结点入队列 */
              { rear + + ;
                queue[rear] = queue[front]→rchild;
              }
      }
}
```

如果输入并运行如下主程序:

```
# include <stdio. h>
# include <malloc. h>
# define NULL 0
typedef char elemtype;
void main(void)
```

```
    {
        BiTree bt,lt,rt;
        lt = Create('E',NULL,NULL);
        rt = Create('F',NULL,NULL);
        rt = Create('C',lt,rt);
        lt = Create('G',NULL,NULL);
        lt = Create('D',NULL,lt);
        lt = Create('B',lt,NULL);
        bt = Create('A',lt,rt);
        printf("\n 层次遍历二叉树:");
        LevelOrder(bt);
    }
```

请读者写出运行结果。

7.6　二叉树遍历的非递归实现

　　前面给出的二叉树先序、中序和后序三种遍历算法都是递归算法。当给出二叉树的链式存储结构以后，用具有递归功能的程序设计语言很方便就能实现上述算法。然而，并非所有程序设计语言都允许递归；另一方面，递归程序虽然简洁，但可读性一般不好，执行效率也不高。因此，就存在如何把一个递归算法转化为非递归算法的问题。解决这个问题的方法可以通过对三种遍历方法的实质过程的分析得到。

　　如图 7.5(b)所示的二叉树，对其进行先序、中序和后序遍历都是从根结点 A 开始的，且在遍历过程中经过结点的路线是一样的，只是访问的时机不同而已。图 7.11 中所示的从根结点左外侧开始，由根结点右外侧结束的曲线，为遍历图 7.5(b)的路线。沿着该路线按 △ 标记的结点读得的序列为先序序列，按 * 标记读得的序列为中序序列，按 ⊕ 标记读得的序列为后序序列。

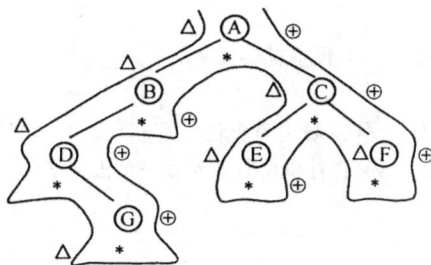

图 7.11　遍历图 7.5(b)的路线示意图

　　然而，这一路线正是从根结点开始沿左子树深入下去，当深入到最左端，无法再深入下去时，则返回，再逐一进入刚才深入时遇到结点的右子树，再进行如此的深入和返回，直到最后从根结点的右子树返回到根结点为止。先序遍历是在深入时遇到结点就访问，中序遍历是在从左子树返回时遇到结点访问，后序遍历是在从右子树返回时遇到结点访问。

　　在这一过程中，返回结点的顺序与深入结点的顺序相反，即后深入先返回，正好符合栈结构后进先出的特点。因此，可以用栈来帮助实现这一遍历路线。其过程如下：

在沿左子树深入时,深入一个结点入栈一个结点,若为先序遍历,则在入栈之前访问之;当沿左分支深入不下去时,则返回,即从堆栈中弹出前面压入的结点,若为中序遍历,则此时访问该结点,然后从该结点的右子树继续深入;若为后序遍历,则将此结点二次入栈,然后从该结点的右子树继续深入,与前面类同,仍为深入一个结点入栈一个结点,深入不下去再返回,直到第二次从栈里弹出该结点,才访问之。

(1)先序遍历的非递归实现

在下面算法中,二叉树以二叉链表存放,一维数组 stack[MAXNODE]用以实现栈,变量 top 用来表示当前栈顶的位置。

先序遍历的非递归算法 7.9:

```
void NRPreOrder(BiTree bt)
{/*非递归先序遍历二叉树*/
  BiTree stack[MAXNODE],p;
  int top;
  if (bt==NULL) return;
  top=0;
  p=bt;
  while(! (p==NULL&&top==0))
     { while(p! =NULL)
          { Visit(p);    /*访问结点的数据域*/
           if (top<MAXNODE-1)   /*将当前指针 p 压栈*/
           { stack[top]=p;
             top++;
           }
          else { printf("栈溢出");
               return;
               }
          p=p→lchild;   /*指针指向 p 的左孩子*/
          }
       if (top<=0) return;   /*栈空时结束*/
       else { top--;
             p=stack[top];   /*从栈中弹出栈顶元素*/
             p=p→rchild;   /*指针指向 p 的右孩子结点*/
             }
       }
}
```

对于图 7.5(b)所示的二叉树,用该算法进行遍历过程中,栈 stack 和当前指针 p 的变化情况以及树中各结点的访问次序如表 7.1 所示。

(2)中序遍历的非递归实现

中序遍历的非递归算法的实现,只需将先序遍历的非递归算法中的 Visit(p)移到 p=stack[top]和 p=p→rchild 之间即可。

表 7.1　二叉树先序非递归遍历过程

步骤	指针 p	栈 stack 内容	访问结点值
初态	A	空	
1	B	A	A
2	D	A,B	B
3	∧	A,B,D	D
4	G	A,B	
5	∧	A,B,G	G
6	∧	A,B	
7	∧	A	
8	C	空	
9	E	C	C
10	∧	C,E	E
11	∧	C	
12	F	空	
13	∧	F	F
14	∧	空	

(3)后序遍历的非递归实现

由前面的讨论可知,后序遍历与先序遍历和中序遍历不同,在后序遍历过程中,结点在第一次出栈后,还需再次入栈,也就是说,结点要入两次栈,出两次栈,而访问结点是在第二次出栈时访问。因此,为了区别同一个结点指针的两次出栈,设置一标志 flag,令:

$$flag = \begin{cases} 1 & \text{第一次出栈,结点不能访问} \\ 2 & \text{第二次出栈,结点可以访问} \end{cases}$$

当结点指针进、出栈时,其标志 flag 也同时进、出栈。因此,可将栈中元素的数据类型定义为指针和标志 flag 合并的结构体类型。定义如下:

```
typedef struct {
    BiTree    link;
    int    flag;
}stacktype;
```

后序遍历二叉树的非递归算法如下。在算法中,一维数组 stack[MAXNODE]用于实现栈的结构,指针变量 p 指向当前要处理的结点,整型变量 top 用来表示当前栈顶的位置,整型变量 sign 为结点 p 的标志量。

后序遍历的非递归算法 7.10:

```
void NRPostOrder(BiTree   bt)
/* 非递归后序遍历二叉树 bt */
{ stacktype stack[MAXNODE];
  BiTree p;
  int top,sign;
  if (bt= =NULL) return;
  top= -1;          /* 栈顶位置初始化 */
  p=bt;
  while (! (p= =NULL && top= = -1))
    { if (p! =NULL)          /* 结点第一次进栈 */
      { top+ +;
```

```
        stack[top].link=p;
        stack[top].flag=1;
        p=p→lchild;            /*找该结点的左孩子*/
    }
    else { p=stack[top].link;
        sign=stack[top].flag;
        top－－;
        if （sign==1）           /*结点第二次进栈*/
          {top++;
           stack[top].link=p;
           stack[top].flag=2;             /*标记第二次出栈*/
           p=p→rchild;
          }
        else { Visit(p);        /*访问该结点数据域值*/
             p=NULL;
           }
      }
    }
}
```

7.7　由遍历序列恢复二叉树

　　从前面讨论的二叉树的遍历知道,任意一棵二叉树结点的先序序列和中序序列都是唯一的。反过来,若已知结点的先序序列和中序序列,能否确定这棵二叉树呢? 这样确定的二叉树是否是唯一的呢? 回答是肯定的。

　　根据定义,二叉树的先序遍历是先访问根结点,其次再按先序遍历方式遍历根结点的左子树,最后按先序遍历方式遍历根结点的右子树。这就是说,在先序序列中,第一个结点一定是二叉树的根结点。另一方面,中序遍历是先遍历左子树,然后访问根结点,最后再遍历右子树。这样,根结点在中序序列中必然将中序序列分割成两个子序列,前一个子序列是根结点的左子树的中序序列,而后一个子序列是根结点的右子树的中序序列。根据这两个子序列,在先序序列中找到对应的左子序列和右子序列。在先序序列中,左子序列的第一个结点是左子树的根结点,右子序列的第一个结点是右子树的根结点。这样,就确定了二叉树的三个结点。同时,左子树和右子树的根结点又可以分别把左子序列和右子序列划分成两个子序列,如此递归下去,当取尽先序序列中的结点时,便可以得到一棵二叉树。

　　同样的道理,由二叉树的后序序列和中序序列也可唯一地确定一棵二叉树。因为,依据后序遍历和中序遍历的定义,后序序列的最后一个结点,就如同先序序列的第一个结点一样,可将中序序列分成两个子序列,分别为这个结点的左子树的中序序列和右子树的中序序列,再拿出后序序列的倒数第二个结点,并继续分割中序序列。如此递归下去,当倒着取尽后序序列中的结点时,便可以得到一棵二叉树。

　　下面通过一个例子,来给出由二叉树的先序序列和中序序列构造唯一的一棵二叉树的实现算法。

【例】 已知一棵二叉树的先序序列与中序序列分别为：

A B C D E F G H I
B C A E D G H F I

试恢复该二叉树。

首先,由先序序列可知,结点 A 是二叉树的根结点。其次,根据中序序列,在 A 之前的所有结点都是根结点左子树的结点,在 A 之后的所有结点都是根结点右子树的结点,由此得到图 7.12 (a)所示的状态。然后,再对左子树进行分解,得知 B 是左子树的根结点,又从中序序列知道,B 的左子树为空,B 的右子树只有一个结点 C。接着对 A 的右子树进行分解,得知 A 的右子树的根结点为 D;而结点 D 把其余结点分成两部分,即左子树为 E,右子树为 F、G、H、I,如图 7.12 (b)所示。接下去的工作就是按上述原则对 D 的右子树继续分解下去,最后得到如图 7.12 (c)的整棵二叉树。

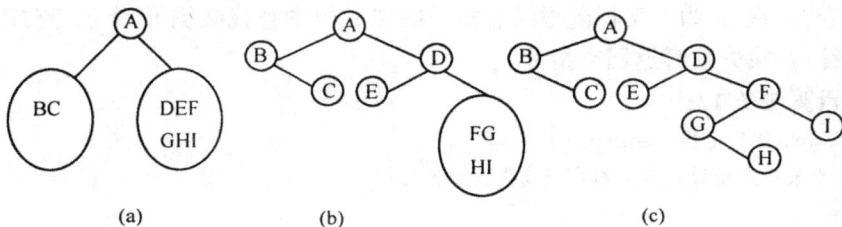

图 7.12　一棵二叉树的恢复过程示意图

上述过程是一个递归过程,其递归算法的思想是:先根据先序序列的第一个元素建立根结点;然后在中序序列中找到该元素,确定根结点的左、右子树的中序序列;再在先序序列中确定左、右子树的先序序列;最后由左子树的先序序列与中序序列建立左子树,由右子树的先序序列与中序序列建立右子树。

下面给出用 C 语言描述的该算法。假设二叉树的先序序列和中序序列分别存放在一维数组 preod[ ]与 inod[ ]中,并假设二叉树各结点的数据值均不相同。

由先序序列和中序序列求二叉树的算法 7.11:

```
void ReBiTree(char preod[ ],char inod[ ],int n,BiTree * root)
/* n 为二叉树的结点个数,root 为二叉树根结点的存储地址 * /
{ if (n≤0)  * root = NULL;
  else PreInOd(preod,inod,1,n,1,n,root);
}

void PreInOd(char preod[ ],char inod[ ],int i, int j, int k, int h,BiTree * t)
{ * t = (BiTNode * )malloc(sizeof(BiTNode));
  ( * t)→data = preod[i];
  int m = k;
  while (inod[m]! = preod[i])  m + + ;
  if (m = = k) ( * t)→lchild = NULL;
  else PreInOd(preod,inod,i + 1,i + m - k,k,m - 1,&( * t)→lchild);
  if (m = = h) ( * t)→rchild = NULL;
  else PreInOd(preod,inod,i + m - k + 1,j,m + 1,h,&( * t)→rchild);
```

　　　　}

　　递归函数 PreInOd 的参数 i、j 表示先序序列 preod[ ] 的起止下标，k、h 表示中序序列 inod
[ ] 的起止下标。数组 preod 和 inod 的元素类型可根据实际需要来设定，这里设为字符型。另
外，如果只知道二叉树的先序序列和后序序列，则不能唯一地确定一棵二叉树。

7.8　二叉树的应用

　　在以上讨论的遍历算法中，访问结点的数据域信息，即操作 Visit(bt) 具有更一般的意义，
需根据具体问题，对 bt 数据进行不同的操作。下面介绍几个遍历操作的典型应用。

　　1. 查找数据元素

　　Search(bt,x) 在 bt 为二叉树的根结点指针的二叉树中查找数据元素 x。查找成功时返回
该结点的指针；查找失败时返回空指针。

查找数据元素算法 7.12：

```
BiTree  Search(BiTree bt,elemtype x)
{ /* 在 bt 为根结点指针的二叉树中查找数据元素 x * /
    BiTree  p;
    if (bt = = NULL) return NULL;
    if (bt→data = = x) return bt;  /* 查找成功返回 * /
    p = Search(bt→lchild,x);  /* 在 bt→lchild 为根结点指针的二叉树中查找数据元素 x * /
    if (p! = NULL) return(p);     /* 查找成功返回 * /
    p = Search(bt→rchild,x);  /* 在 bt→rchild 为根结点指针的二叉树中查找数据元素 x * /
    if (p! = NULL) return(p);     /* 查找成功返回 * /
    return NULL;      /* 查找失败返回 * /
}
```

　　2. 统计给定二叉树中叶子结点的数目

　　下面分别给出二种存储结构的二叉树求叶子结点数的算法。

顺序存储结构的二叉树中求叶子结点数算法 7.13：

```
int CountLeaf1(SqBiTree bt,int k)
{ /* 一维数组 bt[2k−1] 为二叉树存储结构，k 为二叉树深度，函数值为叶子数。* /
    int i,n,total = 0;
    n = (int)ldexp(1.0,k) − 1;     //计算 n = 2k − 1
    for (i = 1;i< = n;i + + )
    { if (bt[i−1]! = 0)
        { if ( (i>n /2) || (bt[2 * i−1] = = 0 & & bt[2 * i] = = 0))
            total + + ;
        }
    }
    return(total);
}
```

二叉链表存储结构的二叉树中求叶子结点数算法 7.14：

```
int CountLeaf2(BiTree  bt)
```

```
{ /* 开始时,bt 为根结点所在链结点的指针,返回值为 bt 的叶子数 * /
 if (bt= =NULL) return(0);
 if (bt→lchild= =NULL && bt→rchild= =NULL) return(1);
 return(CountLeaf2(bt→lchild) +CountLeaf2(bt→rchild));
}
```

3. 创建二叉树的二叉链表存储并显示

创建时,按二叉树带空指针的先序次序输入结点值,结点值类型为字符型。按中序输出。

CreateBinTree(BinTree * bt)是以二叉链表为存储结构建立一棵二叉树 T 的存储,bt 为指向二叉树 T 根结点指针的指针。设建立时的输入序列为:ABD0G000CE00F00,则可以建立如图7.5 (b)所示的二叉树存储。InOrderOut(bt)为按中序输出二叉树 bt 的结点。

创建二叉链表的完整程序算法 7.15:

```
void CreateBinTree(BiTree * T)
{ /* 以加入结点的先序序列输入,构造二叉链表 * /
 char ch;
 scanf("\ n%c", &ch);
 if (ch= ='0')    * T=NULL;        /* 读入 0 时,将相应结点置空 * /
 else {* T=(BiTNode * )malloc(sizeof(BiTNode));   /* 生成结点空间 * /
    ( * T)→data=ch;
    CreateBinTree(&( * T)→lchild);      /* 构造二叉树的左子树 * /
    CreateBinTree(&( * T)→rchild);      /* 构造二叉树的右子树 * /
    }
}
void InOrderOut(BiTree T)
{ /* 中序遍历输出二叉树 T 的结点值 * /
 if (T)
   { InOrderOut(T→lchild);       /* 中序遍历二叉树的左子树 * /
    printf("%3c", T→data);       /* 访问结点的数据 * /
    InOrderOut(T→rchild);       /* 中序遍历二叉树的右子树 * /
    }
}
main()
{BiTree bt;
 CreateBinTree(&bt);
    printf("\ n 中序遍历二叉树:");
    InOrderOut(bt);
    printf("\ n 二叉树的叶子结点数是:%d",CountLeaf2(bt));
}
```

比较该创建算法和以前的先序遍历算法,遍历算法中的 Visit(bt)被读入结点、申请空间存储的操作所代替;比较输出算法和中序遍历算法,遍历算法中的 Visit(bt)被 C 语言中的格式输出语句所代替。

4. 表达式运算

我们可以把任意一个算术表达式用一棵二叉树表示,图 7.13 所示为表达式 $3x^2 + x - 1/x$

+5 的二叉树表示。在表达式二叉树中,每个叶结点都是操作数,每个非叶结点都是运算符。对于一个非叶子结点,它的左、右子树分别是它的两个操作数。

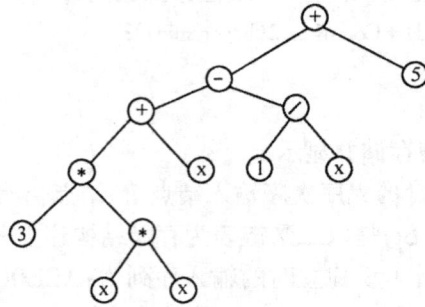

图 7.13　表达式 $3x^2 + x - 1/x + 5$ 的二叉树表示示意图

对该二叉树分别进行先序、中序和后序遍历,可以得到表达式的三种不同表示形式:

前缀表达式: + - + * 3 * xxx/1x5

中缀表达式:3 * x * x + x - 1/x + 5

后缀表达式:3xx * * x + 1x/ - 5 +

中缀表达式是经常使用的算术表达式,前缀表达式和后缀表达式分别称为波兰式和逆波兰式,它们在编译程序中有着非常重要的作用。

7.9　哈夫曼树

7.9.1　哈夫曼树的基本概念

哈夫曼(Huffman)树,又称最优二叉树,是指对于一组带有确定权值的叶结点构造的具有最小带权路径长度的二叉树。

那么什么是二叉树的带权路径长度呢?

在前面我们介绍过路径和结点的路径长度的概念,而二叉树的路径长度则是指由根结点到所有叶结点的路径长度之和。如果二叉树中的叶结点都具有一定的权值,则可将这一概念加以推广。设二叉树具有 n 个带权值的叶结点,那么从根结点到各个叶结点的路径长度与相应叶结点权值的乘积之和叫做二叉树的**带权路径长度**,记为:

$$WPL = \sum_{k=1}^{n} W_k \cdot L_k$$

其中 W_k 为第 k 个叶结点的权值,L_k 为第 k 个叶结点的路径长度。如图 7.14 所示的二叉树,它的带权路径长度值 $WPL = 2 \times 2 + 4 \times 2 + 5 \times 2 + 3 \times 2 = 28$。

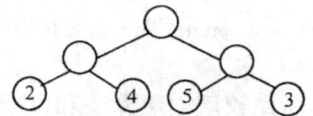

图 7.14　一棵带权二叉树

给定一组具有确定权值的叶结点,可以构造出不同的带权二叉树。例如,给出 4 个叶结点,设其权值分别为 1,3,5,7,我们可以构造出形状不同的多个二叉树。这些形状不同的二叉树的带权路径长度可能各不相同。图 7.15 给出了其中 5 个不同形状的二叉树。

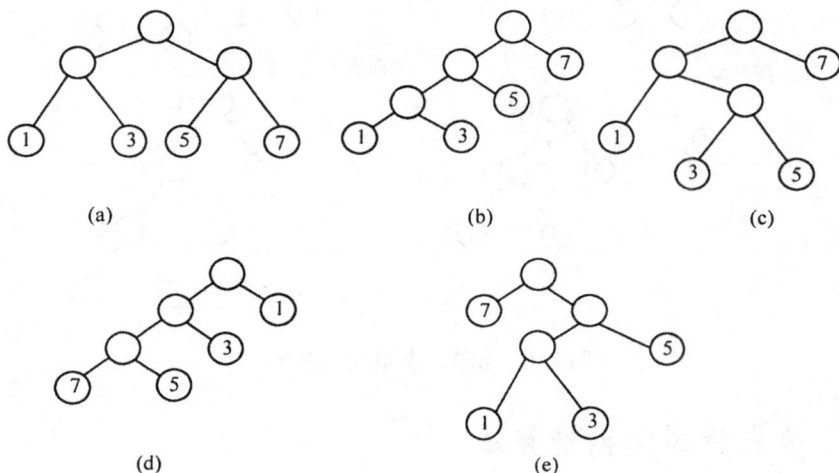

图 7.15　具有相同叶子结点和不同带权路径长度的二叉树

这五棵树的带权路径长度分别为：

(a)WPL = $1 \times 2 + 3 \times 2 + 5 \times 2 + 7 \times 2 = 32$

(b)WPL = $1 \times 3 + 3 \times 3 + 5 \times 2 + 7 \times 1 = 29$

(c)WPL = $1 \times 2 + 3 \times 3 + 5 \times 3 + 7 \times 1 = 33$

(d)WPL = $7 \times 3 + 5 \times 3 + 3 \times 2 + 1 \times 1 = 43$

(e)WPL = $7 \times 1 + 5 \times 2 + 3 \times 3 + 1 \times 3 = 29$

由此可见,由相同权值的一组叶子结点所构成的二叉树有不同的形态和不同的带权路径长度,那么如何找到带权路径长度最小的二叉树(即哈夫曼树)呢? 根据哈夫曼树的定义,一棵二叉树要使其 WPL 值最小,必须使权值越大的叶结点越靠近根结点,使权值越小的叶结点越远离根结点。哈夫曼(Huffman)依据这一特点提出了一种方法,这种方法的基本思想是:

(1)由给定的 n 个权值 $\{W_1, W_2, \cdots, W_n\}$ 构造 n 棵只有一个叶结点的二叉树,从而得到一个二叉树的集合 $F = \{T_1, T_2, \cdots, T_n\}$;

(2)在 F 中选取根结点的权值最小和次小的两棵二叉树作为左、右子树构造一棵新的二叉树,这棵新的二叉树根结点的权值为其左、右子树根结点权值之和;

(3)在集合 F 中删除作为左、右子树的两棵二叉树,并将新建立的二叉树加入到集合 F 中;

(4)重复(2)(3)两步,当 F 中只剩下一棵二叉树时,这棵二叉树便是所要建立的哈夫曼树。

图 7.16 给出了前面提到的叶结点权值集合为 W = $\{1, 3, 5, 7\}$ 的哈夫曼树的构造过程。可以计算出其带权路径长度为 29。由此可见,对于同一组给定叶结点所构造的哈夫曼树,树的形状可能不同(如图 7.15(b)(e)也是哈夫曼树),但带权路径长度值是相同的,一定是最小的。

第一步　　⑦　　⑤　　③　　①　　　　第二步

第三步　　　　　　　　　　　　　　　第四步

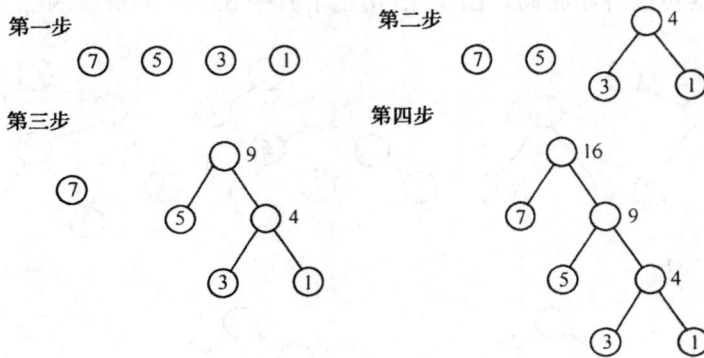

图 7.16　哈夫曼树的建立过程

7.9.2　哈夫曼树的构造算法

在构造哈夫曼树时,可以设置一个结构数组 HuffNode 保存哈夫曼树中各结点的信息,根据二叉树的性质可知,具有 n 个叶子结点的哈夫曼树共有 2n－1 个结点,所以数组 HuffNode 的大小设置为 2n－1,数组元素的结构形式如下:

weight	lchild	rchild	parent

其中,weight 域保存结点的权值,lchild 和 rchild 域分别保存该结点的左、右孩子结点在数组 HuffNode 中的序号,从而建立起结点之间的关系。为了判定一个结点是否已加入到要建立的哈夫曼树中,可通过 parent 域的值来确定。初始时 parent 的值为－1,当结点加入到树中时,该结点 parent 的值为其双亲结点在数组 HuffNode 中的序号,就不会是－1 了。

构造哈夫曼树时,首先将由 n 个字符形成的 n 个叶结点存放到数组 HuffNode 的前 n 个分量中,然后根据前面介绍的哈夫曼方法的基本思想,不断将两个小子树合并为一个较大的子树,每次构成的新子树的根结点顺序放到 HuffNode 数组中的前 n 个分量的后面。

哈夫曼树的构造算法 7.16:

```
#define MAXVALUE 10000              /*定义最大权值*/
#define MAXLEAF 30                  /*定义哈夫曼树中叶子结点个数*/
#define MAXNODE   MAXLEAF*2-1
typedef struct{
    int weight;
    int parent;
    int lchild;
    int rchild;
    }HNodeType;
void   HuffmanTree(HNodeType HuffNode[ ],int n)
{  int i,j,m1,m2,x1,x2;
    for (i=0;i<n-1;i++)    /*构造哈夫曼树*/
      { m1=m2=MAXVALUE;
        x1=x2=0;
        for (j=0;j<n+i;j++)
```

```
        { if (HuffNode[j]. weight＜m1 && HuffNode[j]. parent ＝＝ －1)
            { m2＝m1;   x2＝x1;
              m1＝HuffNode[j]. weight;   x1＝j;
            }
        else if (HuffNode[j]. weight＜m2 && HuffNode[j]. parent ＝＝ －1)
              { m2＝HuffNode[j]. weight;
                x2＝j;
              }
        }
    /* 将找出的两棵子树合并为一棵子树 */
    HuffNode[x1]. parent ＝ n＋i;
    HuffNode[x2]. parent ＝ n＋i;
    HuffNode[n＋i]. weight ＝ HuffNode[x1]. weight＋HuffNode[x2]. weight;
    HuffNode[n＋i]. lchild ＝ x1;
    HuffNode[n＋i]. rchild ＝ x2;
    }
}
```

7.9.3 哈夫曼编码

哈夫曼编码是哈夫曼树的一个重要应用。在数据通讯中，经常需要将传送的文字转换成由二进制字符 0,1 组成的二进制串，我们称之为编码。例如，假设要传送的电文为 ABACCDA，电文中只含有 A,B,C,D 四种字符，若这四种字符采用图 7.17（a)所示的编码，则电文的代码为 000010000100100111 000，长度为 21。在传送电文时，我们总是希望传送时间尽可能短，这就要求电文代码尽可能短。显然，这种编码方案产生的电文代码不够短。图 7.17（b)所示为另一种编码方案，用此编码对上述电文进行编码所建立的代码为 00010010101100，长度为 14。在这种编码方案中，四种字符的编码均为两位，是一种等长编码。如果在编码时考虑字符出现的频率，让出现频率高的字符采用尽可能短的编码，出现频率低的字符采用稍长的编码，构造一种不等长编码，则电文的代码就可能更短。如当字符 A,B,C,D 采用图 7.17（c)所示的编码时，上述电文的代码为 0110010101110，长度仅为 13。

字符	编码
A	000
B	010
C	100
D	111

(a)

字符	编码
A	00
B	01
C	10
D	11

(b)

字符	编码
A	0
B	110
C	10
D	111

(c)

字符	编码
A	01
B	010
C	001
D	10

(d)

图 7.17　字符的四种不同的编码方案

哈夫曼树可用于构造使电文的编码总长最短的编码方案。具体做法如下：设需要编码的字符集合为 $\{d_1, d_2, \cdots, d_n\}$，它们在电文中出现的次数或频率集合为 $\{w_1, w_2, \cdots, w_n\}$，以 $d_1, d_2, \cdots, d_n$ 作为叶结点，$w_1, w_2, \cdots, w_n$ 作为它们的权值，构造一棵哈夫曼树，规定哈夫曼树中的左分支代表 0，右分支代表 1，则从根结点到每个叶结点所经过的路径分支组成的 0 和 1 的序列便为该结点对应字符的编码,我们称之为**哈夫曼编码**。

在哈夫曼编码树中,树的带权路径长度的含义是各个字符的码长与其出现次数的乘积之和,也就是电文的代码总长,所以采用哈夫曼树构造的编码是一种能使电文代码总长最短的不等长编码。

在建立不等长编码时,必须使任何一个字符的编码都不是另一个字符编码的前缀,这样才能保证译码的唯一性。例如图 7.17 (d)的编码方案,字符 A 的编码 01 是字符 B 的编码 010 的前缀部分,这样对于代码串 0101001,既是 AAC 的代码,也是 ABD 和 BDA 的代码,因此,这样的编码不能保证译码的唯一性,我们称之为具有二义性的译码。

然而,采用哈夫曼树进行编码,则不会产生上述二义性问题。因为,在哈夫曼树中,每个字符结点都是叶结点,它们不可能在根结点到其他字符结点的路径上,所以一个字符的哈夫曼编码不可能是另一个字符的哈夫曼编码的前缀,从而保证了译码的非二义性。

下面讨论实现哈夫曼编码的算法。实现哈夫曼编码的算法可分为两大部分:

(1)构造哈夫曼树;

(2)在哈夫曼树上求叶结点的编码。

求哈夫曼编码,实质上就是在已建立的哈夫曼树中,从叶结点开始,沿结点的双亲链域回退到根结点,每回退一步,就走过了哈夫曼树的一个分支,从而得到一位哈夫曼码值,由于一个字符的哈夫曼编码是从根结点到相应叶结点所经过的路径上各分支所组成的 0,1 序列,因此先得到的分支代码为所求编码的低位码,后得到的分支代码为所求编码的高位码。我们可以设置一结构数组 HuffCode 用来存放各字符的哈夫曼编码信息,数组元素的结构如下:

bit	start

其中,分量 bit 为一维数组,用来保存字符的哈夫曼编码,start 表示该编码在数组 bit 中的开始位置。所以,对于第 i 个字符,它的哈夫曼编码存放在 HuffCode[i].bit 中的从 HuffCode[i].start 到 n 的分量上。

哈夫曼编码生成算法 7.17:

```
#define MAXBIT 10          /*定义哈夫曼编码的最大长度*/
typedef struct {
    int bit[MAXBIT];
    int start;
}HCodeType;
void HuffmanCode (HNodeType HuffNode[],int n)
{  HCodeType HuffCode[MAXLEAF],cd;
   int i,j, c,p;
   for (i=0;i<n;i++)              /*求每个叶子结点的哈夫曼编码*/
       { cd.start=n-1; c=i;
         p=HuffNode[c].parent;
         while(p! =-1)            /*由叶结点向上直到树根*/
            { if (HuffNode[p].lchild==c) cd.bit[cd.start]=0;
              else cd.bit[cd.start]=1;
              cd.start--;  c=p;
              p=HuffNode[c].parent;
            }
```

```
      for (j＝cd.start＋1;j＜n;j＋＋)　/＊保存求出的每个叶结点的哈夫曼编码和编码的起始位＊/
          HuffCode[i].bit[j]＝cd.bit[j];
        HuffCode[i].start＝cd.start;
      }
    printf(″\n HuffCode：weight,code″);
     for (i＝0;i＜n;i＋＋)　　　　　　/＊输出每个叶子结点的哈夫曼编码＊/
       { printf(″\n％6d：″,HuffNode [i].weight);
        for (j＝HuffCode[i].start＋1;j＜n;j＋＋)
            printf(″％ld″,HuffCode[i].bit[j]);
       }
    printf(″\n″);
}
```

7.10　树、森林与二叉树的转换

从树的孩子兄弟表示法可以看到,如果设定一定规则,就可用二叉树结构表示树和森林,这样,对树的操作实现就可以借助二叉树存储,利用二叉树上的操作来实现。本节将讨论树和森林与二叉树之间的转换方法。

7.10.1　树转换为二叉树

对于一棵无序树,树中结点的各孩子的次序是无关紧要的,而二叉树中结点的左、右孩子结点是有区别的。为避免发生混淆,我们约定树中每一个结点的孩子结点按从左到右的次序顺序编号。如图 7.18 所示的一棵树,根结点 A 有 B、C、D 三个孩子,可以认为结点 B 为 A 的第一个孩子结点,结点 C 为 A 的第二个孩子结点, 结点 D 为 A 的第三个孩子结点。

将一棵树转换为二叉树的方法是:

(1)树中所有相邻兄弟之间加一条连线;

(2)对树中的每个结点,只保留它与第一个孩子结点之间的连线,删去它与其他孩子结点之间的连线;

(3)以树的根结点为轴心,将整棵树顺时针转动一定的角度,使之结构层次分明。

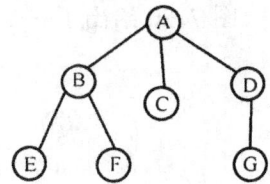

图 7.18　一棵树

可以证明,树作这样的转换所构成的二叉树是唯一的。图 7.19
(a)、(b)、(c)给出了图 7.18 所示的树转换为二叉树的转换过程示意图。

由上面的转换可以看出,在二叉树中,左分支上的各结点在原来的树中是父子关系,而右分支上的各结点在原来的树中是兄弟关系。由于树的根结点没有兄弟,所以变换后的二叉树的根结点的右孩子必为空。

事实上,一棵树采用孩子兄弟表示法所建立的存储结构与它所对应的二叉树的二叉链表存储结构是完全相同的。

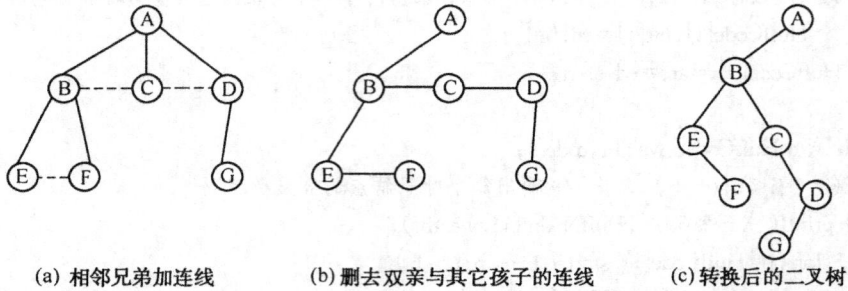

(a) 相邻兄弟加连线　　　(b) 删去双亲与其它孩子的连线　　　(c) 转换后的二叉树

图 7.19　图 7.18 所示树转换为二叉树的过程示意图

7.10.2　森林转换为二叉树

由森林的概念可知,森林是若干棵树的集合,只要将森林中各棵树的根视为兄弟,每棵树又可以用二叉树表示,这样,森林也同样可以用二叉树表示。

森林转换为二叉树的方法如下:

(1)将森林中的每棵树转换成相应的二叉树;

(2)第一棵二叉树不动,从第二棵二叉树开始,依次把后一棵二叉树的根结点作为前一棵二叉树根结点的右孩子,当所有二叉树连起来后,此时所得到的二叉树就是由森林转换得到的二叉树。

这一方法可形式化描述为:

如果 $F = \{T_1, T_2, \cdots, T_m\}$ 是森林,则可按如下规则转换成一棵二叉树 $B = (root, LB, RB)$。

(1)若 F 为空,即 $m = 0$,则 B 为空树;

(2)若 F 非空,即 $m \neq 0$,则 B 的根 root 即为森林中第一棵树的根 $Root(T_1)$;B 的左子树 LB 是从 T_1 中根结点的子树森林 $F_1 = \{T_{11}, T_{12}, \cdots, T_{1m_1}\}$ 转换而成的二叉树;其右子树 RB 是从森林 $F' = \{T_2, T_3, \cdots, T_m\}$ 转换而成的二叉树。

图 7.20 给出了一个有三棵树的森林及其转换为二叉树的过程。

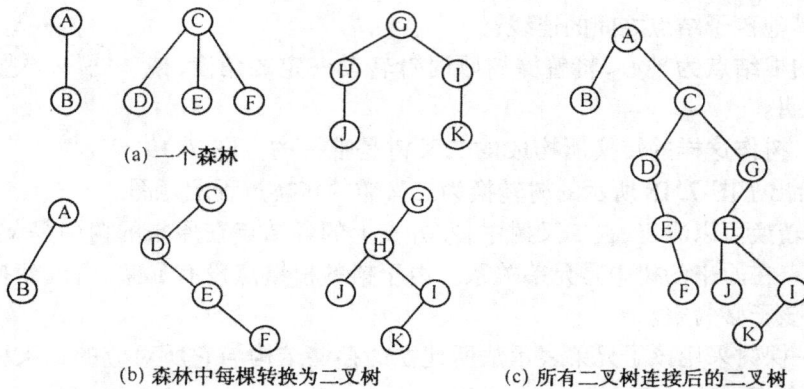

(a) 一个森林

(b) 森林中每棵转换为二叉树　　　(c) 所有二叉树连接后的二叉树

图 7.20　森林及其转换为二叉树的过程示意图

7.10.3 二叉树转换为树和森林

树和森林都可以转换为二叉树,二者不同的是树转换成的二叉树,其根结点无右分支,而森林转换后的二叉树,其根结点有右分支。显然这一转换过程是可逆的,即可以依据二叉树的根结点有无右分支,将一棵二叉树还原为森林或树,具体方法如下:

(1)若某结点是其双亲的左孩子,则把该结点的右孩子、右孩子的右孩子……都与该结点的双亲结点用线连起来;

(2)删去原二叉树中所有的双亲结点与右孩子结点的连线;

(3)整理由(1)、(2)两步所得到的树或森林,使之结构层次分明。

这一方法可形式化描述为:

如果 $B = (root, LB, RB)$ 是一棵二叉树,则可按如下规则转换成森林 $F = \{T_1, T_2, \cdots, T_m\}$。

(1)若 B 为空,则 F 为空;

(2)若 B 非空,则森林中第一棵树 T_1 的根 $ROOT(T_1)$ 即为 B 的根 root;T_1 中根结点的子树森林 F_1 是由 B 的左子树 LB 转换而成的森林;F 中除 T_1 之外其余树组成的森林 $F' = \{T_2, T_3, \cdots, T_m\}$ 是由 B 的右子树 RB 转换而成的森林。

图 7.21 给出了一棵二叉树还原为森林的过程示意。

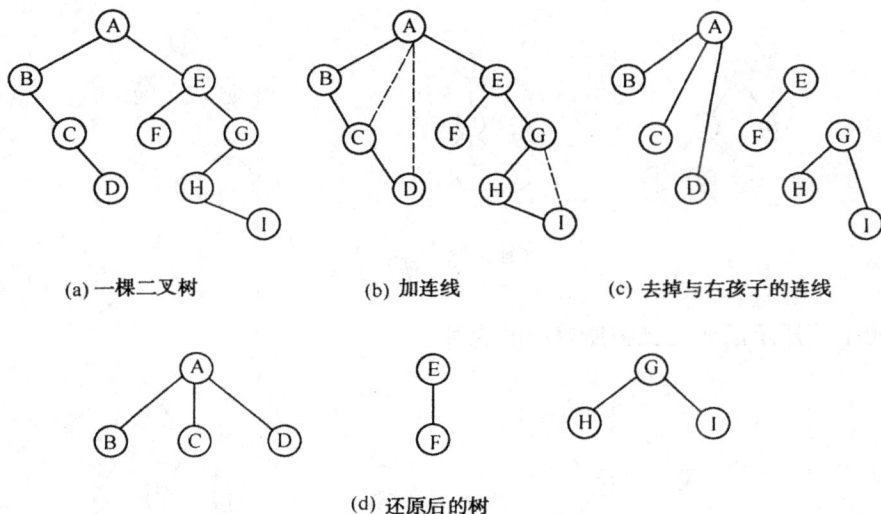

(a) 一棵二叉树　　　　(b) 加连线　　　　(c) 去掉与右孩子的连线

(d) 还原后的树

图 7.21　二叉树还原为树的过程示意图

习　题

一、基本题

1. 一棵度为 2 的有序树与一棵二叉树有何区别?

2. 试分别画出具有 3 个结点的树和 3 个结点的二叉树的所有不同形态。

3. 高度为 h 的完全二叉树至少有多少个结点? 至多有多少个结点?

4.假设二叉树包含的结点数据为 1,3,7,2,12。

（1）画出两棵高度最大的二叉树；

（2）画出两棵完全二叉树,要求每个双亲结点的值大于其孩子结点的值。

5.试找出分别满足下面条件的所有二叉树：

（1）先序序列和中序序列相同；　　　（2）中序序列和后序序列相同；

（3）先序序列和后序序列相同；　　　（4）先序、中序、后序序列均相同。

6.已知一棵二叉树的先序序列和中序序列分别为 ABDGHCEFI 和 GDHBAECIF,请画出此二叉树。

7.已知一棵二叉树的中序序列和后序序列分别为 BDCEAFHG 和 DECBHGFA,请画出此二叉树。

8.已知两棵二叉树先序序列和后序序列都分别为 AB 和 BA,请画出这两棵不同的二叉树。

9.已知一棵二叉树的按层次遍历所得到的结果序列为 ABCDEFGHIJ,中序序列为 DBGE-HJACIF,请画出该二叉树。

10.假设用于通信的电文由字符集{a,b,c,d,e,f,g,h}中的字母构成,这 8 个字母在电文中出现的概率分别为{0.07,0.19,0.02,0.06,0.32,0.03,0.21,0.10},试为这 8 个字母设计哈夫曼编码。

11.将下图所示的森林转化为二叉树。

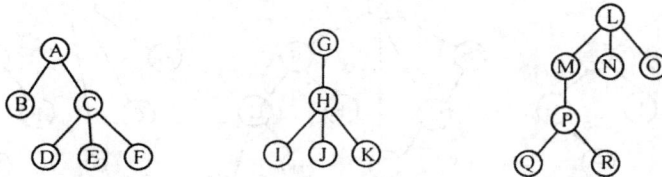

（基本题 11 图）

12.画出下图所示的各二叉树所对应的森林。

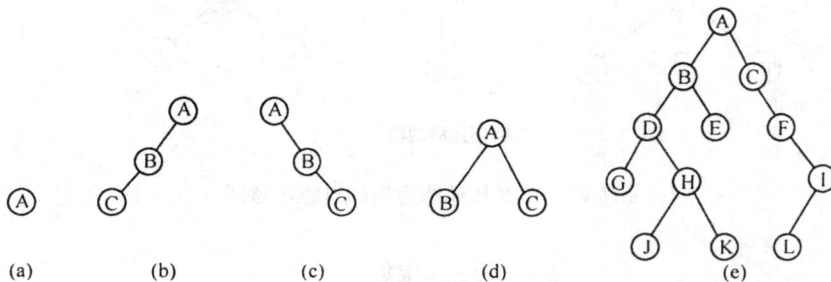

（基本题 12 图）

二、算法设计题

1.以二叉链表为存储结构,分别写出求二叉树结点总数及叶子总数的算法。

2.以二叉链表为存储结构,分别写出求二叉树高度及宽度的算法。所谓宽度是指在二叉树的各层上,具有结点数最多的那一层上的结点总数。

3.以二叉链表为存储结构,写一算法交换各结点的左右子树。

4.以二叉树表为存储结构,分别写出在二叉树中查找值为 x 的结点在树中层数的算法。

5.一棵 n 个结点的完全二叉树以向量作为存储结构,试写一非递归算法实现对该树的先序遍历。

6.以二叉链表为存储结构,写一算法对二叉树进行层次遍历。提示:应使用队列来保存各层的结点。

第 8 章

图

图状结构是一种比树形结构更复杂的非线性结构。在树状结构中,结点间具有分支层次关系,每一层上的结点只能和上一层中的至多一个结点相关,但可能和下一层的多个结点相关。而在图状结构中,任意两个结点之间都可能相关,即结点之间的邻接关系可以是任意的。因此,图状结构被用于描述各种复杂的数据对象,在自然科学和社会科学等许多领域有着非常广泛的应用。

8.1 图的基本概念

8.1.1 图的定义和术语

1. 图的定义

图(Graph)是由非空的顶点集合和一个描述顶点之间关系——边(或者弧)的集合组成,其形式化定义为:

$$G = (V, E)$$
$$V = \{v_i \mid v_i \in \text{dataobject}\}$$
$$E = \{(v_i, v_j) \mid v_i, v_j \in V \wedge P(v_i, v_j)\}$$

其中,G 表示一个图,V 是图 G 中顶点的集合,E 是图 G 中边的集合,集合 E 中 $P(v_i, v_j)$ 表示顶点 v_i 和顶点 v_j 之间有一条直接连线,即偶对 (v_i, v_j) 表示一条边。图 8.1 给出了一个图的示例,在该图中:

集合 $V = \{v_1, v_2, v_3, v_4, v_5\}$;

集合 $E = \{(v_1, v_2), (v_1, v_4), (v_2, v_3), (v_3, v_4), (v_3, v_5), (v_2, v_5)\}$。

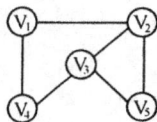

图8.1 无向图 G_1　　　图8.2 有向图 G_2

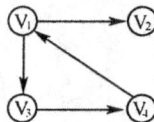

2. 图的相关术语

(1)**无向图**:在一个图中,如果任意两个顶点构成的偶对$(v_i, v_j) \in E$是无序的,即顶点之间的连线是没有方向的,则称该图为无向图。如图 8.1 所示是一个无向图 G_1。

(2)**有向图**:在一个图中,如果任意两个顶点构成的偶对$(v_i, v_j) \in E$是有序的,即顶点之间的连线是有方向的,则称该图为有向图。如图 8.2 所示是一个有向图 G_2:

$$G_2 = (V_2, E_2)$$
$$V_2 = \{v_1, v_2, v_3, v_4\}$$
$$E_2 = \{<v_1, v_2>, <v_1, v_3>, <v_3, v_4>, <v_4, v_1>\}$$

(3)**顶点、邻接点、边、弧、弧头、弧尾**:图中,数据元素 v_i 称为顶点(vertex);$P(v_i, v_j)$表示在顶点 v_i 和顶点 v_j 之间有一条直接连线。如果是在无向图中,称这条连线为边;如果是在有向图中,一般称这条连线为弧。边用顶点的无序偶对(v_i, v_j)来表示,称顶点 v_i 和顶点 v_j 互为邻接点,边(v_i, v_j)依附于顶点 v_i 与顶点 v_j;弧用顶点的有序偶对$<v_i, v_j>$来表示,有序偶对的第一个结点 v_i 被称为始点(或弧尾),在图中就是不带箭头的一端;有序偶对的第二个结点 v_j 被称为终点(或弧头),在图中就是带箭头的一端。

(4)**无向完全图**:在一个无向图中,如果任意两顶点都有一条边相连接,则称该图为无向完全图。可以证明,在一个含有 n 个顶点的无向完全图中,有 $n(n-1)/2$ 条边。

(5)**有向完全图**:在一个有向图中,如果任意两顶点之间都有方向互为相反的两条弧相连接,则称该图为有向完全图。在一个含有 n 个顶点的有向完全图中,有 $n(n-1)$ 条弧。

(6)**稠密图、稀疏图**:若一个图的边数接近完全图的边数,称这样的图为稠密图;相对地,称边数很少的图为稀疏图。通常,有 n 个顶点的图,如果边数$> n \cdot \log_2 n$,则称为稠密图,否则称为稀疏图。

(7)**顶点的度、入度、出度**:顶点的度(degree)是指依附于某顶点 v 的边数,即邻接点个数,通常记为 $TD(v)$。在有向图中,顶点的度要分为入度与出度。顶点 v 的入度是指以顶点 v 为终点的弧的数目,记为 $ID(v)$;顶点 v 的出度是指以顶点 v 为始点的弧的数目,记为 $OD(v)$。有 $TD(v) = ID(v) + OD(v)$。

例如,在 G_1 中有:

$$TD(v_1) = 2 \quad TD(v_2) = 3 \quad TD(v_3) = 3 \quad TD(v_4) = 2 \quad TD(v_5) = 2$$

在 G_2 中有:

$$ID(v_1) = 1 \quad OD(v_1) = 2 \quad TD(v_1) = 3$$
$$ID(v_2) = 1 \quad OD(v_2) = 0 \quad TD(v_2) = 1$$
$$ID(v_3) = 1 \quad OD(v_3) = 1 \quad TD(v_3) = 2$$
$$ID(v_4) = 1 \quad OD(v_4) = 1 \quad TD(v_4) = 2$$

可以证明,对于具有 n 个顶点、e 条边的图,顶点 v_i 的度 $TD(v_i)$与顶点的个数以及边的数目满足关系:

$$e = \left(\sum_{i=1}^{n} TD(v_i)\right)/2$$

(8)**边的权、网图**:与边有关的数据信息称为权(weight)。在实际应用中,权值可以有某种含义。比如,在一个反映城市交通线路的图中,边上的权值可以表示该条线路的长度或者等级;对于一个电子线路图,边上的权值可以表示两个端点之间的电阻、电流或电压值;对于反映工程进度的图而言,边上的权值可以表示从前一个工程到后一个工程所需要的时间等等。边上带权的图称为网图或网络(network)。如图8.3所示,就是一个无向网图。如果边是有方向的带权图,则就是一个有向网图。

(9)**路径、路径长度**:顶点 v_p 到顶点 v_q 之间的路径(path)是指顶点序列 $v_p, v_{i1}, v_{i2}, \cdots, v_{im}, v_q$。其中,$(v_p, v_{i1}), (v_{i1}, v_{i2}), \cdots, (v_{im}, v_q)$ 分别为图中的边。路径上边的数目称为路径长度。图8.1所示的无向图 G_1 中,$v_1 \rightarrow v_4 \rightarrow v_3 \rightarrow v_5$ 与 $v_1 \rightarrow v_2 \rightarrow v_5$ 是从顶点 v_1 到顶点 v_5 的两条路径,路径长度分别为3和2。

(10)**简单路径、回路、简单回路**:序列中顶点不重复出现的路径称为简单路径。在图8.1中,前面提到的 v_1 到 v_5 的两条路径都为简单路径。称顶点序列中存在 $v_p = v_q (p \neq q)$ 的路径为回路或者环(cycle)。除第一个顶点与最后一个顶点之外,其他顶点不重复出现的回路称为简单回路,或者简单环。如图8.2中的 $v_1 \rightarrow v_3 \rightarrow v_4 \rightarrow v_1$。

(11)**子图**:对于图 $G = (V, E)$,$G' = (V', E')$,若存在 V′ 是 V 的子集,E′ 是 E 的子集,则称图 G′ 是 G 的一个子图。图8.4示出了 G_2 和 G_1 的两个子图 G′ 和 G″。

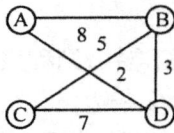

图8.3 一个无向网图示意图

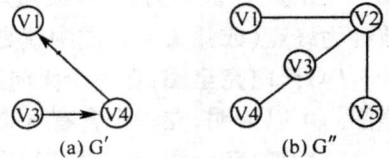

图8.4 图 G_2 和 G_1 的两个子图示意图

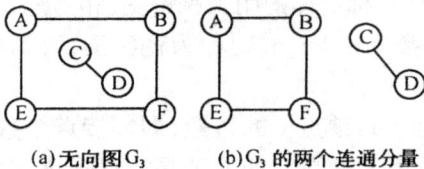

(a)无向图 G_3 (b)G_3 的两个连通分量

图8.5 无向图及连通分量示意图

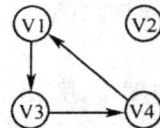

图8.6 有向图 G_2 的两个强连通分量示意图

(12)**连通、连通图、连通分量**:在无向图中,如果从一个顶点 v_i 到另一个顶点 $v_j (i \neq j)$ 有路径,则称顶点 v_i 和 v_j 是连通的。如果图中任意两顶点都是连通的,则称该图是连通图。无向图的极大连通子图称为连通分量。图8.5(a)中无向图 G_3 有两个连通分量,如图8.5(b)所示。

(13)**强连通图、强连通分量**:对于有向图来说,若图中任意一对顶点 v_i 和 $v_j (i \neq j)$ 均有从一个顶点 v_i 到另一个顶点 v_j 有路径,也有从 v_j 到 v_i 的路径,则称该有向图是强连通图。有向图的极大强连通子图称为强连通分量。图8.2中有两个强连通分量,顶点集分别是 $\{v_1, v_3, v_4\}$ 和 $\{v_2\}$,强连通分量如图8.6所示。

(14)**生成树**:所谓连通图 G 的生成树,是 G 的包含其全部 n 个顶点的一个极小连通子图。它必定包含且仅包含 G 的 n−1 条边。图8.4(b)G″示出了图8.1中 G_1 的一棵生成树。在生成树中添加任意一条属于原图中的边必定会产生回路,因为新添加的边使其所依附的两个顶点之间有了第二条路径。若生成树中减少任意一条边,则必然成为非连通的。

(15)**生成森林**:在非连通图中,由每个连通分量都可得到一个极小连通子图,即一棵生成树。这些连通分量的生成树就组成了一个非连通图的生成森林。

8.1.2 图的基本操作

（1）CreatGraph(G)输入图 G 的顶点和边,建立图 G 的存储。

（2）DestroyGraph(G)释放图 G 占用的存储空间。

（3）GetVex(G,v)在图 G 中找到顶点 v,并返回顶点 v 的相关信息。

（4）PutVex(G,v,value)在图 G 中找到顶点 v,并将 value 值赋给顶点 v。

（5）InsertVex(G,v)在图 G 中增添新顶点 v。

（6）DeleteVex(G,v)在图 G 中,删除顶点 v 以及所有和顶点 v 相关联的边或弧。

（7）InsertArc(G,v,w)在图 G 中增添一条从顶点 v 到顶点 w 的边或弧。

（8）DeleteArc(G,v,w)在图 G 中删除一条从顶点 v 到顶点 w 的边或弧。

（9）DFSTraverse(G,v)在图 G 中,从顶点 v 出发深度优先遍历图 G。

（10）BFSTraverse(G,v)在图 G 中,从顶点 v 出发广度优先遍历图 G。

在一个图中,顶点是没有先后次序的,但当采用某一种确定的存储方式存储后,存储结构中顶点的存储次序构成了顶点之间的相对次序,这里用顶点在图中的位置表示该顶点的存储顺序;同样的道理,对一个顶点的所有邻接点,采用该顶点的第 i 个邻接点表示与该顶点相邻接的某个顶点的存储顺序,在这种意义下,图的基本操作还有:

（11）LocateVex(G,u)在图 G 中找到顶点 u,返回该顶点在图中位置。

（12）FirstAdjVex(G,v)在图 G 中,返回 v 的第一个邻接点。若顶点在 G 中没有邻接顶点,则返回"空"。

（13）NextAdjVex(G,v,w)在图 G 中,返回 v 的(相对于 w 的)下一个邻接顶点。若 w 是 v 的最后一个邻接点,则返回"空"。

8.2 图的存储表示

图是一种结构复杂的数据结构,表现在不仅各个顶点的度可以千差万别,而且顶点之间的逻辑关系也错综复杂。从图的定义可知,一个图的信息包括两部分,即图中顶点的信息以及描述顶点之间的关系——边或者弧的信息。因此无论采用什么方法建立图的存储结构,都要完整、准确地反映这两方面的信息。

下面介绍几种常用图的存储结构。

8.2.1 邻接矩阵

所谓邻接矩阵(Adjacency Matrix)的存储结构,就是用一维数组存储图中顶点的信息,用矩阵表示图中各顶点之间的邻接关系。假设图 $G=(V,E)$ 有 n 个确定的顶点,即 $V=\{v_0,v_1,\cdots,v_{n-1}\}$,则表示 G 中各顶点相邻关系为一个 $n \times n$ 的矩阵,矩阵的元素为:

$$A[i][j]=\begin{cases} 1 & \text{若}(v_i,v_j)\text{或}\langle v_i,v_j\rangle\text{是 }E(G)\text{中的边} \\ 0 & \text{若}(v_i,v_j)\text{或}\langle v_i,v_j\rangle\text{不是 }E(G)\text{中的边} \end{cases}$$

若 G 是网图,则邻接矩阵可定义为:

$$A[i][j] = \begin{cases} w_{ij} & \text{若}(v_i, v_j)\text{或}\langle v_i, v_j\rangle\text{是 E(G)中的边} \\ 0\text{ 或}\infty & \text{若}(v_i, v_j)\text{或}\langle v_i, v_j\rangle\text{不是 E(G)中的边} \end{cases}$$

其中，w_{ij}表示边(v_i, v_j)或$<v_i, v_j>$上的权值；∞表示一个计算机允许的、大于所有边上权值的数。

用邻接矩阵表示法表示图如图 8.7 所示。

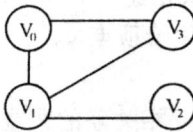

$$A = \begin{pmatrix} 0 & 1 & 0 & 1 \\ 1 & 0 & 1 & 1 \\ 0 & 1 & 0 & 0 \\ 1 & 1 & 0 & 0 \end{pmatrix}$$

图 8.7   一个无向图的邻接矩阵表示

用邻接矩阵表示法表示网图如图 8.8 所示。

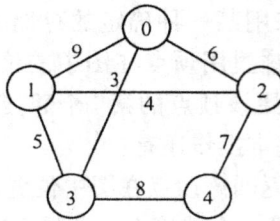

$$A = \begin{pmatrix} \infty & 9 & 6 & 3 & \infty \\ 9 & \infty & 4 & 5 & \infty \\ 6 & 4 & \infty & \infty & 7 \\ 3 & 5 & \infty & \infty & 8 \\ \infty & \infty & 7 & 8 & \infty \end{pmatrix}$$

图 8.8   一个网图的邻接矩阵表示

从图的邻接矩阵存储方法容易看出这种表示具有以下特点：

(1) 无向图的邻接矩阵一定是一个对称矩阵。因此，在具体存放邻接矩阵时只需存放上(或下)三角矩阵的元素即可。

(2) 对于无向图，邻接矩阵的第 i 行(或第 i 列)非零元素(或非 ∞ 元素)的个数正好是第 i 个顶点的度 $TD(v_i)$。

(3) 对于有向图，邻接矩阵的第 i 行(或第 i 列)非零元素(或非 ∞ 元素)的个数正好是第 i 个顶点的出度 $OD(v_i)$(或入度 $ID(v_i)$)。

(4) 用邻接矩阵方法存储图，很容易确定图中任意两个顶点之间是否有边相连；但是，要确定图中有多少条边，则必须按行、按列对每个元素进行检测，所花费的时间代价很大。这是用邻接矩阵存储图的局限性。

下面介绍图的邻接矩阵存储表示。

在用邻接矩阵存储图时，除了用一个二维数组存储用于表示顶点间相邻关系的邻接矩阵外，还需用一个一维数组来存储顶点信息，另外还有图的顶点数和边数。故可将其形式描述如下：

```
#define MaxVertexNum 100          /* 最大顶点数设为 100 */
typedef char VertexType;          /* 顶点类型设为字符型 */
typedef int EdgeType;             /* 边的权值设为整型 */
typedef struct {
```

```
        VertexType vexs[MaxVertexNum];              /* 顶点表 */
        EdgeType edges[MaxVertexNum][MaxVertexNum];   /* 邻接矩阵,即边表 */
        int n,e;                        /* 顶点数和边数 */
}MGraph;/* MGragh 是以邻接矩阵存储的图类型 */
```

建立一个有向图的邻接矩阵存储的算法 8.1:

```
void CreateMGraph(MGraph  * G)
{   int i,j,k;
    printf("请输入顶点数和边数(输入格式为:顶点数,边数): \n");
    scanf("%d,%d",&(G→n),&(G→e)); /* 输入顶点数和边数 */
    printf("请输入顶点信息(输入格式为:顶点号<CR>): \n");
    for (i=0;i<G→n;i++) scanf(" \n%c",&(G→vexs[i])); /* 输入顶点信息,建立顶点表 */
    for (i=0;i<G→n;i++)
        for (j=0;j<G→n;j++) G→edges[i][j]=0;      /* 初始化邻接矩阵 */
    printf("请输入每条边对应的两个顶点的序号(输入格式为:i,j<CR>): \n");
    for (k=0;k<G→e;k++)
    {scanf(" \n%d,%d",&i,&j); /* 输入 e 条边,建立邻接矩阵 */
     G→edges[i][j]=1; /* 若加入 G→edges[j][i]=1;,则为无向图的邻接矩阵存储建立 */
    }
} /* CreateMGraph */
```

8.2.2　邻接表

邻接表(Adjacency List)是图的一种顺序存储与链式存储结合的存储方法。邻接表表示法类似于树的孩子链表表示法。就是对于图 G 中的每个顶点 v_i,将所有邻接于 v_i 的顶点 v_j 链成一个单链表,这个单链表就称为顶点 v_i 的邻接表,再将所有点的邻接表表头放到数组中,就构成了图的邻接表。在邻接表表示法中有两种结点结构,如图 8.9 所示。

图 8.9　邻接表表示的结点结构

一种是顶点表的结点结构,它由顶点域(vertex)和指向第一条邻接边的指针域(firstedge)构成,另一种是边表(即邻接表)结点,它由邻接点域(adjvex)和指向下一条邻接边的指针域(next)构成。对于网图的边表需再增设一个存储边上信息(如权值等)的域(info),网图的边表结构如图 8.10 所示。

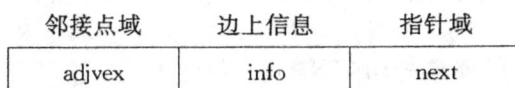

图 8.10　网图的边表结构

图 8.11 给出无向图 8.7 对应的邻接表表示。

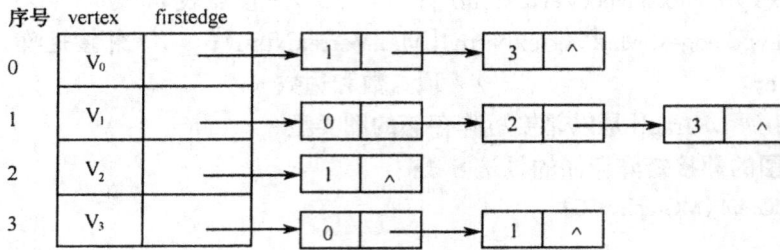

图 8.11　图的邻接表表示

邻接表表示的形式描述如下：

```
#define MaxVertexNum 100                    /*最大顶点数为100*/
typedef struct node{                        /*边表结点*/
    int adjvex;                             /*邻接点域*/
    struct node * next;                     /*指向下一个邻接点的指针域*/
        /*若要表示边上信息,则应增加一个数据域info*/
    }EdgeNode;
typedef char VertexType;                    /*顶点用字符表示*/
typedef struct vnode{                       /*顶点表结点*/
    VertexType vertex;                      /*顶点域*/
    EdgeNode * firstedge;                   /*边表头指针*/
    }VertexNode;
typedef VertexNode AdjList[MaxVertexNum];   /*AdjList 是邻接表类型*/
typedef struct{
    AdjList adjlist;                        /*邻接表*/
    int n,e;                                /*顶点数和边数*/
    }ALGraph;                               /*ALGraph 是以邻接表方式存储的图类型*/
```

建立一个有向图的邻接表存储的算法 8.2：

```
void CreateALGraph(ALGraph * G)
{ int i,j,k;
  EdgeNode * s;
  printf("请输入顶点数和边数(输入格式为:顶点数,边数): \ n");
  scanf("%d,%d",&(G→n),&(G→e)); /*读入顶点数和边数*/
  printf("请输入顶点信息(输入格式为:顶点号<CR>): \ n");
  for (i=0;i<G→n;i++) /*建立有n个顶点的顶点表*/
      {scanf(" \ n%c",&(G→adjlist[i].vertex));    /*读入顶点信息*/
       G→adjlist[i].firstedge=NULL;        /*顶点的边表头指针设为空*/
      }
  printf("请输入边的信息(输入格式为:i,j<CR>): \ n");
  for (k=0;k<G→e;k++)                      /*建立边表*/
      {scanf(" \ n%d,%d",&i,&j);            /*读入边<Vi,Vj>的顶点对应序号*/
       s=(EdgeNode * )malloc(sizeof(EdgeNode));      /*生成新边表结点s*/
       s→adjvex=j; /*邻接点序号为j*/
```

s→next＝G→adjlist[i].firstedge；　　/*将新边表结点 s 插入到顶点 Vi 的边表头部 * /

G→adjlist[i].firstedge＝s;

　}

} /* CreateALGraph * /

若无向图中有 n 个顶点、e 条边,则它的邻接表需 n 个头结点和 2e 个边结点。显然,在边稀疏(e<<n(n−1)/2)的情况下,用邻接表表示图比邻接矩阵节省存储空间,当和边相关的信息较多时更是如此。

在无向图的邻接表中,顶点 v_i 的度恰为第 i 个链表中的结点数;而在有向图中,第 i 个链表中的结点个数只是顶点 v_i 的出度,为求入度,必须遍历整个邻接表。在所有链表中其邻接点域的值为 i 的结点的个数是顶点 v_i 的入度。有时,为了便于确定顶点的入度或以顶点 v_i 为头的弧,可以建立一个有向图的逆邻接表,即对每个顶点 v_i 建立一个链接以 v_i 为头的弧的链表。例如图 8.12 所示为有向图 G_2(图 8.2)的邻接表和逆邻接表。

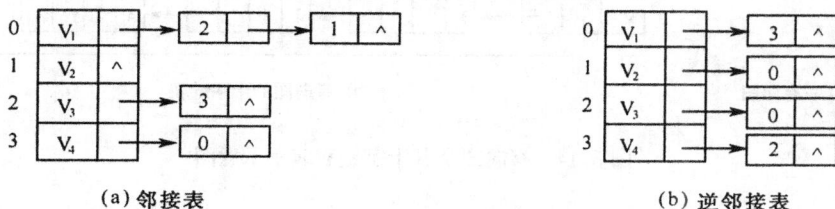

(a) 邻接表　　　　　　　　　　　(b) 逆邻接表

图 8.12　图 8.2 的邻接表和逆邻接表

在建立邻接表或逆邻接表时,若输入的顶点信息即为顶点的编号,则建立邻接表的复杂度为 O(n＋e),否则,需要通过查找才能得到顶点在图中位置,则时间复杂度为 O(n·e)。

在邻接表上容易找到任一顶点的第一个邻接点和下一个邻接点,但要判定任意两个顶点(v_i 和 v_j)之间是否有边或弧相连,则需搜索第 i 个或第 j 个链表,因此,不及邻接矩阵方便。

8.2.3　十字链表

十字链表(Orthogonal List)是有向图的一种存储方法,它实际上是邻接表与逆邻接表的结合,即把每一条边的边结点分别组织到以弧尾顶点为头结点的链表和以弧头顶点为头结点的链表中。在十字链表表示中,顶点表和边表的结点结构分别如图 8.13 的(a)和(b)所示。

顶点值域	指针域	指针域
vertex	firstin	firstout

(a) 十字链表顶点表结点结构

弧尾结点	弧头结点	弧上信息	指针域	指针域
tailvex	headvex	info	hlink	tlink

(b) 十字链表边表的弧结点结构

图 8.13　十字链表顶点表、边表的弧结点结构示意

在弧结点中有五个域:其中尾域(tailvex)和头域(headvex)分别指示弧尾和弧头这两个顶

点在图中的位置,链域 hlink 指向弧头相同的下一条弧,链域 tlink 指向弧尾相同的下一条弧, info 域指向该弧的相关信息。弧头相同的弧在同一链表上,弧尾相同的弧也在同一链表上。 它们的头结点即为顶点结点,它由三个域组成:其中 vertex 域存储和顶点相关的信息,如顶点 的名称等;firstin 和 firstout 为两个链域,分别指向以该顶点为弧头或弧尾的第一个弧结点。 例如,图 8.14(a)中所示图的十字链表如图 8.14(b)所示。

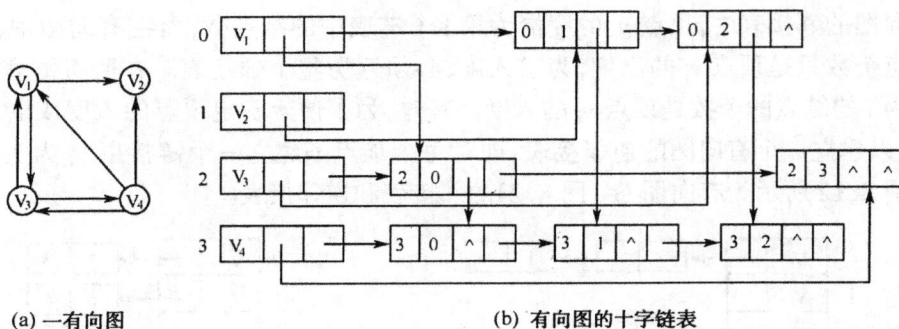

(a) 一有向图   (b) 有向图的十字链表

图 8.14   有向图及其十字链表表示示意图

有向图的十字链表存储表示的形式描述如下:
#define MAX_VERTEX_NUM 20
typedef char VertexType;   /* 顶点用字符表示 */
typedef int InfoType;   /* 弧上的权值 */
　typedef struct ArcBox {
　int tailvex,headvex;   /* 该弧的尾和头顶点的位置 */
　struct ArcBox * hlink, * tlink; /* 分别为弧头相同和弧尾相同的弧的链域 */
　InfoType   info;   /* 该弧相关信息的指针 */
}ArcBox;
typedef struct VexNode {
　VertexType vertex;
　ArcBox   * firstin, * firstout;   /* 分别指向该顶点第一条入弧和出弧 */
}VexNode;
typedef struct {
　VexNode xlist[MAX_VERTEX_NUM];   /* 表头向量 */
　int n,e;   /* 有向图的顶点数和弧数 */
}OLGraph;
建立一个有向图的十字链表存储的算法 8.3:
void CreateDG(OLGraph * G)
/* 采用十字链表表示法,构造有向图 G(G.kind = DG) */
{   int i,j,k,IncInfo,v_1,v_2;
　ArcBox * p;
　scanf ("%d,%d,%d",&(G→n),&(G→e),&IncInfo);

```
    /* IncInfo 为 0 则各弧不含其他信息 */
    for (i=0;i<G→n;++i)              /* 构造表头向量 */
    { scanf("%c",&(G→xlist[i].vertex));         /* 输入顶点值 */
      G→xlist[i].firstin=NULL;G→xlist[i].firstout=NULL;   /* 初始化指针 */
    }
    for(k=0;k<G→e;++k)              /* 输入各弧并构造十字链表 */
    { scanf("%d,%d",&v₁,&v₂);        /* 输入一条弧的始点和终点 */
      i=LocateVex(G,v₁);   j=LocateVex(G,v₂); /* 确定 v₁ 和 v₂ 在 G 中位置 */
      p=(ArcBox *) malloc (sizeof(ArcBox));         /* 假定有足够空间 */
      p→tailvex=i;              /* {tailvex,headvex,hlink,tlink,info} */
      p→headvex=j;
      p→hlink=G→xlist[j].firstin;
      p→tlink=G→xlist[i].firstout;
      p→info=NULL;
      G→xlist[j].firstin=G→xlist[i].firstout=p; /* 完成在入弧和出弧链头的插入 */
      if (IncInfo) scanf("%d", & p→info);   /* 若弧含有相关信息,则输入 */
    }
} /* CreateDG */
```

若用顶点序号表示顶点号,则 LocateVex 函数可以定义如下:

```
int LocateVex(OLGraph  * G, int v₁)
{ return v₁;
}
```

通过该算法,只要输入 n 个顶点的信息和 e 条弧的信息,便可建立该有向图的十字链表。

在十字链表中既容易找到以 v_i 为尾的弧,也容易找到以 v_i 为头的弧,因而容易求得顶点的出度和入度(如需要,可在建立十字链表的同时求出)。同时,由算法 8.3 可知,建立十字链表的时间复杂度和建立邻接表是相同的。在某些有向图的应用中,十字链表是很有用的工具。

8.3 图的遍历

图的遍历是指从图中的任一顶点出发,对图中的所有顶点访问一次且只访问一次。图的遍历操作和树的遍历操作功能相似。图的遍历操作是图的一种基本操作,图的许多其他操作都是建立在遍历操作的基础之上。

由于图结构本身的复杂度,所以图的遍历操作也较复杂,主要表现在以下四个方面:

(1) 在图结构中,没有一个"自然"的首结点,图中任意一个顶点都可作为第一个被访问的结点。

(2) 在非连通图中,从一个顶点出发,只能够访问它所在的连通分量上的所有顶点,因此,还需考虑如何选取下一个出发点以访问图中其余的连通分量。

(3) 在图结构中,如果有回路存在,那么一个顶点被访问之后,有可能沿回路又回到该顶点。

(4) 在图结构中,一个顶点可以和其他多个顶点相连,当这样的顶点访问过后,存在如何选取下一个要访问的顶点的问题。

　　图的遍历通常有深度优先搜索和广度优先搜索两种方式,下面分别介绍。

8.3.1　深度优先搜索

　　深度优先搜索(Depth_First Search)遍历类似于树的先根遍历,是树的先根遍历的推广。

　　假设初始状态是图中所有顶点未曾被访问,则深度优先搜索可从图中某个顶点 v 出发,访问此顶点,然后依次从 v 的未被访问的邻接点出发深度优先遍历图,直至图中所有和 v 有路径相通的顶点都被访问到;若此时图中尚有顶点未被访问,则另选图中一个未曾被访问的顶点作起始点,重复上述过程,直至图中所有顶点都被访问到为止。

　　以图 8.15 的无向图 G_5 为例,进行图的深度优先搜索。假设从顶点 v_1 出发进行搜索,在访问了顶点 v_1 之后,选择邻接点 v_2。因为 v_2 未曾访问,则从 v_2 出发进行搜索。依次类推,接着从 v_4、v_8、v_5出发进行搜索。在访问了 v_5 之后,由于 v_5 的邻接点(v_2、v_8)都已被访问,则搜索回到 v_8。由于同样的理由,搜索继续回到 v_4,v_2 直至 v_1,此时由于 v_1 的另一个邻接点 v_3 未被访问,则搜索又从 v_1 到 v_3,再继续进行下去,由此得到的顶点访问序列为:

$$v_1 \rightarrow v_2 \rightarrow v_4 \rightarrow v_8 \rightarrow v_5 \rightarrow v_3 \rightarrow v_6 \rightarrow v_7$$

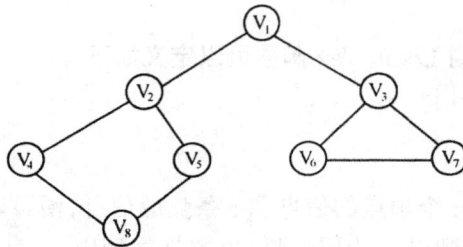

图 8.15　一个无向图 G_5

　　显然,这是一个递归的过程。为了在遍历过程中便于区分顶点是否已被访问,需附设访问标志数组 visited[0:n−1],其初值为 FALSE,一旦某个顶点被访问,则其相应的分量置为 TRUE。

　　另外,v_1 的邻接点先选择 v_2,而不是 v_3,其理由是一般标号由小到大。当然也可以先选择 v_3,再 v_2。在 DFS 算法中,先选择哪个邻接点是由存储结构及 NextAdjVex 算法决定的。

深度优先遍历的递归算法 8.4:

```
void DFS(Graph G,int v )
{ visited[v] = TRUE;VisitFunc(v);          /*访问第 v 个顶点*/
  for(w = FirstAdjVex(G,v);w; w = NextAdjVex(G,v,w))
  if (! visited[w]) DFS(G,w);    /*对 v 的尚未访问的邻接顶点 w 递归调用 DFS*/
}
```

深度优先遍历以邻接表存储的图的算法 8.5:

```
void DFSTraverseAL(ALGraph * G)
{int i;
 for (i=0;i<G→n;i++)
```

```
        visited[i] = FALSE;              /* 标志向量初始化 * /
    for (i = 0;i < G→n;i + +)
       if (! visited[i]) DFSAL(G,i);        /* vᵢ 未访问过,从 vᵢ 开始 DFS 搜索 * /
  } /* DFSTraveseAL * /


 void DFSAL(ALGraph * G,int i)
 { /* 以 vᵢ 为出发点对邻接表存储的图 G 进行 DFS 搜索 * /
   EdgeNode * p;
   printf("visit vertex:V%c \ n",G→adjlist[i].vertex); /* 访问顶点 vᵢ * /
   visited[i] = TRUE;            /* 标记 vᵢ 已访问 * /
   p = G→adjlist[i].firstedge;         /* 取 vᵢ 边表的头指针 * /
   while(p) /* 依次搜索 vᵢ 的邻接点 vⱼ,j = p→adjva * /
      {if (! visited[p→adjvex]) /* 若 vⱼ 尚未访问,则以 vⱼ 为出发点向纵深搜索 * /
           DFSAL(G,p→adjvex);
      p = p→next;            /* 找 vᵢ 的下一个邻接点 * /
      }
 } /* DFSAL * /
```

　　分析上述算法,在遍历时,对图中每个顶点至多调用一次 DFS 函数,因为一旦某个顶点被标志成已被访问,就不再从它出发进行搜索。因此,遍历图的过程实质上是对每个顶点查找其邻接点的过程。其耗费的时间则取决于所采用的存储结构。当用二维数组表示邻接矩阵图的存储结构时,查找所有顶点的邻接点所需时间为 $O(n^2)$,其中 n 为图中顶点数。而当以邻接表作图的存储结构时,找邻接点所需时间为 $O(e)$,其中 e 为无向图中边数或有向图中弧数。由此,当以邻接表作存储结构时,深度优先搜索遍历图的时间复杂度为 $O(n+e)$。

8.3.2　广度优先搜索

　　广度优先搜索(Breadth‑First Search)遍历类似于树的按层次遍历的过程。

　　假设从图中某顶点 v 出发,在访问了 v 之后依次访问 v 的各个未曾访问过的邻接点,然后分别从这些邻接点出发依次访问它们的邻接点,并使"先被访问的顶点的邻接点"先于"后被访问的顶点的邻接点"被访问,直至图中所有已被访问的顶点的邻接点都被访问到。若此时图中尚有顶点未被访问,则另选图中一个未曾被访问的顶点作起始点,重复上述过程,直至图中所有顶点都被访问到为止。换句话说,广度优先搜索遍历图的过程中以 v 为起始点,由近至远,依次访问和 v 有路径相通且路径长度为 $1,2,\cdots$ 的顶点。

　　例如,对图 8.15 所示无向图 G_5 进行广度优先搜索遍历,首先访问 v_1 和 v_1 的邻接点 v_2 和 v_3,然后依次访问 v_2 的邻接点 v_4 和 v_5 及 v_3 的邻接点 v_6 和 v_7,最后访问 v_4 的邻接点 v_8。由于这些顶点的邻接点均已被访问,并且图中所有顶点都被访问,因此完成了图的遍历。得到的顶点访问序列为:

$$v_1 \rightarrow v_2 \rightarrow v_3 \rightarrow v_4 \rightarrow v_5 \rightarrow v_6 \rightarrow v_7 \rightarrow v_8$$

　　和深度优先搜索类似,在遍历的过程中也需要一个访问标志数组。并且,为了顺次访问路径长度为 2、3、$\cdots$ 的顶点,需附设队列以存储已被访问的路径长度为 1、2、$\cdots$ 的顶点。

广度优先遍历图的非递归算法 8.6：

```
void    BFSTraverse(MGraph G, Status( * Visit)(int v))
{/* 按广度优先非递归遍历图 G。使用辅助队列 Q 和访问标志数组 visited */
  c_SeQueue   * Q;
  VertexType u,v,w;
  for (u=0; u<G.n; ++u)
       visited[u]=FALSE;
  Q=Init_SeQueue();              /* 置空的循环队列 Q */
  for (u=0; u<G.n; ++u)
      if (! visited[u])          /* u 尚未访问 */
        { visited[u]=TRUE;
          Visit(u); /* 访问 u */
          In_SeQueue (Q,u);              /* u 入队列 */
          while (! Empty_SeQueue(Q))
            { Out_SeQueue (Q,&v);          /* 队头元素出队并置为 v */
             for (w=FirstAdjVex(G,v); w; w=NextAdjVex(G,v,w))
                if (! visited[w])    /* v 的尚未访问的邻接顶点 w */
                  { visited[w]=TRUE; Visit(w); /* 访问 w */
                   In_SeQueue (Q,w); /* w 入队列 Q */
                  }
            }
        }
}/* BFSTraverse */
```

对以邻接矩阵为存储结构的整个图 G 进行广度优先遍历的算法 8.7：

```
void BFSTraverseM(MGraph * G)
{/* 广度优先遍历以邻接矩阵存储的图 G,顶点类型设为整数型 */
 int i;
 for (i=0;i<G→n;i++)
    visited[i]=FALSE;        /* 标志向量初始化 */
 for (i=0;i<G→n;i++)
    if (! visited[i]) BFSM(G,i);        /* vi 未访问过,从 vi 开始 BFS 搜索 */
}/* BFSTraverseM */


void BFSM(MGraph * G,int k)
{/* 以 vi 为出发点,对邻接矩阵存储的图 G 进行 BFS 搜索 */
 int i,j;
 c_SeQueue   * Q;
 Q=Init_SeQueue();             /* 置空的循环队列 Q */
 printf("visit vertex:V%2d \ n",G→vexs[k]);       /* 访问原点 vk */
 visited[k]=TRUE;
 In_SeQueue (Q,k);        /* 原点 vk 入队列 */
 while (! Empty_SeQueue (Q))
    { Out_SeQueue(Q,&i);        /* vi 出队列 */
```

```
    for (j=0;j<G→n;j++)              /* 依次搜索 vi 的邻接点 vj */
    if  (G→edges[i][j]==1 && ! visited[j]) /* 若 vj 未访问 */
      {printf("visit vertex:V%2d\n",G→vexs[j]);       /* 访问 vj */
       visited[j]=TRUE;
       In_SeQueue (Q,j);                 /* 访问过的 vj 入队列 */
      }
    }
} /* BFSM */
```

分析上述算法,每个顶点至多进一次队列。遍历图的过程实质是通过边或弧找邻接点的过程,因此广度优先搜索遍历图的时间复杂度和深度优先搜索遍历相同,两者不同之处仅仅在于对顶点访问的顺序不同。

8.4 图的连通性

判定一个图的连通性是图的一个应用问题,我们可以利用图的遍历算法来求解这一问题。本节将重点讨论无向图的连通性以及由遍历图得到其生成树或生成森林等几个有关图的连通性的问题。

8.4.1 无向图的连通性

在对无向图进行遍历时,对于连通图,仅需从图中任一顶点出发,进行深度优先搜索或广度优先搜索,便可访问到图中所有顶点。对非连通图,则需从多个顶点出发进行搜索,而每一次从一个新的起始点出发进行搜索过程中得到的顶点访问序列恰为其各个连通分量中的顶点集。例如,图 8.5 (a)是一个非连通图 G_3,按照图 8.16 所示 G_3 的邻接表进行深度优先搜索遍历,需由算法 8.5 调用两次 DFSAL(即分别从顶点 A 和 D 出发),得到的顶点访问序列分别为:

A B F E　　　D C

这两个顶点集分别加上所有依附于这些顶点的边,便构成了非连通图 G_3 的两个连通分量,如图 8.5(b) 所示。

因此,要想判定一个无向图是否为连通图,或有几个连通分量,就可设一个计数变量 count,初始时取值为 0,在算法 8.5 的第二个 for 循环中,每调用一次 DFSAL,就给 count 增 1。这样,当整个算法结束时,依据 count 的值,就可确定图的连通性了。

8.4.2 生成树和生成森林

在这一小节里,我们将给出通过对图的遍历,得到图的生成树或生成森林的算法。

设 E(G)为连通图 G 中所有边的集合,则从图中任一顶点出发遍历图时,必定将 E(G)分成两个集合 T(G)和 B(G),其中 T(G)是遍历图过程中历经的边的集合;B(G)是剩余的边的集合。显然,T(G)和图 G 中所有顶点一起构成连通图 G 的极小连通子图,它是连通图的一棵生成树,并且由深度优先搜索得到的为深度优先生成树,由广度优先搜索得到的为广度优先生成树。例如,图 8.17(a)和(b)所示分别为连通图 G_5(见图 8.15)的深度优先生成树和广度优先生成树。图中虚线为集合 B(G) 中的边,实线为集合 T(G)中的边。

图 8.16　G_3 的邻接表

对于非连通图,通过这样的遍历,得到的将是生成森林。例如,图 8.18 (b) 所示为图 8.18 (a)的深度优先生成森林,它由三棵深度优先生成树组成。

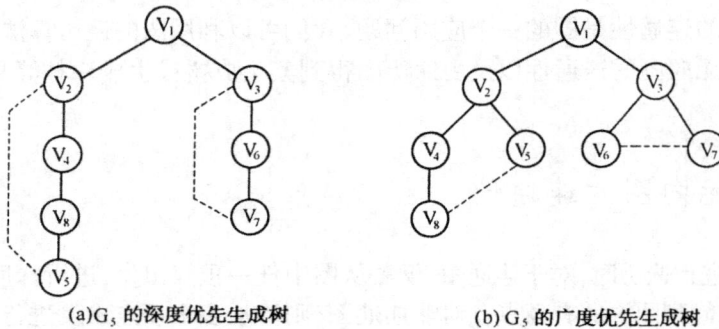

(a)G_5 的深度优先生成树　　　　　　(b) G_5 的广度优先生成树

图 8.17　由图 8.15 的 G_5 得到的生成树

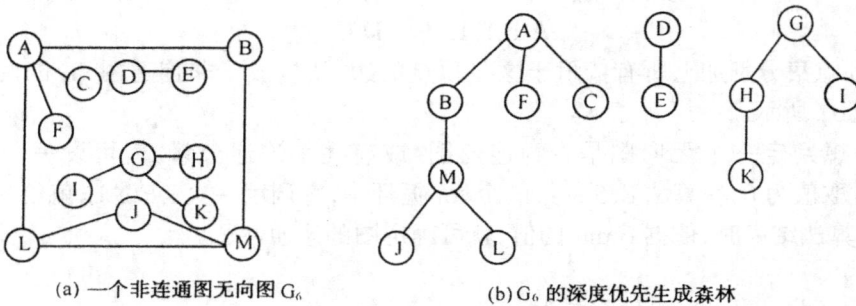

(a) 一个非连通图无向图 G_6　　　　　　(b)G_6 的深度优先生成森林

图 8.18　非连通图 G_6 及其生成森林

建立无向图的深度优先生成森林算法 8.8:

```
void DFSForest(MGraph G, CSTree * T)
{ /*假设以孩子兄弟链表作生成森林的存储结构(参考 6.3.2)无向图 G 以邻接矩阵形式存储 * /
  ( * T) = NULL;
```

```
    int v; CSTree p,q;
  for  (v=0;v<G.n; + +v)
      visited[v] = FALSE;              /* 标志向量初始化 * /
  for (v=0;v<G.n; + +v)
     if(! visited[v])         /* 顶点 v 为新的生成树的根结点 * /
         { p=(CSTree)malloc(sizeof(CSNode)); /* 分配根结点 * /
           p→data=G.vexs[v];
           p→firstchild = NULL;
           p→nextsibling= NULL;
           if(! ( * T))
                ( * T)=p;                  /* T 是第一棵生成树的根 * /
           else q→nextsibling=p;       /* 前一棵的根的兄弟是其他生成树的根 * /
           q=p;                          /*q 指示当前生成树的根 * /
           DFSTree(G,v,&p);             /* 建立以 p 为根的生成树 * /
         }
  }

void   DFSTree(MGraph G,int v,CSTree * T)
{/* 从第 v 个顶点出发深度优先遍历图 G,建立以 *T 为根的生成树 * /
int w,first; CSTree p,q;
visited[v] = TRUE;
first=TRUE;
for (w=FirstAdjVex(G,v); w> =0; w=NextAdjVex(G,v,w))
   if(! visited[w])
   { p=(CSTree)malloc(sizeof(CSNode));        /* 分配孩子结点 * /
     p→data=G.vexs[v];
     p→firstchild = NULL;
     p→nextsibling= NULL;
     if (first)      /* w 是 v 的第一个未被访问的邻接顶点,作为根的左孩子结点 * /
         { ( * T)→firstchild=p;
           first = FALSE;
         }
     else   /* w 是 v 的其他未被访问的邻接顶点,作为上一邻接顶点的右兄弟 * /
         q→nextsibling=p;
     q=p;
     DFSTree(G,w,&q); /* 从第 w 个顶点出发深度优先遍历图 G,建立生成子树 *q* /
   }
 }
```

其中:

```
   int FirstAdjVex(MGraph G,int v)
   {  for(int j=0;j<G.vexnum;j+ + )
          if(G.edges[v][j])return j;
      return - 1;
   }
```

```
int NextAdjVex(MGraph G,int v,int w)
{   for(int j=w+1;j<G.vexnum;j++)
        if(G.edges[v][j])return j;
    return -1;
}
```

8.5　最小生成树

8.5.1　最小生成树的基本概念

由生成树的定义可知,无向连通图的生成树不是唯一的。连通图的一次遍历所经过的边的集合及图中所有顶点的集合就构成了该图的一棵生成树,对连通图的不同遍历,就可能得到不同的生成树。图 8.19 (a)、(b)和(c)所示的均为图 8.15 的无向连通图的生成树。

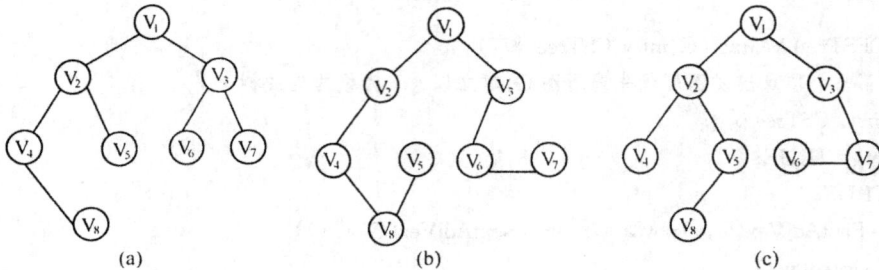

图 8.19　无向连通图 G_5 的三棵生成树

可以证明,对于有 n 个顶点的无向连通图,无论其生成树的形态如何,所有生成树中都有且仅有 n−1 条边。

如果无向连通图是一个网,那么,它的所有生成树中必有一棵边的权值总和最小的生成树,我们称这棵生成树为最小生成树(Minimum Spanning Tree,简记为 MST)。

最小生成树的概念可以应用到许多实际问题中。例如有这样一个问题:以尽可能低的总造价建造城市间的通讯网络,把十个城市联系在一起。在这十个城市中,任意两个城市之间都可以建造通讯线路,通讯线路的造价依据城市间的距离不同而有不同的造价。可以构造一个通讯线路造价网络,在网络中,每个顶点表示城市,顶点之间的边表示城市之间可构造通讯线路,每条边的权值表示该条通讯线路的造价,要想使总的造价最低,实际上就是寻找该网络的最小生成树。

下面介绍两种常用的构造最小生成树的方法。

8.5.2　构造最小生成树的 Prim 算法

假设 G=(V,E)为一网图,其中 V 为网图中所有顶点的集合,E 为网图中所有带权边的集合。设置两个新的集合 U 和 T,其中集合 U 用于存放 G 的最小生成树中的顶点,集合 T 存放 G 的最小生成树中的边。令集合 U 的初值为 U＝{u_1}(假设构造最小生成树时,从顶点 u_1 出发),集合 T 的初值为 T＝{}。Prim 算法的思想是,从所有 u∈U,v∈V－U 的边中,选取具有最小权值的边(u,v),将顶点 v 加入集合 U 中,将边(u,v)加入集合 T 中,如此不断重复,直到 U＝V 时,最小生成树构造完毕,这时集合 T 中包含了最小生成树的所有边。

Prim 算法可用下述过程描述,其中用 w_{uv} 表示顶点 u 与顶点 v 边上的权值。

(1)U＝{u_1},T＝{};

(2)while (U≠V)

　　{　(u,v)＝min{w_{uv}|u∈U,v∈V－U};

　　　T＝T＋{(u,v)};

　　　U＝U＋{v};

　　}

(3)结束。

图 8.20 (a)所示的一个网图,按照 Prim 方法,从顶点 v_1 出发,该网的最小生成树的产生过程如图 8.20 (b)、(c)、(d)、(e)、(f)、(g)和(h)所示。

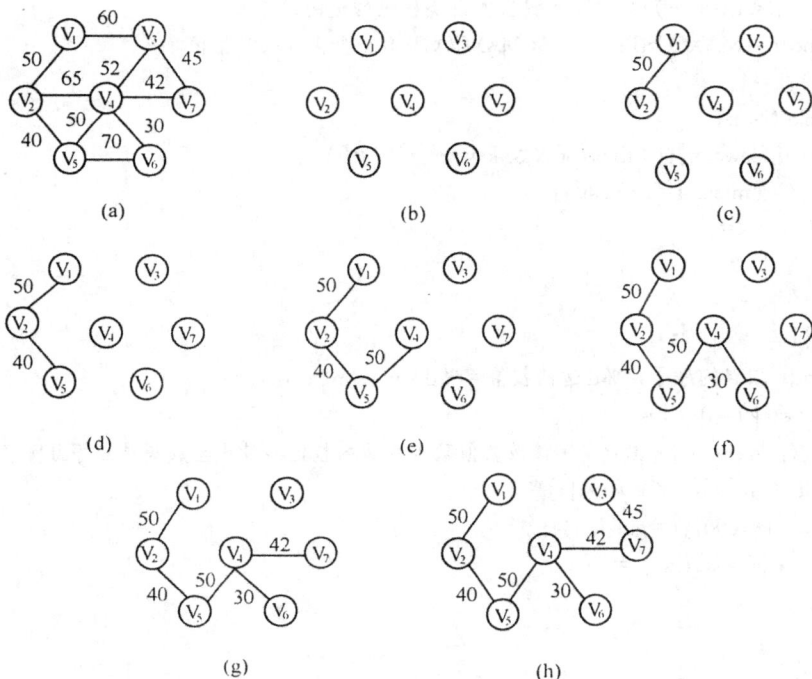

图 8.20　Prim 算法构造最小生成树的过程示意图

为实现 Prim 算法,需设置一个辅助一维数组 lowcost 和一个存放所建立的最小生成树的数组 closevertex,其中 lowcost 用来保存集合 V－U 中各顶点与集合 U 中各顶点构成的边中具有最小权值的边的权值;数组 closevertex 用来保存依附于该边的在集合 U 中的顶点,数组下标和值表示该边的两个顶点。假设初始状态时,U＝{u_1}(u_1 为出发的顶点),这时有 lowcost

[0]＝0,它表示顶点 u_1 已加入集合 U 中,数组 lowcost 的其他各分量的值是顶点 u_1 到其余各顶点所构成的直接边的权值。然后不断选取权值最小的边$(u_i,u_k)(u_i \in U, u_k \in V-U)$,每选取一条边,就将 lowcost[k]置为 0,表示顶点 u_k 已加入集合 U 中。由于顶点 u_k 从集合 V－U 进入集合 U 后,这两个集合的内容发生了变化,就需依据具体情况更新数组 lowcost 和 closevertex 中部分分量的内容。

Prim 算法 8.9:

```
void Prim(int gm[ ][MAXNODE],int n,int closevertex[ ])
{/* 用 Prim 方法建立有 n 个顶点的邻接矩阵存储结构的网图 gm 的最小生成树 * /
  /* 从序号为 0 的顶点出发;建立的最小生成树存于数组 closevertex 中 * /
  int lowcost[100],mincost;
  int i,j,k;
  for (i=1;i<n;i++)          /* 初始化 * /
    { lowcost[i]=gm[0][i];
      closevertex[i]=0;
    }
  lowcost[0]=0;           /* 从序号为 0 的顶点出发生成最小生成树 * /
  closevertex[0]=0;
  for (i=1;i<n;i++)      /* 寻找当前最小权值的边的顶点 * /
    {mincost=MAXCOST;        /* MAXCOST 为一个极大的常量值 * /
     j=1;k=1;
     while (j<n)
       { if (lowcost[j]<mincost && lowcost[j]! =0)
          { mincost=lowcost[j];
            k=j;
          }
        j++;
       }
     printf("顶点的序号=%d 边的权值=%d\n",k,mincost);
     lowcost[k]=0;
     for (j=1;j<n;j++)   /* 修改其他顶点的边的权值和最小生成树顶点序号 * /
       if (gm[k][j]<lowcost[j])
         { lowcost[j]=gm[k][j];
           closevertex[j]=k;
         }
    }
}
```

图 8.21 给出在用上述算法构造网图 8.20 (a)的最小生成树的过程中,数组 closevertex、lowcost 及集合 U,V－U 的变化情况,读者可进一步加深对 Prim 算法的了解。

在 Prim 算法中,第一个 for 循环的执行次数为 $n-1$,第二个 for 循环中又包括了一个 while 循环和一个 for 循环,执行次数为 $2(n-1)^2$,所以 Prim 算法的时间复杂度为 $O(n^2)$。

顶点	(1) Low Cost	(1) Close Vex	(2) Low Cost	(2) Close Vex	(3) Low Cost	(3) Close Vex	(4) Low Cost	(4) Close Vex	(5) Low Cost	(5) Close Vex	(6) Low Cost	(6) Close Vex	(7) Low Cost	(7) Close Vex
v_1	0	1	0	1	0	1	0	1	0	1	0	1	0	1
v_2	50	1	0	1	0	1	0	1	0	1	0	1	0	1
v_3	60	1	60	1	60	1	52	4	52	4	45	7	0	7
v_4	∞	1	65	2	50	5	0	5	0	5	0	5	0	5
v_5	∞	1	40	2	0	2	0	2	0	2	0	2	0	2
v_6	∞	1	∞	1	70	5	30	4	0	4	0	4	0	4
v_7	∞	1	∞	1	∞	1	42	4	42	4	0	4	0	4
U	$\{v_1\}$		$\{v_1,v_2\}$		$\{v_1,v_2,v_5\}$		$\{v_1,v_2,v_5,v_4\}$		$\{v_1,v_2,v_5,v_4,v_6\}$		$\{v_1,v_2,v_5,v_4,v_6,v_7\}$		$\{v_1,v_2,v_5,v_4,v_6,v_7,v_3\}$	
T	$\{\}$		$\{(v_1,v_2)\}$		$\{(v_1,v_2),(v_2,v_5)\}$		$\{(v_1,v_2),(v_2,v_5),(v_4,v_5)\}$		$\{(v_1,v_2),(v_2,v_5),(v_4,v_5),(v_4,v_6)\}$		$\{(v_1,v_2),(v_2,v_5),(v_4,v_5),(v_4,v_6),(v_4,v_7)\}$		$\{(v_1,v_2),(v_2,v_5),(v_4,v_5),(v_4,v_6),(v_4,v_7),(v_3,v_7)\}$	

图 8.21 用 Prim 算法构造最小生成树过程中各参数的变化示意图

8.5.3 构造最小生成树的 Kruskal 算法

Kruskal 算法是一种按照网中边的权值递增的顺序构造最小生成树的方法。其基本思想是：设无向连通网为 G＝(V,E)，令 G 的最小生成树为 T，其初态为 T＝(V,{})，即开始时，最小生成树 T 由图 G 中的 n 个顶点构成，顶点之间没有一条边，这样 T 中各顶点各自构成一个连通分量。然后，按照边的权值由小到大的顺序，考察 G 的边集 E 中的各条边。若被考察的边的两个顶点属于 T 的两个不同的连通分量，则将此边作为最小生成树的边加入到 T 中，同时把两个连通分量连接为一个连通分量；若被考察边的两个顶点属于同一个连通分量，则舍去此边，以免造成回路，如此下去，当 T 中的连通分量个数为 1 时，此连通分量便为 G 的一棵最小生成树。

对于图 8.20(a)所示的网，按照 Kruskal 方法构造最小生成树的过程如图 8.22 所示。在

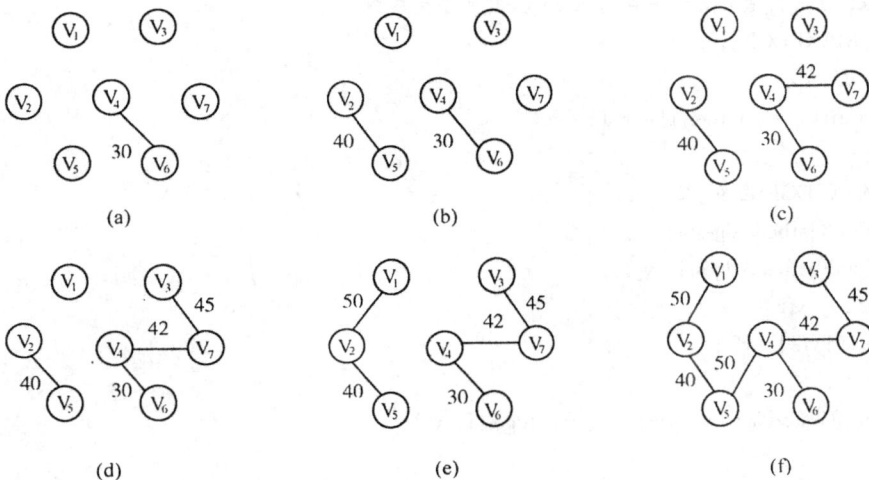

图 8.22 Kruskal 算法构造最小生成树的过程示意图

构造过程中,按照网中边的权值由小到大的顺序,不断选取当前未被选取的边集中权值最小的边。依据生成树的概念,n 个结点的生成树,有 n−1 条边,故反复上述过程,直到选取了 n−1 条边为止,就构成了一棵最小生成树。

下面介绍 Kruskal 算法的实现。

设置一个结构数组 edges 存储网中所有的边,边的结构类型包括构成的顶点信息和边权值,定义如下:

　　#define MAXEDGE ＜图中的最大边数＞

　　typedef struct {

　　　　　elemtype v_1;

　　　　　elemtype v_2;

　　　　　int cost;

　　　　} EdgeType;

　　EdgeType edges[MAXEDGE];

在结构数组 edges 中,每个分量 edges[i]代表网中的一条边,其中 edges[i].v_1 和 edges[i].v_2 表示该边的两个顶点,edges[i].cost 表示这条边的权值。为了方便选取当前权值最小的边,事先把数组 edges 中的各元素按照其 cost 域值由小到大的顺序排列。在对连通分量合并时,采用 6.4 节所介绍的集合的合并方法。对于有 n 个顶点的网,设置一个数组 father[n],其初值为 father[i]=−1(i=0,1,…,n−1),表示各个顶点在不同的连通分量上,然后,依次取出 edges 数组中的每条边的两个顶点,查找它们所属的连通分量,假设 v_{f1} 和 v_{f2} 为两顶点所在的树的根结点在 father 数组中的序号,若 v_{f1} 不等于 v_{f2},表明这条边的两个顶点不属于同一分量,则将这条边作为最小生成树的边输出,并合并它们所属的两个连通分量。

下面用 C 语言实现 Kruskal 算法,其中函数 Find 的作用是寻找图中顶点所在树的根结点在数组 father 中的序号。需说明的是,在程序中将顶点的数据类型定义成整型,而在实际应用中,可依据实际需要来设定。

Kruskal 算法 8.10:

```
void Kruskal(EdgeType edges[ ],int n)
 /* 用 Kruskal 方法构造有 n 个顶点的图 edges 的最小生成树 */
{ int father[MAXEDGE];
 int i,j,vf1,vf2;
 for (i=0;i<n;i++) father[i]=−1;
 i=0;j=0;
 while(i<MAXEDGE && j<n−1)
   { vf1=Find(father,edges[i].v₁);
     vf2=Find(father,edges[i].v₂);
     if (vf1! =vf2)
       { father[vf2]=vf1;
         j++;
         printf("%3d%3d\n",edges[i].v₁,edges[i].v₂);
       }
     i++;
   }
```

```
}
int Find(int father[ ],int v)
 /* 寻找顶点 v 所在树的根结点 */
{ int t;
  t=v;
  while(father[t]>=0)
    t=father[t];
  return(t);
}
```

在 Kruskal 算法中,第二个 while 循环是影响时间效率的主要操作,其循环次数最多为 MAXEDGE 次数,其内部调用的 Find 函数的内部循环次数最多为 n,所以 Kruskal 算法的时间复杂度为 O(n·MAXEDGE)。

从算法 8.9 和算法 8.10 可以看出,一个网图的最小生成树可能不唯一。当最小权值的边有多种选择时(都为同一最小值)就可能导致不唯一性。

8.6 最短路径

最短路径问题是图的又一个比较典型的应用问题。例如,某一地区的一个公路网,给定了该网内的 n 个城市以及这些城市之间的相通公路的距离,能否找到城市 A 到城市 B 之间一条距离最近的通路呢? 如果将城市用顶点表示,城市间的公路用边表示,公路的长度作为边的权值,那么,这个问题就可归结为在网图中,求点 A 到点 B 的所有路径中,边的权值之和最短的那一条路径。这条路径就是两点之间的最短路径,并称路径上的第一个顶点为源点(Sourse),最后一个顶点为终点(Destination)。在非网图中,最短路径是指两点之间经历的边数最少的路径。下面讨论两种最常见的最短路径问题。

8.6.1 从一个源点到其他各点的最短路径

本节先来讨论单源点的最短路径问题:给定带权有向图 $G=(V,E)$ 和源点 $v\in V$,求从 v 到 G 中其余各顶点的最短路径。在下面的讨论中假设源点为 v_0。

下面就介绍解决这一问题的算法。即由迪杰斯特拉(Dijkstra)提出的一个按路径长度递增的次序产生最短路径的算法。该算法的基本思想是:设置两个顶点的集合 S 和 $T=V-S$,集合 S 中存放已找到最短路径的顶点,集合 T 存放当前还未找到最短路径的顶点。初始状态时,集合 S 中只包含源点 v_0,然后不断从集合 T 中选取到顶点 v_0 路径长度最短的顶点 u 加入到集合 S 中,集合 S 每加入一个新的顶点 u,都要修改顶点 v_0 到集合 T 中剩余顶点的最短路径长度值,集合 T 中各顶点新的最短路径长度值为原来的最短路径长度值与顶点 u 的最短路径长度值加上 u 到该顶点的路径长度值中的较小值。此过程不断重复,直到集合 T 的顶点全部加入到 S 中为止。

Dijkstra 算法的正确性可以用反证法加以证明。假设下一条最短路径的终点为 x,那么,该路径必然或者是弧 (v_0,x),或者是中间只经过集合 S 中的顶点而到达顶点 x 的路径。因为假若此路径上除 x 之外有一个或一个以上的顶点不在集合 S 中,那么必然存在另外的终点不在 S 中而路径长度比此路径还短的路径,这与我们按路径长度递增的顺序产生最短路径的前提相矛盾,所以此假设不成立。

下面介绍 Dijkstra 算法的实现。

首先,引进一个辅助向量 D,它的每个分量 $D[i]$ 表示当前所找到的从始点 v 到每个终点 v_i 的最短路径的长度。它的初态为:若从 v 到 v_i 有弧,则 $D[i]$ 为弧上的权值;否则置 $D[i]$ 为 ∞。显然,长度为:

$$D[j] = Min\{D[i] \mid v_i \in V\}$$

此路径就是从 v 出发的长度最短的一条最短路径。此路径为 (v, v_j)。

那么,下一条长度次短的最短是哪一条呢? 假设该次短路径的终点是 v_k,则可想而知,这条路径或者是 (v, v_k),或者是 (v, v_j, v_k)。它的长度或者是从 v 到 v_k 的弧上的权值,或者是 $D[j]$ 和从 v_j 到 v_k 的弧上的权值之和。

依据前面介绍的算法思想,在一般情况下,下一条长度次短的最短路径的长度必是:

$$D[j] = Min\{D[i] \mid v_i \in V - S\}$$

其中,$D[i]$ 或者弧 (v, v_i) 上的权值,或者是 $D[k]$($v_k \in S$ 和弧 (v_k, v_i) 上的权值之和。

根据以上分析,可以得到如下描述的算法:

(1)假设用带权的邻接矩阵 edges 来表示带权有向图,$edges[i][j]$ 表示弧 $\langle v_i, v_j \rangle$ 上的权值。若 $\langle v_i, v_j \rangle$ 不存在,则置 $edges[i][j]$ 为 ∞(在计算机上可用允许的最大值代替)。S 为已找到从 v 出发的最短路径的终点的集合,它的初始状态为空集。那么,从 v 出发到图上其余各顶点(终点)v_i 可能达到最短路径长度的初值为:

$$D[i] = edges[Locate\,Vex(G, v)][i] \; v_i \in V$$

(2)选择 v_j,使得

$$D[j] = Min\{D[i] \mid v_i \in V - S\}$$

v_j 就是当前求得的一条从 v 出发的最短路径的终点。令

$$S = S \cup \{j\}$$

(3)修改从 v 出发到集合 V − S 上任一顶点 v_k 可达的最短路径长度。如果

$$D[j] + edges[j][k] < D[k]$$

则修改 $D[k]$ 为

$$D[k] = D[j] + edges[j][k]$$

重复操作(2)、(3)共 n−1 次。由此求得从 v 到图上其余各顶点的最短路径是依路径长度递增的序列。

Dijkstra 算法 8.11:

```
void ShortestPath_1(MGraph G, int v0, PathMatrix * P, ShortPathTable * D)
{ /* 用 Dijkstra 算法求有向网 G 的 v₀ 顶点到其余顶点 v 的最短路径 P[v] 及其路径长度 D[v] */
    /* 若 P[v][w] 为 TRUE, 则 w 是从 v0 到 v 当前求得最短路径上的顶点 */
    /* final[v] 为 TRUE 当且仅当 v∈S, 即已经求得从 v0 到 v 的最短路径 */
    /* 常量 INFINITY 为边上权值可能的最大值 */
    int final[MaxVertexNum],v,w,i,j,min;
    for (v=0;v<G.n; + +v)
        {final[v] = FALSE; D[v] = G.edges[v0][v];
```

```
        for (w=0; w<G.n; ++w) P[v][w]=FALSE;  /* 设空路径 */
        if (D[v]<INFINITY) {P[v][v0]=TRUE; P[v][w]=TRUE;}
    }
D[v0]=0; final[v0]=TRUE;          /* 初始化,v0 顶点属于 S 集 */
/* 开始主循环,每次求得 v0 到某个 v 顶点的最短路径,并加 v 到 S 集 */
for (i=1; i<G.n; ++i)             /* 其余 G.n-1 个顶点 */
    {min=INFINITY;                /* min 为当前所知离 v0 顶点的最近距离 */
    for (w=0;w<G.n; ++w)
        if (! final[w])           /* w 顶点在 V-S 中 */
            if (D[w]<min) {v=w; min=D[w];}        /* 寻找最短路径顶点 v */
    final[v]=TRUE;                /* 离 v0 顶点最近的 v 加入 S 集合 */
    for(w=0;w<G.n; ++w)           /* 更新当前最短路径 */
    if (! final[w]&&(min+G.edges[v][w]<D[w]))    /* 修改 D[w] 和 P[w],w∈V-S */
        { D[w]=min+G.edges[v][w];
        for(j=0;j<G.n; ++j)P[w][j]=P[v][j];
        P[w][v]=TRUE;            /* P[w]=P[v]+P[w] */
        }
    }
} /* ShortestPath._1 */
```

例如,图 8.23 所示为一个有向网图 G_8 及其带权邻接矩阵:

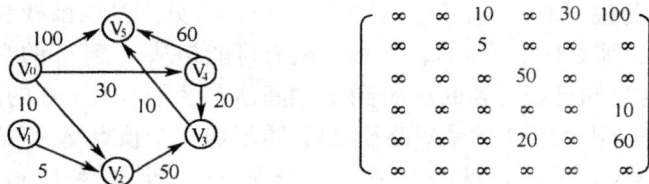

$$\begin{pmatrix} \infty & \infty & 10 & \infty & 30 & 100 \\ \infty & \infty & 5 & \infty & \infty & \infty \\ \infty & \infty & \infty & 50 & \infty & \infty \\ \infty & \infty & \infty & \infty & \infty & 10 \\ \infty & \infty & \infty & 20 & \infty & 60 \\ \infty & \infty & \infty & \infty & \infty & \infty \end{pmatrix}$$

图 8.23 一个有向网图 G_8 及其邻接矩阵

若对 G_8 施行 Dijkstra 算法,则所得从 v_0 到其余各顶点的最短路径,以及运算过程中 D 向量的变化状况,如图 8.24 所示。

终点	从 v_0 到各终点的 D 值和最短路径的求解过程				
	i=1	i=2	i=3	i=4	i=5
v_1	∞	∞	∞	∞	∞ 无
v_2	10 (v_0,v_2)				
v_3	∞	60 (v_0,v_2,v_3)	50 (v_0,v_4,v_3)		
v_4	30 (v_0,v_4)	30 (v_0,v_4)			
v_5	100 (v_0,v_5)	100 (v_0,v_5)	90 (v_0,v_4,v_5)	60 (v_0,v_4,v_3,v_5)	
v_j	v_2	v_4	v_3	v_5	
S	$\{v_0,v_2\}$	$\{v_0,v_2,v_4\}$	$\{v_0,v_2,v_3,v_4\}$	$\{v_0,v_2,v_3,$ $v_4,v_5\}$	

图 8.24 用 Dijkstra 算法构造单源点最短路径过程中各参数的变化示意

　　下面分析一下这个算法的运行时间。第一个 for 循环的时间复杂度是 O(n)，第二个 for 循环共进行 n-1 次，每次执行的时间是 O(n)。所以总的时间复杂度是 $O(n^2)$。如果用带权的邻接表作为有向图的存储结构，则虽然修改 D 的时间可以减少，但由于在 D 向量中选择最小的分量的时间不变，所以总的时间仍为 $O(n^2)$。

　　如果只希望找到从源点到某一个特定的终点的最短路径，但是，从上面我们求最短路径的原理来看，这个问题和求源点到其他所有顶点的最短路径一样复杂，其时间复杂度也是 $O(n^2)$。

8.6.2　每一对顶点之间的最短路径

　　解决这个问题的一个办法是：每次以一个顶点为源点，重复执行迪杰斯特拉算法 n 次。这样，便可求得每一对顶点的最短路径。总的执行时间为 $O(n^3)$。

　　这里要介绍由弗洛伊德（Floyd）提出的另一个算法。这个算法的时间复杂度也是 $O(n^3)$，但形式上简单些。

　　弗洛伊德算法仍从图的带权邻接矩阵 cost 出发，其基本思想是：

　　假设求从顶点 v_i 到 v_j 的最短路径。如果从 v_i 到 v_j 有弧，则从 v_i 到 v_j 存在一条长度为 edges[i][j] 的路径，该路径不一定是最短路径，尚需进行 n 次试探。首先考虑路径 (v_i, v_0, v_j) 是否存在（即判别弧 (v_i, v_0) 和 (v_0, v_j) 是否存在）。如果存在，则比较 (v_i, v_j) 和 (v_i, v_0, v_j) 的路径长度取长度较短者为从 v_i 到 v_j 的中间顶点的序号不大于 0 的最短路径。假如在路径上再增加一个顶点 v_1，也就是说，如果 $(v_i, \cdots, v_1)$ 和 $(v_1, \cdots, v_j)$ 分别是当前找到的中间顶点的序号不大于 0 的最短路径，那么 $(v_i, \cdots, v_1, \cdots, v_j)$ 就有可能是从 v_i 到 v_j 的中间顶点的序号不大于 1 的最短路径。将它和已经得到的从 v_i 到 v_j 中间顶点序号不大于 0 的最短路径相比较，从中选出中间顶点的序号不大于 1 的最短路径之后，再增加一个顶点 v_2，继续进行试探。依次类推。在一般情况下，若 $(v_i, \cdots, v_k)$ 和 $(v_k, \cdots, v_j)$ 分别是从 v_i 到 v_k 和从 v_k 到 v_j 的中间顶点的序号不大于 k-1 的最短路径，则将 $(v_i, \cdots, v_k, \cdots, v_j)$ 和已经得到的从 v_i 到 v_j 且中间顶点序号不大于 k-1 的最短路径相比较，其长度较短者便是从 v_i 到 v_j 的中间顶点的序号不大于 k 的最短路径。这样，在经过 n 次比较后，最后求得的必是从 v_i 到 v_j 的最短路径。

　　按此方法，可以同时求得各对顶点间的最短路径。

　　现定义一个 n 阶方阵序列：

$$D^{(-1)}, D^{(0)}, D^{(1)}, \cdots, D^{(k)}, \cdots, D^{(n-1)}$$

其中：

$$D^{(-1)}[i][j] = edges[i][j]$$
$$D^{(k)}[i][j] = Min\{D^{(k-1)}[i][j], D^{(k-1)}[i][k] + D^{(k-1)}[k][j]\} \quad (0 < k \leqslant n-1)$$

　　从上述计算公式可见，$D^{(1)}[i][j]$ 是从 v_i 到 v_j 的中间顶点的序号不大于 1 的最短路径的长度；$D^{(k)}[i][j]$ 是从 v_i 到 v_j 的中间顶点的个数不大于 k 的最短路径的长度；$D^{(n-1)}[i][j]$ 就是从 v_i 到 v_j 的最短路径的长度。

求任意两顶点间的最短路径的算法 8.12：

```
void ShortestPath_2 (MGraph G, PathMatrix P[][MaxVertexNum], DistancMatrix * D)
{ /* 用 Floyd 算法求有向网 G 中各对顶点 v 和 w 之间的最短路径 P[v][w] 及其带权长度 D[v][w]。* /
   /* 若 P[v][w][u] 为 TRUE，则 u 是从 v 到 w 当前求得的最短路径上的顶点。* /
```

```
    int u,v,w,i;
    for (v=0;v<G.n;++v)          /* 各对顶点之间初始已知路径及距离 */
      for(w=0;w<G.n;++w)
        { D[v][w]=G.edges[v][w];
          for(u=0;u<G.n;++u) P[v][w][u]=FALSE;
          if (D[v][w]<INFINITY)          /* 从 v 到 w 有直接路径 */
            { P[v][w][v]=TRUE;
            }
        }
    for (u=0; u<G.n; ++u)
      for (v=0; v<G.n; ++v)
        for (w=0;w<G.n;++w)
          if (D[v][u]+D[u][w]<D[v][w]) /* 从 v 经 u 到 w 的一条路径更短 */
            {D[v][w]=D[v][u]+D[u][w];
             for(i=0;i<G.n;++i)
             P[v][w][i]=P[v][u][i]||P[u][w][i];
            }
} /* ShortestPath_2 */
```

图 8.25 给出了一个简单的有向网及其邻接矩阵。图 8.26 给出了用 Floyd 算法求该有向网中每对顶点之间的最短路径过程中，数组 D 和数组 P 的变化情况。

$$\begin{bmatrix} 0 & 4 & 11 \\ 6 & 0 & 2 \\ 3 & \infty & 0 \end{bmatrix}$$

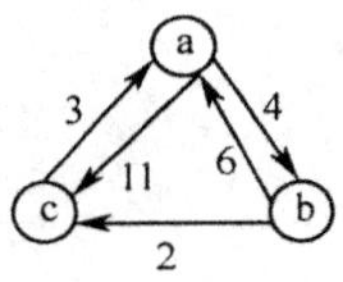

图 8.25　一个有向网图 G9 及其邻接矩阵

$$D^{(-1)}=\begin{bmatrix} 0 & 4 & 11 \\ 6 & 0 & 2 \\ 3 & \infty & 0 \end{bmatrix} \quad D^{(0)}=\begin{bmatrix} 0 & 4 & 11 \\ 6 & 0 & 2 \\ 3 & 7 & 0 \end{bmatrix} \quad D^{(1)}=\begin{bmatrix} 0 & 4 & 6 \\ 6 & 0 & 2 \\ 3 & 7 & 0 \end{bmatrix} \quad D^{(2)}=\begin{bmatrix} 0 & 4 & 6 \\ 5 & 0 & 2 \\ 3 & 7 & 0 \end{bmatrix}$$

$$P^{(-1)}=\begin{bmatrix} & ab & ac \\ ba & & bc \\ ca & & \end{bmatrix} \quad P^{(0)}=\begin{bmatrix} & ab & ac \\ ba & & bc \\ ca & cab & \end{bmatrix} \quad P^{(1)}=\begin{bmatrix} & ab & abc \\ ba & & bc \\ ca & cab & \end{bmatrix} \quad P^{(2)}=\begin{bmatrix} & ab & abc \\ bca & & bc \\ ca & cab & \end{bmatrix}$$

图 8.26　Floyd 算法执行时数组 D 和 P 取值的变化示意图

8.7　关键路径

一个无环的有向图称做有向无环图(Directed Acycline Graph)，简称 DAG 图。有向无环图是描述一项工程或系统的进行过程的有效工具。除最简单的情况之外，几乎所有的工程(project)都可分为若干个称作活动(activity)的子工程，而这些子工程之间，通常受着一定条件的约束,如其中某些子工程的开始必须在另一些子工程完成之后。对整个工程和系统,人们关心的是整个工程完成所必须的最短时间。本小节将介绍这个问题是如何通过对有向无环图进行关键路径操作来解决的。

8.7.1　AOE 网

若在带权的有向图中,以顶点表示事件,以有向边表示活动,边上的权值表示活动的开销(如该活动持续的时间),则此带权的有向图称为 AOE 网(Activity on Edge network)。

如果用 AOE 网来表示一项工程,那么,仅仅考虑各个子工程之间的优先关系还不够,更多的是关心整个工程完成的最短时间是多少;哪些活动的延期将会影响整个工程的进度,而加速这些活动是否会提高整个工程的效率。因此,通常在 AOE 网中列出完成预定工程计划所需要进行的活动,每个活动计划完成的时间,要发生哪些事件以及这些事件与活动之间的关系,从而可以确定该项工程是否可行,估算工程完成的时间以及确定哪些活动是影响工程进度的关键。

AOE 网具有以下两个性质:

(1)只有在某顶点所代表的事件发生后,从该顶点出发的各有向边所代表的活动才能开始。

(2)只有在进入一某顶点的各有向边所代表的活动都已经结束,该顶点所代表的事件才能发生。

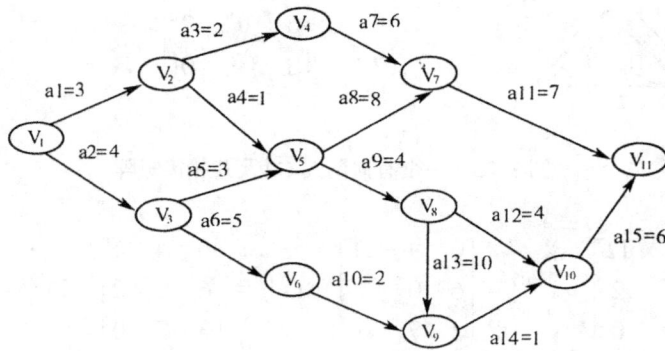

图 8.27　一个 AOE 网实例

图 8.27 给出了一个具有 15 个活动、11 个事件的假想工程的 AOE 网。$v_1,v_2,\cdots,v_{11}$分别表示一个事件;$<v_1,v_2>,<v_1,v_3>,\cdots,<v_{10},v_{11}>$分别表示一个活动,用 $a_1,a_2,\cdots,a_{15}$代表这些活动。其中,v_1 是整个工程的开始点,其入度为 0,称为源点;v_{11}是整个工程的结束点,其出度为 0,称为汇点。

对于 AOE 网,可采用邻接矩阵或邻接表存储方式。如果采用邻接表,邻接表中边结点的域为该边的权值,即该有向边代表的活动所持续的时间。

8.7.2 关键路径

由于 AOE 网中的某些活动能够同时进行,故完成整个工程所必须花费的时间应该为源点到终点的最大路径长度(这里的路径长度是指该路径上的各个活动所需时间之和)。具有最大路径长度的路径称为关键路径。关键路径上的活动称为关键活动。关键路径长度是整个工程所需的最短工期。这就是说,要缩短整个工期,必须加快关键活动的进度。

利用 AOE 网进行工程管理时需要解决的主要问题是:

(1)计算完成整个工程的最短时间;

(2)确定关键路径,以找出哪些活动是影响工程进度的关键。

为了在 AOE 网中找出关键路径,需要定义几个参量,并且说明其计算方法。参量定义如下:

(1)事件的最早发生时间 ve[k]

ve[k]是指从源点 v_0 到顶点 v_k 的最大路径长度所代表的时间。这个时间决定了所有从顶点 v_k 发出的有向边所代表的活动能够开工的最早时间。根据 AOE 网的性质,只有进入 v_k 的所有活动 $<v_j, v_k>$ 都结束时,v_k 代表的事件才能发生;而活动 $<v_j, v_k>$ 的最早结束时间为 ve[j] + dut($<v_j, v_k>$)。所以计算 v_k 发生的最早时间的方法如下:

$$\begin{cases} ve[1] = 0 \\ ve[k] = \max\{ve[j] + dut(<v_j, v_k>)\} \quad <v_j, v_k> \in p[k] \end{cases} \tag{8-1}$$

其中,p[k]表示所有到达 v_k 的有向边的集合;dut($<v_j, v_k>$)为有向边 $<v_j, v_k>$ 上的权值。

(2)事件的最迟发生时间 vl[k]

vl[k]是指在不推迟整个工期的前提下,事件 v_k 允许的最晚发生时间。设有向边 $<v_k, v_j>$ 代表从 v_k 出发的活动,为了不拖延整个工期,v_k 发生的最迟时间必须保证不推迟从事件 v_k 出发的所有活动 $<v_k, v_j>$ 的终点 v_j 的最迟时间 vl[j]。vl[k] 的计算方法如下:

$$\begin{cases} vl[n] = ve[n] \\ vl[k] = \min\{vl[j] - dut(<v_k - v_j>)\} \quad <v_k, v_j> \in s[k] \end{cases} \tag{8-2}$$

其中,s[k]为所有从 v_k 发出的有向边的集合。

(3)活动 a_i 的最早开始时间 e[i]

若活动 a_i 是由弧 $<v_k, v_j>$ 表示,根据 AOE 网的性质,只有事件 v_k 发生了,活动 a_i 才能开始。也就是说,活动 a_i 的最早开始时间应等于事件 v_k 的最早发生时间。因此,有:

$$e[i] = ve[k] \tag{8-3}$$

(4)活动 a_i 的最晚开始时间 l[i]

活动 a_i 的最晚开始时间是指,在不推迟整个工程完成时间的前提下,必须开始的最晚时间。若 由弧 $<v_k, v_j>$ 表示,则 a_i 的最晚开始时间要保证事件 v_j 的最迟发生时间不拖后。因此,应该有:

$$l[i] = vl[j] - dut(<v_k, v_j>) \tag{8-4}$$

根据每个活动的最早开始时间 e[i]和最晚开始时间 l[i]就可判定该活动是否为关键活动,也就是那些 l[i] = e[i]的活动就是关键活动,而那些 l[i] > e[i]的活动则不是关键活动,l[i]

－e[i]的值为活动的时间余量。关键活动确定之后,关键活动所在的路径就是关键路径。

下面以图 8.27 所示的 AOE 网为例,求出上述参量,来确定该网的关键活动和关键路径。

首先,按照 (8－1)式求事件的最早发生时间 ve[k]:

$$ve\ (1)=0$$
$$ve\ (2)=3$$
$$ve\ (3)=4$$
$$ve\ (4)=ve(2)+2=5$$
$$ve\ (5)=\max\{ve(2)+1,ve(3)+3\}=7$$
$$ve\ (6)=ve(3)+5=9$$
$$ve\ (7)=\max\{ve(4)+6,ve(5)+8\}=15$$
$$ve\ (8)=ve(5)+4=11$$
$$ve\ (9)=\max\{ve(8)+10,ve(6)+2\}=21$$
$$ve\ (10)=\max\{ve(8)+4,ve(9)+1\}=22$$
$$ve\ (11)=\max\{ve(7)+7,ve(10)+6\}=28$$

其次,按照 (8－2)式求事件的最迟发生时间 vl[k]:

$$vl\ (11)=ve\ (11)=28$$
$$vl\ (10)=vl\ (11)-6=22$$
$$vl\ (9)=vl\ (10)-1=21$$
$$vl\ (8)=\min\{vl\ (10)-4,vl\ (9)-10\}=11$$
$$vl\ (7)=vl\ (11)-7=21$$
$$vl\ (6)=vl\ (9)-2=19$$
$$vl\ (5)=\min\{vl\ (7)-8,vl\ (8)-4\}=7$$
$$vl\ (4)=vl\ (7)-6=15$$
$$vl\ (3)=\min\{vl\ (5)-3,vl\ (6)-5\}=4$$
$$vl\ (2)=\min\{vl\ (4)-2,vl\ (5)-1\}=6$$
$$vl\ (1)=\min\{vl\ (2)-3,vl\ (3)-4\}=0$$

再按照 (8－3)式和(8－4)式求活动 ai 的最早开始时间 e[i]和最晚开始时间 l[i]:

活动 a1	$e\ (1)=ve\ (1)=0$	$l\ (1)=vl\ (2)-3=3$
活动 a2	$e\ (2)=ve\ (1)=0$	$l\ (2)=vl\ (3)-4=0$
活动 a3	$e\ (3)=ve\ (2)=3$	$l\ (3)=vl\ (4)-2=13$
活动 a4	$e\ (4)=ve\ (2)=3$	$l\ (4)=vl\ (5)-1=6$
活动 a5	$e\ (5)=ve\ (3)=4$	$l\ (5)=vl\ (5)-3=4$
活动 a6	$e\ (6)=ve\ (3)=4$	$l\ (6)=vl\ (6)-5=14$
活动 a7	$e\ (7)=ve\ (4)=5$	$l\ (7)=vl\ (7)-6=15$
活动 a8	$e\ (8)=ve\ (5)=7$	$l\ (8)=vl\ (7)-8=13$
活动 a9	$e\ (9)=ve\ (5)=7$	$l\ (9)=vl\ (8)-4=7$
活动 a10	$e\ (10)=ve\ (6)=9$	$l\ (10)=vl\ (9)-2=19$
活动 a11	$e\ (11)=ve\ (7)=15$	$l\ (11)=vl\ (11)-7=21$
活动 a12	$e\ (12)=ve\ (8)=11$	$l\ (12)=vl\ (10)-4=18$
活动 a13	$e\ (13)=ve\ (8)=11$	$l\ (13)=vl\ (9)-10=11$

活动 a14 　　　e (14) = ve (9) = 21 　　　l (14) = vl (10) − 1 = 21
活动 a15 　　　e (15) = ve (10) = 22 　　　l (15) = vl (11) − 6 = 22

最后,比较 e[i]和 l[i]的值可判断出 a2,a5,a9,a13,a14,a15 是关键活动,关键路径如图 8.28 所示。

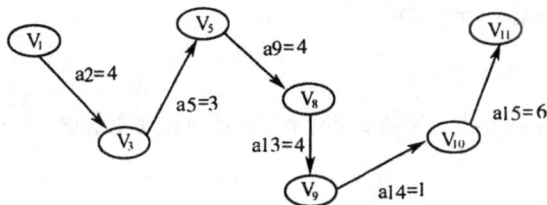

图 8.28 一个 AOE 网实例

由上述方法得到求关键路径的算法步骤为:

(1)输入 e 条弧 <j,k>,建立 AOE − 网的存储结构;

(2)从源点 v_0 出发,令 ve[0] = 0,按拓扑有序求其余各顶点的最早发生时间 ve[i](1≤i≤n −1)。如果得到的拓扑有序序列中顶点个数小于网中顶点数 n,则说明网中存在环,不能求关键路径,算法终止;否则执行步骤(3)。

(3)从汇点 v_n 出发,令 vl[n−1] = ve[n−1],按逆拓扑有序求其余各顶点的最迟发生时间 vl[i](n−2≥i≥2);

(4)根据各顶点的 ve 和 vl 值,求每条弧 s 的最早开始时间 e(s)和最迟开始时间 1(s)。若某条弧满足条件 e(s) = l(s),则为关键活动。

由该步骤得到的算法参看算法 8.13 和算法 8.14。在算法 8.13 中,SeqStack 为顺序栈的存储类型;引用的函数 FindInDegree(G, indegree)用来求图 G 中各顶点的入度,并将所求的入度存放于一维数组 indegree 中。

判断有向图是否有环的算法 8.13:

```
int TopologicalOrder(ALGraph G,SeqStack * T)
{ /* 有向网 G 采用邻接表存储结构,求各顶点事件的最早发生时间 ve(全局变量) * /
  /* T 为拓扑序列顶点栈,S 为零入度顶点栈。* /
  /* 若 G 无回路,则用栈 T 返回 G 的一个拓扑序列,且函数值为 OK,否则为 ERROR。* /
  int indegree[MaxVertexNum],count,i,j,k;
  SeqStack * S;
  EdgeNode * p;
  FindInDegree(G, indegree); /* 对各顶点求入度 indegree[0..vernum−1] * /
  S = Init_SeqStack();          /*建零入度顶点栈 S * /
  count = 0;
  for(i=0; i<G.n; i++) ve[i] = 0;          /* 初始化 ve[ ] * /
  for (i = 0; i<G.n; i++)           /*将初始时入度为 0 的顶点入栈* /
      { if (indegree[i] = = 0)   Push_SeqStack(S,i); }
  while (! Empty_SeqStack(S)) {
      Pop_SeqStack (S, &j);   Push_SeqStack(T,j);   + + count;
      /* j 号顶点入 T 栈并计数 * /
```

```
            for (p=G.adjlist[j].firstedge; p; p=p→next)
            {   k = p→adjvex;   /* 对 j 号顶点的每个邻接点的入度减 1 * /
                if( − −indegree[k]= =0)   Push_SeqStack(S,k);
                 /* 若入度减为 0,则入栈 * /
                if (ve[j]+(p→info)＞ve[k])
                ve[k] = ve[j]+(p→info);
            }
        }
        if (count＜G.n)   return 0;   /* 该有向网有回路返回 0,否则返回 1 * /
        else return 1;
    }  /*  TopologicalOrder * /
```

求关键路径算法 8.14:

```
        int Criticalpath(ALGraph G)
        {  /*  G 为有向网,输出 G 的各项关键活动。* /
            SeqStack  * T;
        int vl[MaxVertexNum],i,j,k,e,l,dut;
        char tag;
        EdgeNode   * p;
        T=Init_SeqStack();         /* 建立用于产生拓扑逆序的栈 T * /
        if (! TopologicalOrder (G,T) )   return 0;      /* 该有向网有回路返回 0 * /
        for(i=0; i＜G.n; i++)     /* 初始化顶点事件的最迟发生时间 * /
            vl[i] = ve[G.n−1];
            while (! Empty_SeqStack (T) )      /* 按拓扑逆序求各顶点的 vl 值 * /
                for (Pop_SeqStack(T,&j), p=G.adjlist[j].firstedge; p; p=p→next)
                {  k=p→adjvex;   dut=p→info;
                    if ( vl[k]−dut ＜ vl[j] )   vl[j] = vl[k] − dut;
                }
            for ( j=0; j＜G.n; ++j)   /* 求 e,l 和关键活动 * /
                for (p=G.adjlist[j].firstedge; p; p = p→next)
                {  k = p→adjvex;    dut=(p→info);
                 e = ve[j]; l = vl[k] − dut;
                 tag = (e==l) ? ′*′:′\0′;
                 printf("%d %d %d %d %d %c\n", j,k,dut,e,l,tag ); /* 输出关键活动 * /
                }
            return 1;   /* 求出关键活动后返回 1 * /
        }  /* Criticalpath * /
```

习　题

一、选择题

1. N 条边的无向图的邻接表的存储中,边表的结点个数有(　　)。

A)N   B)2N   C)N/2   D)N＊N

2. 最短路径的生成算法可用(   )。

   A)普里姆算法   B)克鲁斯卡尔算法   C)迪杰斯特拉算法   D)哈夫曼算法

3. 图的邻接表如下图所示：

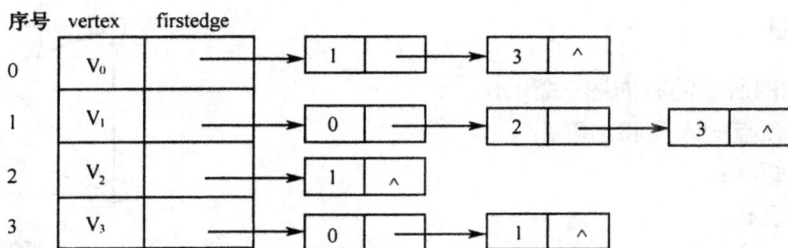

（选择题 3 图）

(1) 从顶点 V_0 出发进行深度优先搜索,经历的结点顺序为(   )。

   A)V_0,V_3,V_2,V_1 B)V_0,V_1,V_2,V_3 C)V_0,V_2,V_1,V_3 D)V_0,V_1,V_3,V_2

(2) 从顶点 V_0 出发进行广度优先搜索,经历的结点顺序为(   )。

   A)V_0,V_3,V_2,V_1 B)V_0,V_1,V_2,V_3 C)V_0,V_2,V_1,V_3 D)V_0,V_1,V_3,V_2

4. 对于含有 n 个顶点 e 条边的无向连通图,利用 Kruskal 算法生成最小代价生成树的时间复杂度为(   )。

   A)$O(e\log_2 e)$ B)$O(en)$ C)$O(e\log_2 n)$ D)$O(n\log_2 n)$

5. 关键路径是事件结点网络中(   )。

   A)从源点到汇点的最长路径   B)从源点到汇点的最短路径

   C)最长的回路   D)最短的回路

二、填空题

1. 设无向图 G 中顶点数为 n,则图 G 最少有_____条边,最多有_____条边。若 G 为有向图,有 n 个顶点,则图 G 最少有_____条边;最多有_____条边。

2. 具有 n 个顶点的无向完全图,边的总数为_____条;而在 n 个顶点的有向完全图中,边的总数为_____条。

3. 图的邻接矩阵表示法是表示_____之间相邻关系的矩阵。

4. 在如下图所示的网络计划图中关键路径是_____,全部计划完成的时间是_____。

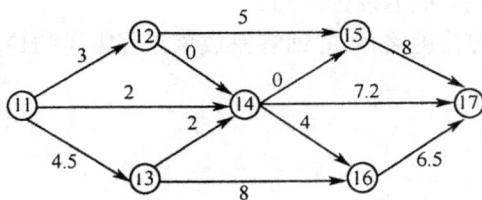

（填空题 4 图）

5. 一个连通图的生成树是一个_____连通子图,n个顶点的生成树有_____条边。

6. 对于含有 n 个顶点 e 条边的无向连通图,利用 prim 算法生成最小代价生成树其时间复杂度为_____。

三、简答题

1. 对于如图所示的有向图,试给出:
(1) 每个顶点的入度和出度;
(2) 邻接矩阵;
(3) 邻接表;
(4) 逆邻接表;
(5) 强连通分量。

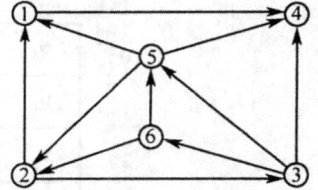

(简答题 1 图)

2. 设无向图 G 如图所示,试给出:
(1) 该图的邻接矩阵;
(2) 该图的邻接表;
(3) 从 v_0 出发的"深度优先"遍历序列;
(4) 从 v_0 出发的"广度优先"遍历序列。

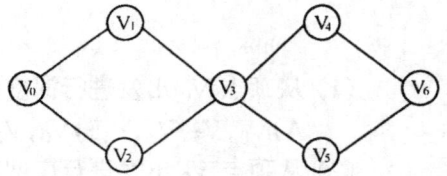

(简答题 2 图)

3. 试利用弗洛伊德(R. W. Floyed)算法,求图所示有向图的各对顶点之间的最短路径,并写出在执行算法过程中所得到的最短路径长度矩阵序列和最短路径矩阵序列。

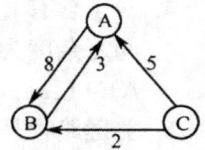

(简答题 3 图)

4. 下表列出了某工序之间的优先关系和各工序所需时间,求:

工序代号	所需时间	前序工序	工序代号	所需时间	前序工序
A	15	无	H	15	G,I
B	10	无	I	120	E
C	50	A	J	60	I
D	8	B	K	15	F,I
E	15	C,D	L	30	H,J,K
F	40	B	M	20	L
G	300	E			

(简答题 4 表)

(1) 画出 AOE 网;
(2) 列出各事件中的最早、最迟发生时间;
(3) 找出该 AOE 网中的关键路径,并回答完成该工程需要的最短时间。

查 找

在日常生活中,人们几乎每天都要进行"查找"。如在英汉字典中查找某个英文单词的中文解释;在对数表、平方根表中查找某个数的对数、平方根;邮递员送信件要按收件人的地址确定投递位置等等。

计算机、计算机网络使信息查询更快捷、方便、准确。要从计算机、计算机网络中查找特定的信息,就需要在计算机中存储包含该特定信息的表。如要从计算机中查找英文单词的中文解释,就需要存储类似英汉字典这样的信息表,以及对该表进行的查找操作。本章将系统地讨论各种查找方法,并通过对它们的效率分析来比较各种查找方法的优劣。

9.1　基本概念

查找(searching)也称检查,是在数据结构中找出满足某种条件的结点。它是数据结构中很常用的一种基本操作。我们假定被查找的对象是由一组结点组成的**表**(Table)或文件,这些表可以是线性表、树表或散列表等。下面先以图 9.1 表示的学校招生录取登记表为例,来讨论有关表的一些基本概念。

学　号	姓　名	性别	出生日期			来　源	总分	录取专业
			年	月	日			
⋮	⋮	⋮	⋮	⋮	⋮			
20030983	杜军红	男	1984	11	05	嘉兴一中	593	计算机
20030984	柯　杰	男	1984	09	12	慈溪中学	601	计算机
20030985	孙倩芸	女	1985	01	25	浙大附中	598	计算机
⋮	⋮	⋮						

图 9.1　学校招生录取登记表

1. 基本术语
(1)数据项 (也称项或字段)

数据项是具有独立含义的标识单位,是数据不可分割的最小单位。如表中"学号"、"姓名"、"年"等。项有名和值之分,项名是一个项的标识,用变量定义,而项值是它的一个可能取值,表中"20030983"是项"学号"的一个取值。项具有一定的类型,依项的取值类型而定。

(2)组合项

由若干项构成,表中"出生日期"就是组合项,它由"年"、"月"、"日"三项组成。

(3)数据元素

数据元素又称为记录结点顶点等,是由若干项、组合项构成的数据单位,是在某一问题中作为整体进行考虑和处理的基本单位。数据元素有类型和值之分,表中项名的集合,也即表头部分就是数据元素的类型;而一个学生对应的一行数据就是一个数据元素的值,表中全体学生即为数据元素的集合。

(4)关键字

关键字(或关键码)是数据元素中某个项或组合项的值,用它可以标识一个数据元素。能唯一确定一个数据元素的关键字,称为主关键字;而不能唯一确定一个数据元素的关键字,称为次关键字。表中"学号"即可看成主关键字,"姓名"则应视为次关键字,因可能有同名同姓的学生。

(5)查找表

查找表是由具有同一类型(属性)的数据元素组成的集合。分为静态查找表和动态查找表两类。

静态查找表:仅对查找表进行查找操作,而不能改变的表;

动态查找表:对查找表除进行查找操作外,可能还要进行向表中插入数据元素,或删除表中数据元素的表。

(6)查找

查找就是按给定的某个值 kx,在查找表中确定关键字为给定值 kx 的数据元素。

关键字是主关键字时,由于主关键字唯一,所以查找结果也是唯一的,一旦找到,查找成功,结束查找过程,并给出找到的数据元素的信息,或指示该数据元素的位置。要是整个表检测完毕还没有找到,则查找失败,此时,查找结果应给出一个"空"记录或"空"指针。

关键字是次关键字时,需要查遍表中所有数据元素,或在可以肯定查找失败时,才能结束查找过程。

(7)平均查找长度

分析查找算法的效率,通常用平均查找长度 ASL 来衡量。**平均查找长度 ASL 是指为确定数据元素在表中的位置所进行的关键字比较次数的期望值。**

对一个含 n 个数据元素的表,查找成功时的平均查找长度

$$ASL = \sum_{i=1}^{n} P_i \cdot C_i$$

其中:P_i 为表中第 i 个数据元素的查找概率,$\sum_{i=1}^{n} P_i = 1$;

C_i 为找到表中其关键字与给定值相等的第 i 个记录时,和给定值已进行过比较的关键字个数。显然,C_i 随查找过程不同而不同。

2. 数据元素类型说明

在手工绘制表格时,总是根据有多少数据项,每个数据项应留多大宽度来确定表的结构,即表头的定义。然后,再根据需要的行数,画出表来。在计算机中存储的表与手工绘制的类似,需要定义表的结构,并根据表的大小为表分配存储单元。以图 9.1 为例,用 C 语言的结构类型描述如下:

出生日期类型定义：

```
typedef    struct    {
        char    year[5];            /* 年:用字符型表示,宽度为4个字符 */
        char    month[3];           /* 月:字符型,宽度为2 */
        char    date[3];            /* 日:字符型,宽度为2 */
}BirthDate;
```

数据元素类型定义：

```
typedef    struct    {
        char    number[7];     /* 学号:字符型,宽度为6 */
        char    name[9];       /* 姓名:字符型,宽度为8 */
        char    sex[3];        /* 性别:字符型,宽度为2 */
        BirthDate    birthdate;    /* 出生日期:构造类型,由该类型的宽度确定 */
        char    comefrom[21];  /* 来源:字符型,宽度为20 */
        int     results;       /* 成绩:整型,宽度由"程序设计C语言工具软件"决定 */
} ElemType;
```

以上定义的数据元素类型,相当于手工绘制的表头。要存储学生的信息,还需要分配一定的存储单元,即给出表长度。可以用数组分配,即顺序存储结构;也可以用链式存储结构实现动态分配。

顺序分配1000个存储单元用来存放最多1000个学生的信息表的定义如下

$$ElemType \quad elem[1000];$$

本章以后讨论中,涉及的关键字类型和数据元素类型统一说明如下:

```
typedef    struct {
        KeyType    key;        /* 关键字字段,可以是整型、字符串型、构造类型等 */
        ……                    /* 其他字段 */
} ElemType;
```

9.2   线性表的查找

在静态查找表的组织方式中,线性表是最简单的一种。本节将介绍三种在线性表上进行查找的方法,它们分别是顺序查找、折半查找和分块查找。

9.2.1   静态查找表结构

静态查找表是数据元素的线性表,可以是基于数组的顺序存储或以线性链表存储。

```
/* 顺序存储结构 */
    typedef    struct{
            ElemType    * elem;  /* 数组基址 */
            int         length;  /* 表长度 */
    }S_TBL;
```

```
/* 链式存储结构结点类型 */
    typedef   struct        NODE{
                ElemType  elem;      /* 结点的值域 */
                struct   NODE   * next;  /* 下一个结点指针域 */
}NodeType;
```

9.2.2　顺序查找

顺序查找又称线性查找,是最基本的查找方法之一。其查找方法为:从表的一端开始,向另一端逐个按给定值 kx 与关键字进行比较,若找到,查找成功,并给出数据元素在表中的位置;若整个表检测完,仍未找到与 kx 相同的关键字,则查找失败,给出失败信息。以下算法以顺序存储为例,数据元素从下标为 1 的数组单元开始存放,0 号单元留空。

顺序查找算法 9.1:

```
int   s_search(S_TBL tbl,KeyType kx)
{   /* 在表 tbl 中查找关键字为 kx 的数据元素,若找到返回该元素在数组中的下标,否则返回 0 * /
    tbl.elem[0].key = kx; /* 存放监测,这样在从后向前查找失败时,不必判断表是否检测完, * /
                            /* 从而达到算法统一 * /
    for(int i = tbl.length ; tbl.elem[i].key ! = kx ;i - - );  /* 从标尾端向前找 * /
    return i;
}
```

就上述算法而言,对于 n 个数据元素的表,给定值 kx 与表中第 i 个元素关键字相等,即定位第 i 个记录时,需进行 n − i + 1 次关键字比较,即 $C_i = n - i + 1$。则查找成功时,顺序查找的平均查找长度为:

$$ASL = \sum_{i=1}^{n} P_i \cdot (n - i + 1)$$

设每个数据元素的查找概率相等,即 $P_i = \frac{1}{n}$,则等概率情况下有:

$$ASL = \sum_{i=1}^{n} \frac{1}{n}(n - i + 1) = \frac{n+1}{2}$$

查找不成功时,关键字的比较次数总是 n + 1 次。

算法中的基本工作就是关键字的比较,因此,查找长度的量级就是查找算法的时间复杂度,为 O(n)。

许多情况下,查找表中数据元素的查找概率是不相等的。为了提高查找效率,查找表需依据查找概率越高,比较次数越少;查找概率越低,比较次数就较多的原则来存储数据元素。

顺序查找缺点是当 n 很大时,平均查找长度较大,效率低;优点是对表中数据元素的存储没有要求。另外,对于线性链表,只能进行顺序查找。

9.2.3　有序表的折半查找

有序表即是表中数据元素按关键字升序或降序排列的表。以下讨论假设有序表升序排列。

折半查找(或二分查找)的思想为:在有序表中,取中间元素作为比较对象,若给定值与中间元素的关键字相等,则查找成功;若给定值小于中间元素的关键字,则在中间元素的左半区继续查找;若给定值大于中间元素的关键字,则在中间元素的右半区继续查找。不断重复上述查找过程,直到查找成功,或所查找的区域无数据元素,查找失败。

【步骤】

① low = 1; high = length;　　　　　// 设置初始区间

② 当 low > high 时,返回查找失败信息　　　　// 表空,查找失败

③ low ≤ high, mid = (low + high)/2;　　　　// 取中点

　a. 若 kx < tbl.elem[mid].key, high = mid − 1; 转②　　　// 查找在左半区进行

　b. 若 kx > tbl.elem[mid].key, low = mid + 1; 转②　　　// 查找在右半区进行

　c. 若 kx = tbl.elem[mid].key, 返回数据元素在表中位置　　　// 查找成功

【例 1】　有序表按关键字排列如下:

$$7,14,18,21,23,29,31,35,38,42,46,49,52$$

在表中查找关键字为 14 和 22 的数据元素。

(1) 查找关键字为 14 的过程

0	1	2	3	4	5	6	7	8	9	10	11	12	13
	7	14	18	21	23	29	31	35	38	42	46	49	52

low = 1　　　　　　①设置初始区间　　　　　　　　high = 13

　　　　　　　　　　　　　　②表空测试,非空;
mid = 7　　　　　　　　　　③得到中点,比较测试为 a 情形

low = 1　　　　　　high = 6　　　high = mid − 1, 调整到左半区

　　　　　　　　　②表空测试,非空;
mid = 3　　　　　　③得到中点,比较测试为 a 情形

low = 1　　high = 2　　high = mid − 1, 调整到左半区

　　　　　　②表空测试,非空;
mid = 1　　③得到中点,比较测试为 b 情形

low = 2　　high = 2　　low = mid + 1, 调整到右半区

　　　　　　②表空测试,非空;
mid = 2　　③得到中点,比较测试为 c 情形
　　　　　　查找成功,返回找到的数据元素位置为 2

(2) 查找关键字为 22 的过程

0	1	2	3	4	5	6	7	8	9	10	11	12	13
	7	14	18	21	23	29	31	35	38	42	46	49	52

low = 1　　　　　　①设置初始区间　　　　　　　　high = 13

		↑	②表空测试,非空;
		mid = 7	③得到中点,比较测试为 a 情形

```
        ↑                           ↑
   ———————————————————————————————————————
   low = 1                      high = 6        high = mid − 1,调整到左半区

                                                ②表空测试,非空;
              ↑                                 ③得到中点,比较测试为 b 情形
           mid = 3
                         ↑           ↑
              —————————————————————————
              low = 4              high = 6      low = mid + 1,调整到右半区

                                                ②表空测试,非空;
                      ↑                         ③得到中点,比较测试为 a 情形
                   mid = 5
                     ↑   ↑
              ———————————————
              low = 4   high = 4                 high = mid − 1,调整到左半区

                                                ②表空测试,非空;
                  ↑                             ③得到中点,比较测试为 b 情形
               mid = 4
                 ↑   ↑
         ———————————————
         high = 4   low = 5                      low = mid + 1,调整到右半区
```

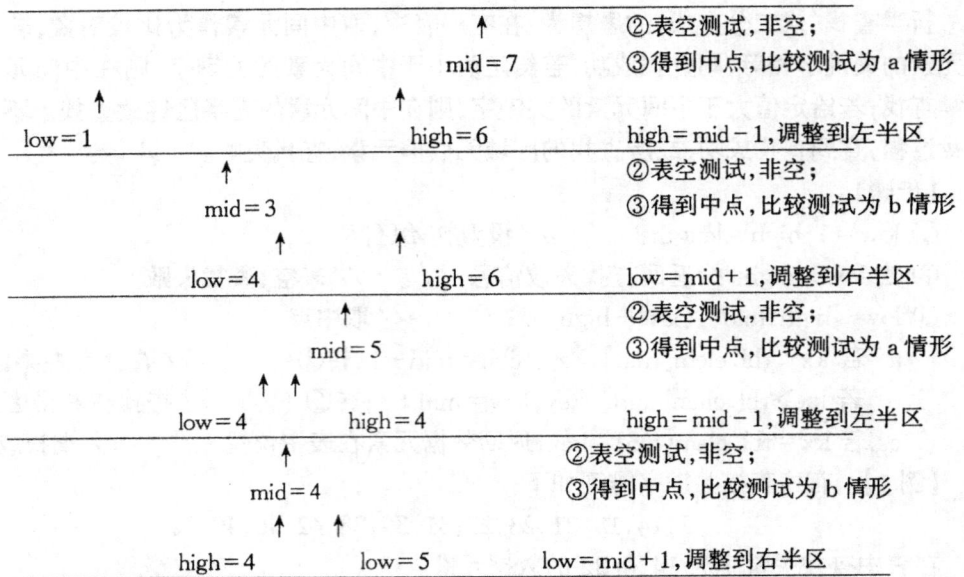

②表空测试,为空;查找失败,返回查找失败信息为 0。

有序表的二分查找算法 9.2:

```
int    Binary_Search(S_TBL    tbl, KeyType kx)
{   /* 在表 tbl 中查找关键字为 kx 的数据元素,若找到返回该元素在表中的位置,否则,返回 0    */
    int    low, high, mid, flag = 0;
    low = 1; high = tbl. length;        /* ①设置初始区间 */
    while(low < = high)            /* ②表空测试 */
    {    /* 非空,进行比较测试 */
        mid = (low + high) /2;        /* ③得到中点 */
        if(kx < tbl. elem[mid]. key)   high = mid − 1;        /* 调整到左半区 */
        else   if(kx > tbl. elem[mid]. key)   low = mid + 1;        /* 调整到右半区 */
              else   { flag = mid; break; }   /* 查找成功,元素位置设置到 flag 中 */
    }
    return   flag;
}
```

从折半查找过程看,以表的中点为比较对象,并以中点将表分割为两个子表,对定位到的子表继续这种操作。用当前查找区间的中间位置上的记录作为根,左子表和右子表中的记录分别作为根的左子树和右子树,由此得到的二叉树称为折半查找判定树,树中结点内的数字表示该结点在有序表中的位置。图 9.2(b)即为描述例 1 折半查找过程的判定树(长度为 13),而图 9.2(a)中结点内的数字是相应关键字的值。若查找的结点是表中的第 7 个结点,则只需进行一次比较;若查找的结点是表中第 3 或第 10 个结点,则需进行二次比较;找到第 1,5,8,12 个结点需要比较三次;找到 2,4,6,9,11,13 个结点需要比较四次。由此可见,二分查找过程恰好是走了一条从判定树的根到被查结点的路径,经历比较的关键字个数恰为该结点在树中的层次数。例如,用图 9.2(b)所示判定树描述查找关键字为 14 的过程时,所经历的比较路径为图 9.2(b)中虚线所示,查找过程将 kx 分列与第 7、3、1、2 个结点比较,共进行了四次比较后才成功。

(a)

(b)

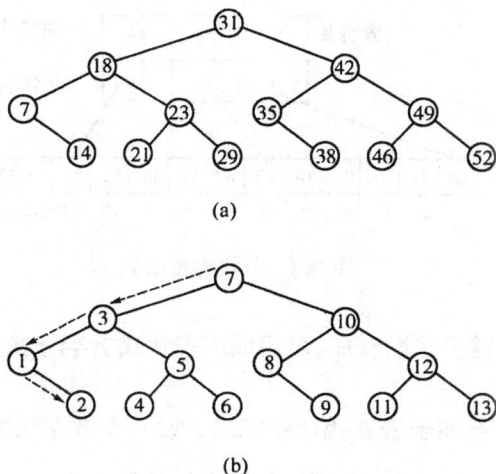

图 9.2 描述例 1 折半查找过程的判定树

对于 n 个结点的判定树,树高为 k,则有 $2^{k-1}-1<n\leqslant2^k-1$,即 $k-1<\log_2(n+1)\leqslant k$,所以 $k=\lceil\log_2(n+1)\rceil$。因此,折半查找在查找成功时,所进行的关键字比较次数至多为 $\lceil\log_2(n+1)\rceil$。

接下来讨论折半查找的平均查找长度。为便于讨论,以树高为 k 的满二叉树($n=2^k-1$)为例。假设表中每个元素的查找是等概率的,即 $P_i=\dfrac{1}{n}$,树的第 i 层结点均比较 i 次,而树的第 i 层有 2^{i-1} 个结点,则 $C_i=i\cdot2^{i-1}$,因此,折半查找的平均查找长度为:

$$\begin{aligned}
\text{ASL} &= \sum_{i=1}^{n}P_i\cdot C_i \\
&= \frac{1}{n}\sum_{i=1}^{n}i\cdot2^{i-1} \\
&= \frac{n+1}{n}\log_2(n+1)-1
\end{aligned}$$

所以,折半查找的时间效率为 $O(\log_2 n)$。

9.2.4 分块查找

分块查找又称索引顺序查找,是对顺序查找的一种改进。分块查找要求将查找表分成若干个子表,并对子表建立索引表,查找表的每一个子表由索引表中的索引项确定。索引项包括两个字段:关键字字段(存放对应子表中的最大关键字值)和指针字段(存放指向对应子表的指针)。要求索引项按关键字字段有序,则表或者有序或者分块有序,这里的"分块有序"是指第二个子表中所有记录的关键字值均大于第一个子表中的最大关键字值,第三个子表中所有记录的关键字值均大于第二个子表中的最大关键字值,依次类推。图 9.3 就是满足上述要求的存储结构。

查找时,先用给定值 kx 在索引表中检测索引项,以确定所要进行的查找在查找表中的查

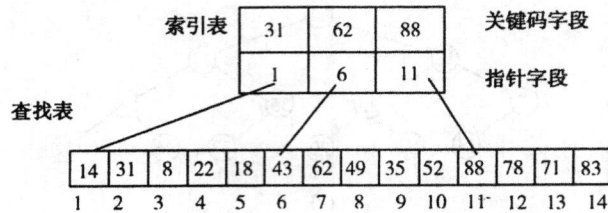

图 9.3　分块查找示例

找分块（由于索引项按关键字字段有序，可用顺序查找或折半查找），然后，再对该分块进行顺序查找。

　　分块查找由索引表查找和子表查找两步完成。设 n 个数据元素的查找表分为 m 个子表，且每个子表均为 t 个元素，则 $t = \dfrac{n}{m}$。这样，分块查找的平均查找长度为：

$$ASL = ASL_{索引表} + ASL_{子表} = \frac{1}{2}(m+1) + \frac{1}{2}\left(\frac{n}{m} + 1\right) = \frac{1}{2}\left(m + \frac{n}{m}\right) + 1$$

　　可见，平均查找长度不仅和表的总长度 n 有关，而且和所分的子表个数 m 有关。对于表长 n 确定的情况下，m 取 $\sqrt{n}$ 时，$ASL = \sqrt{n} + 1$ 达到最小值。

9.3　树表的查找

　　从上一节的讨论可知，当线性表作为表的组织形式时，可以有三种查找法，其中以折半查找效率最高。但由于折半查找要求表中结点按关键字有序，且不能用链表作存储结构，因此，当表的插入或删除操作频繁时，为维护表的有序性，势必要移动表中很多结点，这种由移动结点引起的额外时间开销，就会抵消折半查找的优点。在这种情况下，可采用几种特殊的二叉树（如二叉排序树、平衡二叉树）或树（如 B - 树、B + 树）作为表的一种组织方式，在此将它们统称为树表。本节将介绍在二叉排序树和平衡二叉树这两种树表上进行查找的方法。

9.3.1　二叉排序树

1. 定义

二叉排序树（Binary Sort Tree）或者是一棵空树；或者是具有下列性质的二叉树：

(1)若左子树不空，则左子树上所有结点的值均小于根结点的值；

(2)若右子树不空，则右子树上所有结点的值均大于根结点的值；[①]

(3)左右子树也都是二叉排序树。

由图 9.4 可以看出，对二叉排序树进行中序遍历，便可得到一个按关键字有序的序列。因此，一个无序序列可通过构造一棵二叉排序树而成为有序序列。

2. 查找过程

---

① 亦可将 BST 性质(1)里的"小于"改为"小于等于"，或将 BST 性质(2)里的大于改为"大于等于"。

从其定义可见,二叉排序树的查找过程为:

① 若查找树为空,查找失败;

② 查找树非空,将给定值 kx 与查找树的根结点关键字比较;

③ 若相等,查找成功,结束查找过程,否则,

    a. 当 kx 小于根结点关键字,查找将在左子树上继续进行,转①

    b. 当 kx 大于根结点关键字,查找将在右子树上继续进行,转①

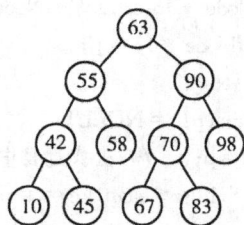

图 9.4　一棵二叉排序树示例

以二叉链表作为二叉排序树的存储结构:

```
typedef struct node{
    ElemType elem;        /* 数据元素类型 */
    struct node  * lc, * rc;       /* 左、右指针 */
} BstNode ;
```

二叉排序树中查找元素的算法 9.3:

```
int SearchElem(BstNode * t, BstNode * * p, BstNode * * q,KeyType kx)
{    /*在二叉排序树 t 上查找关键字为 kx 的元素,若找到,返回 1,且 q 指向该结点,p 指向其父结点;/* 否
    则,返回 0,且 p 指向查找失败的最后一个结点 */
    int    flag=0;     * q=t;
    while( * q)      /* 从根结点开始查找 */
    {  if(kx>( * q)→ elem. key)     /*kx 大于当前结点 * q 的元素关键字 */
        {   * p= * q;   * q=( * q)→rc; }    /* 将当前结点 * q 的右子女置为新根 */
        else
        {   if(kx<( * q)→elem. key)    /*kx 小于当前结点 * q 的元素关键字 */
            {   * p= * q;   * q=( * q)→lc;}  /* 将当前结点 * q 的左子女置为新根 */
            else    {flag=1;break;}       /* 查找成功,返回 */
        }
    } /* while */
    return flag;
}
```

显然,在二叉排序树上进行查找,若查找成功,则是从根结点出发走了一条从根到待查结点的路径;若查找不成功,则是从根结点出发走了一条从根到叶子的路径。

3. 二叉排序树的插入和生成

先讨论向二叉排序树中插入一个结点的过程:设待插入结点的关键字为 kx,为将其插入,先要在二叉排序树中进行查找,若查找成功,按二叉排序树定义,待插入结点已存在,不用插入;若查找不成功,则插入之。因此,新插入结点一定是作为叶子结点添加上去的。

在二叉排序树中插入新结点,只要保证插入后仍符合二叉排序树的定义即可:

(1)若二叉排序树为空,则待插入结点 * s 作为根结点插入到空树中;

(2)当二叉排序树非空时,将待插结点的关键字 s→key 和树根的关键字 t→key 比较,若 s→key = t→key,无须插入;若 s→key< t→key,则将待插结点 * s 插入到根的左子树中;若 s→key> t→key,则将 * s 插入到根的右子树中;

(3)插入子树的过程相同。

将新结点 * s 插入到 t 所指的二叉排序树中的算法 9.4:

```
BstNode * InsertBst(BstNode * t, BstNode * s)  /* t 为二叉排序树的根指针,s 为输入的结点指针 * /
| BstNode * f, * p;
  p = t;
  while(p! = NULL)
  | f = p;     /* 查找过程中,f 指向 * p 的双亲 * /
     if(s→ elem. key= = p→ elem. key) return t;   /* 树中已有结点 * s,无须插入 * /
     if(s→ elem. key<p→ elem. key) p=p→lc;    /* 在左子树中查找插入位置 * /
  else p=p→rc;    /* 在右子树中查找插入位置 * /
  |  if(t = = NULL) return s;   /* 原树为空,返回 s 作为根指针 * /
     if(s→ elem. key<f→ elem. key) f→lc=s;   /* 将 * s 插入为 * f 的左孩子 * /
  else  f→rc=s;      /* 将 * s 插入为 * f 的右孩子 * /
  return t;
|
```

　　构造一棵二叉排序树则是逐个插入结点的过程。

　　【例 2】 记录的关键字序列为:63,90,70,55,67,42,98,83,10,45,58,则构造一棵二叉排序树的过程如图 9.5 所示。

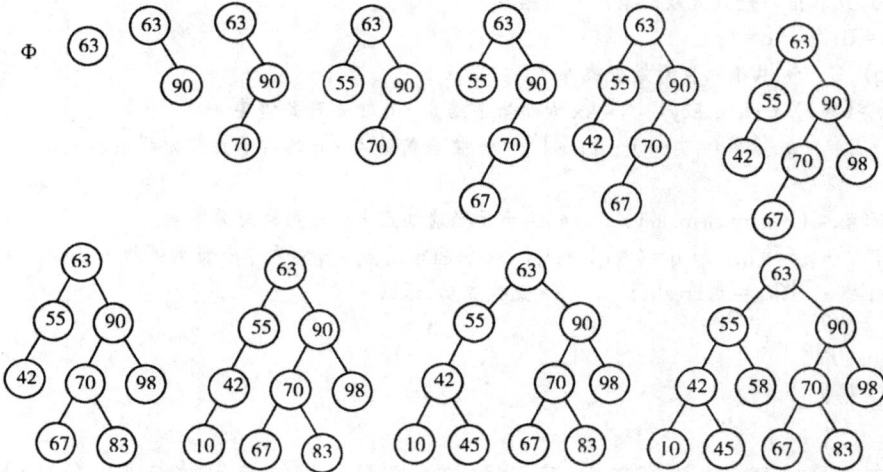

图 9.5　从空树开始建立二叉排序树的过程

生成二叉排序树的算法 9.5:

```
BstNode * CreatBst( )
    | BstNode * s, * t;
    KeyType key, endflag=0;
    DataType data;
    t = NULL;   /* 设置二叉排序树的初态为空树 * /
    scanf("% d",&key);  /* 读入一个结点的关键字 * /
    while(key! = endflag)  /* 输入未到结束标志时,循环 * /
    |s = (BstNode * )malloc(sizeof(BstNode));   /* 申请新结点 * /
      s→lc= s→rc=NULL;   /* 赋初值 * /
```

```
        s→ elem. key = key;
        scanf("%d",&data);    /* 读入结点的其他数据项 */
        s→ elem. other = data;
        t = InsertBst(t,s);    /* 将新结点 * s 插入树 t 中 */
        scanf("%d",&key);     /* 读入下一个结点的关键字 */
    }
    return t;
}
```

4. 二叉排序树删除操作

从二叉排序树中删除一个结点之后,使其仍能保持二叉排序树的特性即可。

设待删结点为 * p(p 为指向待删结点的指针),P_L 和 P_R 分别表示其左子树和右子树,其双亲结点为 * f,且不失一般性,可设 * p 是 * f 的左孩子。

以下分三种情况进行讨论。

(1) * p 结点为叶结点,由于删去叶结点后不影响整棵树的特性,所以,只需将被删结点的双亲结点相应指针域改为空指针。如图 9.6。

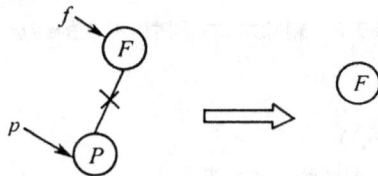

图 9.6　删除叶结点

(2) * p 结点只有右子树 P_R 或只有左子树 P_L。此时,只需将 P_R 或 P_L 替换 * f 结点的 * p 子树即可。如图 9.7。

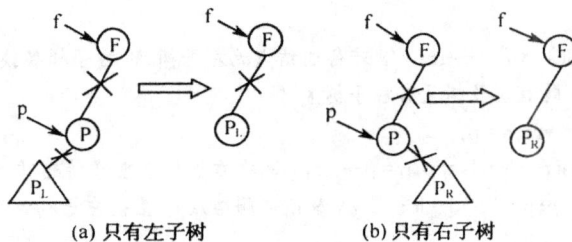

(a) 只有左子树　　　　　　(b) 只有右子树

图 9.7　删除只有左子树或右子树的结点

(3) 若 * p 结点的左子树和右子树均不空,删去 * p 时应考虑将 * p 的左、右子树链接到合适的位置,并保持二叉排序树的特性。先中序遍历 P_L 后得到最后一个结点 * s,其值在 P_L 中为最大,它的右子树为空。然后有两种做法:其一是令 * p 的左子树为 * f 的左子树,而 * p 的右子树为 * s 的右子树;其二是令 * s 的左子树 S_L 为 * s 的双亲的右子树,将 * s 结点取代被删除的 * p 结点。如图 9.8 所示。

删除二叉排序树中结点的算法 9.6:

```
    int DeleteBstNode(BstNode * * t,KeyType kx)
    {   BstNode * p = * t, * q, * s, * * f;
```

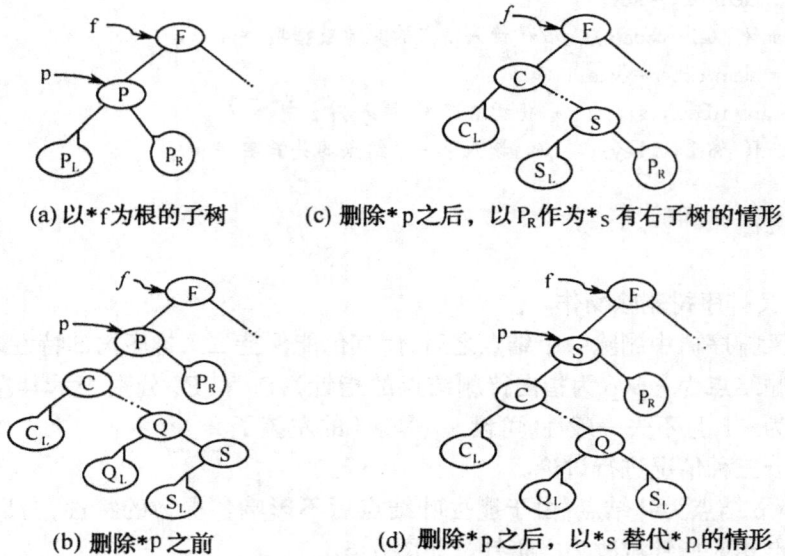

(a) 以*f为根的子树

(c) 删除*p之后,以P_R作为*s有右子树的情形

(b) 删除*p之前

(d) 删除*p之后,以*s 替代*p的情形

图 9.8　删除左、右子树均不空的结点

```
int flag = 0;
if(SearchElem( * t, &p, &q, kx))
│   flag = 1;      /* 查找成功,置删除成功标志 * /
    if(p = = q) f = - t;      /* 待删结点为根结点时 * /
    else   /* 待删结点非根结点时 * /
    │   f = &(p→lc); if(kx > p→ elem. key)   f = &(p→rc);
    │   /* f 指向待删结点的父结点的相应指针域 * /
    if(! q→rc)   * f = q→lc; /* 若待删结点无右子树,以左子树替换待删结点 * /
    else
    │   if(! q→lc) * f = q→rc;  /* 若待删结点无左子树,以右子树替换待删结点 * /
        else   /* 既有左子树又有右子树 * /
        │   p = q→rc; s = p;
            while(p→lc) |s = p; p = p→lc; |  /* 在右子树上搜索待删结点的前驱 p * /
            * f = p; p→lc = q→lc;      /* 替换待删结点 q, 重接左子树 * /
            if(s! = p)
            │   s→lc = p→rc; /* 待删结点的右子女有左子树时,还要重接右子树 * /
                p→rc = q→rc;
            │
        │
    │
│
    free(q);
│
    return flag;
│
```

对给定序列建立二叉排序树,若左右子树均匀分布,则其查找过程类似于有序表的折半查找。但若给定序列原本有序,则建立的二叉排序树就蜕化为单链表,其查找效率同顺序查找一

样。因此,对均匀的二叉排序树进行插入或删除结点后,应对其调整,使其依然保持均匀。

9.3.2　平衡二叉树(AVL 树)

1. 定义

平衡二叉树或者是一棵空树,或者是具有下列性质的二叉排序树:它的左子树和右子树都是平衡二叉树,且左子树和右子树高度之差的绝对值不超过 1。

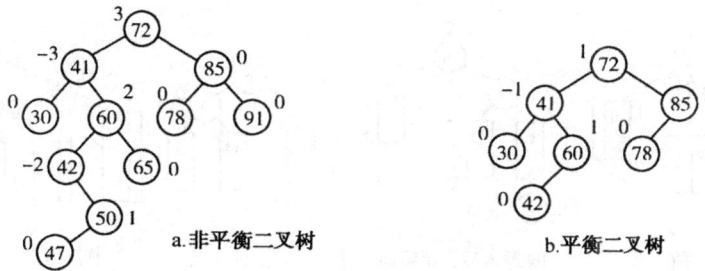

图 9.9　两棵二叉排序树

图 9.9 给出了两棵二叉排序树,每个结点旁边所注数字是以该结点为根的树中,左子树与右子树高度之差,这个数字称为结点的平衡因子。由平衡二叉树定义,所有结点的平衡因子只能取 $-1, 0, 1$ 三个值之一。若二叉排序树中存在这样的结点,其平衡因子的绝对值大于 1,这棵树就不是平衡二叉树。如图 9.9 (a)所示的二叉排序树。

2. 平衡化调整策略

在平衡二叉树上插入或删除结点后,可能使树失去平衡,因此,需要对失去平衡的树进行平衡化调整。设 a 结点为失去平衡的最小子树根结点,对该子树进行平衡化调整归纳起来有以下四种情况:

(1)左单旋转

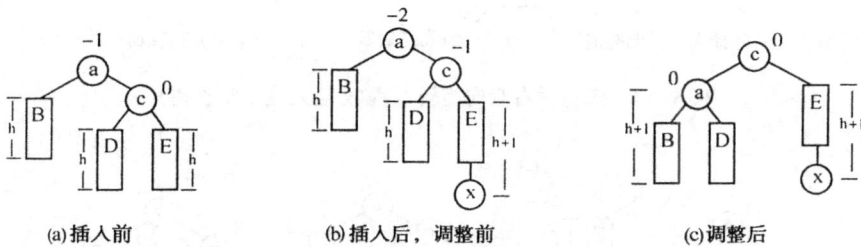

图 9.10　左单旋转调整过程

如图 9.10 的图(a)为插入前的子树。其中,B 为结点 a 的左子树,D、E 分别为结点 c 的左右子树,B、D、E 三棵子树的高均为 h。图(a)所示的子树是平衡二叉树。

在图(a)所示的树上插入结点 x,如图(b)所示。结点 x 插入在结点 c 的右子树 E 上,导致结点 a 的平衡因子绝对值大于 1,以结点 a 为根的子树失去平衡。

调整后的子树除了各结点的平衡因子绝对值不超过 1,还必须是二叉排序树。由于结点 c

的左子树 D 可作为结点 a 的右子树,将结点 a 为根的子树调整为左子树是 B,右子树是 D,再将结点 a 为根的子树调整为结点 c 的左子树,结点 c 为新的根结点,如图(c)。

　　沿插入路径检查三个点 a、c、E,若它们处于"＼"直线上的同一个方向,则要作左单旋转,即以结点 c 为轴逆时针旋转。

　　(2)右单旋转

　　右单旋转与左单旋转类似,沿插入路径检查三个点 a、c、E,若它们处于"／"直线上的同一个方向,则要作右单旋转,即以结点 c 为轴顺时针旋转,如图 9.11 所示。

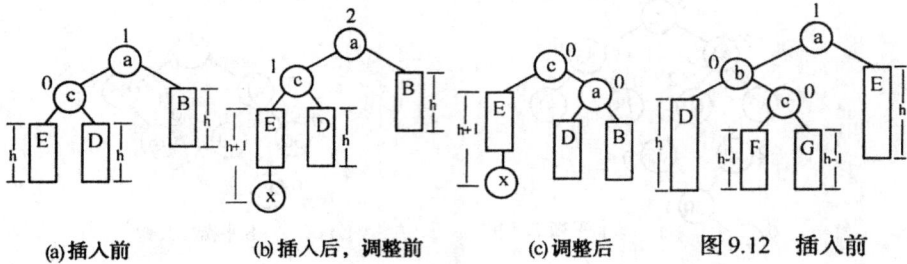

(a)插入前　　　　(b)插入后,调整前　　　　(c)调整后　　　　图 9.12　插入前

图 9.11　右单旋转调整过程

　　(3)先左后右双向旋转

　　如图 9.12 为插入前的子树,根结点 a 的左子树比右子树高度高 1,待插入结点 x 将插入到结点 b 的右子树上,并使结点 b 的右子树高度增 1,从而使结点 a 的平衡因子的绝对值大于 1,导致结点 a 为根的子树平衡被破坏,如图 9.13(a)、9.14(a)所示。

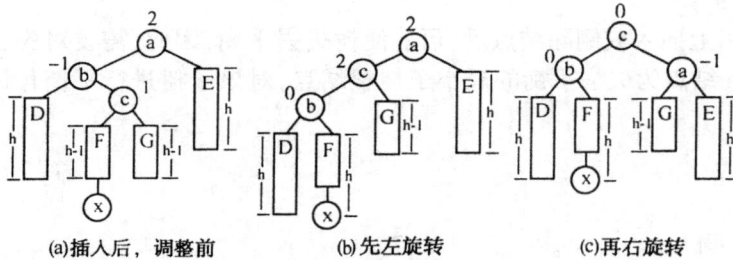

(a)插入后,调整前　　　　(b)先左旋转　　　　(c)再右旋转

图 9.13　先左后右双向旋转过程(x 插入在 c 左子树)

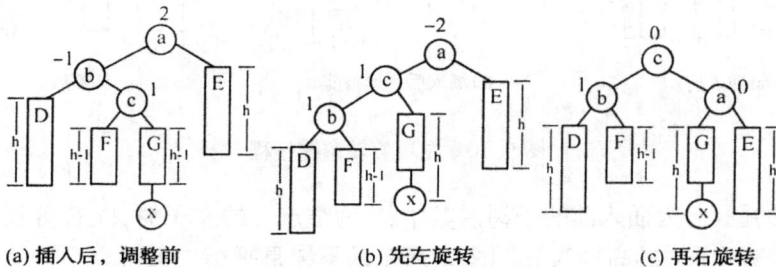

(a)插入后,调整前　　　　(b)先左旋转　　　　(c)再右旋转

图 9.14　先左后右双向旋转过程(x 插入在 c 右子树)

① 首先,对结点 b 为根的子树,以结点 c 为轴,向左逆时针旋转,结点 c 成为该子树的新根,如图 9.13(b)、9.14(b);

② 由于旋转后,待插入结点 x 相当于插入到结点 b 为根的子树上,这样 a、c、b 三点处于"/"直线上的同一个方向,则要作右单旋转,即以结点 c 为轴顺时针旋转,如图 9.13(c)、9.14(c)。

(4)先右后左双向旋转

先右后左双向旋转和先左后右双向旋转对称,请读者自行补充整理。

3. 插入结点算法

在平衡的二叉排序树 T 上插入一个关键字为 kx 的新元素,递归算法可描述如下:

1)若 T 为空树,则插入一个数据元素为 kx 的新结点作为 T 的根结点,树的深度增 1;

2)若 kx 和 T 的根结点关键字相等,则不进行插入;

3)若 kx 小于 T 的根结点关键字,而且在 T 的左子树中不存在与 kx 有相同关键字的结点,则将新元素插入在 T 的左子树上,并且当插入之后的左子树深度增加 1 时,分别就下列情况进行处理:

① T 的根结点平衡因子为 -1(右子树的深度大于左子树的深度),则将根结点的平衡因子更改为 0,T 的深度不变;

② T 的根结点平衡因子为 0(左、右子树的深度相等),则将根结点的平衡因子更改为 1,T 的深度增加 1;

③ T 的根结点平衡因子为 1(左子树的深度大于右子树的深度),则若 T 的左子树根结点的平衡因子为 1,需进行单向右旋平衡处理,并且在右旋处理之后,将根结点和其右子树根结点的平衡因子更改为 0,树的深度不变;

若 T 的左子树根结点平衡因子为 -1,需进行先左后右双向旋转平衡处理,并且在旋转处理之后,修改根结点和其左、右子树根结点的平衡因子,树的深度不变。

4)若 kx 大于 T 的根结点关键字,而且在 T 的右子树中不存在与 kx 有相同关键字的结点,则将新元素插入在 T 的右子树上,并且当插入之后的右子树深度增加 1 时,分别就不同情况处理之。其处理操作和 3) 中所述相对称。

平衡二叉树插入结点算法 9.7:

```
typedef int Boolean;
typedef int KeyType;
typedef int DataType;
typedef   struct  {
        KeyType   key;        /* 关键字字段,可以是整型、字符串型、构造类型等 */
        DataType   other;        /* 其他字段 */
} ElemType;
typedef struct node
{   ElemType   elem;        /* 数据元素类型 */
    int       bf;        /* 平衡因子 */
    struct node   * lc, * rc;        /* 左、右指针 */
} BstNode ;
void   R_Rotate(BstNode * * p)
{ /* 对以 * p 指向的结点为根的子树,作右单旋转处理,处理之后, * p 指向的结点为子树的新根 */
```

```
        BstNode  * lp;
        lp = ( * p)→lc;         /* lp指向 * p左子树根结点 * /
        ( * p)→lc = lp→rc;        /* lp 的右子树挂接 * p 的左子树 * /
        lp→rc = * p; * p = lp;        /*  * p指向新的根结点 * /
}
void  L_ Rotate(BstNode * * p)
{   /* 对以 * p指向的结点为根的子树,作左单旋转处理,处理之后, * p指向的结点为子树的新根 * /
    BstNode  * lp;
    lp = ( * p)→rc;         /* lp指向 * p右子树根结点 * /
    ( * p)→rc = lp→lc;        /* lp 的左子树挂接 * p 的右子树 * /
    lp→lc = * p; * p = lp;        /*  * p指向新的根结点 * /
}
#define  LH  1  /* 左高 * /
#define  EH  0  /* 等高 * /
#define  RH  -1  /* 右高 * /
void  LeftBalance(BstNode * * p)
{   /* 对以 * p指向的结点为根的子树,作左平衡旋转处理,处理之后, * p指向的结点为子树的新根 * /
    BstNode * lp, * rd;
    lp = ( * p)→lc;  /* lp指向 * p左子树根结点 * /
    switch(( * p)→lc→bf)  /* 检查 * p平衡度,并作相应处理 * /
    {case  LH:  /* 新结点插在 * p左子女的左子树上,需作单右旋转处理 * /
         ( * p)→bf = lp→bf = EH;R_ Rotate(p);break;
    case  EH:  /* 原本左、右子树等高,因左子树增高使树增高 * /
         ( * p)→bf = LH;  /* * taller = TRUE; * /break;
    case  RH:   /* 新结点插在 * p左子女的右子树上,需作先左后右双旋处理 * /
        rd = lp→rc;  /* rd指向 * p左子女的右子树根结点 * /
        switch(rd→bf)  /* 修正 * p及其左子女的平衡因子 * /
        { case  LH:( * p)→bf = RH;lp→bf = EH;break;
          case  EH:( * p)→bf = lp→bf = EH;break;
          case  RH:( * p)→bf = EH;lp→bf = LH;break;
        } /* switch(rd→bf) * /
        rd→bf = EH;  L_ Rotate(&(( * p)→lc));  /* 对 * p 的左子树作左旋转处理 * /
        R_ Rotate(p);  /* 对 * t作右旋转处理 * /
    } /* switch(( * p)→bf) * /
} /* LeftBalance * /
int  InsertAVL(BstNode * * t,ElemType e,Boolean * taller)
{   /* 若在平衡的二叉排序树 t 中不存在和 e 有相同关键字的结点,则插入一个数据元素为 e 的新结点,并
    返回1,否则返回0。若因插入而使二叉排序树失去平衡,则作平衡旋转处理,布尔型变量 taller 反映 t 长
    高与否 * /
    if(! ( * t))    /* 插入新结点,树"长高",置 taller 为 TURE * /
    {   * t = (BstNode * )malloc(sizeof(BstNode)); ( * t)→elem = e;
        ( * t)→lc = ( * t)→rc = NULL;( * t)→bf = EH; * taller = TRUE;
    } /* if * /
    else
```

```
    {  if(e.key==(*t)→elem.key)      /* 树中存在和 e 有相同关键字的结点,不插入 * /
       {  taller=FALSE; return 0;}
       if(e.key<(*t)→elem.key)
       {    /* 应继续在 * t 的左子树上进行 * /
            if(! InsertAVL(&((*t)→lc),e,taller))   return 0;   /* 未插入 * /
            if(*taller)    /* 已插入到(*t)的左子树中,且左子树增高 * /
                switch((*t)→bf)    /* 检查 * t 平衡度 * /
                   {case  LH:   /* 原本左子树高,需作左平衡处理 * /
                       LeftBalance(t);   * taller=FALSE; break;
                    case  EH:   /* 原本左、右子树等高,因左子树增高使树增高 * /
                       (*t)→bf=LH;   * taller=TRUE; break;
                    case  RH:   /* 原本右子树高,使左、右子树等高 * /
                       (*t)→bf=EH;   * taller=FALSE; break;
                   }
       } /* if * /
       else   /* 应继续在 * t 的右子树上进行 * /
       {  if(! InsertAVL(&((*t)→rc),e,taller))   return 0;   /* 未插入 * /
          if(*taller)    /* 已插入到(*t)的右子树中,且右子树增高 * /
                switch((*t)→bf)   /* 检查 * t 平衡度 * /
          {case  LH:    /* 原本右子树高,使左、右子树等高 * /
             (*t)→bf=EH;   * taller=FALSE; break;
           case  EH:    /* 原本左、右子树等高,因右子树增高使树增高 * /
             (*t)→bf=RH;   * taller=TRUE; break;
           case  RH:  /* 原本右子树高,需作右平衡处理 * /
             RightBalance(t);   * taller=FALSE; break;
          }
       } /* else * /
    } /* else * /
    return 1;
} /* InsertAVL * /
```

4. 平衡树的查找分析

在平衡树上进行查找的过程和二叉排序树相同。因此,在查找过程中和给定值进行比较的关键字个数不超过树的深度。

9.4 散列表的查找

以上讨论的查找方法,由于数据元素的存储位置与关键字之间不存在确定的关系,因此,查找时,需要进行一系列对关键字的查找比较,即"查找算法"是建立在比较的基础上的,查找效率由比较一次缩小的查找范围决定。理想的情况是依据关键字直接得到其对应的数据元素位置,即要求关键字与数据元素间存在一一对应关系,通过这个关系,能很快地由关键字得到对应的数据元素位置。

9.4.1　散列表与散列方法

散列(Hashing)是一种重要的存储方法,也是一种常见的查找方法。它的基本思想是:以元素的关键字 key 为自变量,通过一个确定的函数关系 f,计算出对应的函数值 f(key),把这个值解释为元素的存储地址,并按此存放;查找时,由同一个函数对给定值 kx 计算地址,将 kx 与地址单元中元素关键字进行比较,确定查找是否成功。因此,散列法(哈希法)又称为关键字－地址转换法。散列方法中使用的转换函数称为散列函数(哈希函数),按这个思想构造的表称为散列表(哈希表)。

【例 3】 11 个元素的关键字分别为 18,27,1,20,22,6,10,13,41,15,25。选取关键字与元素位置间的函数为

$$f(key) = key \mod 11$$

通过这个函数对 11 个元素建立查找表如下:

0	1	2	3	4	5	6	7	8	9	10
22	1	13	25	15	27	6	18	41	20	10

查找时,对给定值 kx 依然通过这个函数计算出地址,再将 kx 与该地址单元中元素的关键字比较,若相等,则查找成功。

对于 n 个数据元素的集合,总能找到关键字与存放地址一一对应的函数。若最大关键字为 m,可以分配 m 个数据元素存放单元,选取函数 f(key) = key 即可,但这样会造成存储空间的很大浪费,甚至不可能分配这么大的存储空间。一般情况下,设散列表空间大小为 m,填入表中的元素数是 n,则称 $\alpha = n / m$ 为散列表的装填因子。实用时,常取 $\alpha = 0.65 \sim 0.9$ 为宜。

经过散列函数变换后,可能将不同的关键字映射到同一个散列地址上,这种现象称为冲突(Collision),映射到同一散列地址上的关键字称为同义词。通常关键字的取值集合远远大于表空间的地址集,可以说,冲突不可能避免,只能尽可能减少。所以,散列方法需要解决以下两个问题:

(1)构造好的散列函数;

(2)制定解决冲突的方案。

9.4.2　散列函数的构造方法

一个好的散列函数应满足下列条件:

(1)尽可能简单,以便提高转换速度;

(2)是均匀的。即对于关键字集合中的任何一个关键字,经散列函数映象到地址集合中任何一个地址的概率是相等的。

常用的构造数列函数的方法有:

1. 直接定址法

$$H(key) = a \cdot key + b \ (a、b \ 为常数)$$

即取关键字的某个线性函数值为散列地址,这类函数是一一对应函数,不会产生冲突,但要求地址集合与关键字集合大小相同,因此,对于较大的关键字集合不适用。

【例 4】 关键字集合为{100,300,500,700,800,900},选取散列函数为

H(key)＝key/100,则存放如下：

0	1	2	3	4	5	6	7	8	9
	100		300		500		700	800	900

2. 除留余数法

$$H(key)＝key \quad mod \quad p \qquad (p\text{是一个整数})$$

即取关键字除以 p 的余数作为散列地址。使用除留余数法,选取合适的 p 很重要,若散列表表长为 m,则要求 p≤m,且接近 m 或等于 m。一般选取 p 为小于或等于散列表表长 m 的某个最大素数比较好。

例如：

　　m＝ 8,16,32,64,128,256,512,1024

　　p＝ 7,13,31,61,127,251,503,1019

3. 数字分析法

设关键字集合中,每个关键字均由 m 位组成,每位上可能有 r 种不同的符号。

【例5】　若关键字是 4 位十进制数,则每位上可能有十个不同的数符 0～9,所以 r＝10。

【例6】　若关键字是仅由英文字母组成的字符串,不考虑大小写,则每位上可能有 26 种不同的字母,所以 r＝26。

数字分析法根据 r 种不同的符号,在各位上的分布情况,选取某几位,组合成散列地址。所选的位应是各种符号在该位上出现的频率大致相同。

【例7】　有一组关键字如下：

3 4 7 0 5 2 4	第 1、2 位均是"3 和 4",第 3 位也只有" 7、8、9",因此,这几
3 4 9 1 4 8 7	位不能用,余下四位分布较均匀,可作为散列地址选用。若
3 4 8 2 6 9 6	散列地址是两位,则可取这四位中的任意两位组合成散列
3 4 8 5 2 7 0	地址,也可以取其中两位与其他两位叠加求和后,取低两位
3 4 8 6 3 0 5	作散列地址。
3 4 9 8 0 5 8	
3 4 7 9 6 7 1	
3 4 7 3 9 1 9	
① ② ③ ④ ⑤ ⑥ ⑦	

4. 平方取中法

对关键字平方后,按散列表大小,取中间的若干位作为散列地址。

5. 折叠法(Folding)

此方法将关键字自左到右分成位数相等的几部分,最后一部分位数可以短些,然后将这几部分叠加求和,并按散列表表长,取后几位作为散列地址。

有两种叠加方法：

(1) 移位叠加法 —— 将各部分的最后一位对齐相加。

(2) 间界叠加法 —— 从一端向另一端沿各部分分界来回折叠后,最后一位对齐相加。

【例8】　关键字为 key＝25346358705,设散列表长为 1000,则可将此关键字分成三位一段。两种叠加法结果如下：

移位叠加	间界叠加
253	253
463	364
587	587
+　05	+　50
1308	1254
Hash(key)=308	Hash(key)=254

对于位数很多的关键字,且每一位上符号分布较均匀时,可采用此方法求得散列地址。

9.4.3　处理冲突的方法

常用的处理冲突的方法有下列几种:

1. 开放定址法

所谓开放定址法,即是由关键字得到的散列地址一旦产生了冲突,也就是说,该地址已经存放了数据元素,就去寻找下一个空的散列地址,只要散列表足够大,空的散列地址总能找到,并将数据元素存入。

找空散列地址方法很多,下面介绍二种:

(1)线性探测法

$$H_i = (H(key) + d_i) \bmod m \quad (1 \leqslant i < m)$$

其中:

$H(key)$为散列函数

m为散列表长度

d_i为增量序列 $1,2,\cdots,m-1$,且 $d_i = i$

【例9】 关键字集为 $\{47,7,29,11,16,92,22,8,3\}$,散列表表长为 11,

$H(key) = key \bmod 11$,用线性探测法处理冲突,建表如下:

0	1	2	3	4	5	6	7	8	9	10
11	22		47	92	16	3	7	29	8	

47、7、11、16、92 均是由散列函数得到的没有冲突的散列地址而直接存入的;

$H(29) = 7$,散列地址上冲突,需寻找下一个空的散列地址:

由 $H_1 = (H(29) + 1) \bmod 11 = 8$,散列地址 8 为空,将 29 存入。另外,22、8 同样在散列地址上有冲突,也是由 H_1 找到空的散列地址的;

而 $H(3) = 3$,散列地址上冲突,由

$H_1 = (H(3) + 1) \bmod 11 = 4$　　　仍然冲突;

$H_2 = (H(3) + 2) \bmod 11 = 5$　　　仍然冲突;

$H_3 = (H(3) + 3) \bmod 11 = 6$　　　找到空的散列地址,存入。

线性探测法可能使第 i 个散列地址的同义词存入第 $i+1$ 个散列地址,这样本应存入第 $i+1$ 个散列地址的元素变成了第 $i+2$ 个散列地址的同义词,……,因此,可能出现很多元素在相邻的散列地址上"堆积"起来,大大降低了查找效率。为此,可采用二次探测法,或双散列函数

探测法,以改善"堆积"问题。

(2)二次探测法

$$H_i = (H(key) + di) \bmod m$$

其中：

H(key)为散列函数；

m 为散列表长度,只有当 m 是某个 4k+3 的素数(k 是整数)时,才能探查到整个表空间；

d_i 为增量序列 $1^2, -1^2, 2^2, -2^2, \cdots\cdots, q^2, -q^2$ 且 $q \leqslant \frac{1}{2}(m-1)$

仍以上例用二次探测法处理冲突,建表如下：

0	1	2	3	4	5	6	7	8	9	10
11	22	3	47	92	16		7	29	8	

对关键字寻找空的散列地址只有 3 这个关键字与上例不同,

H(3)=3,散列地址上冲突,由

$H_1 = (H(3) + 1^2) \bmod 11 = 4$ 仍然冲突；

$H_2 = (H(3) - 1^2) \bmod 11 = 2$ 找到空的散列地址,存入。

2. 拉链法

拉链法解决冲突的做法是,将所有关键字为同义词的结点链接在同一个单链表中。

设散列函数得到的散列地址域在区间 $[0, m-1]$ 上,以每个散列地址作为一个指针,指向一个链,即分配指针数组

ElemType * eptr[m];

建立 m 个空链表,由散列函数对关键字转换后,映射到同一散列地址 i 的同义词均加入到 * eptr[i]指向的链表中。

【例 10】 关键字序列为 47, 7, 29, 11, 16, 92, 22, 8, 3, 50, 37, 89, 94, 21,散列函数为

H(key) = key mod 11

用拉链法处理冲突,建表如图 9.15。

3. 建立一个公共溢出区

设散列函数产生的散列地址集为 $[0, m-1]$,则分配两个表：

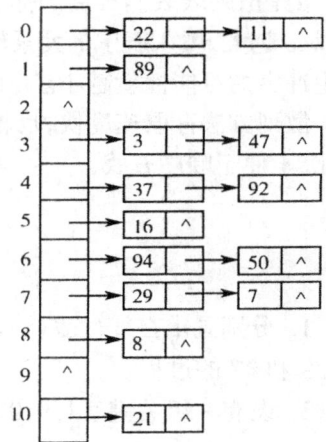

图 9.15 拉链法处理冲突时的散列表
(向链表中插入元素均在表头进行)

一个基本表 ElemType base_tbl[m]:每个单元只能存放一个元素；

一个溢出表 ElemType over_tbl[k]:只要关键字对应的散列地址在基本表上产生冲突,则所有这样的元素一律存入该表中。查找时,对给定值 kx 通过散列函数计算出散列地址 i,先与基本表的 base_tbl[i]单元比较,若相等,查找成功；否则,再到溢出表中进行查找。

9.4.4 散列表的查找分析

散列表的查找过程基本上和造表过程相同。一些关键字可通过散列函数转换的地址直接找到,另一些关键字在散列函数得到的地址上产生了冲突,需要按处理冲突的方法进行查找。

在介绍的三种处理冲突的方法中,产生冲突后的查找仍然是给定值与关键字进行比较的过程。所以,对散列表查找效率的量度,依然用平均查找长度来衡量。

查找过程中,关键字的比较次数,取决于产生冲突的多少,产生的冲突少,查找效率就高,产生的冲突多,查找效率就低。因此,影响产生冲突多少的因素,也就是影响查找效率的因素。影响产生冲突多少有以下三个因素:

1)散列函数是否均匀;

2)处理冲突的方法;

3)散列表的装填因子。

分析这三个因素,尽管散列函数的"好坏"直接影响冲突产生的频度,但一般情况下,我们总认为所选的散列函数是"均匀的",因此,可不考虑散列函数对平均查找长度的影响。就线性探测法和二次探测法处理冲突的例子看,相同的关键字集合,同样的散列函数,但在数据元素查找等概率情况下,它们的平均查找长度却不同:

线性探测法的平均查找长度 $ASL = (5 \times 1 + 3 \times 2 + 1 \times 4)/9 = 5/3$

二次探测法的平均查找长度 $ASL = (5 \times 1 + 3 \times 2 + 1 \times 2)/9 = 13/9$

散列表的装填因子定义为:

$$\alpha = \frac{填入表中的元素个数}{散列表的长度}$$

α 是散列表装满程度的标志因子。由于表长是定值,α 与"填入表中的元素个数"成正比,所以,α 越大,填入表中的元素较多,产生冲突的可能性就越大;α 越小,填入表中的元素较少,产生冲突的可能性就越小。

散列方法存取速度快,也较节省空间,静态查找、动态查找均适用,但由于存取是随机的,因此,不便于顺序查找。

习 题

1. 分别画出在线性表(5,10,15,20,25,30,35,40)中进行折半查找,查找关键字等于 10,30,39 和 47 的过程。

2. 设有一组关键字{19,01,23,14,55,20,84,27,68,11,10,77},采用散列函数:

$$H(key) = key \ MOD \ 13$$

分别用开放定址法的线性探测法和二次探测法来解决冲突,试在 0 - 12 的散列地址空间中对该关键字序列构造哈希表。

3. 已知一棵二叉排序树,其结构如图所示,画出依次删除关键字为 $a_1 = 13$,$a_2 = 12$,$a_3 = 4$,$a_4 = 8$ 的各个结点后,该二叉排序树的结构。

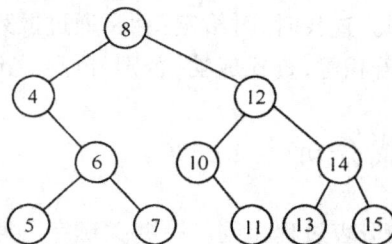

(题 3 图)

4. 对给定的数列 R = {7,16,4,8,20,9,6,18,5},构造一棵二叉排序树,并且:
  (1) 给出按中序遍历得到的数列 R1;
  (2) 给出按后序遍历得到的数列 R2。

第 10 章

排　序

排序(Sorting)是计算机程序设计中的一种重要操作,其功能是对一个数据元素(或记录)集合或序列重新排列成一个按关键字有序的序列。

为了便于查找,通常希望计算机中的数据表是按关键字有序的。如有序表的折半查找,查找效率较高。还有,二叉排序树的构造过程本身就是一个排序过程。因此,学习和研究各种排序方法是计算机工作者的重要课题之一。

10.1　基本概念

为了便于讨论,在此首先要对排序下一个确切的定义:

假设含 n 个记录的序列为

$$\{R_1, R_2, \cdots, R_n\} \tag{1}$$

其相应的关键字序列为

$$\{K_1, K_2, \cdots, K_n\}$$

需确定 1, 2, …, n 的一种排列 $p_1, p_2, \cdots, p_n$,使其相应的关键字满足如下的非递减(或非递增)关系

$$K_{p_1} \leqslant K_{p_2} \leqslant \cdots \leqslant K_{p_n} (\text{或 } K_{p_1} \geqslant K_{p_2} \geqslant \cdots \geqslant K_{p_n}) \tag{2}$$

即使式(1)的序列成为一个按关键字有序的序列

$$\{R_{p_1}, R_{p_2}, \cdots, R_{p_n}\} \tag{3}$$

这样一种操作称为排序。

若关键字是主关键字,则对于任意待排序序列,经排序后得到的结果是唯一的;若关键字是次关键字,排序结果可能不唯一,这是因为待排序的记录序列中可能存在两个或两个以上具有相同关键字值的记录。假设 $K_i = K_j (1 \leqslant i \leqslant n, 1 \leqslant j \leqslant n, i \neq j)$,且在排序前的序列中 R_i 领先于 R_j,(即 i<j)。若能保证在排序后的序列中 R_i 仍领先于 R_j,则称此排序方法是稳定的;反之,若可能使排序后的序列中 R_j 领先于 R_i,则称此排序方法是不稳定的。

排序分为两类:内排序和外排序。

内排序:指待排序列完全存放在内存中所进行的排序过程。适合不太大的元素序列。

外排序:指排序过程中还需访问外存储器。非常大的元素序列,因不能完全放入内存,只

能使用外排序。如大的数据库记录的排序一般需要外排序,但内排序方法是外排序方法的基础。

本章只讨论内排序。内排序的方法很多,按所用的准则不同,排序方法可分为五大类:插入排序、交换排序、选择排序、归并排序和基数排序。本教材只讨论前四类。

10.2 插入排序

10.2.1 直接插入排序

1. 基本原理

设有 n 个记录,存放在数组 r 中,重新安排记录在数组中的存放顺序,使得按关键字有序。即

$$r[1].key \leqslant r[2].key \leqslant \cdots\cdots \leqslant r[n].key$$

先来看看向有序表中插入一个记录的方法:

设 $1<j\leqslant n$, $r[1].key \leqslant r[2].key \leqslant \cdots\cdots \leqslant r[j-1].key$,将 $r[j]$ 插入,重新安排存放顺序,使得 $r[1].key \leqslant r[2].key \leqslant \cdots\cdots \leqslant r[j].key$,得到新的有序表,记录数增 1。具体步骤如下:

① $r[0]=r[j]$;　　　//r[j]送 r[0]中,使 r[j]为待插入记录空位

　　$i=j-1$;　　//从第 i 个记录向前测试插入位置,用 r[0]为辅助单元,可免去测试 i<1

② 若 $r[0].key \geqslant r[i].key$,转④。　　//插入位置确定

③ 若 $r[0].key < r[i].key$ 时,

　　$r[i+1]=r[i]$; $i=i-1$;转②。　　　　//调整待插入位置

④ $r[i+1]=r[0]$;结束。　　//存放待插入记录

【例 1】　向关键字为 $[2,10,18,25]$ 的有序表中插入一个关键字为 9 的记录。

```
                r[1]  r[2]  r[3]  r[4]  r[5]    存储单元
                 2    10    18    25     9     将 r[5]插入四个记录的有序表中,j=5
r[0]=r[j];i=j-1;                            初始化,设置待插入位置
                 2    10    18    25     □    r[i+1]为待插入位置
i=4,r[0] < r[i],r[i+1]=r[i];i--;           调整待插入位置
                 2    10    18    □     25    
i=3,r[0] < r[i],r[i+1]=r[i];i--;           调整待插入位置
                 2    10    □     18    25    
i=2,r[0] < r[i],r[i+1]=r[i];i--;           调整待插入位置
                 2    □     10    18    25    
i=1,r[0] ≥r[i],r[i+1]=r[0];                插入位置确定,向空位填入插入记录
                 2     9    10    18    25    向有序表中插入一个记录的过程结束
```

直接插入排序方法:仅有一个记录的表总是有序的,因此,对 n 个记录的表,可从第二个记录开始直到第 n 个记录,逐个向有序表中进行插入操作,从而得到 n 个记录按关键字有序的表。

2. 算法实现

静态查找表基于数组的顺序存储结构如下:

```
typedef    struct{
    ElemType    * r;           /* 数组基址 */
    int         length;        /* 表长度 */
}S_TBL;
```

其中:

```
typedef    struct{
    KeyType    key;    /* 关键字字段,可以是整型、字符串型、构造类型等 */
    ……            /* 其他字段 */
} ElemType;
```

直接插入排序算法 10.1:

```
void    InsertSort(S_TBL * p)
{   int i,j;
    for(i=2;i<=p→length;i++)   /* p→length 即为表长度 n */
        if(p→r[i].key < p→r[i-1].key)   /* 小于时,需将 r[i]插入有序表 */
        {   p→r[0]=p→r[i];   /* 为统一算法设置监测 */
            for(j=i-1;p→r[0].key < p→r[j].key;j--)
                p→r[j+1]=p→r[j];   /* 记录后移 */
            p→r[j+1]=p→r[0];   /* 插入到正确位置 */
        }
}
```

算法采用的是查找比较操作和记录移动操作交替进行的方法。具体做法是将待插入记录 R[i]的关键字依次与有序区中记录 R[j](j=i-1, i-2, … 1)的关键字进行比较,若 R[j] 的关键字大于 R[i]的关键字,则将 R[j]后移一个位置;若 R[j] 的关键字小于或等于 R[i]的关键字,则查找过程结束,j+1 即为 R[i]的插入位置。因为关键字比 R[i]大的记录均已后移,故只要将 R[i]插入该位置即可。

算法中借助了一个附加记录 R[0],其作用有两个:①进入查找循环之前,它保存了 R[i]的副本,使得不致于因记录的后移而丢失 R[i]中的内容;②在 for 循环中"监视"下标变量 j 是否越界。因此,我们将 R[0]称为"监视哨",这使得测试循环条件的时间减少一半。

根据上述算法,我们用一例子来说明直接插入排序的过程。设待排序的文件有 8 个记录,其关键字分别为[47,33,61,82,72,11,25,48],直接插入排序过程如图 10.1 所示,图中用方括号表示当前的有序区,圆括号内是"监视哨"的值。

初始关键字: [47], 33, 61, 82, 72, 11, 25, 48

i=2（33） [33, 47], 61, 82, 72, 11, 25, 48

i=3（61） [33, 47, 61], 82, 72, 11, 25, 48

i=4（82） [33, 47, 61, 82], 72, 11, 25, 48

i=5（72） [33, 47, 61, 72, 82], 11, 25, 48

i=6（11） [11, 33, 47, 61, 72, 82], 25, 48

i=7（25） [11, 25, 33, 47, 61, 72, 82], 48

i=8（48） [11, 25, 33, 47, 48, 61, 72, 82],

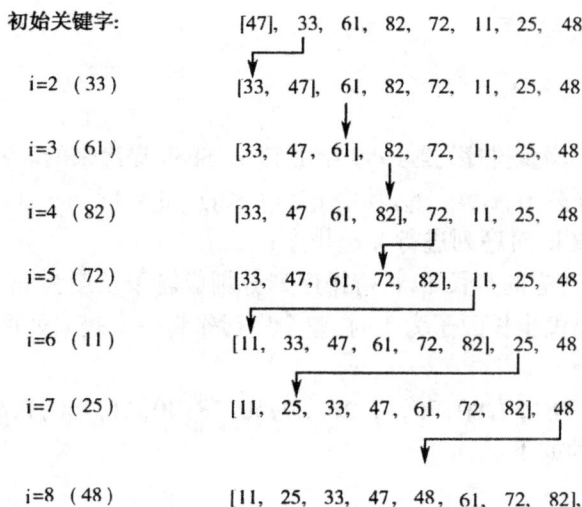

图 10.1 直接插入排序示例

3. 效率分析

空间效率：仅用了一个辅助单元。

时间效率：向有序表中逐个插入记录的操作，进行了 n−1 趟，每趟操作分为比较关键字和移动记录，而比较的次数和移动记录的次数取决于待排序列按关键字的初始排列。

最好情况下：即待排序列已按关键字有序，每趟操作只需 1 次比较和 2 次移动（p→r[0].key = p→r[i].key；和 p→r[j+1].key = p→r[0].key；）。

　　　总比较次数 = n−1 次
　　　总移动次数 = 2(n−1)次

最坏情况下：即第 j 趟操作，插入记录需要同前面的 j 个记录进行 j 次关键字比较，移动记录的次数为 j+2 次。

$$总比较次数 = \sum_{j=1}^{n-1} j = \frac{1}{2}n(n-1)$$

$$总移动次数 = \sum_{j=1}^{n-1}(j+2) = \frac{1}{2}(n-1)(n+4)$$

平均情况下：即第 j 趟操作，插入记录大约同前面的 j/2 个记录进行关键码比较，移动记录的次数为 j/2+2 次。

$$总比较次数 = \sum_{j=1}^{n-1} \frac{j}{2} = \frac{1}{4}n(n-1) \approx \frac{1}{4}n^2$$

$$总移动次数 = \sum_{j=1}^{n-1}\left(\frac{j}{2}+2\right) = \frac{1}{4}n(n-1) + 2(n-1) \approx \frac{1}{4}n^2$$

由此，直接插入排序的时间复杂度为 $O(n^2)$。但在待排序序列基本有序的情况下，复杂度可以大大降低。这是本方法的重要优点。下一节的希尔排序方法就是利用这个优点改进的方法。

从排序过程不难看出，它是一个稳定的排序方法。

10.2.2　希尔排序

1. 基本原理

希尔排序又称缩小增量排序,是 1959 年由 D. L. Shell 提出来的。它的做法是:

1)选择一个步长序列 $t_1, t_2, \cdots, t_k$,其中 $t_i > t_j (i < j)$, $t_k = 1$;

2)按步长序列个数 k,对序列进行 k 趟排序;

3)每趟排序,根据对应的步长 t_i,将待排序列分割成若干长度为 m 的子序列,分别对各子表进行直接插入排序。仅步长因子为 1 时,整个序列作为一个表来处理,表长度即为整个序列的长度。

【例 2】　待排序列为 $[39, 80, 76, 41, 13, 29, 50, 78, 30, 11, 100, 7, \underline{41}, 86]$,步长因子 P 分别取 5、3、1,则排序过程如下:

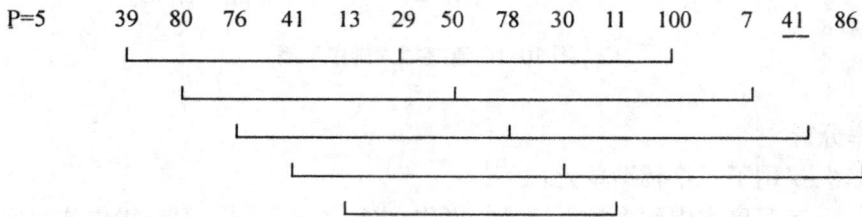

```
P=5    39  80  76  41  13  29  50  78  30  11  100  7  41  86
```

步长为 5 的子序列分别为 $\{39, 29, 100\}$、$\{80, 50, 7\}$、$\{76, 78, 41\}$、$\{41, 30, 86\}$、$\{13, 11\}$。
第一趟排序结果:$[29, 7, \underline{41}, 30, 11, 39, 50, 76, 41, 13, 100, 80, 78, 86]$;

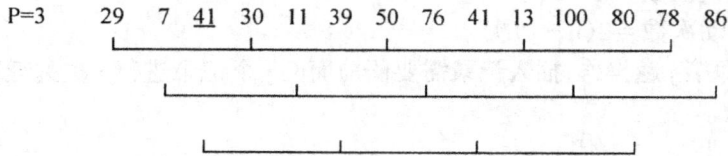

```
P=3    29  7  41  30  11  39  50  76  41  13  100  80  78  86
```

步长为 3 的子序列分别为 $\{29, 30, 50, 13, 78\}$、$\{7, 11, 76, 100, 86\}$、$\{\underline{41}, 39, 41, 80\}$。
第二趟排序结果:$[13, 7, 39, 29, 11, 41, 30, 76, 41, 50, 86, 80, 78, 100]$;

```
P=1    13  7  39  29  11  41  30  76  41  50  86  80  78  100]
```

此时,序列"基本有序",对其进行直接插入排序,得到最终结果:

$$[7, 11, 13, 29, 30, 39, \underline{41}, 41, 50, 76, 78, 80, 86, 100]。$$

2. 算法实现

希尔排序算法 10.2:

```
void    ShellInsert(S_TBL * p, int dk)
{    /* 一趟增量为 dk 的插入排序,dk 为步长因子 */
    int i, j;
    for(i = dk + 1; i < = p→length; i + + )
        if(p→r[i]. key < p→r[i − dk]. key)    /* 小于时,需 r[i]将插入有序表 */
        {    p→r[0] = p→r[i];          /* 为统一算法设置监测 */
```

```
        for(j = i - dk;j>0&&p→r[0]. key < p→r[j]. key;j = j - dk)
            p→r[j + dk] = p→r[j];          /* 记录后移 */
            p→r[j + dk] = p→r[0];          /* 插入到正确位置 */
        }
}
void    ShellSort(S_TBL * p,int dlta[],int t)
{    /* 按增量序列 dlta[0,1…,t-1]对顺序表 * p 作希尔排序 */
    int k;
    for(k = 0;k<t;k + + )
        ShellInsert(p,dlta[k]);   /* 一趟增量为 dlta[k]的插入排序 */
}
```

3. 效率分析

希尔排序时效分析很难,关键字的比较次数与记录移动次数依赖于步长因子序列的选取,特定情况下可以准确估算出关键字的比较次数和记录的移动次数。目前还没有人给出选取最好的步长因子序列的方法。步长因子序列可以有各种取法,有取奇数的,也有取质数的,但需要注意:步长因子中除 1 外没有公因子,且最后一个步长因子必须为 1。

希尔排序方法是一个不稳定的排序方法。因为在例 2 中,排序前 41 领先于 <u>41</u>,而排序后是 <u>41</u> 领先于 41 了。

10.3　交换排序

交换排序主要是通过两两比较待排记录的关键字,若发现两个记录的次序相反时即进行交换,直到没有反序的记录为止。本节介绍两种交换排序:冒泡排序和快速排序。

10.3.1　冒泡排序

1. 基本原理

设想被排序的记录数组 R[1..n]垂直竖立,将每个记录 R[i]看作是重量为 R[i]. key 的气泡。根据轻气泡不能在重气泡之下的原则,从下往上扫描数组 R,凡扫描到违反本原则的轻气泡,就使其向上"漂浮",如此反复进行,直至最后任何两个气泡都是轻者在上,重者在下为止。

初始时 R[1..n]为无序区,第一趟扫描从该区底部向上依次比较相邻两个气泡的重量,若发现轻者在下,重者在上,则交换两者的位置。本趟扫描完毕时,"最轻"的气泡就漂浮到了顶部,即关键字最小的记录被放在最高位置 R[1]上。第二趟扫描时,只需扫描 R[2..n],扫描完毕时,"次轻"的气泡漂浮到 R[2]的位置上。一般地,第 i 趟扫描时,R[1..i-1]和 R[i..n]分别为当前的有序区和无序区,扫描仍是从无序区底部向上直至该区顶部,扫描完毕时,该区中最轻气泡漂浮到顶部位置 R[i]上,结果是 R[1..i]变为新的有序区。

【**例 3**】　图 10.2 是冒泡排序过程的示例,第一列为初始关键字[49,38,65,97,76,13,27,50],第二列起依次为各趟排序(即各趟扫描)的结果,图中两条横线之间是待排序的无序区。

序号	初始关键字	第一趟扫描	第二趟扫描	第三趟扫描	第四趟扫描	第五趟扫描	第六趟扫描	第七趟扫描
8	49	13	13	13	13	13	13	13
7	38	49	27	27	27	27	27	27
6	65	38	49	38	38	38	38	38
5	97	65	38	49	49	49	49	49
4	76	97	65	50	50	50	50	50
3	13	76	97	65	65	65	65	65
2	27	27	76	97	76	76	76	76
1	50	50	50	76	97	97	97	97

图 10.2　冒泡排序实例

　　从上述排序过程中可看到:对任一组记录进行冒泡排序时,至多要进行 n−1 趟排序过程。但是,若在某一趟排序中没有记录需要交换,则说明待排序记录已按关键字有序,因此,冒泡排序过程便可提前终止。例如在图 10.2 中,第五趟排序过程中已经没有记录需要交换,说明此时整个文件已经达到有序状态。为此,在下面给出的算法中,我们引入一个布尔量 noswap,在每趟排序之前,先将它置为 TRUE,在排序过程中有交换发生时改为 FALSE。在一趟排序结束时,我们再检查 noswap,若未曾交换过算法便终止算法。

　　2.算法实现

冒泡排序算法 10.3:

```
void BubbleSort(S_TBL * p)
{   int i,j,n,noswap=0;
    ElemType swap;
    n = p→length;
    for(i=1;i<=n−1&&! noswap;i++)
    {   noswap = TRUE;
        for(j=n−1;j>=i;j−−)
            if(p→r[j]. key > p→r[j+1]. key)
            {   swap = p→r[j];
                p→r[j] = p→r[j+1];
                p→r[j+1] = swap;
                noswap = FALSE;
            }
    }
}
```

　　3.效率分析

　　时间效率:总共要进行 n−1 趟冒泡,对 j 个记录的表进行一趟冒泡需要 j−1 次关键字比较。

　　总比较次数:$\sum_{j=2}^{n}(j-1) = \frac{1}{2}n(n-1)$

　　移动次数:

最好情况下,待排序列已有序,不需移动;

最坏情况下,每次比较后均要进行三次移动(数据交换),移动次数 $= \sum_{j=2}^{n} 3(j-1) = \frac{3}{2}n(n-1)$ 因此,冒泡排序的最坏时间复杂度为 $O(n^2)$,排序的平均时间复杂度也是 $O(n^2)$。显然,冒泡排序是就地排序,它是稳定的。

10.3.2 快速排序

1. 基本原理

快速排序是通过比较关键字、交换记录,以某个记录为界(该记录称为支点),将待排序列分成两部分。其中,一部分所有记录的关键字大于等于支点记录的关键字,另一部分所有记录的关键字小于支点记录的关键字。我们将待排序列按关键字以支点记录分成两部分的过程,称为一次划分。对各部分不断划分,直到整个序列按关键字有序。

这种方法的每一次划分都把要排序表(或子表)的第一个元素放到它在表中的最终位置(即该元素的位置不需要再进行交换)。同时在这个元素的前面和后面各形成一个子表,在前子表中的所有元素的关键字都比该元素的关键字小,而在后子表中的都比它大。此后再对每个子表做同样步骤的操作,直到最后每个子表都只有一个元素,排序完成。

一次划分方法:

设 $1 \leqslant p < q \leqslant n, r[p], r[p+1], \cdots, r[q]$ 为待排序列

① low = p; high = q; /设置两个搜索指针,low 是向后搜索指针,high 是向前搜索指针

　r[0] = r[low]; /取第一个记录为支点记录,low 位置暂设为支点空位

② 若 low = high,支点空位确定,即为 low。

　r[low] = r[0]; /填入支点记录,一次划分结束

　否则,low < high,搜索需要交换的记录,并交换之

③ 若 low < high 且 r[high].key $\geqslant$ r[0].key /从 high 所指位置向前搜索,至多到 low+1 位置

　high = high−1;转③ /寻找 r[high].key < r[0].key

　r[low] = r[high]; /找到 r[high].key < r[0].key,设置 high 为新支点位置,
　　　　　　　　　　　　//小于支点记录关键字的记录前移。

④ 若 low < high 且 r[low].key < r[0].key /从 low 所指位置向后搜索,至多到 high−1 位置

　low = low+1;转④ /寻找 r[low].key $\geqslant$ r[0].key

　r[high] = r[low]; /找到 r[low].key $\geqslant$ r[0].key,设置 low 为新支点位置,
　　　　　　　　　　　　//大于等于支点记录关键字的记录后移。

　转② /继续寻找支点空位

【例 4】 一趟快速排序过程示例

r[1] r[2] r[3] r[4] r[5] r[6] r[7] r[8] r[9] r[10] 存储单元

49　14　38　74　96　65　8　49　55　27　记录中关键码

low = 1; high = 10; 设置两个搜索指针

r[0] = r[low]; 支点记录送辅助单元

□　14　38　74　96　65　8　49　55　27

↑ low　　　　　　　　　　　　　　　　　　↑ high

第一次搜索交换

　　从 high 向前搜索小于 r[0].key 的记录,得到结果:

27	14	38	74	96	65	8	<u>49</u>	55	□

　　　↑　　　　　　　　　　　　　　　　　　　　↑

　　low　　　　　　　　　　　　　　　　　　high

　　从 low 向后搜索大于 r[0].key 的记录,得到结果:

27	14	38	□	96	65	8	<u>49</u>	55	74

　　　　　　　↑　　　　　　　　　　　　　　↑

　　　　　low　　　　　　　　　　　　high

第二次搜索交换

　　从 high 向前搜索小于 r[0].key 的记录,得到结果:

27	14	38	8	96	65	□	<u>49</u>	55	74

　　　　　↑　　　　　　　　　　　　↑

　　　　low　　　　　　　　　　high

　　从 low 向后搜索大于 r[0].key 的记录,得到结果:

27	14	38	8	□	65	96	<u>49</u>	55	74

　　　　　　　↑　　　　↑

　　　　　low　　　high

第三次搜索交换

　　从 high 向前搜索小于 r[0].key 的记录,得到结果:

27	14	38	8	□	65	96	<u>49</u>	55	74

　　　　　　↑↑

　　　　low　high

　　从 low 向后搜索大于 r[0].key 的记录,得到结果:

27	14	38	8	□	65	96	<u>49</u>	55	74

　　　　　　↑↑

　　　　low　high

low=high,划分结束,填入支点记录:

27	14	38	8	49	65	96	<u>49</u>	55	74

2. 算法实现

快速排序算法 10.4:

```
void   QSort(S_TBL * tbl,int low,int high)   /* 递归形式的快速排序 * /
{   /* 对顺序表 tbl 中的子序列 tbl→[low…high]作快速排序 * /
    int pivotloc;
    if(low<high)
    {   pivotloc = Partition(tbl,low,high);  /* 将表一分为二 * /
        QSort(tbl,low,pivotloc-1);   /* 对低子表递归排序 * /
        QSort(tbl,pivotloc+1,high);   /* 对高子表递归排序 * /
    }
}
```

```
int Partition(S_TBL * tbl,int low,int high)    /* 一趟快速排序 */
{    /* 交换顺序表 tbl 中子表 tbl→[low…high]的记录,使支点记录到位,并返回其所在位置此时,
     在它之前(后)的记录均不大(小)于它 */
    int pivotkey;
    tbl→r[0] = tbl→r[low];       /* 以子表的第一个记录作为支点记录 */
    pivotkey = tbl→r[low]. key;      /* 取支点记录关键字 */
    while(low<high)               /* 从表的两端交替地向中间扫描 */
    {    while(low<high&&tbl→r[high]. key>= pivotkey)    high－－;
         tbl→r[low] = tbl→r[high];  /* 将比支点记录小的交换到低端 */
         while(low<high&&tbl→r[low]. key< pivotkey)    low＋＋;
         tbl→r[high] = tbl→r[low];  /* 将比支点记录大的交换到高端 */
    }
    tbl→r[low] = tbl→r[0];           /* 支点记录到位 */
    return low;    /* 返回支点记录所在位置 */
}
```

3. 效率分析

空间效率:快速排序是递归的,每层递归调用时的指针和参数均要用栈来存放,递归调用层次数与上述二叉树的深度一致。因而,存储开销在理想情况下为 $O(\log_2 n)$,即递归深度;在最坏情况下,即二叉树是一个单链,为 $O(n)$。

时间效率:在 n 个记录的待排序列中,一次划分需要约 n 次关键字比较,时效为 $O(n)$,若设 $T(n)$ 为对 n 个记录的待排序列进行快速排序所需时间。

在理想情况下:每次划分,正好将原序列分成两个等长的子序列,则

$$T(n) \leqslant cn + 2T(n/2) \qquad (c 是一个常数)$$
$$\leqslant cn + 2(cn/2 + 2T(n/4)) = 2cn + 4T(n/4)$$
$$\leqslant 2cn + 4(cn/4 + T(n/8)) = 3cn + 8T(n/8)$$
$$\cdots\cdots$$
$$\leqslant cn\log_2 n + nT(1) = O(n\log_2 n)$$

最坏情况下:即每次划分,只得到一个子序列,时效为 $O(n^2)$。

快速排序是通常被认为在同数量级($O(n\log_2 n)$)的排序方法中平均性能最好的。但若初始序列按关键字有序或基本有序时,快速排序反而蜕化为冒泡排序。为改进之,通常以"三者取中法"来选取支点记录,即将排序区间的两个端点与中点三个记录关键字居中的调整为支点记录。

快速排序是一个不稳定的排序方法。

10.4 选择排序

1. 基本原理

选择排序主要是每一趟从待排序列中选取一个关键字最小的记录,也即第一趟从 n 个记录中选取关键字最小的记录,第二趟从剩下的 n－1 个记录中选取关键字最小的记录,直到整

个序列的记录选完。这样,由选取记录的顺序,便得到按关键字有序的序列。

下面介绍一种简单的选择排序方法——直接选择排序(或简单选择排序)。

操作方法:第一趟,从 n 个记录中找出关键字最小的记录与第一个记录交换;第二趟,从第二个记录开始的 n−1 个记录中再选出关键字最小的记录与第二个记录交换;如此,第 i 趟,则从第 i 个记录开始的 n−i+1 个记录中选出关键字最小的记录与第 i 个记录交换,直到整个序列按关键字有序。

【例 5】 直接选择排序过程示例:

初始关键字	[49	38	65	49'	97	13	27	76]
一趟排序后	13	[38	65	49'	97	49	27	76]
二趟排序后	13	27	[65	49'	97	49	38	76]
三趟排序后	13	27	38	[49'	97	49	65	76]
四趟排序后	13	27	38	49'	[97	49	65	76]
五趟排序后	13	27	38	49'	49	[97	65	76]
六趟排序后	13	27	38	49'	49	65	[97	76]
七趟排序后	13	27	38	49'	49	65	76	[97]
最后结果	13	27	38	49'	49	65	76	97

2. 算法实现

选择排序算法 10.5:

```
void   SelectSort(S_TBL * s)
{   int i,j,t;
    ElemType swap;
    for(i=1;i<s→length;i++)
    {    /* 作 length−1 趟选取 */
        for(j=i+1,t=i;j<=s→length;j++)
        {    /* 在 i 开始的 length−n+1 个记录中选关键码最小的记录 */
            if(s→elem[t].key>s→elem[j].key)
                t=j;        /* t 中存放关键码最小记录的下标 */
        }
        swap = s→elem[t]; /* 关键码最小的记录与第 i 个记录交换 */
        s→elem[t]=s→elem[i];
        s→elem[i]=swap;   }
}
```

3. 效率分析

从程序中可看出,直接选择排序移动记录的次数较少,但关键字的比较次数依然是 $\frac{1}{2}n(n+1)$,所以时间复杂度仍为 $0(n^2)$。

直接选择排序是一个不稳定的排序方法,只要考察例 5 的 49 和 49' 的领先关系就可以知道。

10.5 二路归并排序

1．基本原理

二路归并排序的基本操作是将两个有序表合并为一个有序表。设 r[u…t]由两个有序子表 r[u…v−1]和 r[v…t]组成，两个子表长度分别为 v−u、t−v+1。要将它们合并为一个有序表 vf[u…t]，只要设置三个指示器 i、j 和 k，其初值分别是这三个记录区的首位置。合并时依次比较 r[i]和 r[j]的关键字，取关键字较小的记录复制到 rf[k]中，然后将指向被复制记录的指示器和指向复制位置的指示器 k 分别加 1，重复这一过程，直到全部记录被复制到 rf[u…t]为止。上述思想归纳如下：

(1) i=u;j=v;k=u;　　　　　//置两个子表的起始下标及辅助数组的起始下标

(2) 若 i⩾v 或 j>t,转(4)　　　//其中一个子表已合并完，比较选取结束

(3) //选取 r[i]和 r[j]关键字较小的存入辅助数组 rf

如果 r[i].key<r[j].key,rf[k]=r[i];　i++;　k++;　转(2)

否则,rf[k]=r[j];　j++;　k++;　转(2)

(4) //将尚未处理完的子表中元素存入 rf

如果 i<v,将 r[i…v−1]存入 rf[k…t]　//前一子表非空

如果 j⩽t,将 r[j…t]存入 rf[k…t]　//后一子表非空

(5) 合并结束。

1 个元素的表总是有序的。所以对 n 个元素的待排序列，每个元素可看成 1 个有序子表。对子表两两合并生成 $[\frac{n}{2}]$ 个子表，所得子表除最后个子表长度可能为 1 外，其余子表长度均为 2。再进行两两合并，直到生成 n 个元素按关键字有序的表。

二路归并排序就是调用"一趟归并"过程将待排序表进行若干趟归并，每趟归并后有序子表的长度扩大一倍。第一趟归并时，有序子表的长度为 1。

【例6】 二路归并排序过程示例

初始关键字：	25	57	48	37	12	92	86
n=7 个子文件：	[25]	[57]	[48]	[37]	[12]	[92]	[86]
第一趟归并后：	[25	57]	[37	48]	[12	92]	[86]
第二趟归并后：	[25	37	48	57]	[12	86	92]
第三趟归并后：	[12	25	37	48	57	86	92]

2．算法实现

二路归并排序迭代算法 10.6：

```
void MergeSort(S_TBL * p,ElemType * rf)
{   /* 对 * p 表归并排序, * rf 为与 * p 表等长的辅助数组 * /
ElemType * q1, * q2, * swap;
int  i, len;
    q1 = rf;q2 = p→r;
```

```
        for(len=1;len<p→length;len=2*len)    /* 从 q2 归并到 q1 */
        {   for(i=1;i+2*len-1<p→length;i=i+2*len)
                Merge(q2,q1,i,i+len,i+2*len-1);   /* 对等长的两个子表合并 */
            if(i+len-1<p→length)
                Merge(q2,q1,i,i+len,p→length);   /* 对不等长的两个子表合并 */
            else    if(i<=p→length)
                        while(i<=p→length)    /* 若还剩下一个子表,则直接传入 */
                            {q1[i]=q2[i];i++;}
                    swap=q1; q1=q2; q2=swap;   /* 交换,以保证下一趟归并时,仍从 q2 归并到 q1 */
        }
            if(q2!=p→r)    /* 若最终结果不在 *p 表中,则传入之 */
                for(i=1;i<=p→length;i++)
                    p→r[i]=q2[i];
}
void   Merge(ElemType *r,ElemType *rf,int u,int v,int t)    /* 二个子表合并 */
{   int i,j,k;
    for(i=u,j=v,k=u;i<v&&j<=t;k++)
    {   if(r[i].key<r[j].key)   {rf[k]=r[i];i++;}
        else    {rf[k]=r[j];j++;}
    }
    if(i<v) for( ;i<v;i++)rf[k++]=r[i];  //rf[k…t]=r[i…v-1];
    if(j<=t) for(;j<=t;j++)rf[k++]=r[j];  //rf[k…t]=r[j…t];
}
```

3. 效率分析

需要一个与表等长的辅助元素数组空间,所以空间复杂度为 O(n)。

对 n 个元素的表,将这 n 个元素看作叶结点,若将两两归并生成的子表看作它们的父结点,则归并过程对应由叶向根生成一棵二叉树的过程。所以归并趟数约等于二叉树的高度 -1,即 $\log_2 n$,每趟归并需移动记录 n 次,故时间复杂度为 $O(n\log_2 n)$。

二路归并排序是一个稳定的排序方法。

习　题

1. 对于给定的一组关键字:

　　503,087,512,061,908,170,889,276,675,453

写出直接插入排序、希尔排序(增量为 5,3,1)、冒泡排序、快速排序、直接选择排序和归并排序的各趟运行结果。并分别用 C 语言实现这些算法。

2. 对于上题中所列的排序方法,哪些是稳定的? 哪些是不稳定的? 对不稳定的方法试举出反例。

　　本上机实验,主要包括了线性表、树、图、查找、排序等五个部分。要求读者编制相应算法的子程序,并用实例验证。

实验1　线性表的插入与删除

　　编写一个线性表在链接存储结构下的插入与删除运算的算法,其数据是用产生随机数的方法来得到随机整数。

实验2　二叉树的建立及遍历

　　以二叉链表为存储结构,首先创建一棵二叉树,然后分别写出求二叉树结点总数及叶子总数的算法。

实验3　深度优先遍历以邻接表存储的图

　　基于图的深度优先遍历编写一个算法,判别以邻接表方式存储的有向图中是否存在由顶点 vi 到顶点 vj 的路径(i≠j)。

实验4　有序表的二分查找

　　对于给定的一组关键字:
　　　　10,20,30,40,50,60,70,80
编写一个函数,利用二分查找算法在一个有序表中插入一个元素 x(其关键字的值为 55),并保持表的有序性。

实验 5　快速排序

对于给定的一组关键字：

503,087,512,061,908,170,889,276,675,453

编写一个快速排序的程序并进行排序输出。

第二部分

数据库技术

第1章

数据库概论

人类社会随着计算机技术、通信技术和网络技术的发展，已经进入信息化时代，建立一个满足各级部门信息处理要求的行之有效的信息系统已经成为一个企业或组织生存和发展的重要条件。作为信息技术核心和重要基础的数据库技术也有了飞速发展，并得到了越来越广泛的应用。对于一个国家来说，数据库的建设规模、数据库信息量的大小和使用的频度已经成为衡量这个国家信息化程度的重要标志。

1.1 数据管理技术的发展过程

从 20 世纪 50 年代开始，计算机的应用由科学研究部门逐渐扩展到企业、行政部门。至 60 年代，数据处理已成为计算机的主要应用。数据处理也称信息处理，是指从某些已知的数据出发，推导加工出一些新的数据。在数据处理中，通常计算比较简单，而数据管理比较复杂。数据管理是指数据的收集、整理、组织、存贮、维护、检索、传送等操作，这部分操作是数据处理的基本环节，而且也是任何数据处理业务中必不可少的共有部分。随着计算机数据处理技术的发展，数据管理系统先后经历了三个发展阶段，即人工管理阶段、文件系统管理阶段和数据库系统管理阶段。

1.1.1 早期的人工数据管理阶段

在 20 世纪 50 年代中期以前的信息系统中，计算机主要用于科学计算，而不是数据处理。科学计算的任务一般比较复杂、计算量大，而数据相对比较少。当时外部存贮器只有磁带、卡片和纸带等，还没有磁盘等直接存取存储设备；软件只有汇编语言，尚无数据管理方面的软件；数据处理基本上是批处理。这个时候的数据管理系统有如下特点：

① 数据不保存在计算机内。计算机主要用于计算，一般不保存数据。在进行某项课题计算时，数据和程序同时输入内存，运算结束输出结果数据。随着计算任务的完成，用户作业退出计算机系统，数据和程序空间同时释放。

② 没有专用的软件对数据进行管理。每个应用程序都要包括存储结构、存取方法、输入输出方式等内容。程序中的存取子程序随着数据存储结构的改变而改变，因而数据和程序不具有独立性。

③ 只有程序(Program)的概念,没有文件(File)的概念。数据的组织方式必须由程序员自行设计和安排。

④ 数据面向程序,即一组数据对应一个程序。

1.1.2　文件系统管理阶段

20 世纪 60 年代初期,计算机不仅用于科学计算,还用于信息管理。随着数据量的增加,数据的存贮、检索和维护问题成为紧迫的需要,数据结构和数据管理技术迅速发展起来。此时,外部存贮器已经有磁盘、磁鼓等直接存贮设备。软件领域出现了高级语言和操作系统。操作系统中的文件系统是专门管理外存的数据管理软件。数据处理不仅有批处理方式,还有联机处理方式。这一阶段的数据管理系统的主要特点是:

① 数据需要长期保留。由于计算机大量应用于数据处理领域,数据需要长期保留在外存贮器上反复处理,经常需要对文件进行查询、修改、插入、删除操作。

② 文件类型已经多样化,即出现了索引文件、链接文件、直接存取文件等文件形式。

文件系统和早期的人工数据管理相比,最大的改进是数据的存取基本上以记录为单位,但仍存在许多不足,主要表现在两个方面:

① 数据冗余度大。文件系统中文件基本对应某个应用程序,也就是说,数据是面向应用的。当不同的应用程序所需要的数据有部分相同时,也必须建立各自的文件,而不能共享相同数据,因此数据冗余度大,浪费存贮空间。同时,由于相同的数据的重复存贮和各自管理,给数据的修改和维护带来了困难,容易造成数据的不一致性。

② 数据和文件之间缺乏独立性。文件系统管理中的文件是为了某一特定应用服务的,文件的逻辑结构对应用程序来说是优化的,所以要想对现有的数据再增加新的应用很困难,系统不容易扩充,一旦数据的逻辑结构改变,必须修改应用程序,修改文件结构的定义。而应用程序的改变,也将影响文件的数据结构的改变,数据和文件缺乏独立性。

1.1.3　数据库系统管理阶段

自 20 世纪 70 年代以来,计算机用于管理的规模更加庞大,应用越来越广泛,数据量急剧增长,数据共享的要求越来越强,磁盘容量越来越大。在这样的背景下,为了解决多用户、多应用共享数据的需要,使数据为尽可能多的应用服务,出现了以数据库技术为主的数据管理方式。到目前为止,几乎所有的信息系统都采用数据库技术来管理数据,而数据维护工作在技术层面上基本上是围绕着数据库的操作进行的。数据库系统克服了文件系统的缺陷,提供了对数据更高级、更有效的管理。概括起来,这个阶段的数据管理有以下特点:

① 采用数据模型表示复杂的数据结构。数据模型不仅描述数据本身的特征,还要描述数据之间的联系,这种联系通过存取路径实现。通过存取路径表示自然的数据联系是数据库系统和传统文件系统的根本区别。这样,数据不再面向特定的某个应用,而是面向整个应用系统。数据冗余明显减少,实现了数据共享。

② 有较高的数据独立性。数据的逻辑结构和物理结构的差别很大。用户以简单的逻辑结构操作数据而无需考虑数据的物理结构。这样,即使物理结构发生变化,只要逻辑结构不变,应用程序就不需要改变,因此数据库实现了数据的逻辑独立性。

③ 数据库系统为用户提供了方便的用户接口。用户可以使用查询语言或终端命令操作数据库,也可以用程序方式(如 Delphi、PowerBuilder、VB 等高级语言和数据库语言联合编制的程序)操作数据库。

④ 数据库系统提供各种数据控制功能。一是数据库的并发控制,即对程序的并发操作加以控制,防止数据库被破坏,杜绝给用户提供不正确的数据;二是数据库的恢复,就是在数据库被破坏或数据不可靠时,系统有能力把数据库恢复到最近某个正确状态;三是数据的完整性,即保证数据库中的数据始终是正确的;四是数据安全性,就是保证数据安全,防止数据丢失或被窃取、破坏。

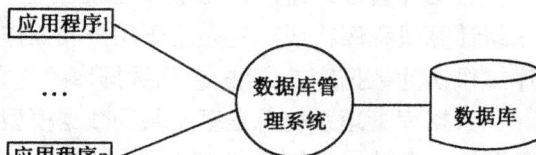

图 1.1　程序和数据间的联系

⑤ 增加了系统的灵活性。对数据的操作不一定以记录为单位,可以以数据项为单位。

上述五个方面构成了数据库系统的主要特征。这个阶段的程序和数据库的联系通过数据库系统实现,联系关系见图 1.1。

目前世界上已有数以百万计的数据库系统在运行,其应用已深入到人类社会生活的各个领域,从企业管理、银行业务、资源分配、经济预测一直到信息检索、档案管理、普查、统计等。现在,几乎各行各业都普遍建立了以数据库为核心的信息系统。

1.2　数据库的相关术语

在数据库应用中,经常用到数据、数据库、数据库系统、数据库管理系统、数据库应用系统等术语,它们的形式定义如下:

1. 数据

数据(Data)是描述现实世界中各种具体事物或抽象概念的、可存贮并具有明确意义的信息。

在数据库领域中,所关心和处理的数据大多数都属于管理方面的数据,即现实业务系统中的管理数据。具体事物是指有形的、看得见的实体,如学生、教师等,而抽象概念则是指无形的、看不见的虚拟事物,如课程。对具体事物或抽象概念进行计算机化的管理,是要将它们的特征等有明确管理意义的信息抽取出来,形成结构化数据,存放到计算机中,供管理或访问。

2. 数据库

数据库(Database,简记 DB)是长期存贮在计算机内有组织、统一管理的大量共享数据的集合,可以供各种用户共享,具有尽可能小的冗余度和较高的数据独立性,并具有完善的自我保护能力和数据恢复能力。

数据库具有以下两个特点:

①集成性

数据库具有把某种特定应用环境中的各相关数据及数据之间的联系,按照一定的结构形式进行集中存贮的性能。可把数据库看成由若干个性质不同的数据文件联合和统一的数据整体。

②共享性

数据库中的数据可为多个不同的用户所共享,多个不同的用户可使用多种不同的语言,为了不同的应用目的,而同时存取数据库,甚至同时存取同一数据。

3. 数据库管理系统

数据库管理系统(Database Management System,简记 DBMS)是一个通用的软件系统,由一组计算机程序构成。它是位于用户和操作系统之间的一层数据管理软件,为用户或应用程序提供访问数据库的方法,包括数据库的建立、查询、更新以及各种安全控制、故障恢复等。

数据库管理系统总是基于某种数据模型,通常可以分为层次型、网状型、关系型和面向对象型等。系统层次图如图1.2所示。流行的小型数据库管理系统有 Foxpro、Access、Paradox等,大型数据库管理系统有 SQL Server、DB2、Oracle、Informix、Sybase 等。

4. 数据库应用系统

数据库应用系统(Database Application System,简记 DBAS)有时简称**应用系统**,主要是指实现业务逻辑的应用程序。该系统要为用户提供一个友好和人性化的数据操作的图形用户界面,通过数据库管理系统(DBMS)或相应的数据访问接口,存取数据库中的数据。

5. 数据库系统

数据库系统(Database System,简记 DBS)是由计算机系统、数据库、数据库管理系统、应用程序集合和数据库管理员组成的。数据库系统要求硬件提供足够大的内存用于存放操作系统、数据库管理系统和应用程序等,提供足够大的外存用以存放数据信息。在软件方面需要数据库管理系统 DBMS 和支持 DBMS 运行的操作系统。其软硬件层次如图 1.3 所示。

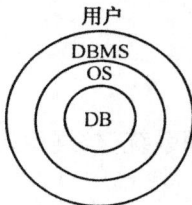

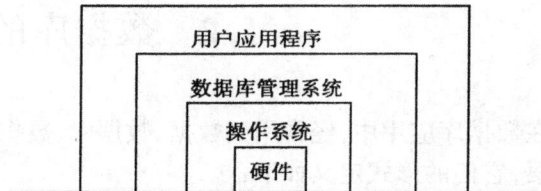

图 1.2　系统层次图　　　　　　图 1.3　数据库系统的软硬件层次

1.3　数据库应用系统

1.3.1　数据库应用系统概述

数据库应用系统是数据库技术、应用科学、系统科学相结合而发展起来的,能够快捷、高效地管理大量有用数据,并为使用者提供一种科学解决方案的应用系统,其核心是数据库管理系统。

1. 数据库应用系统的组成

数据库应用系统由人、计算机和数据三部分组成。人是指企业的领导者、管理人员、技术人员以及数据库应用系统建设的领导机构和实施机构,他们在系统中起主导作用;计算机技术是数据库应用系统得以实施的关键技术,一般根据客户要求选择合适的服务器和客户机;管理数据的收集是整个系统正常运行的基础,各项数据管理制度是数据库应用系统建设成功的基础。

2. 数据库应用系统的结构

数据库应用系统的结构是指数据库应用系统内部的各个组成部分所构成的框架结构,可以从不同的角度来观察数据库应用系统的结构形式。数据库应用系统最常用的几种结构是:概念结构、层次结构、功能结构、软件结构和物理结构。

(1) 概念结构

数据库应用系统从概念上来看是由数据源、数据处理器、数据用户和数据管理者等四大部分组成,其结构示意图如图 1.4 所示。数据源是数据库应用系统的数据来源,它是数据的产生地;数据处理器负责数据的传输、加工、存贮,为各类管理人员即数据用户提供数据服务。数据管理者负责系统的设计、实现、运行和管理。

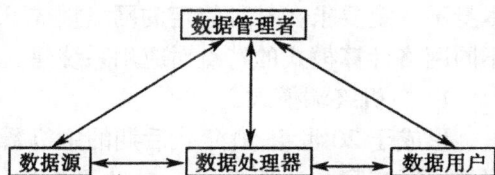

图 1.4　数据库应用系统的概念结构

(2) 层次结构

由于数据库应用系统是为管理决策服务的,而组织管理是分层的,因此数据库应用系统也是分层的。一般组织管理分为战略计划、管理控制、运行控制三层,为它们服务的应用系统也可相应地划分为三层,另加基础的业务处理层。一般管理按职能分为市场、生产或服务、财务、人力资源

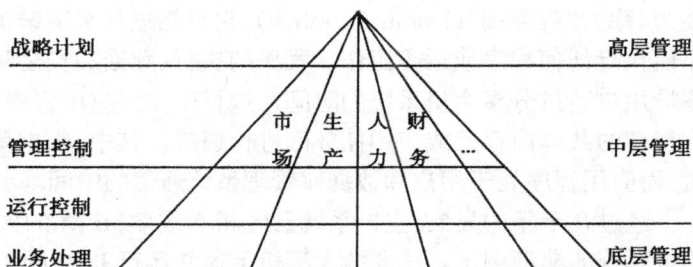

图 1.5　数据库应用系统金字塔结构

等,处于最下层的系统信息处理量最大,属于底层管理;最上层的信息处理量最小,属于高层管理;中间的信息量界于两者之间,为中层管理。整个体系结构成金字塔型,具体如图 1.5 所示。

(3) 功能结构

一般一个企业的组织机构包括市场、生产、技术、物资、人事、财务、总经办等部门,相应地,数据库应用系统应该有支持整个组织在不同层次的各种功能,这些具有不同功能的部分(一般称子系统)是一个有机的整体,构成了系统的功能结构。对于一个生产型的企业,数据库应用系统一般有销售管理、生产管理、技术管理、质量管理、仓储管理、财务管理、设备管理、人事管理、查询决策等子系统。对于每个子系统的具体功能,在这里就不一一介绍了。

(4) 软件结构

数据库应用系统是通过计算机、网络和软件协同工作完成一定目标的系统,软件在数据库应用系统中的组织或联系,称为数据库应用系统的软件结构。系统开发与应用中使用到的软件有:操作系统、数据库管理系统、程序设计语言、网络软件、项目管理软件、应用软件以及其他工具软件等。

(5) 物理结构

数据库应用系统的物理结构,是指系统的硬件、软件、数据等资源在空间的分布情况,或者

说避开数据库应用系统各部分的实际工作和软件结构,只抽象地考察其硬件系统的拓扑结构。数据库应用系统的物理结构一般有三种类型:集中式、分布式、分布-集中式。

1.3.2　数据库应用系统的运行模式

数据库应用系统的运行模式,也称网络计算模式或体系结构模式,大致可划分为四种,即主机终端模式、文件服务器模式、客户机/服务器(C/S)模式、浏览器/服务器(B/S)模式。这几种模式在多台计算机进行数据处理时的协同方式大不相同。虽然数据库管理系统的体系结构本身不一定要求在某种特定的网络模式下运行,但是为了选择应用系统的网络计算模式,了解不同网络计算模式的特点对应用系统建立具有重要意义。

1. 主机终端模式

形成于 20 世纪 60 年代后期的主机系统是一种多用户系统,采用分时处理模式。所有程序都运行在宿主计算机(大、中、小型机)上,包括数据管理系统、访问数据库的应用程序、数据库本身以及从用户终端发送和接收数据的通信设施等,这是最早的网络计算模式。

在主机系统中,用户在操作系统的支持下通过与主机相连的字符终端共享主机的内存、外存、CPU 以及输入输出设备,这种用户终端通常是非智能的,本身只有一点或者根本没有处理能力,称为“哑终端”(Dumb Terminal),它只能进行文字编辑或向中央计算机主机提出请求,但不能执行任何程序或运算工作。程序的执行、数据的安全管理或外部控制等只能由主机完成,终端用户通过分享主机系统的时间片进行工作。应用程序和数据库管理系统彼此通过操作系统管理的共享内存区或应用任务区进行通信。其中,数据库管理系统负责将数据移入移出磁盘,而应用程序处于用户和数据库管理系统通信的中间环节。

经过几十年的发展,主机系统已经相当成熟,IBM 的大、中、小型机,DEC 的 VAX 机就是主机系统的典型例子。早期的大型机上通常运行 IBM 的 IMS,这是一种基于层次模型的数据库管理系统。近几年来大型机上多采用基于关系模型的数据库管理系统,如 IBM 的 DB2 等。小型机上的数据库管理系统的传统平台多是基于网状的,如 DEC 公司的 DBMX-10,从 20 世纪 80 年代初开始,一些公司在小型机上运行关系数据库系统,有代表性的如 INGRES 和 Oracle 等。

主机终端模式的优点在于数据的集中管理,安全性能好,网络传输效率高。缺点是硬件结构复杂,价格高,大部分是非 GUI 接口,主机负荷过高,用户终端负荷过低,系统不容易扩展,用户不方便使用。

2. 文件服务器模式

随着半导体技术的发展,20 世纪 70 年代出现了 PC 计算机。起初 PC 机只作为单用户使用,由于价格低廉、灵活易用,很快在文字处理、桌面数据库管理等领域普及推广开来,从而结束了主机系统一统天下的局面。但是,与主机系统比,单用户的 PC 机无法共享数据和一些昂贵的外设,如打印机、Modem、磁盘柜等。为了解决资源共享问题,20 世纪 80 年代初出现了文件服务器系统,这是以总线、星型或环状等一定拓扑结构,通过通信电缆将若干台 PC 机与一台或多台服务器连接起来的计算机系统,采用资源共享式(Resource Sharing)的网络计算模式。

该计算模式的工作原理是:作为主机的文件服务器存放需要共享的数据和程序,只做单纯的文件存取和资源分配管理。如果某工作站需要使用信息时,就通过网络从服务器传送所需要的程序和全部数据,加载到工作站上运算;运算结束,再把结果全部传回服务器。

与集中式处理相比,文件服务器网络模式具有两个优点:一是主机可以采用高档的 PC 机或专用的微机服务器,整个网络的成本大大降低;二是由于文件服务器模式采用最普遍的、具有自身存贮能力和运算能力的 PC 计算机代替了中央主机系统的哑终端,它在系统的扩展性、开发时间和操作接口方面均优于主机系统。

从文件服务器模式的工作原理我们可以看出,与主机终端模式相比,文件服务器模式同样也存在两个缺点:一是文件服务器不能提供多用户要求的数据并发性,即多个用户同时对一个单独的数据进行访问。这是因为文件服务器系统是以文件作为操作对象,而文件是非常大的数据集,当一个用户锁定某个文件时,便阻止了其他用户共享该文件。二是网络负载大,如果在一个局域网上有许多工作请求和发送很多文件,网络很快就会达到信息传送的饱和状态,从而降低整个系统的性能。

3. 客户机/服务器模式

客户机/服务器模式(Client/Server,简称 C/S)是在 20 世纪 80 年代逐渐成长起来的一种模式。在这种结构中,网络中的计算机分为两个有机联系的部分:客户机和服务器。在局域网中,客户端多为 PC 机,而服务器端则为高档的 PC 机或专用的服务器,其硬件组成和网络拓扑结构与文件服务器系统完全一样。从逻辑上看,客户机/服务器模式是指进程间的请求(Client)和服务(Server)的上下级关系,它将网络上的应用划分为服务器端和客户端两大部分。客户端运行前端处理软件(Front End Software),服务器端则运行后端处理软件(Back End Software)。依据不同的用途提供不同服务,如数据库服务(Oracle)、邮件服务(MAIL)以及传真服务(FAX)等。客户机/服务器模式在逻辑上将数据管理和业务应用分离出来,从而在物理上可以将这两类程序在服务器与工作站之间合理分布,充分利用网络各个组成部分的功能。

一般的 C/S 模式是指上面所说的两层结构,即在工作站上安装客户端软件,而在服务器端安装数据库服务系统,但这种模式也可以扩展到多层,即通常所说的 N 层结构,其中每相邻两层互为请求和服务的关系。N 层结构中比较常见的是三层,即将系统按逻辑划分为应用层、业务层和数据层。需要特别说明的是,客户机/服务器模式和文件服务器模式均指一种网络计算模式,这种划分是逻辑上的,而不是物理上的。如果单从物理上来看,两种模式所采用的网络拓扑结构是一样的,都可以是总线型、星型、网状或者混合型,但它们的工作原理是不一样的。一般来说,前者的综合效率要高于后者,现举例说明。

假设在一个工资数据库中存有 1000 条职工的工资信息,其中一车间有 10 人。现在要求查询一车间人员的基本工资的汇总数,图 1.6 给出了两种模式下的信息处理流程。从图中可以看出,无论是哪种模式,为了得到处理结果,都需要两种数据处理,两种网上传输。两种数据处理是:一是根据查询条件筛选出一车间的数据;二是计算基本工资项的汇总数。两种数据传送是:一是处理请求的传输;二是工资数据的传输。不同的是,在 C/S 结构中,两种数据处理分别在服务器端和客户端进行,网上工资数据的传输量只有 10 条记录;而在文件服务器模式中,服务器只相当于一个大硬盘,所有数据处理均要在客户机上完成,而传输量是 1000 条记录,可见其中 990 条记录的传输是一种浪费。

两种模式相比,C/S 模式的优势是显而易见的,主要有:①交互性强;②提供了更安全的存取模式;③降低网络通信量;④对于同样的任务,完成速度更快。但随着 C/S 结构应用的深入,C/S 模式的限制也逐渐暴露出来,主要有:①客户端很复杂,要为不同的用户安装不同的应用程序,以致于应用程序升级和维护十分困难且耗资巨大;②移植困难,不同开发工具开发的

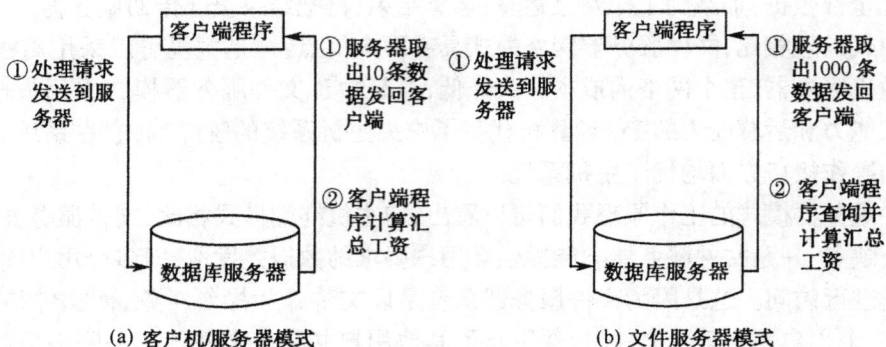

图 1.6　C/S 模式和文件服务器模式原理对比

程序,一般来说互不兼容,不能搬到其他平台上使用;③孤立了不同的逻辑组件,没有统一的数据逻辑层来提供不同种类的数据存贮层;④不支持 Internet 应用;⑤当客户端计算机数目太多时,系统维护、安装、调试和新版本发布的工作量较大。

4．浏览器/服务器模式

随着 Internet 席卷全球,以 WEB 技术为基础的浏览器/服务器(Brower/Server,简称 B/S)模式正日益显现其先进性,当今很多基于大型数据库的应用系统正在采用这种全新的技术模式。这种模式在工作原理上与客户机/服务器有相似之处,只不过客户端采用浏览器技术,减少了客户端程序维护的工作量。B/S 模式利用超文本技术、搜索引擎技术,通过接入 Internet 网络,或者构造本地的 Web 站点,就可以利用 WWW 的各种信息资源并对它们进行相关的处理。此外,信息资源的存在形态也比原来的文本方式、结构化数据方式有了突破,增加了超文本、图形、声音、动画等信息表示形态,拓展了网络计算概念,使得网络就是计算机这一提法得到了普遍的认同。

B/S 模式由浏览器、Web 服务器、数据库服务器三个层次构成。在这种模式下,客户端使用一个通用的浏览器,代替了形形色色的各种应用软件,用户所有操作都是通过浏览器进行的。该结构的核心是 Web 服务器,它负责接受远程或本地的 HTTP 查询请求,然后根据查询的条件到数据库服务器获取相关数据,再将结果翻译成 HTML 和各种页面描述语言,传送回相对应的浏览器。同样,浏览器也会将更改、删除、新增数据记录的请求申请至 Web 服务器,由后者与数据库联系完成这些工作。其结构如图 1.7 所示。

图 1.7　B/S 模式结构图

跟 C/S 模式相比,B/S 结构具有如下的优点:

①简化了客户端,使用户的操作变得简单。

②简化了应用系统的开发和维护。由于应用程序都放在 Web 服务器,软件的开发、升级与维护只在服务器端进行,减轻了开发与维护的工作量。

③降低了成本。一方面客户机只需安装浏览器软件,对客户机的软硬件要求较低;另一方

面,由于 B/S 采用标准的 TCP/IP 协议,可以与企业现有网络很好地结合,保护了企业原有网络的投资。

④信息资源共享程度高。由于 Intranet 的建立,Intranet 上的用户可方便地访问系统外资源,Intranet 外用户也可访问 Intranet 内资源,使信息高度共享;而且,B/S 特别适用于信息发布,使传统的信息系统的功能有所扩充。

⑤系统扩展性好。由于客户机无需额外的软件,因此网络系统的增减非常方便;同时,B/S 模式可直接接入 Internet,可以借助四通八达的互联网,使企业的局域网扩展为广域网,从而可以大大节约有众多分支机构的集团公司的构网成本。

B/S 结构也有缺点,主要是要求网络速度快,否则浏览速度会难以承受。

5. 其他模式

上面所述为基本的网络计算模式,除了上面四种,还有对等网络体系结构(Peer-to-Peer Network)以及 B/S 和 C/S 结合的混合结构模式。

严格地说,对等网络并不能称为一种网络计算模式,但它却是一种应用广泛、十分重要的网络体系结构,它几乎和 C/S 体系同时出现。对等网络结构没有专用的服务器,网络中的每个工作站既可以是客户机也可以当作服务器。因此,对等网络的最大优点在于有较高的灵活性。目前应用较广的对等网络操作系统有微软的 Windows 系列软件以及 NOVELL 公司的 NetWare Lite 等。尽管对等网络结构有灵活、安排简单、成本较低等特点,但它却不能完成大量的高交易量的处理工作,在文件管理、存贮管理和多任务方面有许多不足之处。

将 B/S 和 C/S 模式的优势结合起来,就形成了 B/S 与 C/S 的混合模式。对于面向大量用户的模块采用三层 B/S 模式,在用户端计算机上安装运行浏览器软件,基础数据集中放在较高性能的数据库服务器上,中间建立一个 Web 服务器作为数据服务器与客户机浏览器交互的连接通道。而对于在系统模块安全性要求高、交互性强、处理数据量大、数据查询灵活方便的地方则使用 C/S 模式。这样,就能充分发挥各自的长处,开发出安全可靠、灵活方便、效率高的数据库应用系统。

1.3.3　数据库应用系统开发原则

为了保证应用系统的成功开发,在应用系统开发过程中应遵循一定的原则。这些原则主要包括:

①安全性原则

只有安全可靠的系统才能得到用户的信任。因此,在设计系统时,要保证系统软硬件设备的稳定性,要保证数据采集的质量,要有数据校验功能,要有一套系统的安全措施。只有这样,系统的安全和可靠才能得到充分保证。

②完整性原则

手工处理方式下,限于处理手段的限制,信息处理采用各职能部门分别收集和保存信息、分散处理信息的方式。计算机化的数据库应用系统必须从系统总体出发,克服手工处理信息分散的弊病,各子系统的功能要尽可能规范,数据采集要统一,语言描述要一致,信息资源要共享。保证各子系统协调一致工作,避免出现信息的大量重复,寻求系统的整体优化。

③可维护性原则

应用系统一旦开发完成,是交给非专业的单位管理人员使用,因此系统开发时一定要考虑系统的维护易用性,如界面要尽量友好,提示信息尽可能丰富,各种使用帮助文档齐全,开发自我维护软件模块等。

④可扩展性原则

不能适应环境变化的应用系统是没有生命力的,因此组成应用系统的各个子系统应对外界条件的变化有较强的适应能力。由于应用系统的开发是一个复杂的过程,因此要求系统结构有较强的灵活性和可塑性。这样,当组织管理模式或计算机硬件等发生变化时,系统才能容易地进行修改、扩充。

⑤先进性和经济性兼顾原则

先进性和经济性往往是矛盾的,越先进的东西,往往价格也比较昂贵。由于经济性是衡量系统值不值得开发的重要依据,因此首先必须考虑系统的经济性。在经济能够承受的前提下,尽可能采取新技术、新方法,从而保证系统具备一定的先进性。

1.3.4　数据库应用系统的开发方法

数据库应用系统开发方法的技术基础是软件工程。数据库应用系统是一个完善的软件系统,它的组成、结构、使用与其他类型的软件系统没有本质区别,因此,要开发出高效的数据库应用系统,首先要理解软件工程技术方面的概念和方法。

1. 结构化系统开发方法

(1)基本思想

结构化系统开发方法是自顶向下结构化方法、工程化的系统开发方法和生命周期方法的结合。它是迄今为止开发方法中应用最普遍、最成熟的一种。

结构化系统开发方法的基本思想是用系统工程的思想和工程化的方法,按照用户至上的原则,结构化、模块化、自顶向下地对系统进行分析和设计。具体说来,就是先将整个系统开发过程划分为若干个相对独立的阶段,如系统规划、系统分析、系统设计、系统实施、系统运行与维护等。在前三个阶段坚持自顶向下地对结构进行划分;在系统调查或理顺管理业务时,应从最顶层的管理业务入手,逐步深入到最基层;在系统分析、提出新系统方案和系统设计时,应从宏观整体考虑入手,先考虑系统的整体优化,然后再考虑局部的优化问题;在系统实施阶段,则应坚持自底向上逐步实施。也就是说,组织人力从最基层的模块(编程)做起,然后按照系统设计的结构,将模块一个一个拼接到一起调试,自底向上,逐渐构成整个系统。

结构化系统开发方法主要强调以下几点:

①自顶向下的整体性的分析与设计和自底向上逐步实施的系统开发过程。

②用户至上。用户对系统开发的成败是至关重要的,故在系统开发过程中要面向用户,充分了解用户的需求和愿望。

③深入调查研究。强调在系统设计前,深入实际单位,详细地调查研究,努力弄清实际业务处理过程的每一个细节,然后分析研究,制定出科学合理的新系统设计方案。

④严格区分工作阶段。把整个系统的开发过程划分为若干个工作阶段,每个阶段都有明确的任务和目标。在实际工作过程中要严格按照划分的工作阶段,一步一步开展工作。

⑤充分预料可能发生的变化。系统开发是一项耗费人力、物力、财力的周期很长的工程,一旦周围环境(如组织内部环境、业务过程、用户需求等)发生变化,都会影响到系统的开发工作。因此,结构化系统开发方法强调在系统调查和分析时对将来可能发生的变化予以充分重

视,强调所设计的系统对环境的变化具有一定的适应能力。

⑥开发过程工程化。要求开发过程的每一步都符合工程标准规范化、文档资料标准化的要求。

(2) 优点及存在的问题

结构化系统开发方法是在对传统的自发的系统开发方法进行批判的基础上,通过很多学者的不断探索和努力而建立起来的一种系统化方法,其突出优点有两个:一是强调系统开发过程的整体性和全局性,强调在整体最优化的前提下来考虑具体的分析设计问题,即自顶向下的观点;二是严格地区分开发阶段,每一步工作都及时地总结,发现问题及时反馈和纠正。

随着时间的推移,结构化开发方法也逐渐暴露出了很多不足和缺点,最突出的也是两点:一是起点太低,所使用的工具(主要是手工绘制各种各样的分析设计图表)落后,致使系统开发周期过长;二是由于该方法要求开发者在调查中充分掌握用户需求、管理状况以及预见将来可能发生的事情,这不符合人们循序渐进认识事物的规律,因此在实际工作中实施有一定的困难。

2.原型化方法

(1) 基本思想

原型化方法是 20 世纪 80 年代随着计算机软件技术的发展而产生的一种系统开发方法。它首先构造一个功能简单的原型系统,然后通过对原型系统逐步求精,不断扩充完善得到最终的软件系统。原型就是模型,而原型系统就是应用系统的模型。它是待构筑的实际系统的缩小比例模型,但是保留了实际系统的大部分性能。这个模型可在运行中被检查、测试、修改,直到它的性能达到用户需求为止。因而这个工作模型很快就能转换成原样的目标系统。

产生原型化方法的原因很多,主要是随着系统开发经验的增多,软件开发人员也发现并非所有的需求都能够预先定义的,反复修改是不可避免的。当然能够采用原型化方法还是因为开发工具的迅速发展,特别是第四代程序生成语言(4GL)如 VF、VB、PowerBuilder、Delphi 等工具,可迅速地开发出一个可以让用户看得见、摸得着的系统框架。这样,对计算机不是很熟悉的用户就可以根据这个样板提出自己的需求。

开发原型化系统是一个多次叠代过程,每次叠代都由以下几个部分组成:

①确定用户需求;

②开发原始模型;

③征求用户对原始模型的改进意见;

④修改原型。

(2)优点及存在的问题

原型化方法有如下几方面的优点:

①原型方法更遵循人们认识事物的规律。因为更遵循人们认识事物的规律,因而更容易为人们所普遍接受,主要表现在:人们认识任何事物不可能一次就完全了解,并把工作做得尽善尽美;认识和学习的过程都是循序渐进的;人们对事物的描述,往往都是根据环境的启发而不断完善的;人们批评指责一个已有的事物,要比空洞地描述自己的设想容易得多,改进一些事物要比创造一些事物容易得多。

②缩短用户和系统分析人员之间的距离。原型化方法将模拟的手段引入系统分析的初期阶段,沟通了人们的思想,缩短了用户和系统分析人员之间的距离,解决了结构化方法中最难解决的一环,主要表现在:所有问题的讨论都是围绕某一问题原型而进行,彼此之间不存在误

解和答非所问的可能性,为正确认识问题创造了条件;有了原型后才能启发人们对原来想不起来或不易准确描述的问题有一个比较确切的描述;能够及早地暴露出系统实现后存在的一些问题,促使人们在系统实现之前加以解决。

③提高效率。充分利用了最新的软件工具,摆脱了老一套工作方法,使系统开发时间缩短、费用减少,效率、技术等方面提高。

原型化开发比较适合于用户需求不清楚、业务不确定、需求经常变化的情况,当系统规模不是很大也不太复杂时,采用该方法比较好。但对以下几种情况,则不是很适合:

①对于大型系统,如果不经过系统分析来进行整体划分,想要直接用屏幕来一个一个模拟非常困难;

②对于大量运算的、逻辑性较强的程序模块,原型化方法很难构造出模型来供人评价,因为这类问题没有很多的交互过程,也不是三言两语能讲清楚的;

③对于基础管理不善、信息处理过程混乱的问题,由于此时构造原型困难,容易机械模仿手工系统,在实际使用中有一定困难;

④对于一个批处理系统,其大部分是内部处理过程,这时用原型化方法有一定困难。

3. 面向对象开发方法

(1)基本思想

面向对象技术的产生可称得上是软件技术的一次革命,在软件开发史上具有里程碑的意义。随着面向对象编程(Oriented Object Program,简称 OOP)向面向对象设计(Oriented Object Design)和面向对象分析(Oriented Object Analysis)的发展,最终形成面向对象的软件开发方法(Object Modeling Technique)。这是一种自底向上和自顶向下相结合的方法,而且它以对象建模为基础,不仅考虑了输入、输出数据结构,实际上包含了所有对象的数据结构。不仅如此,面向对象技术在需求分析、可维护性和可靠性这三个软件开发的关键环节和质量指标上有了实质性的突破,解决了在这些方面长期存在的严重问题。

面向对象方法认为,客观世界是由各种各样的对象组成的,每种对象都有各自的内部状态和运动规律,不同对象之间的相互作用和联系构成了各种不同的系统。当我们设计和实现一个客观系统时,如能在满足需求的条件下,把系统设计成由一些不可变的(相对固定)部分组成的最小集合,这个设计就是最好的。而这些不可变的部分就是所谓的对象。对象是面向对象方法的主体,具有模块性、继承和类比性、动态连接性等特征。以对象为主体的面向对象方法可简单解释为:

①客观事物是由对象组成的,对象是在原事物基础上抽象的结果。任何复杂的事物都可以通过对象的某种组合构成。

②对象是由属性和方法组成的。属性反映对象的信息特征,如特点、值、状态等,而方法则是用来定义改变属性状态的各种操作。

③对象之间的联系主要是通过传递信息来实现的,而传递的方法是通过消息模式和方法所定义的操作过程来完成的。

④对象可按其属性进行归类。类有一定的结构,类上可以有超类,类下可以有子类。这种对象或类之间的层次结构是靠继承关系维系着的。

⑤对象是一个被严格模块化了的实体,称之为封装。这种封装了的对象满足软件工程的一切要求,而且可以直接被面向对象的程序设计语言所接受。

(2)开发过程

　　面向对象开发过程分为四个过程：

　　①系统调查和需求分析。对系统将要面临的具体管理问题以及用户对系统开发的需求进行调查研究，即先弄清楚要干什么的问题。

　　②分析问题的性质和求解问题。在复杂的问题域中抽象地识别出对象及其行为、结构、属性、方法等。这一阶段一般称之为面向对象分析 OOA。

　　③整理问题。即对分析的结果做进一步的抽象、归类、整理，并最终以范式的形式将它们确定下来。这一阶段一般称为面向对象设计 OOD。

　　④程序实现。即用面向对象的程序设计语言将上一步整理的范式直接映射为应用程序软件。这一阶段称为面向对象的程序设计 OOP。

　　(3) 特点和存在的问题

　　面向对象方法以对象为基础，利用特定的软件工具直接完成从对象客体的描述到软件结构之间的转换，这是面向对象方法的最主要特点和成就。面向对象方法的应用解决了传统结构化开发方法中客观世界描述工具与软件结构不一致性问题，缩短了开发周期，解决了从分析和设计到软件模块结构之间多次转换映射的复杂过程，是一种很有发展前途的系统开发方法。但是，同原型化方法一样，面向对象方法也需要一定的软件基础支持才可以应用；另外，在大型的应用系统开发中，如果不经过自顶向下的整体划分，而是一开始就自底向上的采用面向对象方法开发系统，同样也会造成系统结构不合理、各部分关系失调等问题。因此，面向对象方法和结构化方法目前仍是两种在系统开发领域相互依存、不可替代的方法。

　　4.计算机辅助开发方法

　　自计算机在工商管理领域应用以来，系统开发过程，特别是系统分析、设计和开发过程，就一直制约数据库应用系统发展这一瓶颈。这个问题一直延续到 20 世纪 80 年代，计算机图形处理技术和程序生成技术的出现才得以缓和。解决这一问题的工具是集图形处理技术、程序生成技术、关系数据库技术和各类开发工具于一身的计算机辅助开发方法(CASE)。

　　(1) 基本思想

　　在前面所介绍的任何一种系统开发方法中，如果自对象系统调查后，系统开发过程中的每一步都可以在一定程度上形成对应关系的话，那么就完全可以借助于专门研制的软件工具来实现上述一个个的系统开发过程。这些系统开发过程中的对应关系包括：结构化方法中的业务流程分析→数据流程分析→功能模块设计→程序实现；面向对象方法中的问题抽象→属性、结构和方法定义→对象分类→确定范式→程序实现等。

　　由于在实际开发过程中上述几个过程很可能只是在一定程度上对应(而不是绝对的一一对应)，故这种专门研制的软件工具暂时还不能一次映射出最终结果，还必须实现其中间结果，即对于不完全一致的地方由系统开发人员再做具体修改。上述 CASE 的基本思想决定了 CASE 环境的特点：

　　①CASE 环境的应用必须依赖一种具体开发方法

　　在实际开发一个系统中，CASE 环境应用必须和具体的开发方法挂钩，如结构化方法、原型方法、面向对象方法等，而一套大型完备的 CASE 产品，能为用户提供支持上述各种开发方法的环境。

　　②CASE 只是一种辅助的开发方法

　　这种辅助主要体现在它能帮助开发者方便、快捷地产生出系统开发过程中各类图表、程序和说明性文档。

③CASE 方法与传统方法过程不同

由于 CASE 环境的出现从根本上改变了我们开发系统的物质基础,从而使得利用 CASE 开发一个系统时,在考虑问题的角度、开发过程的做法以及实现系统的措施等方面与传统方法有所不同。

(2)基本特点

CASE 方法与其他方法相比有如下特点:

①解决了从客观世界对象到软件系统直接映射问题,强有力支持软件应用系统开发的全过程。

②使结构化方法更加实用。

③自动检测的方法提高了软件的质量。

④使原型方法和面向对象方法付诸于实施。

⑤简化了软件的管理和维护。

⑥加快了系统的开发速度。

⑦使开发者从大量的分析设计图表和程序编写工作中解放出来。

⑧使软件的各部分能重复使用。

⑨产生出统一的标准化系统文档。

1.3.5　数据库应用系统的开发过程

数据库应用系统的开发过程属于软件工程问题。软件工程注重研究如何指导软件生产全过程的所有活动,以最终达到"在合理的时间、成本等资源的约束下,生产出高质量的软件产品"的目标。为了更有效、更科学地组织和管理软件生产,根据某一软件从被提出并着手开始实现,直到软件完成其使命为止的全过程划分为一些阶段,并称这一全过程为软件生命周期。通常,软件生命周期包括 8 个阶段:问题定义、可行性研究、需求分析、总体设计、详细设计、编码、测试、运行维护等。

1. 问题定义

问题定义是数据库应用系统开发的第一步,它的质量的好坏直接影响新系统开发的成败。这一阶段的任务是确定问题的性质、系统目标以及规模。这是软件生命周期的第一阶段,应力求使软件开发人员、用户以及使用部门负责人对问题的性质、工程目标与规模取得完全一致的看法,这对确保软件开发的成功非常重要。对问题有了明确认识之后,分析员应提交书面报告给用户和使用部门负责人进行审查。

2. 可行性研究

可行性研究的目的就是用最小的代价在尽可能短的时间内确定问题是否有解,最根本的任务就是对以后的行动方针提出建议:如果问题没有可行的解,则建议停止该项工程,以避免时间、资源、人力、和金钱的浪费;如果问题有可行解,则推荐一个较好的解决方案,并且为工程制定一个初步的方案。这个过程一般要反复多遍,最后导出新系统的高层逻辑模型。在系统的高层逻辑模型的基础上,再从技术上、经济上、管理上以及物理上分析系统的可行性,然后推荐一个可行方案,供有关部门审查。

在这个阶段,一般用数据流图和数据字典共同描述系统的逻辑模型。数据流图利用以下四种成分来描述信息在系统中的流动和处理情况:数据流、加工、文件、数据的源点和终点等。

数据字典是关于数据信息的集合。如果没有数据字典精确定义数据流图中的每个元素,数据流图就不够严谨;反之,如果没有数据流图,数据字典又不够直观,难以发挥作用。在描述物理系统时,一般采用系统流程图这一工具。系统流程图用一些约定的图形符号以黑盒方式对系统内部各部件进行描述。用微软的 Visio 软件可以非常方便地画数据流图和系统流程图。

可行性分析工作完成后,需要提交可行性报告。报告有一定的格式要求,具体内容和格式参见《计算机软件产品开发文件编制指南》GB 8567-88。

3. 需求分析

在需求分析阶段,根据可行性研究阶段递交的文档,特别是从数据流图出发,对目标系统提出清晰、准确和具体的要求,即明确系统必须做什么的问题。这一阶段的具体任务包括以下几个方面:

①确定系统的综合要求。包括功能要求、性能要求、运行要求以及将来可能会提出的一些要求。

②对系统的数据要求进行分析。主要包括数据元素的分类和规范化,描绘实体之间的关系图,进行事务分析与数据库模型的建立。

③推导系统的详细模型系统。

④修正开发计划,并建立模型系统。

需求分析首先从数据流图着手,在沿数据流图回溯的过程中,更多的数据元素被划分出来,更多的算法被确定下来。在这个过程中,将得到的有关数据元素的信息记录在数据字典中,对算法的简单描述记录在输入、处理、输出(IPO)图中,将被补充的数据流、数据存贮和处理添加到数据流图的适当位置上,然后提交用户进行复查,以便补遗。经过反复地进行上述分析之后,分析员对系统的数据以及功能有了更深入的了解,此时可通过对功能的分解将数据流图细化,即将数据流图中比较复杂的处理功能分解成若干个简单的子功能,而这些较底层的子功能又重新组成一张数据流图。这就是逐步细化的具体体现。

经过以上分析,就可以修正开发计划,然后写出需求分析报告。需求分析报告主要内容包括系统的功能说明、系统对数据的要求以及用户系统描述,具体的内容和格式参考《计算机软件产品开发文件编制指南》GB 8567 - 88。在转入下一阶段之前,还必须进行审查和复查,通过之后才能进入下一阶段。

4. 系统总体设计

经过需求分析阶段的工作,系统必须做什么已经清楚。总体设计的基本目的就是回答"概括地说,系统应该如何实现?"这个问题,因此,总体设计又称概要设计或初步设计。通过这个阶段的工作将划分组成系统的物理元素(如程序、文件、数据库、人工过程与文档等)以及设计出软件的结构(如确定规模以及模块间的关系)。设计过程包括:提出选择方案、选择合理方案、推荐最佳方案、功能分解、设计软件结构、制定测试计划、提交文档等。

由此可见,在详细设计之前进行总体设计很有必要:可以站在全局的高度上,花最少的成本,从比较抽象的层次上分析对比多种可能的系统实现方案和软件结构,从中选出最佳方案和最合理的软件结构,从而用较低的成本开发出较高质量的软件系统。

系统总体设计完成需要递交总体设计文档 ,具体的内容和格式参考《计算机软件产品开发文件编制指南》GB 8567 - 88。在转入下一阶段之前,还必须进行审查和复查,通过之后才能进入下一阶段。

5. 系统详细设计

　　系统详细设计阶段的根本任务是确定系统应该怎样具体地实现所要求的手工系统,也就是说,经过这个阶段的设计工作,应该得出对目标系统的精确描述,从而在编码阶段可以把这个描述直接翻译成用某种程序设计语言书写的程序。除了应该保证程序的可靠性外,这个阶段最重要的目标是要保证将来的程序易读、易理解、易测试、易修改、易维护。因此,结构程序设计就成为实现上述目标的基本保证,并且也是详细设计的逻辑基础。

　　作为这个阶段的最后结果,应提供详细编码规格说明,它常采用层次图与输入、处理、输出图结合(HIPO)或过程描述语言(PDL)来描述。系统详细设计完成需要递交详细设计文档,具体的内容和格式参考《计算机软件产品开发文件编制指南》GB 8567 – 88。

　　6.编码

　　编码是将系统设计与详细设计阶段中的结果翻译成某种程序设计语言书写的程序。虽然程序的质量基本上由设计的质量决定,但在编码过程中也有几个因素对提高程序质量有重大的影响,主要有:

　　①选择适当的程序设计语言

　　程序设计语言选择需要考虑以下几个因素:语言的继承环境和交互功能;语言的结构化机制和数据管理能力;有较多的使用者;开发人员的熟练程度;软件的移植性和用户的要求。一般开发人员的熟练程度往往是程序设计语言和开发工具的首选条件。

　　②统一规范

　　使程序内部有良好的文档资料、规范的数据格式说明、简单清晰的语句结构和合理的输入输出格式,统一的程序格式和说明,所有这些将大大提高程序的可读性和可维护性。

　　③充分利用已有的软件工具来帮助编码,可以提高编码的效率和减少程序的错误。

　　7.测试

　　目前软件测试仍然是保证软件可靠性的主要手段,它是软件开发过程中最艰巨也是最繁重的任务。测试的目的是要尽量发现程序的错误,但测试并不能保证程序的完全正确性。

　　调试不同于测试,调试主要是推断错误的原因,从而进一步改正错误。测试和调试是软件测试阶段的两个密切相关的过程,通常是交替进行。

　　8.维护

　　维护是软件生命周期的最后一个阶段,也是持续时间最长,付出代价最大的阶段。软件工程学的目的就是在于提高软件的可维护性,同时也要降低维护的代价。软件维护通常有四类,即改正性维护、适应性维护、完善性维护和预防性维护等。

　　软件的可理解性、可测试性与可修改性将直接影响和决定软件的可维护性,而且软件生命周期的各个阶段也都与可维护性有关。良好的设计、完善的文档资料以及一系列严格的复查和测试,都会使错误一旦出现就较为容易诊断和纠正;而且当用户有多种要求或外部环境有变化时,软件都比较容易适应,并能减少维护所引起的副作用。因此,在软件生命周期的各个阶段都必须充分考虑维护的问题,并且为维护作好准备。

　　软件维护不仅包括程序代码的维护,还包括文档的维护。文档可以分为用户文档和系统文档两类。无论哪类文挡,都必须与程序代码同时维护。只有与程序代码完全一致的文档才有意义和价值。目前已有许多软件工具帮助建立文档,这不仅利于提高文档书写的效率和质量,还有助于文档的及时维护。

习　题

  1. 数据库管理系统、数据库应用系统以及数据库系统的概念是什么？它们之间有何关系？

  2. 数据库发展过程分哪几个阶段？其中数据库系统的主要特点是什么？

  3. 数据库应用系统运行模式有哪些？

  4. 请谈谈 C/S 和 B/S 模式的工作原理以及各自的优缺点。

  5. 数据库应用系统有哪些开发方式？请简要说明各种开发方式的基本思想。

  6. 软件生命周期分哪几个阶段，每个阶段的主要任务是什么？

第2章

数据库技术基础

数据库技术是研究数据库的结构、存储、设计、管理和使用的一门软件科学。数据库技术综合了操作系统、数据结构、计算机语言、集合论和数理逻辑等学科的理论和知识的应用,是一门综合性较强的学科。本章主要介绍数据库系统的结构、数据库管理系统的功能和组成以及数据模型基本知识。

2.1   数据库系统的结构

可以从不同的角度考察数据库系统的结构。从数据库管理系统的角度看,数据库系统通常采用三级模式结构,这就是数据库系统内部的体系结构;从数据库最终用户的角度看,数据库系统的结构可分为集中式结构、分布式结构和客户机/服务器结构,这是数据库系统外部的体系结构。本节介绍数据库系统的三级模式结构。

2.1.1   数据库系统中模式的概念

在数据库模型中有型(Type)和值(Value)的概念。型是指对某一类数据的结构和属性的说明,值则是类型的一个具体的赋值。如:学生记录定义为(学号、姓名、性别、专业、年龄、籍贯)记录型,而(200403001,李辉、男、工业自动化、19、浙江绍兴)则是记录型的一个记录值。

模式(Schema)是数据库中全体数据的逻辑结构和特征的描述,它仅仅涉及到型的描述,不涉及到具体的值。模式的一个具体值称为模式的一个实例(Instance)。同一个模式可以有很多的实例。模式是相对稳定的,而实例是不断变动的,因为数据库中的数据是在不断更新的。模式反映的是数据的结构和联系,而实例反映的数据库某一时刻的状态。

虽然实际的数据库管理系统产品种类很多,它们支持不同的数据模型,使用不同的数据库语言,建立在不同的操作系统之上,数据的存贮结构也各不相同,但它们在体系结构上通常都具有相同的特性,即采用三级模式结构并提供两级映射功能。

2.1.2   数据库系统的三级模式结构

美国国家标准学会(ANSI)所属标准计划和要求委员会在1975年公布的研究报告中,把数据库系统内部的体系结构分为三级:外模式、概念模式和内模式,具体结构如图 2.1 所示。对用户而言可以对应地称为一般用户级模式、概念级模式和物理级模式。在数据库系统中,同一意义下的数据存在着许多抽象和转换。数据库管理系统把数据库从逻辑上分为三级,即外模式、概念模式和内模式,它们分别反映了看待数据库的三个角度。

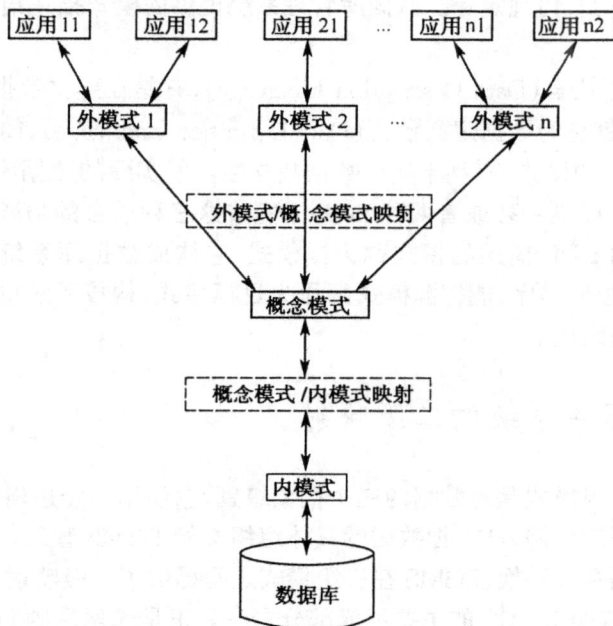

图 2.1 数据库系统三级模式结构

1. 外模式

外模式是三级结构中的最外层,又称子模式或用户模式,它是用户看到并允许使用的那部分数据的逻辑结构。外模式是概念模式的子集,一个数据库可以有多个外模式,如图 2.1 所示的外模式 1、外模式 2 等。外模式是保证数据安全性的一个有力工具,每个用户只能看见和访问所对应的外模式中的数据,数据库中其余的数据是不可见的,所以外模式也称用户视图。数据库管理信息系统提供子模式描述语言(子模式 DDL)来定义子模式。

2. 概念模式

概念模式简称模式,处于三级结构的中间层,是整个数据库实际存储的抽象表示,既包含了数据库的整体逻辑,同时也是对现实世界的一个抽象,是现实世界某应用环境(企业或单位)的所有信息内容集合的表示,也是所有个别用户视图综合起来的结果。概念模式既不涉及数据的物理存储细节和硬件环境,同时也和具体的应用程序、所使用的开发工具及高级程序设计语言无关。

概念模式是数据库管理员(DBA)所看到的数据库,一个数据库只有一个概念模式。数据库模式以某一种数据类型为基础,统一综合地考虑了所有用户的需求,并将这些需求有机地结合成一个逻辑整体。定义概念模式不仅要定义数据的逻辑结构,而且要定义数据之间的联系,定义和数据有关的安全性、完整性要求。数据库管理系统提供概念模式的描述语言(模式DDL)来定义模式。

3. 内模式

　　内模式又称存储模式,是三级结构中的最内层,也是靠近物理存储的一层,即与实际存储数据方式有关的一层。它是对数据库存储结构的描述,是数据在数据库内部的表示方式。存储模式与物理级数据相互对应,是数据库内部的表示方法。如:记录的存储方式是顺序存储、按照 B 树结构还是按照 Hash 方式存储;索引按照什么方式组织;数据是否压缩存储,是否加密;数据存储记录结构有何规定等。数据库管理系统提供内模式描述语言(内模式 DDL)来定义内模式。

　　DDL 是数据描述语言(Data Description Language),它是在建立数据库时用来描述数据库结构的语言,有些文献称为数据定义语言(Data Definition Language),简称都是 DDL。用三种 DDL 来描述三种不同的模式,有利于实现数据独立性。但实际的数据库管理系统不一定将三种 DDL 分开,多数只提供一种或者两种 DDL 来完成这三种语言的功能。DDL 是类似高级语言的形式化语言。用 DDL 描述的模式称为源模式,它构成数据库系统的描述数据库。通过 DBMS 配备的 DDL 翻译程序,能把源模式翻译为目标模式,构成系统的目标数据库。目标数据库通常由一些表格组成。

2.1.3　数据库系统的二级映射

　　数据库系统的三级模式是对数据的三个抽象级别,它使用户能逻辑地处理数据,而不必关心数据在计算机内部的存储方式,把数据的具体组织交给 DBMS 管理。为了能够在内部实现这三个抽象层次的联系和转换,DBMS 在三级模式之间提供了二级映射,如图 2.1 所示。它们由软件完成,这些软件是 DBMS 的主要组成部分之一。正是这两层映射保证了数据库系统中数据能够具有较高的逻辑独立性和物理独立性。

　　1. 模式/内模式映射

　　数据库中的模式和内模式都只有一个,所以模式/内模式映射是唯一的。它确定了数据的全局逻辑结构与存储结构之间的对应关系。存储结构变化时(如选用另一种存储结构),由数据库管理员对模式/内模式映射作相应的改变,使其概念模式仍保持不变,这使数据的存储结构和存储方式独立于应用系统。通过模式/内模式映射功能保证数据存储结构的变化不影响数据的全局逻辑结构的改变,从而不必要修改应用程序,这称为数据的物理独立性。

　　2. 外模式/模式映射

　　概念模式描述的是数据库的全局逻辑结构,外模式描述的是数据的局部逻辑结构。数据库中的同一个逻辑模式可以有任意多个外模式,对于每一个外模式都存在一个外模式/模式映射,这个映射确定了数据的局部逻辑结构与全局逻辑结构之间的对应关系。

　　当模式改变时,如:在原有的记录型之间增加了新的联系,或在某些记录型中增加新的数据项时,数据的总体逻辑结构改变,数据库管理员可对相应的外模式/模式映射做相应的修改,从而使外模式保持不变,即相应数据的局部逻辑结构不变。由于应用程序是依赖于数据的外模式即局部逻辑结构来编写的,所以应用程序不必做修改,从而保证了数据与程序之间的逻辑独立性。

　　在数据库的三级模式结构中,数据库模式即全部逻辑结构是数据库的关键,它独立于数据库的其他层次结构,因此设计数据库模式结构时应首先确定数据库的逻辑模式。数据库的内模式依赖于它的全局逻辑结构,但独立于数据库的用户视图即外模式,也独立于具体的存储设备,它是将全局逻辑结构中所定义的数据结构及其联系按照一定的物理存储策略进行组织,以达到较好的时间和空间效率。数据库的外模式面向具体的应用程序,它定义在逻辑模式之上,但独立于存储模式和存储设备。当应用需求发生较大变化,相应的外模式不能满足其视图要求时,该外模式就得做相应改动,所以设计外模式时应充分考虑应用的可扩充性。

特定的应用程序是在外模式描述的数据结构上编制的,它依赖于特定的外模式,与数据库的模式和存储结构独立。不同的应用程序有时可以共用一个外模式,数据库的二层映射保证了数据库外模式的稳定性,即当模式变化时只要适当修改外模式/模式映射就可以保证外模式不需要改变,从而从底层保证了应用程序的稳定性,除非应用需求本身发生变化,否则应用程序一般不需要修改。数据和程序之间的独立性,使得数据的定义和描述可以从应用程序中分离出去。另外,由于数据的存取由 DBMS 管理,用户不需要考虑存取路径等细节,从而简化了应用程序的编写,同时大大减少了应用程序的维护和修改工作。

2.1.4 数据库系统的不同视图

在数据库系统的设计、管理、开发和使用过程中,各种人员以不同的角色与数据库系统发生联系。按照各种人员的具体任务,可以分为普通用户、应用程序员、系统程序员、系统分析员和数据库管理员(DBA)几类。各类人员所接触到的数据库具有不同的表现形式,也就是说,各类人员眼中所看到的数据库是不同的,即呈现不同的视图。图 2.2 给出了数据库系统的不同视图。

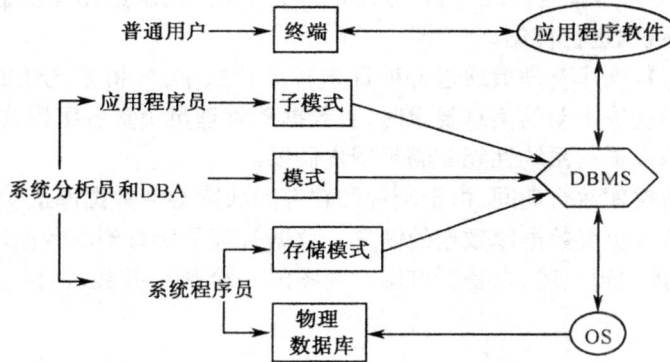

图 2.2 数据库系统的不同视图

1)普通用户

这类人员通过设置在各部门办公室或工作室中的计算机终端,利用数据库系统提供的应用程序软件,以交互的方式使用数据库系统来处理各种业务。他们无须掌握数据库技术的技术细节和熟悉程序语言以及数据操作语言,只要懂得一些简单的操作方法,便可利用应用程序软件所提供的良好用户界面来处理各种业务,如航空客票的售票员就是一个例子。

2)应用程序员

这类人员负责应用程序软件的设计。他们必须熟练掌握程序语言及数据操作语言和数据库系统提供的子模式,并能使用系统所提供的各种开发工具软件,以便向普通用户提供性能优良的应用程序软件。他们往往还和 DBA 一起进行子模式的设计。应用程序员所看到的数据库对应于用户级数据库,称为用户视图或局部逻辑结构。

3)系统程序员

　　这类人员负责系统软件的设计。他们非常熟悉计算机的硬件配置和系统软件,能够按照DBA 所提供的存储模式设计数据库所必须的软件和硬件配置。对数据存取提供适当的物理组织,以满足数据库当前和未来的扩展需求。系统程序员所看到的数据库对应物理数据库,也称为系统程序员视图。

　　4)系统分析员

　　这类人员负责系统分析和设计工作。他们不仅需要熟悉数据库系统的软、硬件配置,而且还要熟悉用户的需求,并能根据用户的需求编制系统发展的提案书和设计书,以及参与应用系统的软硬件配置确定和数据库各级模式的概要设计。

　　5)数据库管理员

　　这类人员负责数据库系统的设计、建立、管理和维护工作。他们不仅对程序语言、数据描述和操作语言、系统软件和 DBMS 非常熟悉,而且对用户业务也非常了解。他们在数据库系统的设计阶段,参与全部设计工作;在系统建立阶段,负责将数据库的数据装入,在系统建立之后负责数据库的日常维护,使数据库有效地满足各种用户的需求。因此,数据库管理员是掌握数据库全局并进行数据库设计和管理的骨干人员,在数据库系统中具有特别的重要性。数据库管理员的主要职责可归纳为以下几点:

　　(1)系统组织:在设计阶段,数据库管理员和系统分析员一起决定数据库的内容、确定数据库系统的各级模式、用户对数据库的存取权限、数据约束条件和保密措施等等。在建立阶段,将数据库各级源模式经编译处理生成目标模式并装入系统,然后装入数据库数据。

　　(2)运行监督:在数据库运行时,监视系统的运行状况,记录数据库数据的使用和变化情况,定期对数据库的数据进行转储。

　　(3)整理和重组:数据库管理员通过各种日志和统计数字,分析系统性能。当系统性能下降或用户对数据库系统提出新的信息要求时,由数据库管理员负责各级模式的修改;对数据库的数据重新进行组织以提高系统性能和满足用户需要。

　　(4)系统恢复:数据库运行期间,由于硬件和软件的故障会使数据库遭受破坏,数据库管理员必须确定恢复策略并负责数据库数据的恢复。数据管理员所看到的数据库对应于概念级数据库,是数据库的整体逻辑描述,它是所有用户视图的一个最小并集,通常也称为数据管理员视图。

2.2　数据库管理系统的功能和组成

　　数据库管理系统(DBMS)是对数据进行管理的大型系统软件,它是数据库系统的核心组成部分。用户在数据库系统中的一切操作,包括定义、查询、更新以及各种控制,都是通过DBMS 进行的。DBMS 就是实现将用户意义下的抽象的逻辑数据的处理转换成计算机具体的物理数据的处理软件,这给用户带来很大的方便。

2.2.1　数据库管理系统的功能

　　数据库管理系统的功能很多,主要体现在下面的五个方面:

1. 数据库的定义功能

数据库管理系统提供数据描述语言定义数据库的三级结构和二级映射,定义数据的完整性约束和保密限制等约束。

2.数据库的操纵功能

数据库管理系统提供数据操作语言实现对数据的操作。基本的数据操作有两类:检索(查询)和更新(包括插入、删除、修改)。

3.数据库的保护功能

数据库中的数据是信息社会的战略资源,对数据的保护是至关重要的。数据库管理系统对数据库的保护通过四个方面实现:

① 数据库的恢复。在数据库被破坏或数据不正确时,系统有自我恢复能力把数据库恢复到正确的状态。

② 数据库的并发控制。当多个用户同时对同一个数据进行操作时,系统应能加以控制,防止破坏数据库中的数据。

③ 数据完整性控制。保证数据库中数据及语义的正确性和有效性,防止任何对数据造成错误的操作。

④ 数据安全性控制。防止未经授权的用户存取数据库中的数据,以避免数据的泄露、更改或破坏。

数据库管理系统的其他保护功能还有系统缓冲区的管理以及数据存储的某些自适应调节机制等。

4.数据库的维护功能

这一部分包括数据库的数据载入、转换、存贮,数据库的改组以及性能监控等功能。这些功能分别由各个应用程序完成。

5.数据字典

数据库系统中存放三级结构定义的数据库称为数据字典(Data Dictionary,DD)。对数据库的操作都要通过 DD 才能实现。DD 中还存放数据库运行时的统计信息,例如记录个数、访问次数等。

上面是一般的数据库管理系统所具备的功能,通常在大、中型计算机上实现的数据库功能较强、较全,而在微型计算机上实现的功能相对较弱。

2.2.2 数据库管理系统的组成

数据库管理系统是许多程序所组成的一个大型软件系统,每一个程序都有自己的功能,这些程序共同完成 DBMS 的一个或几个工作,一个完整的 DBMS 通常应由以下几个部分组成:

1.语言编译处理程序

语言编译处理程序包括以下两个程序:

① 数据定义语言 DDL 编译程序

它把用 DDL 编写的各级源模式编译成各级目标模式。这些目标模式是对数据库结构信息的描述,它们被保存在数据字典中,供以后数据操纵或数据控制时使用。

② 数据操纵语言 DML 编译程序

它将应用程序中的 DML 语句转换成可执行程序,实现对数据库的检索、插入和修改等基本操作。

2．系统运行控制程序

系统运行控制程序主要包括以下几部分：

①系统总控程序

用于控制和协调各程序的活动，它是 DBMS 运行程序的核心。

②安全性控制程序

防止未被授权的用户存取数据库中的数据。

③完整性控制程序

检查完整性约束条件，确保进入数据库中的数据的正确性、有效性和相容性。

④并发控制程序

协调多用户、多任务环境下各应用程序对数据库的并发操作，保证数据的一致性。

⑤数据存取和更新程序

实施对数据库数据的检索、插入、修改和删除等操作。

⑥通信控制程序

实现用户程序和 DBMS 之间的通信。

除了上面所讲的软件之外，还有事务管理程序、运行日志程序等。所有这些程序在数据库系统运行过程中协同操作，监视着对数据库的所有操作、控制、管理数据库资源等。

3．系统建立、维护程序

系统建立、维护程序主要包括以下几个部分：

①装配程序

完成初始化数据库的数据装入。

②重组程序

当数据库性能下降时（如查询速度变慢），需要重新组织数据库，重新装入数据。

③系统恢复程序

当数据库系统受到破坏时，将数据库系统恢复到以前某个正确的状态。

2.2.3　用户对数据库系统的访问过程

数据库管理系统是数据库系统的核心软件，它与数据库的各个部分都有密切的联系，对于数据库的一切操作，如数据的装入、检索、更新、再组织等都是在 DBMS 的控制和管理下进行的。

为了更好的理解 DBMS 的作用，我们以应用程序从数据库读取一个记录为例来具体说明访问过程，参见图 2.3。

①应用程序 A 使用 DML 命令向 DBMS 发出读取一个记录的请求，并提供相应的记录参数，如记录名、关键字值等。

②DBMS 根据应用程序 A 对应的子模式信息，核对用户的访问权限、操作是否合法等，若核对结果符合规定，则执行下一步，否则中止执行并给出出错信息。

③DBMS 根据子模式和模式之间的映像关系和调用模式，确定该记录在模式上的结构框架。

④DBMS 根据模式与存储模式的映像关系和存储模式，确定该记录的物理结构。

⑤DBMS 向 OS 发出读取物理记录命令。

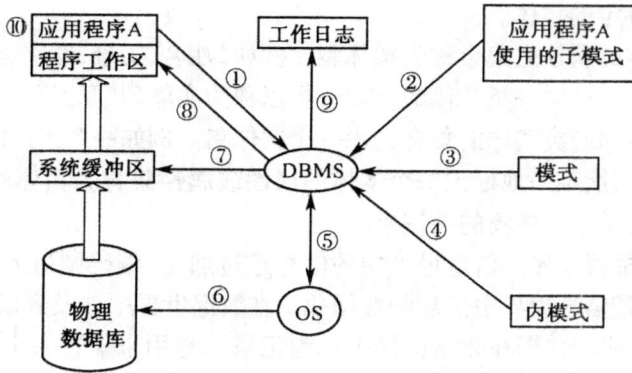

图 2.3 使用 DBMS 为应用程序读取一个记录的操作顺序

⑥OS 执行 DBMS 发出的命令,从相应的存储设备读出相应的数据,并送入系统缓冲区。

⑦DBMS 收到 OS 的操作结束信息后,按模式和子模式的映像关系将系统缓冲区中的数据装配成应用程序 A 所需要的记录,并送入程序工作区。

⑧DBMS 向应用程序 A 发送反映命令执行情况的状态信息(由状态字描述),如"执行成功"、"数据未找到"等。

⑨记录系统的工作日志。

⑩应用程序 A 根据状态信息进行相应的数据处理。

对于数据库的其他操作,其过程与上述读取过程类似,读者可自行给出。

2.3 数据模型

2.3.1 数据的描述

计算机信息管理的对象是现实生活中的客观事物、人们在实施对客观事物的管理过程中,首先有个熟悉了解的过程,从观测中得到大量的描述具体事物的信息,但是这些信息是无法直接送入计算机的,必须进一步地整理和归类,进行信息的规范化,然后才能将规范信息数据化并送入计算机的数据库中保存起来。这一过程经历了三个领域——现实世界、信息世界和数据世界。

现实世界是存在于人脑之外的客观世界,它包含了客观事物及其相互联系。

信息世界是现实世界中的事物在人们头脑中的反映,这是人们通过选择、分类和命名等加工过程,把现实世界中的客观事物抽象到信息世界的。信息世界的主要对象是实体。

实体是客观存在的事物。实体可以是具体的,如一名学生、一本书;也可以是抽象的事件,如一次篮球比赛;实体还可以指事物与事物之间的联系,如"学生得奖记录"。

实体有许多特性,每一个特性在信息世界中都称为**属性**。例如学生的姓名、年龄都是学生这个实体的属性。每个属性都有一个值域,它表征了属性值的变化范围,例如学号的值域是 7 位整数,性别的值域是{男、女}。因此,属性是个变量,属性值就是变量所取的值,这些属性值的集合描述了一个特定的实体。

表征某一类实体的属性之集合称为**实体型**。例如,姓名、工号、性别、出生年月、职称、工资这些属性是表征"职工"这样一类实体的,因此,可以称为实体型"职工"。

同属一个实体型的同类实体的集合构成一个**实体集**。例如一个工厂的全体职工构成一个实体集。在实体集中,能唯一地标识每个实体的属性或属性集称为实体的**关键字**或**键**。例如学生的学号可以作为学生实体集的关键字。

数据世界,也称机器世界。信息世界中的信息经过加工、编码则进入数据世界,数据世界的对象是数据,数据是信息世界中信息的数据化。在数据世界中涉及到以下一些概念。

每一个实体所对应的数据在数据世界中称为**记录**。它用来描述一个实体,是相应于这一实体的数据。例如,在"职工"实体型中有属性:姓名、工号、性别、出生年月、职称、工资等,对应某一职工,这些属性值分别是:黄英,0231,女,1952 年 3 月,工程师,890,这就是一个记录。与实体型相应的概念是记录的**记录型**。

对应于信息世界中的属性,在数据世界中被称为**字段**,也称为数据项。字段的命名往往与属性名相同,如学生的学号、姓名、年龄和性别均为字段。与属性值相应的概念是数据项的具体取值。一个实体的字段的有序集合就是一个记录。

同一类记录的汇集称为**文件**。文件就相应于信息世界的实体集,例如所有的学生记录的汇集就是一个学生文件。

在文件中能唯一地标识文件中每个记录的字段或字段集被称为文件的关键字,或称为记录的关键字。这个概念和实体集中的关键字的概念是一致的。

2.3.2 实体间的联系

客观存在的事物之间存在着各种各样的联系,在描述客观事物时除了描述其本身之外,还要描述事物互相之间的联系。这种联系可以从两个方面去考虑,一方面是一个事物内部的各个特性之间的联系,它在信息世界中表现为实体的属性,在数据世界中表现为记录的字段。在文件系统中,数据是面向具体应用的,它的特点就是只考虑记录内部的字段间的联系,而不必考虑文件之间的联系。另一方面,但是在数据库系统中,数据是面向系统的,它要以最优的方式去适应多个应用程序的要求。它不仅要反映记录内部的联系,还要反映记录外部即文件之间的联系。这种联系在信息世界中是以实体集之间的联系来描述的。

实体集之间的联系归纳起来有三类:一对一的联系、一对多的联系和多对多的联系。

(1)一对一的联系:如果实体集 A 中的每一个实体至多和实体集 B 中的一个实体有联系,反之亦然,则称 A 和 B 是一对一的联系,记作 1:1。例如实体集厂长和实体集工厂之间的联系是一对一的联系,因为一家工厂只有一位厂长,一位厂长也只领导一家工厂。

(2)一对多的联系:如果实体集 A 中的每个实体与实体集 B 中的任意个实体有联系,反之实体集 B 中的每一个实体至多和实体集 A 中的一个实体有联系,则称 A 和 B 是一对多的联系,记作 1:n。例如实体集工厂和实体集工人之间的联系是一对多的联系,因为一家工厂有许多工人,而一位工人只属于一家工厂。

相应地有多对一的联系(n:1),从本质上说,它是一对多联系的逆转。其定义同一对多联系类似。

(3)多对多的联系:如果实体集 A 中的每个实体与实体集 B 中的任意个实体有联系,反之实体集 B 中的每一个实体与实体集 A 中的任意个实体有联系,则称 A 和 B 是多对多的联系,记作 m:n。例如实体集教师和实体集学生之间的联系是多对多的联系,因为一位教师要对许多学生进行教学,而一位学生要选修多门课程。

2.3.3　数据模型

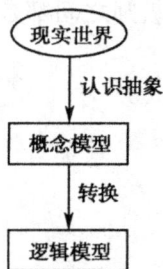

图 2.4　抽象的层次

数据模型的种类很多,目前广泛使用的有两种类型,如图2.4所示。一种是独立于计算机系统的数据模型,完全不涉及信息在计算机中的表示,只是用来描述某个特定组织所关心的信息结构,这类模型称为"概念数据模型"或概念模型。概念模型是按用户的观点对数据建模,强调其语义表达能力,概念应该简单、清晰、易于用户理解,它是对现实世界的第一层抽象,是用户和数据库设计人员之间进行交流的工具。这一类模型中最著名的是"实体联系模型"。

另一种数据模型是直接面向数据库的逻辑结构,它是对现实世界的第二层抽象。这类模型直接与 DBMS 有关,称为"逻辑数据模型"或逻辑模型,一般又称为"结构数据模型"。例如层次、网状、关系、面向对象等模型。这类模型有严格的形式化定义,以便于在计算机系统中实现。它通常有一组严格定义的无二义性语法和语义的数据库语言,人们可以用这种语言来定义、操纵数据库中的数据。

结构数据模型有严格的定义,如下所述。

定义　结构数据模型应包含数据结构、数据操作和数据完整性约束三个部分:

(1)数据结构是指对实体类型和实体间联系的表达和实现。

(2)数据操作是指对数据库的检索和更新(包括插入、删除和修改)两类操作。

(3)数据完整性约束给出数据及其联系应具有的制约和依赖规则。

下面介绍几种主要数据模型的数据结构特性。

1. 实体联系模型

实体联系模型(Entity Relationship Model,简记为 ER 模型)是 P.P.Chen 于 1976 年提出的。这个模型直接从现实世界中抽象出实体类型及实体间联系,然后用实体联系图(ER图)表示数据模型。设计 ER 图的方法称为 ER 方法。

ER 图是直接表示概念模型的有力工具,在 ER 图中有下面四个基本成分:

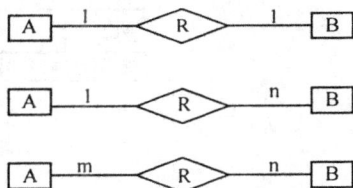

图 2.5　实体集之间三类联系的 ER 图

(1)矩形框,表示实体类型(问题的对象)。

(2)菱形框,表示联系类型(实体间联系)。

(3)椭圆形框,表示实体类型和联系类型的属性。

相应的命名均记入各种框中。对于关键字属性,在属性名下画一条横线。

(4)连线。实体与属性之间、联系与属性之间、联系与实体之间均用直线连接。

ER 模型中实体集之间的三类联系可用图 2.5 来表示,其中 A、B 表示实体,R 表示联系。

例如教学情况的实体联系模型,如图 2.6 所示。教学实体联系模型中的实体集有学生、课程和教师,实体集在图中用矩形框表示,在框内注出了实体型的名称。学生的属性有学号、姓名、性别、年龄等,课程的属性有课程号、课程名、学时和学分等,教师的属性有工号、姓名、年龄、职称等。在图中用椭圆形框表示属性。学习情况是学生和课程之间的联系,具有属性学号、课程号和分数等,这些属性一般称为联系属性。任课情况是教师和课程之间的联系,具有联系属性课程号、教师姓名等。在图中用菱形框来表示实体间的联系。学生和课程之间、课程与教师之间都是多对多的联系。

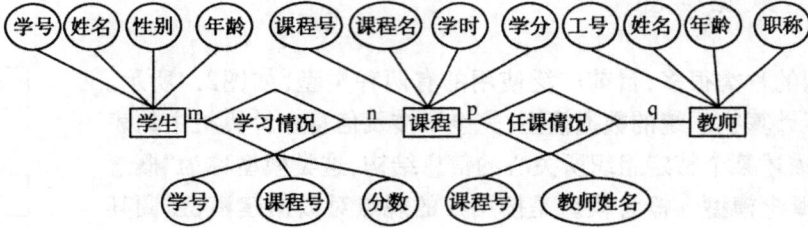

图 2.6　教学实体联系模型

2.层次模型

层次模型是用树型结构来表示实体间的联系,它把现实世界中实体集间的联系抽象为一个严格的自上而下的层次关系。树的结点是记录型,记录型间只有简单的层次联系,它们满足下述两个基本条件:

(1)有且只有一个结点无双亲,这个结点就是树的根结点。

(2)其他结点有且只有一个双亲。

也就是说,上一层记录型和下一层记录型的联系是 1:n 联系(包括 1:1 联系),一个父记录型可对应一个或多个子记录型,而一个子记录型只能对应一个父记录型。

图 2.7 是一个层次模型的例子。

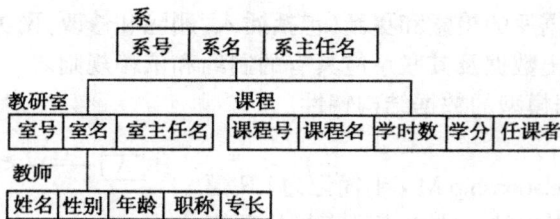

图 2.7　教师情况的层次模型

在层次模型中,必须从根结点开始查询记录的内容,譬如,从系、教研室、教师这条路径可以查到某个教师的性别、年龄和职称;从系、课程这条路径可以查到某门课程的任课教师。但不能从课程名直接查到任课教师的职称,一定要先查到任课教师的姓名,再从根结点开始重新查询该教师的职称。

1968 年美国 IBM 公司研制的 IMS 系统(Information Management System)是最典型的层次模型系统。

3.网状模型

网状模型是用记录型之间的网状结构来表示实体间联系的模型。

网状模型的特点是:

(1)允许有一个以上的结点无双亲。

(2)一个结点允许有多个双亲。

在层次模型里,双亲结点和子女结点间的联系是唯一的,而在网状模型中,两个结点间的联系就不是唯一的了。为了描述这种联系,引入了"系"的概念,用来定义两个记录型间的从属关系。从树结构的角度来讲,系实际上是一棵二叉树,它的根称为首记录,处于主导地位,它的叶称为属记录,处于从属地位。图 2.8 是一个网状模型的示例,图中共有 4 个系,它们分别为:"教师—课程系"、"课程—学习系"、"班级—学生系"和"学生—学习系"。"学习"既是"课程"的属记录又是"学生"的属记录;而"课程"对"教师"来说是属记录,但对于"学习"来说则是首记录。

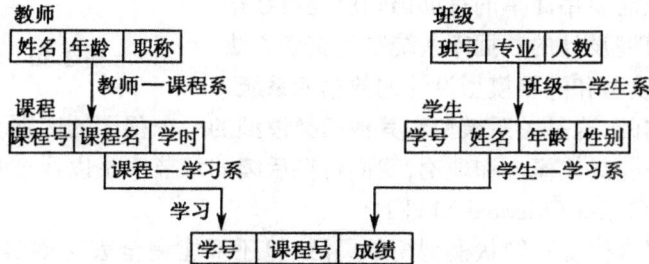

图 2.8 教学情况的网状模型

网状模型和层次模型统称为格式化的数据模型,在建立基于网状模型和层次模型的数据库时,事先必须将数据记录间的关系固定下来。数据库建立后,也只能根据这种确定的关系对相关数据进行访问。所以用户在处理此类数据库时必须非常清楚数据之间的网状或层次间的联系。

DBTG 系统是网状模型的数据库系统,它是由美国 CODASYL(Conference on Data System Language)下属的一个组织 DBTG(Data Base Task Group)提出的一个系统方案,所以也称为 CODASYL 系统,它是网状系统的典型代表。

4. 关系模型

关系模型是与格式化模型完全不同的模型,它是用二维表格的形式结构表示实体本身及其实体间的联系。

在关系模型中,一个二维表就对应于一个关系。表中的一列称为一个属性,相当于记录中的一个数据项,对属性的命名称为属性名。表中的一行称为一个元组,与一特定的实体相对应,相当于记录值。对关系的描述是用关系模式来表示,它是用关系名(属性名 1,属性名 2,…,属性名 n)形式表示的,例如图 2.6 中的教师关系模式是:教师(工号,姓名,年龄,职称)。

关系是关系模型中最基本的概念。关系模型的特点是:实体本身和实体之间的联系均用关系来描述,或者通过关系之间的连接运算来建立联系。

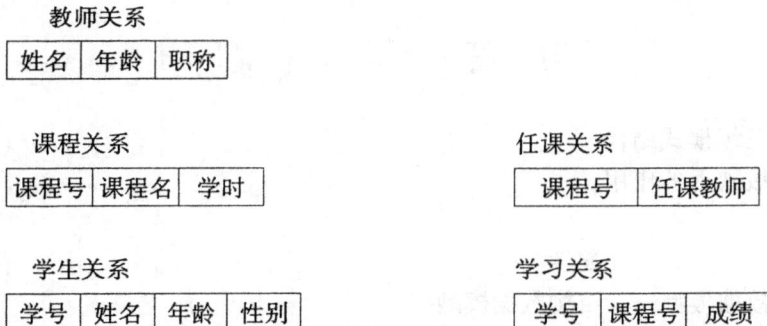

图 2.9 教学情况关系模式

　　图 2.9 是反映教学情况的关系模型,它用五个关系模式的集合来表示一个关系数据模型。在为关系中的每一个属性指定了属性值之后,就得到了一个二维关系表。图 2.10 是一个学生关系表的示例,仿照此例,可以建立图 2.9 中其他四个关系模式的关系表。

学生关系

学　号	姓　名	年龄	性别
99401	李　明	19	男
99402	陈　红	19	女
99403	王国庆	20	男
99404	张力学	19	男
⋮	⋮	⋮	⋮

图 2.10　学生关系表

　　关系模型最大的优点是简单,一个关系就是一个数据表格,用户容易掌握,只需要用简单的查询语句就能对数据库进行操作。用关系模型设计的数据库系统是用查表方法查找数据的,而用层次模型和网状模型设计的数据库系统是通过指针链查找数据的,这是关系模型和其他两类模型的一个很大的区别。

　　对于关系模型的一些具体概念和理论,我们将在后续的章节中予以详细介绍。

　　5. 面向对象模型(Object-Oriented Model)

　　虽然关系模型比层次模型和网状模型简单灵活,但还不能完全表达现实世界中存在的许多复杂的数据结构,如 CAD 数据、图形数据、嵌套递归的数据,这些复杂的数据结构需要更高级的数据库技术来表达,面向对象模型由此而产生。

　　面向对象概念最早出现在 1968 年的 SmallTalk 语言中,随后迅速渗透到计算机领域的每一个分支。20 世纪 80 年代中后期,数据库界掀起了面向对象技术和数据库技术相结合的研究热潮。经过十余年的研究,虽然面向对象数据库没有统一的标准,但归纳起来面向对象技术和数据库技术结合的途径主要有两种:

　　一种途径是以面向对象程序设计语言为基础进行扩展,研究持久的程序设计语言,使之具有数据库功能;或者直接将数据库系统的特性与面向对象程序设计语言的特性结合起来,研制面向对象的数据库系统(OODBS)。另一种途径是以传统的关系数据库和 SQL 语言为基础,进行面向对象思想扩展的方法。这种方法早期的典型代表是加州大学的 Berkeley 分校研制的扩展关系数据库系统 POSTGRES,它以关系数据库系统 Ingres 为基础,将它的类型系统开放,允许将新的、用户定义的抽象数据类型加进来,用户定义新的数据类型时需要实现这个类型,即定义它的表示方法和编写它的函数。采用扩展关系数据模型的方法建立的数据库系统称做对象—关系数据库系统(ORDBS),它建立在关系数据库技术坚实的基础上,并且支持若干重要的面向对象特性,能够满足数据库应用的更多需求。

　　面向对象数据模型比网状、层次、关系数据模型具有更加丰富的表达能力。但正因为面向对象模型的丰富表达能力,模型相对复杂,实现起来比较困难。

习　题

1. 试述数据库系统的三级模式结构。
2. 简述数据库系统两级映射的作用。
3. 名词解释

　①实体　　　　　　联系　　　　　　　　属性

　②数据模型　　　　概念数据模型　　　　结构数据模型

　③层次结构　　　　网状模型　　　　　　关系模型　　　　　面向对象模型

4. 设某商业集团数据库中有三个实体集:一是商店实体集,属性有商店编号、商店名称、地址等;二是商品实体集,属性有商品号、商品名称、规格、单价等;三是职工实体集,属性有职工编号、姓名、性别、业绩等。

　　商店和商品存在销售联系,每个商店可销售多种商品,每种商品也可以在多个商店销售;每个商店销售一种商品,有月销售量;商店和职工之间有聘用关系,每个商店有很多员工,每个职工则只能在一个商店工作,商店聘用职工有聘用期和月薪。试画出 ER 图,并在图上注明属性、联系的类型。

　　5.某体育运动锦标赛有来自世界各国运动员组成的体育代表团参加各种比赛项目。试为该锦标赛各个代表团、运动员、比赛项目、比赛情况设计一个 ER 模型。

　　6.假设要为某厂设计一个库存销售信息管理系统,对仓库、车间、产品、客户、销售员等信息进行管理。该工厂的数据主要有以下一些联系:

　　①车间生产的产品和仓库中的仓位有入库联系。

　　②产品和仓位有存储联系。

　　③销售员、客户、产品之间有订单联系。

　　④客户、产品、仓位之间有出库联系。

　　试为该数据库设计其 ER 模型。

第 3 章

关系数据库基本理论

关系数据库系统是建立在严格的数学基础之上的、运用数学方法定义数据库及其操作的数据库系统。这种类型的数据库管理系统是当今普遍应用的,也是在当前数据库市场上占绝对主导地位的。本章将对关系数据库的基本理论加以介绍,主要包括关系模型、关系代数、关系数据库设计的规范化和完整性约束等内容。

3.1 关系模型

3.1.1 关系模型的基本概念

1. 笛卡儿积

域(Domain)是值的集合。如学生性别的域是{男,女},学生成绩的域是 $0 \sim 100$ 的集合。给定一组域 $D_1, D_2, \cdots, D_n$,则 $D_1, D_2, \cdots, D_n$ 上的笛卡儿积的定义如下:

$$D_1 \times D_2 \times \cdots \times D_n = \{(d_1, d_2, \cdots, d_n) \mid d_i \in D_i, i = 1, 2, \cdots, n\}$$

其中每一个元素 $(d_1, d_2, \cdots, d_n)$ 称为一个元组,元素中的每一个值 d_i 称为一个分量。若 D_i $(i = 1, 2, \cdots, n)$ 为有限集,其基数为 $m_i (i = 1, 2, \cdots, n)$,则 $D_1 \times D_2 \times \cdots \times D_n$ 的基数为 $\prod_1^n m_i$。

例如,我们给出两个域:教师名域 $D_1 = \{王伟, 钱清\}$ 和课程名域 $D_2 = \{数据机构, 数据库技术, 计算机原理\}$,则 D_1 和 D_2 的笛卡儿积定义为集合:

$$D_1 \times D_2 = \{(王伟, 数据结构), (王伟, 数据库技术), (王伟, 计算机原理), (钱清, 数据结构), (钱清, 数据库技术), (钱清, 计算机原理)\}$$

它表示教师名和课程名的所有可能组合。其中(王伟,数据结构),(王伟,数据库技术),(王伟,计算机原理)等都是元组,而王伟、数据结构、数据库技术等都是分量。该笛卡儿积的基数是 $2 * 3 = 6$,也就是说,$D_1 \times D_2$ 一共有 6 个元组。

2. 关系

域 $D_1, D_2, \cdots, D_n$ 上的笛卡儿积的子集称为在域 $D_1, D_2, \cdots, D_n$ 上的关系,用 $R(D_1, D_2, \cdots, D_n)$ 表示,其中 R 为关系名,$D_i (i = 1, 2, \cdots, n)$ 为关系 R 的属性,n 是关系的目或度(Degree),也称元数。关系的成员为元组,即笛卡儿积的子集的元素 $(d_1, d_2, \cdots, d_n)$,值 d_i 为元组的第 i 个分

量。例如,我们用教师名代替教师(假设无同名教师存在),用课程名代替课程,教师任教的课程可用关系 TC(教师,课程)表示,显然它是教师名域和课程名域的笛卡儿积的子集,任一学期教师任教的课程记录是这个关系的元组,如:

$$TC=\{(王伟,数据结构),(钱清,数据库技术)\}$$

TC 表示本学期王伟老师上数据结构课程和钱清老师上数据库技术课程。

还可以用集合论的观点来定义关系:关系是一个元素为 k(k≥1)的元组的集合。即这个关系中有若干个元组,每个元组有 k 个属性值。把关系看成是一个集合,集合中的元素是元组。更直观的理解,可将关系看成是一张二维表格,该表既可以用于描述数据本身,同时也描述数据之间的联系,所以关系有时也称表。表 3.1 是一张典型的二维表格。

表 3.1 学生信息表

学号	姓名	班级	性别	出生年月
0401001	李明	电气 0401	男	1986 年 06 月
0401002	胡威	电气 0401	男	1986 年 03 月
0401040	陈伟	电气 0402	男	1986 年 09 月
0401044	刘芳	电气 0402	女	1986 年 11 月

从表 3.1 中可以看出关系具有如下特点:

①关系(表)可以看成是由行和列(4 行和 5 列)交叉组成的二维表格,它表示的是一个实体集合。注意,表中第一行是属性说明,不算表的内容。

②表中的一行称为一个元组,可用来表示实体集中的一个实体。

③表中的列称为属性或字段,给每一个列起一个名称即属性名,表中的属性名不能相同。

④列的取值范围称为域,同列具有相同的域,不同的列可以有相同的域,也可以不相同。

⑤表中任意两行(元组)不能完全相同。能唯一标识表中不同行的属性或属性组称为主键。

尽管关系(二维表格)与传统的数据文件有类似之处,但它们又有区别。严格地说,关系是一种规范化了的二维表格,具有如下性质:

①元组不能重复。

②没有行序,即行的次序可以任意交换。

③没有列序,即列的次序可以任意交换。

④同列同域,即同一列中的分量的数据类型及其取值范围一致。

⑤不同属性必须具有不同的名字。

⑥属性是原子的,不可再分。比如学生信息中的籍贯包含省和市(县)等信息。如果按照表 3.2 所示,就出现表中有表的现象,这在关系数据库中是不允许的。解决的办法有两种:一种是把籍贯当成一列,对籍贯中的信息不做区分,好处是只用一列,缺点是如果要按省或市县统计时不是很方便;另一种是把籍贯分成省和市县两列,如表 3.3 所示。

表 3.2 表中有表

姓名	籍 贯	
	省	市县
李明	浙江	台州
胡威	江苏	无锡

表 3.3 规范化关系

姓名	省	市县
李明	浙江	台州
胡威	江苏	无锡

3. 键及相关概念

键是具有唯一标识特性的一个或一组字段,用于唯一标识实体。候选键(Candidate Key)是指能唯一识别关系实例元组的最小字段集合。一个关系可能有多个候选键。可从关系的候选键中,指定其中一个作为关系的主键(Primary Key,PK)。一个关系最多指定一个主键,主键概念与实体的关键字的概念也是一样的。

上面所说的候选键和主键概念都是围绕一张表来进行的。在关系模型中,还有一个重要的概念——外键(Foreign Key,FK),它是表间联系的重要纽带。如果一张表中的某个属性(组)是另一张表中的候选键或主键,则称该属性(组)为此张表的外键。

3.1.2　关系模型的完整性约束

数据库的完整性是指数据库中数据的正确性和相容性。数据库中数据是否具有完整性关系到数据库系统能否真实地反映现实世界,因此数据库的数据完整性是非常重要的。

数据完整性由完整性规则来定义,完整性规则是对关系的某种约束条件。关系模型提供三种完整性约束:实体完整性、参照完整性、用户定义完整性。其中实体完整性和参照完整性是关系模型必须满足的完整性约束条件,应该由关系系统自动支持;而用户定义的完整性是应用领域需要遵循的约束条件,体现了具体应用领域的语义约束。

1. 实体完整性约束

实体完整性约束:关系中元组的主键值不能为空。空值不是 0,也不是空字符串,是没有值,是不确定的值,所以空值无法标识表中的一行。实体完整性约束规定关系的所有主属性都不能取空值,而不仅是主键整体不能取空值。如关系学生(学号,姓名,性别等),其中主键为学号,则学号不能取空值;在关系选修课程(学号、课程号、成绩)中,主键为学号和课程号属性组,因此学号和课程号两个属性都不能取空值。

2. 参照完整性约束

在关系数据库中,关系和关系之间的联系是通过公共属性实现的。这个公共属性是一个表的主键和另一个表的外键。外键必须是另一个表的主键的有效值,或者是一个空值。如前面提到的关系学生(学号,姓名,性别,班号等)和关系班级(班号,班级名)之间的联系是通过班号实现的。班号是关系班级的主键、关系学生的外键。学生表中班号必须是班级表中班号的有效值,或者是空值,否则就是非法数据。某学生的班号为空值表示该学生还未编入任一个班。

参照完整性约束的形式定义如下:

若属性(或属性组)F 既是关系 S 的主键,也是关系 R 的外键,则对于 R 中的每个元组在 F 上的取值或者为空值(F 中的每个属性均为空值),或者等于 S 中某个元组的主键值。

这条约束在使用时,需要注意以下三点:

①外键和相应的主键可以不同名,只要定义在相同的值域上即可。但在实际使用中,为了方便起见,一般取同名。

②关系 R 和 S 也可以是同一个关系模式,表示了同一个关系中不同元组之间的联系。比如在学某门课程之前也许要先选修另外的课程,此时关系课程可表示为(课程号,课程名,先修课程号),此时对应的 R 的主键是课程号,而外键是先修课程号,与关系课程的课程号属性对应。

③外键值是否允许为空,应视具体情况而定。在具体关系中,若外键是该关系主键的组成属性的成分,则不允许为空,否则允许为空。

在上述形式定义中,S 称为参照关系模式,R 称为依赖关系模式。在软件开发工具 Power Builder 中,分别称为主表和从表(副表);在 Visual FoxPro 系统中,分别称为父表和子表。

3. 用户定义完整性约束

这是针对某一具体数据的约束条件,由应用环境决定。它反映的是某一具体应用所涉及的数据必须满足的语义要求。如某个属性必须取唯一值(学号,身份证号,工号等),某些属性值之间应满足一定的函数关系(工资单中的明细工资、应发工资、应扣以及实发等属性之间的关系),某个属性的取值范围在 0~100 之间等。关系模型应提供定义和检验这类完整性的机制,以便用统一的系统方法处理它们,而不再由应用程序承担这项工作。

用户定义的完整性通常是定义除主键和外键属性之外的其他属性取值的约束,即对其他属性的值域的约束。对属性的值域的约束也称为域完整性约束,该约束是指对关系中属性取值的正确性的限制,包括数据类型、精度、取值范围、是否允许空值等。取值范围又可分为静态定义和动态定义两种。静态定义取值范围是指属性的值域范围是固定的,可从定义值的集合中提取特征值;动态定义取值是指属性的取值范围依赖于另一个或多个其他属性的值。

4. 完整性约束的处理

为了维护数据库中数据的完整性,在对关系数据库执行插入、删除和修改操作时,就要检查数据库是否满足上述三类完整性约束。

①当执行插入操作时,首先检查实体完整性约束,即插入行在主键属性上的值是否已经存在,若不存在,则可以执行插入操作,否则不执行插入操作。然后检查参照完整性约束,如果是向参照关系插入,则不要考虑参照完整性约束;如果是向依赖关系插入,则判断插入行在外键属性上的值是否已经在相应参照关系的主键属性值中存在。如果存在,则可以执行插入操作,否则不执行插入操作;或者将插入行在外键属性的值改为空值后再执行插入操作(假设该外键允许取空值);或者将该属性值自动在参照关系中插入(一般适用于代码)。最后检查用户定义的完整性约束,检查要被插入的关系中是否定义了用户完整性规则,如果定义了,则检查插入行在相应的属性上的值是否遵守用户定义的完整性规则。若遵守,则插入。否则不执行。

②当执行删除操作时,一般只需要检查参照完整性约束。如果是删除参照关系中的行,则检查被删除行上在主键属性上的值是否正在被依赖关系的外键引用,若没有被引用,则可以执行删除操作;若正在被引用,则有三种可能的做法:不执行删除操作(拒绝删除),或将依赖关系中相应行在外键属性上的值改为空值后再执行删除操作(空值删除),或将依赖关系中相应行一起删除(级联删除)。

③当执行更新操作时,因为更新操作可看成是先执行删除操作,再执行插入操作,因此是上述两种情况的综合。

3.1.3　关系模型的形式化定义

关系模型由三个部分组成:数据结构、数据操作和完整性约束,它们分别满足以下三条:

①数据库中全部数据及其相互关系都被组织成关系(即二维表格)的形式,关系模型基本的数据结构是关系。有关的概念在前面已经讲述。

②关系模型提供一组完备的高级关系运算,以支持对数据库的各种操作。关系模型中常

用的关系操作包括:选择、投影、连接、除、并、交、差和查询操作,以及增、删、改等更新操作两部分。查询的表达能力是最主要的部分。关系操作的特点是集合操作方式,即操作的对象和结果都是集合。这种操作方式也称一次一集合(set-at-a-time)的方式。相应地,非关系数据模型的操作方式则为一次一记录(record-at-a-time)的方式。早期的关系操作通常用代数方法和逻辑方法来表示,分别称为关系代数和关系演算。由于关系代数和关系演算在表达能力上是完全对等的,因此稍后只对关系代数进行阐述。

③关系模型的三类完整性约束。关于三类完整性约束的具体内容,在前面也做了详尽的讲解。

3.2　关系代数

关系代数是一种抽象的查询语言,是关系数据操纵语言的一种传统表达方式,它是用对关系的运算来表达查询的。任何一种运算都是将一定的运算符作用于一定的运算对象上,得到预期的运算结果,所以运算对象、运算符、运算结果是运算的三大要素。关系代数的运算对象是关系,运算结果也是关系。关系代数用到的运算符包括四类:集合运算符、专门的关系运算符、比较运算符和逻辑运算符。其中比较运算符和逻辑运算符是用来辅助专门的关系运算符进行操作的。关系运算符如表 3.4 所示。

表 3.4　关系代数运算符

运算符		含　义	运算符	含　义
集合运算符	∪	并	>	大于
	-	差	≥	大于等于
	∩	交	<	小于
	×	广义笛卡儿积	≤	小于等于
专门运算符	σ	选择	=	等于
	π	投影	≠	不等于
	⋈	连接	¬	非
	÷	除	∧	与
			∨	或

（比较运算符对应 >、≥、<、≤、=、≠；逻辑运算符对应 ¬、∧、∨）

关系代数的运算按运算符的不同可分为传统的集合运算和专门的关系运算两类。其中传统的集合运算将关系看成元组的运算,其运算是从关系的水平方向(即行的角度)来进行,而专门的关系运算不仅涉及行也涉及列。

3.2.1　集合运算

传统的集合运算是二目运算,包括并、差、交和广义笛卡儿乘积四种运算。

1.同类关系

同一关系模式(关系框架)下填以不同的值所生成的诸关系称为同类关系。如表 3.5 所示的关系 R 和表 3.6 所示的关系 S 是同类关系。

表 3.5 关系 R		
学 号	姓 名	性 别
0401001	周华平	男
0401005	李明	男
0401033	胡威	女

表 3.6 关系 S		
学 号	姓 名	性 别
0401005	李明	男
0402078	刘芳	女
0402096	陈建平	男

2. 并(Union)

设有同类关系 R 和 S,则它们的并记为 R∪S,仍然是 R 和 S 的同类关系,由属于 R 和属于 S 的元组组成,但必须去除重复的元组:

$$R \cup S = \{t | t \in R \vee t \in S\}$$,其中 t 为元组。

显然表 3.5 所示的关系 R 和表 3.6 所示的关系 S 的并的结果有 5 个元组,其中学号为 0401005 的元组因重复只留下一个。

3. 差(Difference)

设有同类关系 R 和 S,则它们的差记为 R−S,仍然是 R 和 S 的同类关系,由属于 R 但不属于 S 的元组组成:

$$R - S = \{t | t \in R \wedge t \in S\}$$,其中 t 为元组。

显然表 3.5 所示的关系 R 和表 3.6 所示的关系 S 的差 R−S 只有两个元组,即学号为 0401001 和 0401033 的两个元组。

4. 交(Intersection)

设有同类关系 R 和 S,则它们的交记为 R∩S,仍然是 R 和 S 的同类关系,由既属于 R 又属于 S 的元组组成:

$$R \cap S = \{t | t \in R \wedge t \in S\}$$,其中 t 为元组。

显然表 3.5 所示的关系 R 和表 3.6 所示的关系 S 的交的结果只有 1 个元组,即学号为 0401005 的元组。求两个同类关系的交运算可以用两次差运算所取代,即 R∩S=R−(R−S),用图示很容易证明其正确性,在这里就不做说明了。

5. 广义笛卡儿积(Extended Cartesian Product)

设 R 为 n 元关系,S 为 m 元关系,则 R 和 S 的广义笛卡儿积 R×S 是一个(n+m)元关系,其中任一元组的前 n 个分量是 R 的一个元组,而后 m 个分量是 S 的一个元组。R×S 是所有具备这种条件的元组的集合。在实际进行组合时,可从 R 的第一个元组开始,依次与 S 的所有元组的组合,然后对 R 的其他元组进行同样的操作,就可以得到 R×S 的全部元组。关于笛卡儿积的示例请参考关系模型的基本概念中的例子。

3.2.2 关系运算

专门的关系运算包括投影、选择、连接和除等,下面对这些关系运算作详细介绍。

1. 投影(Projection)

这个操作是对一个关系进行垂直分割,消去某些列,并重新安排列的顺序,再删去重复元组。设关系 R 是 n 元关系,R 在其分量 $A_{i_1}, A_{i_2}, \cdots, A_{i_k}$($k \leqslant n, i_1, i_2, \cdots, i_k$ 为 1 到 n 之间的整数)上的投影用 $\pi_{i_1, i_2, \cdots, i_k}(R)$ 来表示,它是从 R 中选择若干属性列组成的一个 k 元组的集合,形式定义如下:

$$\pi_{i_1, i_2, \cdots, i_k}(R) = \{t \mid t = \langle t_{i_1}, t_{i_2}, \cdots, t_{i_k} \rangle \wedge \langle t_1, t_2, \cdots, t_n \rangle \in R\}$$

【例 3.1】 设学生信息表如表 3.1 所示,对学生信息表进行如下投影操作。

①列出所有学生的学号、姓名、班级,关系代数表示为 $\pi_{学号,姓名,班级}$(学生),结果如表 3.7 所示。

②列出学生信息表中所有班级,关系代数表示为 $\pi_{班级}$(学生),结果如表 3.8 所示。

表 3.7　投影运算实例 1

学　号	姓　名	班　级
0401001	李明	电气 0401
0401002	胡威	电气 0401
0401040	陈伟	电气 0402
0401044	刘芳	电气 0402

表 3.8　关系代数投影运算实例 2

班　级
电气 0401
电气 0402

2. 选择(Selection)

这个操作是根据某些条件对关系作水平分割,即选择符合条件的元组。条件用命题公式 F 表示,F 中的运算对象是常量(用引号括起来)或元组分量(属性名或列的序号),运算符有比较运算符(如表 3.4 的 $<, \leqslant, >, \geqslant, =, \neq$ 等,这些符号统称为 θ 符)和逻辑运算符(如表 3.4 的 ¬、∧、∨ 等)。关系 R 关于公式 F 的选择操作用 $\sigma_F(R)$ 表示,形式定义如下:

$$\sigma_F(R) = \{t \mid t \in R \wedge F(t) = \text{true}\}$$

其中 σ 为选择运算符,$\sigma_F(R)$ 表示从 R 中挑选满足公式 F 的元组所构成的关系。

【例 3.2】 已知学生信息表如表 3.1 所示,对学生信息表进行选择操作:列出所有男同学的基本情况。选择的条件是:性别 = '男'。用关系代数表示为 $\sigma_{性别 = '男'}(R)$,也可以用属性序号表示属性名即 $\sigma_{4 = '男'}(R)$,这是因为"性别"是第 4 个属性。结果如表 3.9 所示。

表 3.9　关系代数的选择运算

学号	姓名	班级	性别	出生年月
0401001	李明	电气 0401	男	1986 年 06 月
0401002	胡威	电气 0401	男	1986 年 03 月
0401040	陈伟	电气 0402	男	1986 年 09 月

3. 连接(Join)

连接操作可将两个关系连在一起,形成一个新的关系。连接操作是笛卡儿积和选择操作的组合。连接分成 θ 连接和 F 连接两种。

①θ 连接:是从关系 R 和 S 的笛卡儿积(R×S)中选取属性值满足某一 θ 操作的元组,记为 $R \underset{i\theta j}{\bowtie} S$,这里 i 和 j 分别是 R 和 S 中的第 i 个、第 j 个属性的序号,θ 是比较运算符,形式定义如下:

$$R \underset{i\theta j}{\bowtie} S = \sigma_{i\theta(r+j)}(R \times S)$$

这里 r 是关系 R 的元数。该式表示 θ 连接是在关系 R 和 S 的笛卡儿积中挑选第 i 个分量和第 (r+j) 个分量满足 θ 运算的元组。如果 θ 为等号,那么这个连接操作就称为等值连接。

②F 连接:从关系 R 和 S 的笛卡儿积中选取属性满足某一公式 F 的元组,记为符号 $R \underset{F}{\bowtie} S$。这里 F 是形为 $F_1 \wedge F_2 \wedge \cdots \wedge F_n$ 的公式,其中每个 F_k 是形为 iθj 的式子。而 i 和 j 分别为关系 R 和 S 的第 i 个分量和第 j 个分量的序号。

【例 3.3】　表 3.10 的(a),(b),(c)分别是关系 SC、C 和 CL,(d)是 SC $\underset{2=1}{\bowtie}$ C 的值(即 SC 的第 2 列与 C 的第 1 列相等),(e)是 SC $\underset{2=1\wedge 3>2}{\bowtie}$ CL 的值(即 SC 的第 2 列与 CL 的第 1 列相等且 SC 的第 3 列的值大于 CL 的第 2 列的值)。

表 3.10　关系代数的连接运算

SNO	CNO	GRADE
S3	C3	87
S1	C2	88
S4	C3	79
S1	C3	76
S5	C2	91
S6	C1	78

(a)关系 SC

CNO	CNAME	CDEPT	TNAME
C2	离散数学	计算机	汪宏伟
C3	高等数学	通讯	钱红
C4	数据结构	计算机	马良
C1	计算机原理	计算机	李冰

(b)关系 C

CNO	G	LEVEL
C2	85	A
C3	85	A

(c)关系 CL

SNO	SC.CNO	GRADE	C.CNO	CNAME	CDEPT	TNAME
S3	C3	87	C3	高等数学	通讯	钱红
S1	C2	88	C2	离散数学	计算机	汪宏伟
S4	C3	79	C3	高等数学	通讯	钱红
S1	C3	76	C3	高等数学	通讯	钱红
S5	C2	91	C2	离散数学	计算机	汪宏伟
S6	C1	78	C1	计算机原理	计算机	李冰

(d)关系 SC $\underset{2=1}{\bowtie}$ C

SNO	SC.CNO	GRADE	CL.CNO	G	LEVEL
S3	C3	87	C3	85	A
S1	C2	88	C2	85	A
S5	C2	91	C2	85	A

(e)关系 SC $\underset{2=1\wedge 3>2}{\bowtie}$ CL

4. 自然连接(Natural Join)

自然连接是一种特殊的等值连接,它要求两个关系中进行比较的分量必须是相同的属性组,并且要在结果中把重复的属性去掉,只留下一个。两个关系的自然连接用 R $\bowtie$ S 表示,具体计算过程如下:

①计算 R×S。

②设 R 和 S 的公共属性是 $A_1, A_2, \cdots, A_k$,挑选 R×S 中分量值满足 $R.A_1 = S.A_1, \cdots, R.A_k = S.A_k$ 的那些元组。

③去掉 $S.A_1, S.A_2, \cdots, S.A_k$ 等列,保留 $R.A_1, R.A_2, \cdots, R.A_k$。

因此,R $\bowtie$ S 可用下式定义:

$$R \bowtie S = \pi_{i_1, i_2, \cdots, i_m}(\sigma_{R.A_1 = S.A_1 \wedge R.A_2 = S.A_2 \wedge \cdots \wedge R.A_k = S.A_k}(R \times S))$$

【例 3.4】　关系 SC 和关系 C 如表 3.10 的(a)和(b)所示,表 3.11 表示关系 SC 和关系 C 的自然连接结果,其自然连接表达式为:

$$SC \bowtie C = \pi_{SNO, SC.CNO, GRADE, CNAME, CDEPT, TNAME}(\sigma_{SC.CNO = C.CNO}(SC \times C))$$

自然连接是构造新关系的有效方法,是关系代数中常用的一种运算。在关系数据库理论中起着重要作用。利用投影、选择和自然连接操作可以任意地分解和构造关系。

表 3.11　关系代数的自然连接运算

SNO	CNO	GRADE	CNAME	CDEPT	TNAME
S3	C3	87	高等数学	通讯	钱红
S1	C2	88	离散数学	计算机	汪宏伟
S4	C3	79	高等数学	通讯	钱红
S1	C3	76	高等数学	通讯	钱红
S5	C2	91	离散数学	计算机	汪宏伟
S6	C1	78	计算机原理	计算机	李冰

5.除(Division)

设两个关系 R 和 S 的元数分别为 n 和 m(设 n>m>0),并且 S 的 m 个属性都是 R 的属性,那么 R÷S 是一个(n-m)元的元组的集合。R÷S 是满足下列条件的最大关系:R÷S 中的每个元组 t 与 S 中的每个元组 s 组成的元组<t,s>必在关系 R 中。为方便起见,这里我们假设 S 的属性为 R 中后 m 个属性。R÷S 的具体计算过程如下:

①$T = \pi_{1,2,\cdots,n-m}(R)$

②$W = (T \times S) - R$

③$V = \pi_{1,2,\cdots,n-m}(W)$

④$R \div S = T - V$

即 $R \div S = \pi_{1,2,\cdots,n-m}(R) - \pi_{1,2,\cdots,n-m}((\pi_{1,2,\cdots,n-m}(R) \times S) - R)$

【例3.5】　表 3.12(a)表示学生学习关系 SC,(b)表示课程成绩关系 CG,求出满足课程成绩(b)(即离散数学为优和数据结构为优)这一条件的学生情况关系。表 3.12(c)、(d)、(e)、(f)以表格形式分别列出按照上面求解过程的关系结果。

表 3.12　关系代数的除法运算

姓名	性别	课程	专业	成绩
李志明	男	离散数学	通讯	优
刘月莹	女	离散数学	计算机	良
吴康	男	离散数学	通讯	优
李志明	男	数据结构	通讯	优
李志明	男	计算机	通讯	良
吴康	男	数据结构	通讯	良

(a) 学生学习关系 SC

课程	成绩
离散数学	优
数据结构	优

(b)课程成绩关系 CG

姓名	性别	专业
李志明	男	通讯
刘月莹	女	计算机
吴康	男	通讯

(c)$T = \pi_{1,2,4}(SC)$

姓名	性别	课程	专业	成绩
刘月莹	女	离散数学	计算机	优
刘月莹	女	数据结构	通讯	优
吴康	男	数据结构	通讯	优

(d)$W = (T \times CG) - SC$

姓名	性别	专业
刘月莹	女	计算机
吴康	男	通讯

$(e)V=\pi_{1,2,4}(W)$

姓名	性别	专业
李志明	男	通讯

$(f)SC\div CG=T-V$

3.3　关系规范化理论

数据库设计需要理论作为指导,关系数据库的规范化设计理论就是数据库设计的一种理论。规范化设计理论研究的是关系模式中各属性之间的依赖关系及其对关系模式性能的影响,探讨好的关系模式应该具备的性质,以及如何设计好的关系模式。规范化理论虽然最初是针对关系模式设计而提出的,但它不仅对关系模型数据库的设计,而且对于其他模型数据库的设计也都有重要的指导意义。

3.3.1　关系模式中可能存在的异常

在数据管理中,数据冗余一直是影响系统性能的一个大问题。数据冗余是指同一个数据在系统中多次重复出现。在文件系统中,由于文件系统之间没有联系,容易引起一个数据在多个文件中出现。数据库系统克服了文件系统的这种缺陷,但对于数据冗余问题仍然应加以关注。如果一个关系模式设计得不好,仍然会出现像文件系统一样的数据冗余、异常、不一致等问题。

【例 3.6】　设有一个学生选修课程关系(学号、课程号、课程名、教师、教室、上课时间)等,具体实例见表 3.13 所示。

表 3.13　学生选修课程关系示例

学号	课程号	课程	教师	教室	上课时间
0401001	0101	离散数学	吴敏	9 - 406	周一上午 3 - 4 节
0401002	0101	离散数学	吴敏	9 - 406	周一上午 3 - 4 节
0401003	0101	离散数学	吴敏	9 - 406	周一上午 3 - 4 节
0401001	0103	数据结构	刘一佳	7 - 508	周三上午 1 - 2 节
0401005	0105	计算机原理	陈志	7 - 404	周四下午 5 - 6 节
0401007	0103	数据结构	刘一佳	7 - 508	周三上午 1 - 2 节

虽然这个模式比较简单,但在使用过程中存在一些问题,主要表现为以下四个方面:

①插入异常(Insert Anomaly)

如果安排一门新课(0106,计算机基础理论,陈伟,9 - 203,周三下午 5 - 6 节),在没有学生选修时,要把这门课程的数据存储到关系中去时,在属性学号上就会出现空值。但该表的(学号,课程号)属性是主键,所以又不能为空值,由此出现插入异常。在数据库技术中空值的语义比较复杂,对带空值元组的检索和操作也比较麻烦。

对于插入异常,在实际应用中主要有两种表现形式:一是元组插不进去,比如关键字的空值;二是插入一个元组,却要求插入多个元组,比如:如果一门新课为必修课,则必须对把所有需要上该门课程的学生元组插入到该关系中。

②删除异常(Delete Anomany)

如果在表3.13中要删除学号为0401005选课元组,那么就要把这门课程的课程名和教师信息一起删除;如果要取消离散数学这门课程,则要求删除0401001、0401002、0401003对应离散数学这门课程的三个元组;这些都是一种不合理的现象。

对于删除异常,在实际应用中主要也有两种表现形式:一是删除部分信息时删掉了其他信息;二是要删除一个元组,却删掉了多个元组。

③数据冗余(Redundancy)

冗余的表现是某种信息在关系中存储多次。如离散数学,由于有三个学生选修,相关信息在数据库中就出现三次。

④更新异常(Update Anomaly)

更新异常的表现是修改一个元组,却要求修改多个元组。还是以表3.13为例,如果离散数学这门课程的上课时间发生改变,那么相关的三个元组的上课时间必须更改为新的上课时间,否则就会出现数据不一致现象。

关系模式中的属性之间有一定的依赖关系,各种异常产生的原因就是由于关系模式中属性之间的这些复杂的依赖关系。一般说来,一个关系至少有一个或多个候选键,其中一个作为主键。主键值不能为空,且唯一决定其他属性值,候选键的值也不能重复。在设计关系模式时,如果将各种有关联的实体数据都集中在一个关系模式中,不仅造成关系模式结构冗余、包含语义过多,也使得其中的数据依赖变得错综复杂,不可避免违背相关的数据依赖理论,从而产生异常。

解决异常的方法,就是利用本节介绍的关系数据库规范化理论,对关系模式进行相应的分解,使得每一个关系模式表达的概念单一,属性之间的数据依赖关系单纯化,从而消除异常。

3.3.2　函数依赖(Functional Dependency,FD)

在数据库中,数据之间存在着密切的联系。在数据库技术中,把数据之间存在的联系称为数据依赖。设计人员的一个职责就是把数据依赖找出来。在数据库规范化设计中数据依赖起着关键的作用。现在人们已经提出了许多种类型的数据依赖,其中最重要的是函数依赖、多值依赖和连接依赖。

函数依赖是基本的一种依赖,它是主键概念的推广。函数依赖极为普遍地存在现实生活中,比如描述一个学生的关系,可以有学号、姓名、性别和专业等几个属性。由于一个学号只对应一个学生,一个学生只在一个专业学习,因而学号确定下来后,姓名和专业的值也被唯一地确定了。就像自变量x确定以后,相应的函数值也就唯一确定了一样。称学号函数决定姓名和专业,或者说姓名和专业依赖于学号,记为:

$$学号 \rightarrow 姓名 \qquad 学号 \rightarrow 专业$$

用形式化的方式表示,关系模式R可记为:

$$R<U,F>$$

其中U表示一组属性的集合,F表示属性组U上的一组数据依赖集合。对于上述的学生关系,可有:

$$U = \{学号,姓名,专业\}$$

$$F=\{学号→姓名,学号→专业\}$$

对于关系模式 R<U,F>,当且仅当 U 上的一个关系 r 满足 F 时,称 r 为关系模式 R<U,F>的一个关系。

1. 函数依赖的定义

定义 3.1 设有关系模式 R(U),X 和 Y 是属性 U 的子集。若对于 R(U)的任意一个可能的关系 r,r 中不可能存在两个元组在 X 上的属性值相等,而在 Y 上的属性值不等,则称 X 函数确定 Y 或者 Y 函数依赖于 X,记为 X→Y。

需要特别注意的是,函数依赖不是指关系模式 R 的某一个或几个关系需要满足的约束条件,而是指 R 中一切关系均需要满足的约束条件。函数依赖是语义范畴的概念,我们只能根据语义来确定函数依赖。比如在没有同名的情况下,姓名→年龄;而在有同名的情况下,这个函数依赖就不成立了。

【例 3.7】 设关系模式 R(ABCD),在 R 的关系中,属性值之间有这样的联系:A 值和 B 值有一对多的联系,即每个 A 值有多个 B 值与之联系,而每个 B 值只有一个 A 值与之联系;C 值和 D 值之间有一对一联系,即每个 C 值有唯一的 D 值与之联系,每个 D 值有唯一的 C 值与之联系。试根据这些规则写出相应的函数依赖。

解:从 A 值和 B 值有一对多联系,可写出函数依赖 B→A;从 C 值和 D 值有一对一联系,可写出两个函数依赖 C→D 和 D→C。

下面介绍有些术语和记号:

①若 X→Y,则 X 称为决定因素。

②若 X→Y,Y→X,则记为 X↔Y。如例 3.7 中的 C 与 D 可记为 C↔D。

③若 Y 不函数依赖于 X,则记为 X↛Y。

④若 X→Y,但 Y⊆X,则称 X→Y 是平凡的函数依赖。平凡函数依赖不反映新的语义,因为 Y⊆X 本来就包含 X→Y 的语义。

⑤若 X→Y,但 Y⊈X,则称若 X→Y 是非平凡的函数依赖。下文的讨论,若不特别申明,都是指非平凡的函数依赖。

函数依赖可分为三类:完全函数依赖(Full FD),部分函数依赖(Partial FD)和传递函数依赖(Transitive FD)。下面对这三个类别加以讨论。

2. 完全函数依赖

定义 3.2 设 R 是一个具有属性集合 U 的关系模式,如果 X→Y,并且对于 X 的任何一个真子集 Z,Z→Y 不成立,则称 Y 完全函数依赖于 X,记为 $X\xrightarrow{f}Y$,简记为 X→Y。

【例 3.8】 在关系学生(学号,姓名,专业)中,学号→姓名,学号→专业。如果约定关系中没有同姓名的学生,则用学号可以唯一决定姓名,用姓名也可以唯一决定学号,形成两者的相互依赖关系,可以记为学号↔姓名。但约定一个关系中没有同姓名学生是不切实际的。

3. 不完全函数依赖

定义 3.3 设 R 是一个具有属性集合 U 的关系模式,如果 X→Y,并且对于 X 的某个真子集 Z,有 Z→Y,则称 Y 不完全函数依赖于 X,记为 $X\xrightarrow{p}Y$,有时也称局部依赖。

【例 3.9】 在关系学生选课(学号,姓名,课程号,成绩)中,(学号,课程号)为主键,与成绩之间是完全依赖关系;而与姓名则是部分依赖关系,因此有:

$$(学号,课程号)→成绩,(学号,课程号)\xrightarrow{p}姓名$$

　　由上面的例子可以知道,如果函数依赖的决定因素只有一个属性,则该函数依赖肯定完全函数依赖,部分函数依赖只有在决定因素含有两个或两个以上属性时才可能存在。另外,决定因素含有多个属性的情况,一般是针对由多个属性组成的主键和候选键,因为只有对这类主键或候选键,来谈它们与其他属性间的完全或部分函数依赖才有意义。例如,在示例 3.9 中的(学号,课程号)是主键,找该主键和其他属性之间的函数依赖是有意义的,如果在关系模式中随意地将属性进行组合,再来找与其他属性之间的函数依赖,则没有太大的意义。

　　4.传递函数依赖

　　定义 3.4　设 R 是一个具有属性集合 U 的关系模式,X、Y、Z 是不同的属性集。如果 $X \rightarrow Y$($Y \subseteq X$ 和 $Y \rightarrow X$ 均不成立),$Y \rightarrow Z$,则称 Z 传递函数依赖于 X。记为 $X \xrightarrow{t} Z$。

　　在上述关于传递函数依赖的定义中,加上条件 $Y \rightarrow X$ 和 $Y \subseteq X$ 都不成立,是因为如果成立,则实际上 Z 直接依赖于 X 而不是传递函数依赖于 X。

　　【例 3.10】　在关系学生(学号,姓名,系别,系主任)中,有:

$$学号 \rightarrow 系别, \quad 系别 \rightarrow 系主任$$

因此有学号 $\xrightarrow{t}$ 系主任。

3.3.3　关系模式的范式(Normal Forms,NF)

　　关系模式的好与坏,用什么标准衡量? 这个衡量标准就是模式的范式。规范化理论是 E. F.Codd 首先提出的。他认为,一个关系数据库中的关系,都应满足一定的规范,才能构造出好的数据模式。他把应满足的规范分成几级,每一级称为一个范式。例如满足最低要求,叫第一范式 1NF;在 1NF 基础上又满足一些要求的叫第二范式 2NF;依次类推,目前范式主要有1NF、2NF、3NF、BCNF、4NF、5NF 等。

　　所谓第几范式是表示关系的某一种级别,所以经常称某一关系模式 R 为第几范式。但现在人们把范式这个概念理解成符合某一种级别的关系模式的集合,通常把 R 满足第几范式记为 $R \in xNF$。对于各种范式之间存在着以下的关系:

$$5NF \subset 4NF \subset BCNF \subset 3NF \subset 2NF \subset 1NF$$

　　一个低一级范式的关系模式,通过模式分解可以转换为若干个高一级的关系模式的集合,这个过程叫规范化。

　　范式的种类与数据依赖有着直接的联系。2NF、3NF 和 BCNF 牵涉到函数依赖,而 4NF和 5NF 分别涉及多值依赖和连接依赖。在实际的数据库设计中通常根据具体应用环境和条件来选取所要使用的范式,用得最多的是 3NF 和 BCNF。由于 4NF 和 5NF 很少用到,因此本节只介绍 1NF、2NF、3NF 和 BCNF。

　　1. 第一范式 1NF

　　定义 3.5　如果关系模式 R 的每个关系 r 的属性值都是不可分的原子值,那么称 R 是第一范式(1NF)的模式。

　　满足第一范式的关系称为规范化的关系,否则称为非规范化的关系。关系数据库研究的关系都是规范化的关系。1NF 是关系模式应具备的最起码的条件。

　　【例 3.11】　学生选修课程关系如表 3.14 所示,该表包括学号、姓名、专业、课程号、课程名、成绩等内容。

表 3.14 学生选修课程关系示例

学号	姓名	专业	课程号	课程名	成绩
0401001	刘伟	计算机	0101	离散数学	97
			0102	数据结构	88
			0103	计算机原理	93
0401005	陈伟峰	通信	0102	数据结构	85
			0103	计算机原理	89
0401067	刘灿	自动控制	0102	数据结构	75

很显然,该表表示的关系是非规范化的。因为表中的课程号、课程名和成绩构成了重复组,即对于一个学号有多门课程的信息。这样存取某一学生的某门课程成绩时,需要检索该元组及识别所需的重复组,不满足代数关系中对每个属性直接存取单个属性值的要求。

表 3.14 经过消除重复组的操作构成了表 3.15 所示的满足第一范式要求的新表:

表 3.15 学生选修课程关系示例

学号	姓名	专业	课程号	课程名	成绩
0401001	刘伟	计算机	0101	离散数学	97
0401001	刘伟	计算机	0102	数据结构	88
0401001	刘伟	计算机	0103	计算机原理	93
0401005	陈伟峰	通信	0102	数据结构	85
0401005	陈伟峰	通信	0103	计算机原理	89
0401067	刘灿	自动控制	0102	数据结构	75

需要注意的是,对实际应用系统的使用对象—客户来说,表 3.14 比表 3.15 要更加直观和简洁,因此在应用系统的设计中,很多的报表需要设计成表 3.14 的样子。而关系数据库的特点决定了生成上述表格的不容易,因此设计时往往需要借助强大的开发工具和比较高的程序设计技巧。

虽然在例 3.11 中按照第一范式的要求,生成了满足 1NF 要求的关系,但是还存在我们前面讲到的关系模式设计中的各种异常情况:数据冗余、插入异常、删除异常和更新异常等。为了克服以上的缺点,必须对以上的关系模式进行进一步的分解,从而引出第二范式。

2. 第二范式 2NF

如果 A 是关系模式 R 的候选键中的属性,那么称 A 是 R 的主属性(或键属性);否则称 A 是 R 的非主属性(或非键属性)。有了主属性和非主属性的概念,我们就可以给出第二范式的定义。

定义 3.6 如果关系模式 R 是 1NF,且每个非主属性完全函数依赖于候选键,那么称 R 是第二范式的模式。如果数据库模式中每个关系都是 2NF,则称数据库模式是 2NF 的数据库模式。

【例 3.12】 学生选修课程关系 R 如表 3.15 所示,该表包括学号、姓名、专业、课程号、课程名、成绩等内容。(学号、课程号)是 R 的候选键。

R 上有两个函数依赖:(学号,课程号)→(课程名)和课程号→(课程名),因为前一个函数依赖是局部依赖,所以 R 不是 2NF 模式。此时关系中会出现冗余和异常现象。譬如某一门课程有 100 个学生选修,那么在关系中就会存在 100 个元组,因而课程名就会重复出现 100 次。

如果把学生选课关系 R 分解为 R1(学号,姓名,专业,课程号,成绩)和 R2(课程号,课程名),那么局部依赖(学号,课程号)→(课程名)就不存在了。此时 R1 和 R2 都是 2NF 模式。

在关系模式 R 中消除非主属性对候选键的局部依赖的方法如下所述:

设关系模式 R(WXYZ),主键是 WX,R 上还存在函数依赖 X→Z(即 WX→Z 是一个局部依赖)。此时应该把 R 分解为两个模式:

    R1(XZ),主键是 X;

    R2(WXY)主键是 WX,外键是 X。

利用外键和主键的连接可以从 R1 和 R2 重新得到 R。

如果 R1 和 R2 还不是 2NF,则重复上述过程,一直到数据库模式中每一个关系模式都是 2NF 为止。

2NF 关系仍可能存在插入异常、删除异常、冗余和更新异常,因为关系还可能存在传递函数依赖。以例 3.10 为例,关系学生(学号,姓名,系别,系主任)的主键为学号,其中的函数依赖关系有:

$$学号→系别, \quad 系别→系主任$$

即学号→系主任。该关系存在以下异常:

①插入异常

插入尚未招生的系时,不能插入,因为主键是学号,而其值为 NULL。

②删除异常

如果某系学生全毕业了,删除学生则会删除系的信息。

③数据冗余

由于每个系都有众多的学生,而每个学生均带有系的信息,故冗余。

④更新异常

由于存在冗余,故如果修改一个系的信息,则要修改多行。

3. 第三范式 3NF

定义 3.7 若关系模式 R 是 2NF,而且它的任何一个非主属性都不传递依赖于 R 的任何候选键,则称该关系模式为第三范式(3NF)关系模式。如果数据库模式中每个关系模式都是 3NF,则称其为 3NF 的数据库模式。

3NF 是从 1NF 消除非主属性对键的部分函数依赖,和从 2NF 消除传递函数依赖而得到的关系模式。

【例 3.13】 以例 3.10 的关系学生为例。在 2NF 范式中,我们已经分析了该关系存在传递函数依赖。通过消除传递函数依赖,将其分解为两个 3NF 关系模式,各自的模式和函数依赖分别如下:

①学生(学号,姓名,系别){学号→姓名,学号→系别}

②系(系别,系主任){系别→系主任}

这时分解出的两个 3NF 关系模式的函数依赖关系,不再存在非主属性传递函数依赖于键的情况了。

在关系模式 R 中消除非主属性对候选键的传递依赖的方法如下:

设关系模式 R(WXY),主键是 W,R 上还存在函数依赖 X→Y,这样 W→Y 就是一个传递函数依赖。此时应该把 R 分解为两个模式:

    R1(XY),主键是 X;

　　R2(WX)主键是 W,外键是 X。

　　利用外键和主键的连接可以从 R1 和 R2 重新得到 R。

　　如果 R1 和 R2 还不是 3NF,则重复上述过程,一直到数据库模式中每一个关系模式都是 3NF 为止。

　　从局部依赖和传递依赖的定义可以知道,局部依赖的存在蕴涵着传递依赖的存在。也就是说,R 是 3NF 模式,那么 R 也是 2NF 模式。局部依赖和传递依赖是模式产生冗余的两个重要原因。由于 3NF 模式中不存在非主属性对候选键的局部依赖和传递依赖,因此消除了很大一部分存储异常,具有较好的性能。而对于非 3NF 的 2NF、1NF,甚至非 1NF 的关系模式,由于它们在性能上的弱点,一般不宜作为数据库模式,通常要将它们变换成 3NF 或更高级的范式,这种变换过程,称为关系的规范化处理。

　　3NF 关系仍可能存在插入异常、删除异常、冗余和更新异常,因为关系还可能存在主属性部分函数依赖或传递函数依赖于键的情况。

　　【例 3.14】　以关系学生选课为例。学生选课牵涉到三部分信息,分别是学生信息、教师信息和课程信息。为此,我们建立如下三个关系:学生(学号,姓名,教师号,课程号),教师(教师号,教师姓名),课程(课程号,课程名)。对于关系学生,有两个候选键(学号,课程号)和(学号,教师号),其中的函数依赖关系有:

$$\{(学号,课程号)\rightarrow 教师号,教师号\rightarrow 课程号,(学号,教师号)\xrightarrow{\text{P}}课程号\}$$

　　该关系模式尽管存在一个部分函数依赖关系,但它是主属性课程号(因为课程号是其中一个候选键中的属性)部分函数依赖于候选键(学号,教师号)的情况,而不是非主属性部分函数依赖于键,因此该关系模式属于第三范式。该关系模式存在以下异常:

　　①插入异常

　　插入尚未选课的学生时不能插入;或者插入没有学生选课的教师任教课程时不能插入,因为该关系模式有两个候选键,无论哪种情况的插入,都会出现候选键中某个主属性值为 NULL,故不能插入。

　　②删除异常

　　如果选修课的学生全毕业了,删除学生则会删除教师任教课程信息。

　　③数据冗余

　　每个选修某课程的学生均带有教师的信息,故冗余。

　　④更新异常

　　由于存在冗余,故修改某门任教课程的信息时,需要修改多行。

　　4. BC 范式 BCNF

　　BCNF 是由 Boyce 和 Codd 提出的,故称为 BCNF。BCNF 被认为是增强的第三范式,有时也归入第三范式。

　　定义 3.8　若关系模式 R 是 1NF,如果对于 R 的每个函数依赖 X→Y,X 必为候选键,则 R 为 BCNF。

　　每个 BCNF 范式具有以下三个性质:

　　①所有非键属性都完全函数依赖于每个候选键。

　　②所有键属性都完全函数依赖于每个不包含它的候选键。

　　③没有任何属性完全函数依赖于非键的任何一组属性。

由于 BCNF 的每个非平凡函数依赖的决定因素必为候选键,故不会出现 3NF 中决定因素可能不是候选键的情况。3NF 不一定是 BCNF,而 BCNF 一定是 3NF。不过,属于 3NF 而非 BCNF 的关系模式不多,就算有,对数据库设计者来说,所引起的更新异常也不是太重要。3NF 和 BCNF 常常都是数据库设计者所追求的关系范式,有些文献在不引起误解的情况下,统称它们为第三范式。如果一个关系数据库的所有关系模式都是属于 BCNF,那么在函数依赖范畴内,它已经达到了最高的规范化程度(但不是完美的范式),在一定程度上已消除了插入和删除的异常。

【例 3.15】 以例 3.14 的关系学生选课为例。对于关系学生,有两个候选键(学号,课程号)和(学号,教师号)。由例 3.14 可知,该关系模式属于第三范式,且存在一个主属性课程号部分依赖于候选键(学号,教师号)的情况。通过消除主属性课程号的部分函数依赖关系,将其分解为如下两个 BCNF 关系模式:学生(学号,姓名,教师号),任课(教师号,课程号)。这时,分解出的两个 BCNF 关系模式,不再存在主属性部分函数依赖于键的情况了。

3NF 关系向 BCNF 转换的方法是:消除主属性对键的部分和传递函数依赖,即将 3NF 关系分解为多个 BCNF 的关系模式。

属于 BCNF 的关系模式,仍可能存在异常。其原因是由于存在多值依赖情况,可由第四范式消除。对不是由候选键所蕴涵的连接依赖可由第五范式消除。

3.3.4　关系模式的规范化

规范化的实质是概念的单一化,即一个关系描述一个概念、一个实体或实体间的一种联系,若多于一个概念,就应将其他概念分离出去。

规范化工作是将给定的关系模式按范式级别,从低到高,逐步分解为多个关系模式。实际上,在前面的叙述中,已分别介绍了各低级别的范式向高级别范式的转换方法,下面以图示方式来综合说明关系模式规范化的基本步骤,如图 3.1 所示。各步骤描述如下:

① 1NF 关系模式分解

对 1NF 关系模式进行投影(即分解),消除原来关系模式中非主属性对键的部分函数依赖,将 1NF 关系模式转换为多个 2NF 关系模式。

② 2NF 关系模式分解

对 2NF 关系模式进行投影分解,消除原来关系模式中非主属性对键的传递函数依赖,将 2NF 关系模式转换为多个 3NF 关系模式。

③ 3NF 关系模式分解

对 3NF 关系模式进行投影分解,消除原来关系模式中主属性对键的部分和传递函数依赖,即决定属性成为所分解关系的候选键,从而得到多个 BCNF 关系模式。

以上 3 步可合并为一步,即对原来关系模式进行分解,消除决定属性不是候选键的任何函数依赖。

④ BCNF 关系模式分解

对 BCNF 关系模式进行投影分解,消除原来关系模式中非平凡且非函数依赖的多值依赖,将 BCNF 关系模式转换为多个 4NF 关系模式。

⑤ 4NF 关系模式分解

对 4NF 关系模式进行投影分解,消除原来关系模式中不是由候选键所蕴涵的连接依赖,将 4NF 关系模式转换为多个 5NF 关系模式。

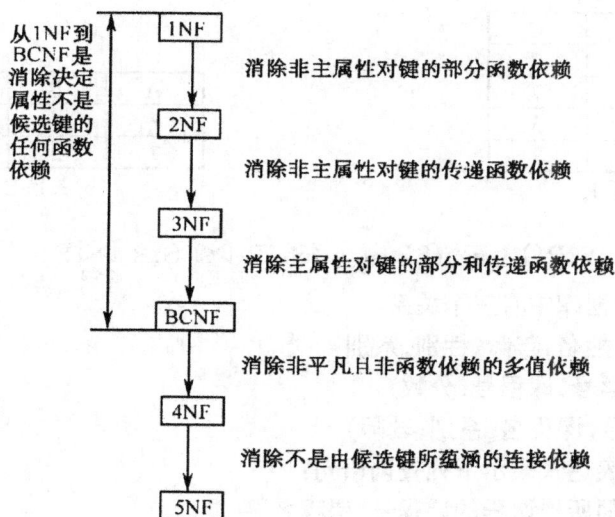

图 3.1　关系模式规范化的基本步骤

　　关系模式规范化的主要方法是分解,即把一个关系模式分解为几个子关系模式,使得这些关系模式具有指定的规范化形式。关系模式分解的基本要求是关系模式经分解后,应与原来的关系等价,即两者对数据的使用者来说是等价的,对分解前后的数据做同样的操作(如查询),会产生同样的结果。一般,分解的两个指标是无损分解和函数依赖保持性。无损分解是指分解不会丢失任何信息,否则分解就没有任何意义;而函数依赖保持性是指函数依赖的有关属性分散到不同的关系模式后,原有的函数依赖能由新的关系模式的函数依赖所蕴涵。

　　需要强调的是,规范化仅仅是从一个侧面提供了改善关系模式的理论和方法。一个关系模式的好坏,规范化只是衡量标准之一,不是唯一标准。数据库设计者的任务是,在一定的制约条件下寻求能较好满足用户需求的关系模式。规范化的程度是不是越高越好这取决于具体的应用。有时,考虑到实际的应用情况和数据速度处理要求,有时会有意保留部分数据冗余如部分函数依赖,具体的将在后续的设计和应用中讲到。

习　题

　　1. 关系模式可能存在哪些问题? 问题产生根源是什么?

　　2. 什么是关系,关系具有哪些性质?

　　3. 试述关系的完整性约束。在参照完整性中,为什么外键允许为空? 什么情况下可以为空?

　　4. 笛卡儿积、等值连接、自然连接三者之间有什么区别?

　　5. 名词解释

　　①键　　　　主键　　　　　候选键

　　②函数依赖 平凡函数依赖 完全函数依赖 部分函数依赖 传递函数依赖

　　③1NF　　　2NF　　　　3NF　　　　BCNF

6. 设有关系 R 和 S 如下表所示：

A	B	C
3	6	7
2	5	7
7	2	3
4	4	3

(a)关系 R

A	B	C
3	4	5
7	2	3

(b)关系 S

计算：$R \cup S, R-S, R \cap S, \pi_{3,2}(S), \sigma_{B<'5'}(S), R \bowtie S, R \underset{2<2}{\bowtie} S$

7. 设某教学数据库中有三个关系：

　　学生(学号,姓名,年龄,性别,系别)

　　学生课程(学号,课程号,分数)

　　课程(课程号,课程名,系别,教师)

试用关系代数表达式表示下列查询语句：

①检索张刚老师所授课程的课程号,课程名。

②检索年龄大于 23 岁的男学生的学号和姓名。

③检索学号为 0401007 学生所学课程的课程名和教师名。

④检索至少选修张刚老师所授课程中一门课的女学生姓名。

⑤检索陈峰同学不学的课程的课程号和课程名。

⑥检索选修课程包含张刚老师所授课程的学生号和姓名。

8. 设有关系模式 R(ABCD),如果关系中 B 值和 D 值之间是一对多关系,A 值和 C 值是一对一关系,试写出相应的函数依赖。

9. 设关系模式 R(ABCD),F 是 R 上成立的函数依赖集,$F=\{(A,B)\rightarrow C,(A,B)\rightarrow D,A\rightarrow D\}$。

①试说明 R 不是 2NF 模式的理由。

②试把 R 分解成 2NF 模式集。

10. 设关系模式 R(ABC),F 是 R 上成立的函数依赖集,$F=\{A\rightarrow B,B\rightarrow C\}$。

①试说明 R 不是 3NF 模式的理由。

②试把 R 分解成 3NF 模式集。

11. 设有一个记录各个球队队员每场比赛进球数的关系模式 R(队员号,比赛场次,进球数,球队名,队长名),如果规定每个队员只能属于一个球队,每个球队只有一个队长。

①试写出关系模式 R 的基本函数依赖、主键和候选键。

②说明 R 不是 2NF 模式的理由,并把 R 分解为 2NF 模式集。

③进而把 R 分解为 3NF,并说明理由。

12. 设有关系模式 R(职工名,项目名,工资,部门名,部门经理),如果规定每个职工可参加多个项目,各领一份工资;每个项目只属于一个部门管理;每个部门只有一个经理。

①试写出关系模式 R 的基本函数依赖、主键和候选键。

②说明 R 不是 2NF 模式的理由,并把 R 分解为 2NF 模式集。

③进而把 R 分解为 3NF,并说明理由。

13. 关系模式有哪些规范化步骤?

第 4 章

数据库设计

数据库设计是指对于一个给定的软硬件应用环境,针对现实的实际问题,设计最优的数据库模式,建立数据库以及围绕数据库展开的应用系统。

本章以广告监测管理信息系统的数据库设计为例,详细讲解数据库设计的步骤以及每一步骤的任务、内容和方法。

4.1 数据库设计概述

4.1.1 概述

数据库系统以数据库为核心,在数据库管理系统的支持下,进行信息的采集、整理、存储、检索、加工、统计和传播等操作。数据库系统包括数据库管理系统和数据库应用系统两部分。对一般用户来说,数据库管理系统已经随计算机配置,不需要自行设计。所谓应用系统的设计,实际上就是数据库和应用程序的设计,而中心问题则是数据库的设计。

数据库设计包括结构特性设计和行为特性设计两方面的内容。结构特性设计是指确定数据库的数据模型。数据模型反映了现实世界的数据和数据间的联系,要求在满足应用需求的前提下,尽可能减少冗余,实现数据共享。行为特性的设计是指确定数据库应用的行为和动作,应用的行为体现在应用程序中,所以行为特性的设计主要是应用程序的设计。

数据库已经成为现代信息系统等计算机系统的基础与核心部分。数据库设计的好坏直接影响着整个系统的效率和质量。然而由于数据库系统的复杂性和它与环境的密切联系,使得数据库设计成为一个困难、复杂和费时的过程。

4.1.2 数据库设计过程

数据库设计工作量大而且过程比较复杂,既是一项数据库工程,也是一项庞大的软件工程,因此软件工程的某些方法和工具同样可以适用于数据库工程。为了使数据库设计更合理有效,需要有效的指导原则,这种指导原则称为数据库设计方法学。数据库设计方法中比较著名的有新奥尔良(New Orleans)方法,它将数据库设计过程分为四个阶段:需求分析、概念结构设计、逻辑结构设计和物理结构设计。其后,S.B.Yao 等人又将数据库设计分为五个步骤。又有 I.R.PalmER 等人主张把数据库设计当成一步接一步的过程,并采用一些辅助手段实现每一过程。

按照规范设计的方法,考虑数据库以及应用系统开发全过程,将数据库设计分为六个阶段:需求分析、概念结构设计、逻辑结构设计、物理结构设计、数据库实施和数据库运行与维护。数据库设计过程见图 4.1 所示。

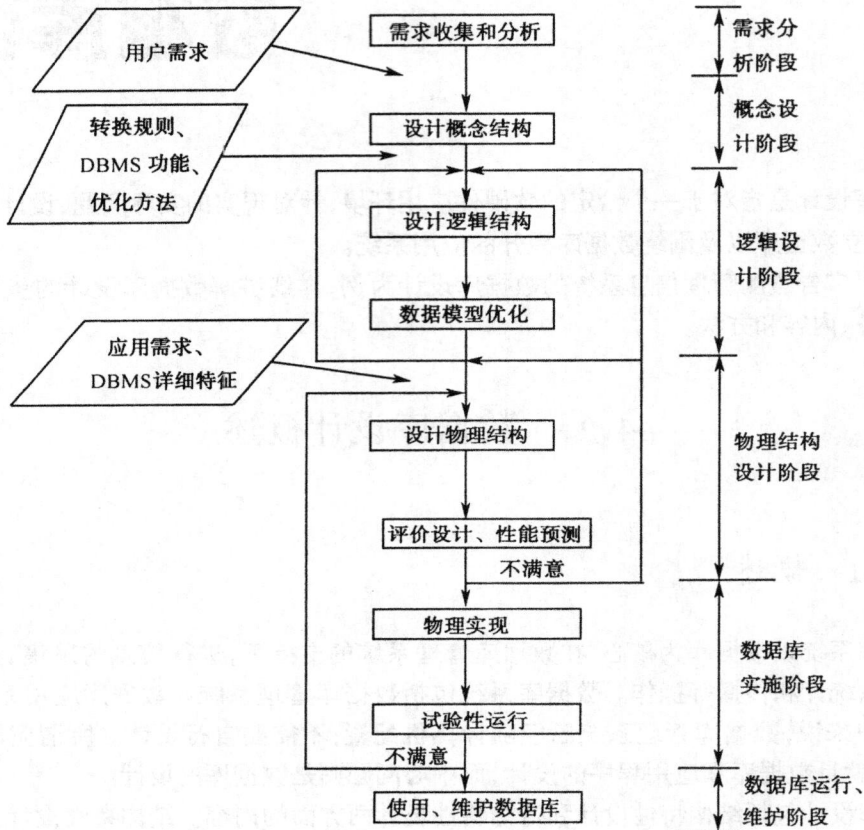

图 4.1 数据库设计步骤

下面先对数据库设计的六个阶段作一简单说明。

1. 需求分析阶段

在进行数据库设计时,首先必须准确了解与分析用户需求(包括数据和处理)。该阶段的动作是收集和分析用户对系统的要求,确定系统的工作范围,并产生数据流图和数据字典。

2. 概念设计阶段

根据系统的要求,提出能够反映各个用户要求的局部概念模型,然后将局部概念模型综合为总的概念模型。应该指出,概念模型仅是用户活动的客观反映,并不涉及用什么样的数据模型来实现它的问题,即概念模型独立于具体的 DBMS。因此在这个阶段,应该把注意力集中在弄清楚系统的要求上面,暂不考虑怎样去实现,以免分散精力。

实体联系方法是设计概念模型的主要方法,在该阶段结束时应该产生系统的基本 ER 图。

3. 逻辑设计阶段

这一阶段首先要选择一种适当的数据模型,然后将系统的概念模型转换为所需要的数据模型。通常一种 DBMS 只支持某一种数据模型,所以 DBMS 一旦确定,数据模型的类型也就确定了。此时逻辑设计的任务,仅是把概念模型转换为系统的 DBMS 所支持的数据模型。

逻辑结构设计一般分为初始设计和优化设计两步。优化设计要用到规范化理论。

4. 物理结构设计阶段

该设计阶段内容包括:确定存储结构、建立存取路径、分配存储空间等。这些工作主要由 DBMS 在操作系统的支持下自动完成,只有少量工作可由用户选择或干预。例如,有些 DBMS 允许用户在一定范围内选择主文件和索引文件的结构,决定在哪些属性上建立索引,建什么样的索引等。在存储分配上,用户可以指定存储介质,如磁盘、磁带等。

5. 数据库实施阶段

在数据库实施阶段,设计人员运用 DBMS 提供的数据语言以及宿主语言,根据逻辑设计和物理设计的结果建立数据库,编制和调试应用程序,组织数据入库,并进行试运行。应用程序必须按照不同用户要求分别考虑和设计,需要时可以先在逻辑模式上定义适合于用户需要的外模式。

6. 数据库运行和维护阶段

数据库应用系统经过试运行后即可投入正式运行。在数据库系统运行过程中必须不断地对其进行评价、调整和修改。运行和维护阶段主要包括数据库安全性、完整性维护;数据库的性能监控、分析和改进;数据库的备份和恢复等内容。

4.2 需求分析

需求分析简单地说就是分析用户的要求。需求分析是设计数据库的起点。需求分析的结果是否准确地反映了用户的实际要求,将直接影响到后面各个阶段的设计,并影响到设计结果是否合理和实用。所以,准确而不遗漏地弄清用户对系统的要求,是系统设计取得成功的前提。

4.2.1 需求分析的任务

需求分析的任务是对现实世界要处理的对象(企业、部门等)进行详细调查,在了解现行系统的概况、确定新系统功能的过程中,收集支持系统目标的基础数据及其处理方式。需求分析是在用户调查的基础上,通过分析,逐步明确用户对系统的需求,包括数据需求和围绕这些数据的业务处理过程。

从软件工程的角度来看,用户需求分析的内容很多,对于数据库设计者来说,重点在于数据部分。用户的需求从功能性的角度可以分为功能性需求和非功能性需求。功能性需求定义了系统用来做什么,主要描述系统必须支持的功能和过程;而非功能性需求也叫技术需求,定义了系统工作时的特性,描述操作环境和性能目标等。

基于数据库设计的需求分析内容主要包括以下几个方面的内容:

① 功能性需求

功能性需求描述系统必须具备的功能,满足不同用户的不同业务处理过程。

② 信息需求

信息需求指用户需要从数据库中获取信息的内容与性质。这些信息包括企业或组织业务过程处理信息、企业与外部之间、部门和部门之间以及部门内部不同的用户之间的交换信息等。

③ 安全性和完整性需求

安全性和完整性包括系统数据访问的控制要求,用户之间的数据隔离,数据备份和恢复,数据库错误的监测和隔离等内容。

④系统约束需求

系统约束需求包括系统软硬件投资限制、开发周期限制、系统的技术性能指标(如响应时间,网络流量等)等内容。

确定用户的最终需求是一件比较困难的事情,这是因为一方面用户熟悉自己的业务但往往不是很了解计算机技术,难以提出明确、恰当的要求,所提出的需求往往不断地变化;而设计人员常常缺少用户的专业知识,不易理解用户的真正需求,甚至误解用户的需求。因此设计人员必须不断深入地与用户交流,才能逐步确定用户的需求。

4.2.2　需求分析的方法

进行需求分析首先是调查清楚用户的实际要求,与用户达成共识,然后分析与表达这些需求。调查用户需求的具体步骤是:

① 组织机构调查

调查组织机构情况包括了解该组织的部门组成情况、各部门的职责等,为分析信息流程做准备。

② 业务活动调查

调查各部门的业务活动情况包括了解各个部门输入和使用什么数据,如何加工处理这些数据,输出什么信息,输出到什么部门,输出结果的格式是什么,这些是调查的重点之一。

③ 确定新系统的各种要求

在熟悉了业务活动的基础上,协助用户明确对新系统的各种要求,包括信息要求、处理要求、安全性与完整性要求,这些也是调查的重点内容。

④确定新系统的边界

对前面调查的结果进行初步分析,确定哪些功能由计算机完成或将来由计算机完成,哪些活动由人工完成。由计算机完成的功能就是新系统应该实现的功能。

在调查过程中,可以根据不同的问题和条件,使用不同的调查方法。常用的调查方法有:

①开调查会或个别访问

这是最有效的一种调查方法,它可能使计算机专业人员与业务人员直接交流。开调查会是一种集中征询意见的方法,适合于对系统的定性调查。调查会有助于大家的见解互相补充,以便形成较为完整的意见。但是由于时间限制等因素的制约,调查会不能完全反映出每个与会者的意见,因此在会后还应根据具体需要进行个别访问。

②收集报表资料

就是将各部门、科室日常业务中所使用的各种单据、凭证等各种报表类资料统统收集起来,在条件允许的情况下,对于一些保密性要求不严的资料,不仅要收集空表格,而且要复印带数据的实用表格,这样做的好处是可以得到真实数据。通过对各种报表资料的内容、相互之间关系的分析,可以在一定程度上找出企业各部门在信息上的联系,从而提出对信息通道的改进意见。

③书面调查

根据企业信息化的目标设计调查表,用调查表向有关部门和个人征求意见和收集数据,这种方法适用于比较复杂的系统,它实际上是对前两种方法的一种补充。

④参加业务实践

如果条件允许,设计人员可以参与企业各部门的实际工作,亲自参加业务实践,这样做一方面可以站在用户的角度看问题,这是准确全面了解企业各部门对信息系统需求的最好方法;另一方面还可以加深设计人员和业务人员的思想交流和友谊,将有利于下一步的工作。

做需求调查时,往往需要同时采用上述多种方法。但无论使用何种调查方法,都必须有用户的积极参与和配合。

4.2.3　用户需求描述和分析

了解用户需求后,还需要进一步描述和分析用户的需求。在众多的分析中,结构化分析(Structured Analysis,SA)方法是一种简单实用的方法。SA 方法从最上层的系统组织机构入手,采用自顶向下、逐层分解的方式分析系统。

首先,画出用户单位的组织机构图、业务关系图(如业务部门与外部的信息联系、业务部门内部各处理环节的相互关系等)、数据流图(Data Flow Diagram,DFD)。其中 DFD 是用得比较广泛的一种工具,利用 DFD 可以表示出数据流、数据存储、逻辑处理等。DFD 可以采用自顶向下逐层分解的方式进行细化。将系统处理功能分解为若干子功能,每个子功能还可以继续分解,直到把系统工作过程表示清楚为止。在处理功能逐步分解的同时,它们所用的数据也逐级分解,形成若干层次的数据流图。

然后,编制数据字典(Data Dictionary,DD)。数据字典是系统中各类数据描述的集合,是进行详细的数据收集和数据分析所获得的主要成果。数据字典在数据库设计中占有很重要的地位。数据字典通常包括数据项、数据结构、数据流、数据存储和处理过程五种成分的描述。其中数据项是数据的最小组成单位,应列出其名称、别名、类型、长度、取值范围、数据量的大小、代码等特性,以及数据项的来源、在何处用、做何种操作、操作的频率等;数据流应描述其数据项的组成、来自何处、向何处去;数据存储应描述其数据项的构成,存于何处;数据处理描述对何数据流进行处理、处理的逻辑以及处理的结果。数据字典是在需求分析阶段建立,在数据库设计过程中不断修改、充实、完善。

需求分析阶段的文档是系统需求说明书。系统需求说明书主要包括数据流图、数据字典的雏形、各类数据的统计表格、系统功能结构图,并加以必要的说明编辑而成。系统需求说明书将作为数据库设计全过程的重要依据文件。

4.2.4　用户需求分析实例

下面以某广告监测咨询公司的"广告监测信息系统"为例,详细阐述用户需求分析过程。

1. 需求描述(项目背景)

某广告监测咨询公司是为广告监督管理部门和广告市场提供服务的中介服务机构,隶属于某工商行政管理局。该公司立足"为广告监督管理服务,为广告市场健康发展服务"的宗旨,积极开展了切实而有益的工作。目前,监测所涉及的媒体已包括报纸、电台、电视、印刷品、户外广告等多种形式,并具备了对省属和市属及全省各地市电视、广播广告全天候监测的技术能力,为广告监督管理创造了便利条件,提供了有力的事实依据。同时,公司面向广告市场开展了广泛而有效的服务,为众多的具有较强合法经营意识,但缺乏广告法律专业知识的企业的广告活动解决法律疑难,为广告经营发布者提供顾问服务。对顾问单位的广告发布情况进行全程跟踪,向广告主、广告经营发布者提供广告发布资料和各种统计资料,为广告主、广告经营者了解市场情况和广告投资决策提供依据。

随着广告监测咨询公司业务的不断扩大,广告信息量的成倍增加,监测工作量也越来越大,手工处理任务越来越繁重,公司原有的计算机系统已不能满足要求。为此,公司提出建立新的广告监测信息计算机管理系统,以实现业务处理自动化,提高工作效率和客户服务水平。

2. 功能分析

"广告监测信息系统"的业务流程非常简单:对电视广告,每天由专人把各个电视媒体的广告以录像的方式记录下来(时间是每天 17:00～5:00(次日早上)),然后第二天由录入人员把广告信息按照规定格式录入到计算机;对报纸媒体,第一天收集相关报纸,第二天由录入人员把报纸上广告信息录入计算机;其他媒体依次类推;当所有的广告信息录入计算机系统后,按照需要产生各种格式互异的报表。其业务流程如图 4.2 所示:

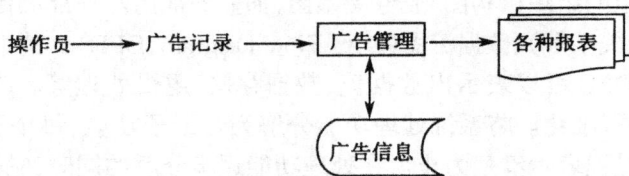

图 4.2　广告监测业务流程图

系统开发人员通过与广告监测咨询公司业务人员的交流,了解了监测公司的业务流程,提出了初步设计方案,确定广告监测信息计算机管理系统应具有信息录入、信息查询、统计报表及数据传递等功能。

(1) 录入功能

公司的广告信息录入量是非常巨大的,每天的广告录入量在 3000 条左右,要求信息系统能支持快速的数据录入。传统的录入方式不能满足需要,要求采用代码录入和数据复制相结合的灵活的录入方式。

(2) 信息查询和统计报表功能

广告信息监测咨询公司需要给客户提供大量的统计分析报表,因此要求软件系统具有强大的查询统计功能,具体要求有:

①监播单输出:选择需要的项目和筛选条件进行查询并输出流水报表。

②节目构成分析:对各栏目种类(如新闻、儿童、体育、综艺等)广告的分布情况(播出次数、播出时长,广告费用等)进行统计分析并提供报表输出。

③广告种类分析:对各媒体广告按商品分类(如家电、食品、日化等)进行统计分析并提供报表输出。

④新增广告情况统计:对各媒体在一定时期内的新增广告进行统计分析并提供报表输出。

⑤广告公司广告投放分析:对广告公司在一个媒体(如浙江电视台)及每个媒体的播出次数、播出时长、费用及时段分布等进行统计分析并提供输出报表。

⑥违法广告情况统计:对监测到的违法广告进行统计分析(包括广告情况和违法情况),并提供报表输出。

⑦提供用户自定义的灵活报表。

(3) 数据传递功能

广告信息监测咨询公司下设 20 多个分点,要求系统能够接受各个分点通过远程连接传送的数据,对系统的输出数据能够提供多种数据格式,方便与工商管理部门、各媒体及各类客户的电子文档传输。

3. 数据流图

数据流图是结构化分析方法的工具之一,也是常用的对用户需求进行分析的工具。它描述数据处理过程,以图形化方式刻画数据从输入到输出的变化过程。由于它只反映系统必须完成的逻辑功能,所以它是一种功能模型。

对于一个具体应用来说,可以自顶向下、逐层地画出数据流图。在 DFD 中可包括外部项、数据库流、处理(加工)和数据存储四个部分:

①外部项是指人或事物的集合,如操作员、领导等,用方框加边表示,外部项也常被称为数据的源点或终点。

②数据流用箭头表示,箭头表示数据流动方向,从源流向目标。源和目标可以是外部项、加工或数据存储。

③处理(加工)用矩形框表示,是对数据内容或结构的处理。加工的数据可以来自外部项,也可以来自数据存储;处理结果可以传到外部项,也可以传到另一数据存储中;对加工可以编号。

④数据存储用缺口矩形框表示,用来表示数据暂时或永久保存的地方。数据存储也可以编号。

为了表达较复杂问题的数据处理过程,用一张 DFD 是不够的,要按照问题的层次结构进行逐步分解,并以一套分层的 DFD 反映这种结构关系。分层的一般方法是先画系统的输入输出,然后再画系统内部。

广告监测虽然对各种媒体(电视、报纸、广播等)的广告都要监测,但由于处理过程基本一致,所以我们只画一个总的数据流图。另外,针对不同的报表加工,也需要画出相应的 DFD,但由于报表数量众多,且加工过程类似,所以也不一一具体画出。图 4.3 是按照广告监测的业务流程画出的数据流图。

4. 建立数据字典

DFD 只描述了系统的分解:系统由哪几部分组成、各部分之间的联系,但并没有对各数据流、加工及数据存储进行详细的说明。对数据流、数据存储和数据处理的描述,需要用数据字典(DD)。

数据字典可用来定义 DFD 中的各个成分的具体含义。它以一种准确的、无歧异的说明方式,为系统的分析、设计及维护提供了有关元素的、一致的定义和描述。它和 DFD 共同构成了

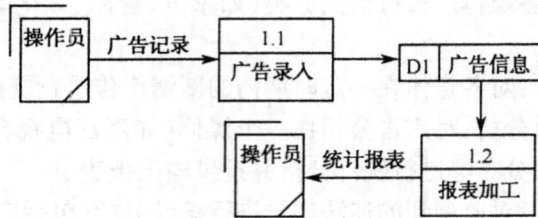

图 4.3 广告监测数据流图

系统的逻辑模型,是需求说明书的主要组成部分。

从软件工程的角度讲,在用户需求分析阶段建立的 DD 内容极其丰富。数据库设计只是侧重在数据方面,要产生数据的完全定义,可以利用相应的工具进行设计。如果手工建立 DD,则必须明确 DD 的内容和格式。创建 DD 非常费时费事,但对其他开发人员了解整个系统的设计却是完全必要的。DD 有助于避免今后可能出现的混乱局面,可以让任何了解数据库的人都明确知道如何从数据库中获得数据。

针对广告监测信息系统而言,最重要的数据是广告信息。下面给出广告信息以及它的几个数据项的数据字典卡片,以具体说明数据字典卡片中上述几项内容的含义。

名字:广告信息
别名:广告记录
描述:各种媒体所做的有关广告的信息
定义:广告记录=记录号+媒体+开始时间+时长+播出类型+产品+栏目+段位+违法内容+图像+音质

名字:记录号
别名:
描述:唯一标识广告信息中一条特定的广告
定义:记录号=20{字符}20
位置:广告信息

名字:媒体
别名:
描述:表示在该媒体上做该条广告
定义:记录号=40{字符}40
位置:广告信息

名字:开始时间
别名:
描述:表示该广告在媒体上的开始播放时间
定义:开始时间={时间}
位置:广告信息

名字:时长
别名:
描述:表示该广告持续播放的秒数
定义:时长={整数}
位置:广告信息

名字:播出类型
别名:
描述:表示广告在该媒体上的播出方式
定义:播出类型=20{字符}20
位置:广告信息
取值:常规:平播,插播等;非常规:信息广告等

名字:产品
别名:
描述:表示该广告中有关的产品
定义:产品=40{字符}40
位置:广告信息

名字:栏目
别名:
描述:表示广告播出的栏目类型
定义:栏目=40{字符}40
位置:广告信息
取值:如新闻、体育、少儿等

名字:段位
别名:
描述:表示广告播出时间的类别
定义:段位＝8{字符}8
位置:广告信息
取值:特 A、A 等

名字:违法内容
别名:
描述:表示该广告播出的违法情况
定义:记录号＝{文本}
位置:广告信息

名字:图像
别名:
描述:表示广告播出的图像质量情况
定义:图像＝8{字符}8
位置:广告信息
取值:清晰、模糊

名字:音质
别名:
描述:表示广告播出的声音质量情况
定义:记录号＝40{字符}40
位置:广告信息
取值:好、差

5. 报表

　　广告监测管理信息系统的业务比较简单,库表的种类相对也比较少,大量的工作是设计按照各种条件查询统计并满足特殊格式的报表。实际系统的报表数量很大,而且大部分报表的加工和格式都比较复杂。下面以数据卡片的形式给出部分报表的描述,对于具体的报表格式限于篇幅略。

名称:电视广告连续播出监播记录单
条件:媒体类型、媒体名称、日期
格式:按开始时间、栏目的分组报表
输出:序号、开始时间、栏目、产品名称、规格、播出
　　　形式
要求:分栏
统计:无

名称:电视广告品牌定位监播记录单
条件:产品名称、媒体名称、日期时间范围
格式:明细
输出:厂家、记录号、开始时间、产品名称、前栏目、
　　　后栏目、前广告、后广告、规格、序号
要求:如果记录的序号为 8/8,则无后广告
统计:广告总数、广告秒数

名称:系列产品电视广告媒体播出情况表
条件:媒体名称、日期范围、时间范围
格式:明细
输出:顺序号、产品、费用(元)、比重(%)、时长
　　　(秒)、比重(%)、次数(次)、比重(%)
要求:常规广告(包括平播、插播等)
统计:自动折算出各项比重(%)

名称:系列产品电视广告播出时长次数费用排名
条件:统计类别、媒体类型、日期时间范围
格式:汇总
输出:顺序号、产品、类别(元)、比重(%)、媒体名
　　　称、播出频道数
要求:报表分三类(时长、次数、费用)
统计:自动折算出各项比重(%)

名称:系列产品电视广告媒体时段分布表
条件:商品类型、产品、媒体、日期时间范围
格式:按照媒体名称分类小计
输出:媒体名称、次数
要求:标题中的年月份、统计类别从日期范围、统
　　　计类别中得到
统计:总次数、媒体名称的小计

名称:系列产品电视广告规格次数比较
条件:媒体类别、商品类别、日期范围、规格
格式:按照产品名称分类小计
输出:产品名称、次数
要求:无
统计:各个产品名称的小计

名称:电视广告分类统计
条件:媒体类别、日期范围、商品类别
格式:按媒体分类小计;相同条件统计费用
输出:媒体名称、次数(次)、比重(%)、固定的商品
　　　类别名称
要求:常规广告(包括平播、插播等)
统计:总次数、各个媒体名称的次数及费用

名称:月份各电视台广告总量、种类对比分析
条件:媒体类别、日期范围、时间范围
格式:按照媒体名称分类小计(新旧广告对比)
输出:媒体名称、广告种类、广告总量
要求:常规广告(包括平播、插播等)
统计:无

4.3　概念设计

概念设计是系统结构设计的第一步,是数据库设计的核心环节。概念模型是表达概念设计结果的工具,这种表达独立于具体的数据库管理系统。

4.3.1　概念设计的方法

概念设计的方法很多,目前应用最广泛的是 ER 方法及其扩充版本(EER)。

ER 方法对概念模型的描述结构严谨,形式直观。用此方法设计得到的概念模型就是实体-联系模型,或称 ER 图。画出一张 ER 图,就得到了一个对系统信息的初步描述,进而形成数据库的概念模型。

ER 方法设计概念模型一般有两种方法:

① 集中模式设计法

首先将需求说明综合成一个一致的需求说明,然后在此基础上设计一个全局的概念模型,再据此为各个用户组或应用定义子模式。该方法强调统一,适合于小的、不太复杂的应用。

② 视图集成法

以各部分需求说明为基础,分别设计各部门的局部模式(又称应用模式或子模式,相当于部分视图),然后再以这些视图为基础,集成一个全局模式。这个全局的模式就是所谓的概念模式,也称企业模式。该方法适合于大型数据库的设计。下面我们讲概念设计的步骤时,指的就是该方法。

4.3.2　概念设计的步骤

按照视图集成法可以把概念设计的任务分三步来完成:

1. 进行数据抽象,设计局部概念模式

局部用户的信息需求是构造全局概念模式的基础。因此,需要先从个别用户的需求出发,为每个用户建立一个相应的局部概念结构。在建立局部概念结构时,常常对需求分析的结果进行细化、补充和修改,如有的数据项要分成若干子项,有的数据的定义要重新核实等。

设计概念结构时,常用的数据抽象方法是聚集和概括。聚集是将若干对象和它们之间的联系组合成一个新的对象。概括是将一组具有某些共同特性的对象合并成更高一层意义上的对象。

数据抽象包括两个内容:一是系统状态的抽象,即抽象对象;另一个是系统转换的抽象,即抽象运算。抽象对象即构造实体是设计局部概念模式的基础。实体的构造方法如下:

① 根据 DFD 和 DD 提供的情况,将一些对应于客观事物的数据项汇集,形成一个实体,数据项则是该实体的属性。这里的事物可以是具体的事物或抽象的概念、事物的联系或某一事件等。

② 将剩下的数据项用一对多的分析方法,再确定出一批实体。某些数据项若与其他多个数据项之间存在 $1:n$ 的对应关系,那么这个数据项就可以作为一个实体,而其他多个数据项则

作为它的属性。

③ 分析最后一些数据项之间的紧密程度,又可以确定一批实体。如果某些数据项完全依赖于另一些数据项,那么所有这些数据项可以作为一个实体,而后者(另一些数据项)则可以作为此实体的键。

经过上面三步,如果在 DFD 和 DD 中还有剩余的数据项,那么这些数据项一般是实体之间联系的属性,在分析实体之间的联系时要把它们考虑进去。得到实体之后,再确定实体之间的联系。确定联系的一般方法,可以参见书上第二章的相关内容。

2. 将局部概念模式综合成全局概念模式

局部概念模式(视图)只反映了部分用户的数据观点,因此需要从全局数据观点出发,将上面得到的多个局部概念模式进行合并,把它们共同的特性统一起来,找出并消除它们之间的差别,进而得到数据的概念模型,这个过程就是一个集成过程。

将局部概念模式综合成全局概念模式需要解决以下一些问题:

①命名冲突

指属性、联系、实体的命名存在冲突。命名冲突有同名冲突和同义异名冲突两种。

②概念冲突

同一概念在一个视图中可能作为一个实体,而在另一个视图中可能作为属性或者联系。如寝室在一些视图中(如宿舍的构成体系中)可抽象为实体,而在另外一些视图中(如学生实体)可抽象为属性。

③域冲突

相同的属性在不同的视图中有不同的域(取值范围)。如学号在一个视图中可能是字符串,而在另一个视图中可能是整数。有些属性采用不同的度量单位,也属于域冲突。

④标识的不同

要解决多标识机制。如在一个视图中,可能用学号唯一标识学生,而在另外的一些视图中,可能用校园卡号作为学生的唯一标识。

⑤区别数据的不同子集

如学生可分为本科生、硕士生、博士生、成教生和短训班学员等。

具体做法是可以选取最大的一个视图作为基础,将其他局部视图逐一合并。合并时尽可能合并对应部分,保留特殊部分,删除冗余部分。必要时可以对局部视图进行适当修改,并力求使局部视图简明清晰。

3. 评审

消除了冲突后,就可把全局结构提交评审。评审为用户评审与 DBA 及应用开发人员评审两部分。用户评审的重点放在确认全局概念模式是否准确完整地反映了用户的信息需求和现实世界事物的属性之间的固有联系;DBA 和应用开发人员评审则侧重于确认全局结构是否完整,各种成分划分是否合理,是否存在不一致性,以及各种文档是否齐全等。文档应包括局部概念结构描述,全局概念结构描述,修改后的数据清单和业务活动清单等。

4.3.3　概念设计实例

我们仍以 4.2.4 部分介绍的项目"广告监测信息系统"为例详细介绍概念设计过程。

1. 设计局部 ER 模式

局部概念模式的划分一般有两种,一种是依据系统的当前用户进行自然划分,如按企业的部门划分;另一种是按用户要求数据库提供的服务归纳为几类,使每一类应用访问的数据显著地不同于其他类,然后为每一类应用设计一个局部的 ER 模式。

根据广告监测信息系统的需求调研,我们按第二种方法予以划分,分成三个部分:媒体相关部分、产品相关部分和操作员相关部分。

媒体相关部分主要包括媒体类型、媒体信息、栏目类型、段位类型和播出类型等内容;产品相关部分包括产品类别、产品信息、厂家信息、商标信息等内容;而操作员相关部分主要是操作员信息和操作日志两部分内容,根据这些内容,我们设计下面这些实体:

媒体相关部分的实体:

①媒体类型(代码,名称,备注)

②媒体(代码,名称,备注)

③栏目类型(代码,名称,备注)

④段位类型(代码,名称,备注)

⑤播出类型(代码,名称,备注)

其中媒体类型和媒体之间是 1:n 关系,而媒体与栏目类型、段位类型、播出类型之间都是 m:n 关系。

产品相关部分的实体:

①产品类别(代码,名称,备注)

②产品(代码,名称,备注)

③厂家(代码,名称,备注)

④商标(代码,名称,备注)

其中产品类别和产品之间、厂家和商标、厂家和产品之间都是 1:n 关系,而产品和商标之间则是 m:n 关系。

操作员相关部分的实体:

①操作员(用户名,姓名,级别)

②操作日志(时间,内容,备注)

其中操作员和操作日志之间是 1:n 关系。

这三个部分的 ER 图分别如图 4.4 中的(a)、(b)、(c)所示。

这三部分之间的联系主要是两个方面,一个是产品广告在媒体上播放,产生两个主要联系属性:播放时间和时长;另一个是产品广告在媒体上的播放信息由操作员录入信息系统,产生一个联系属性:录入时间。加入这两个联系之后的 ER 图可参考全局 ER 模式中的图 4.5。

2. 设计全局 ER 模式

所有局部 ER 模式都设计好后,接下来就是把它们综合成单一的全局概念结构。全局的概念结构不仅要支持所有局部 ER 模式,而且必须合理地表示一个完整、一致的数据库概念结构。合并的顺序首先从局部概念模式的公共实体类型开始,先合并那些现实世界有联系的局部结构,最后再加入独立的局部结构。

设计全局 ER 模式的目的不在于把若干局部模式形式上合并为一个 ER 模式,而在于消除冲突,使之成为能够被全系统所有用户共同理解和接受的统一概念模型。

因为广告监测信息系统的业务比较简单,局部 ER 图基本反映了各个部分的实体和内容,合并之后也没有什么冲突,因此全局 ER 图基本上是各个局部 ER 图的并集,如图 4.5 所示。

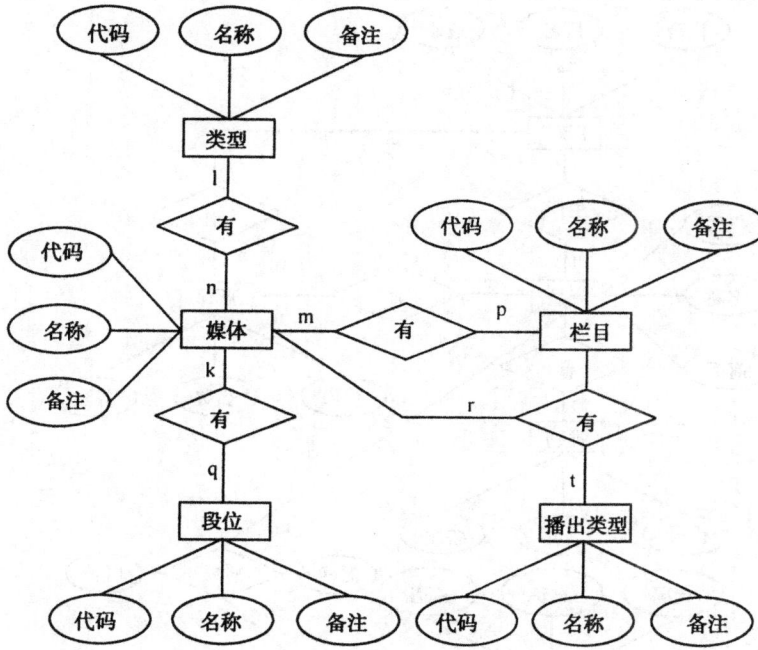

(a)媒体部分 ER 图

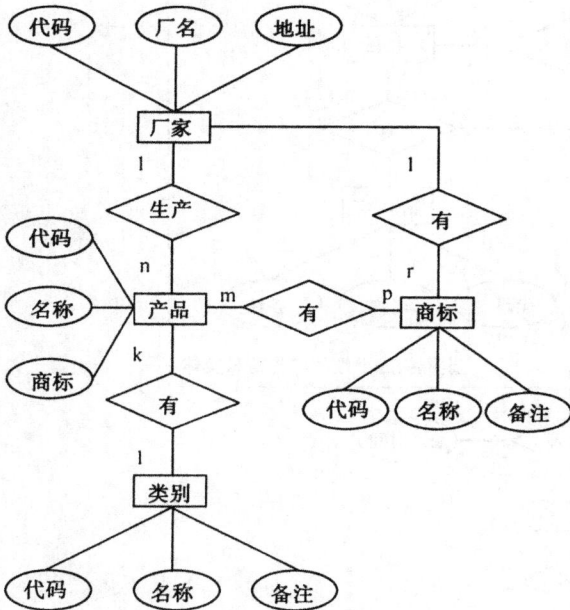

(b)产品部分 ER 图

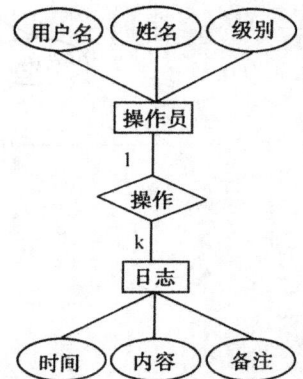

(c)操作员部分 ER 图

图 4.4　广告监测信息系统局部 ER 图

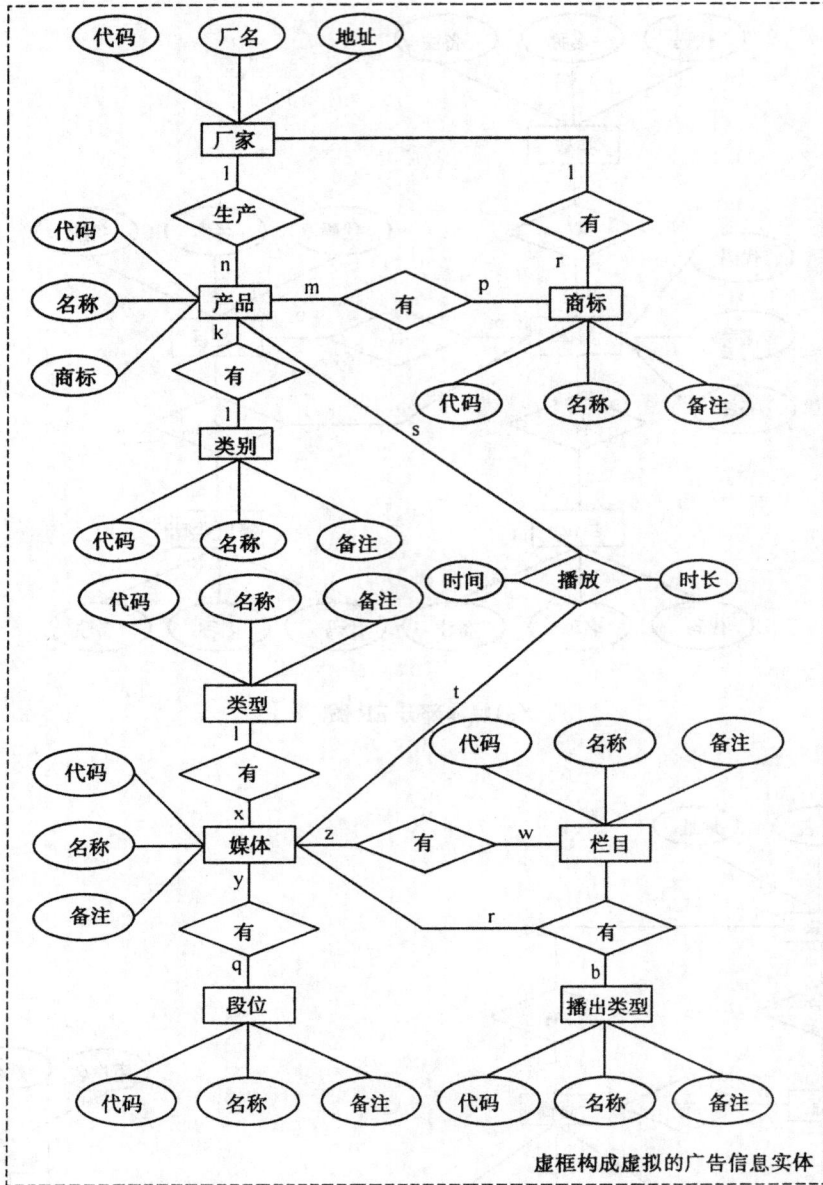

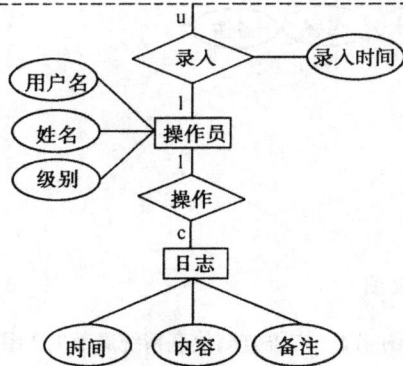

图 4.5　广告监测信息系统总体 ER 图

4.4　逻辑设计

逻辑设计是在概念设计的基础上进行的。逻辑设计的任务就是把概念设计阶段设计好的 ER 图转换为与选用的 DBMS 产品所支持的数据模型相符合的逻辑结构。逻辑结构设计包括初步设计和优化设计两个步骤。所谓初步设计就是按照 ER 图向数据模型转换的规则,将已经建立的概念模型转换为 DBMS 所支持的数据模型;优化设计是对初步设计所得到的逻辑模型做进一步的调整和改良。数据库逻辑设计过程如图 4.6 所示。

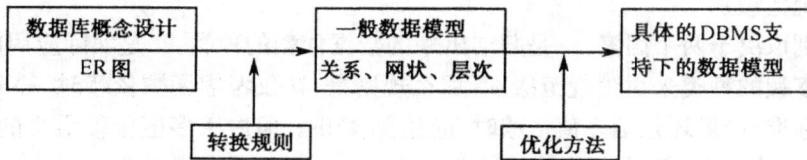

图 4.6　数据逻辑设计过程

由于目前市面上所使用的数据库管理系统基本上是关系数据库,因此本节只介绍关系数据库的逻辑设计,重点介绍 ER 图向关系数据模型转换的原则和方法。

4.4.1　关系数据库逻辑设计过程

由于关系模型固有的优点,逻辑设计可以运用关系数据库模式设计理论使设计过程形式化地进行,并且结果可以验证。关系数据库逻辑设计过程如图 4.7 所示。从图中可以看出,概

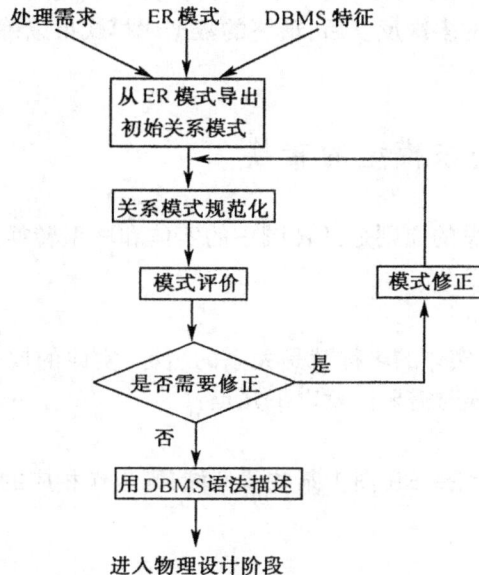

图 4.7　关系数据库逻辑结构设计过程

念设计的结果直接影响到逻辑设计过程的复杂性和效率。在概念设计阶段已经把关系规范化的某些思想用作构造实体类型和联系类型的标准,在逻辑设计阶段,仍然要使用关系规范化理论来设计模式和评价模式。关系数据库的逻辑设计的结果是一组关系模式的定义。

具体说来,关系数据库的逻辑结构设计过程有下列步骤:

1. 导出初始关系模式

逻辑设计的第一步是把概念设计的结果(即全局 ER 模式)转换为初始关系模式。

2. 规范化处理

规范化的目的是减少乃至消除关系模式中存在的各种异常,改善完整性、一致性和存储效率。规范化过程分为两个步骤:

①确定规范级别

规范级别取决于两个因素,一是归结出来的数据依赖的种类,二是实际应用的需要。如果仅仅从数据依赖的种类来讨论规范级别,那么规则是:在仅考虑函数依赖时,3NF 和 BCNF 是比较适宜的标准;如果还包括多值依赖时,应达到 4NF。但由于多值依赖语义的复杂性、非直观性,一般 4NF 使用不多,在实际使用环境中大量使用的还是函数依赖。

②实施规范化处理

确定规范级别之后,利用第三章的算法,逐一考察关系模式,判断是否满足规范要求。若不符合上一步所确定的规范级别,则利用相应的规范算法将关系规范化。

3. 模式评价

模式评价的目的是检查已经给出的数据模式是否完全满足用户的功能要求,是否具有较高的效率,并确定需要加以修正的部分。模式评价主要包括功能和性能两个方面。

4. 模式修正

根据模式评价的结果,对已经生成的模式集进行修正。修正的方式依赖于导致修正的原因。如果因为需求分析、概念设计的疏漏导致某些应用不能得到支持,则应增加新的关系模式或属性;如果因为性能考虑而要求修正,则可采用合并、分解或选用另外结构的方式进行。

在经过模式评价及修正的多次反复后,最终的数据库模式得以确定,全局逻辑结构设计即告结束。

4.4.2 ER 图向关系模型的转换

ER 图转换为关系模型,总的原则是:ER 图中的实体和联系转换成关系,属性转换成关系的属性。具体规则如下:

1. 实体转换成关系

实体转换成关系很直接,实体的名称就是关系的名称,实体的属性就是关系的属性,实体的主键就是关系的主键。转换时需要注意以下几点:

①属性域的问题

如果所选择的 DBMS 不支持 ER 图中某些属性域,则应作相应的修改,否则应由应用程序处理转换。

②非原子属性的问题

ER 模型中允许出现非原子属性,这不符合关系模型中的 1NF 的条件,必须作相应的修改。

2. 联系的转换

实体之间的联系,有 1:1,1:n,m:n 等 3 种,它们在向关系模型转换时,采取的策略是不一样的,具体分析如下:

(1)1:1 的转换

如果实体之间的联系是 1:1 的,那么可以在两个实体类型转换成两个关系模式中的任意一个关系模式的属性中加入另一个关系模式的键和联系类型的属性。

【例 4.1】 某大学管理中的实体院长(院长名,年龄,性别,职称)和实体学院(学院编号,学院名,地址,电话)之间存在着 1:1 的联系(任职年月为联系属性)。在将其转换为关系模型时,院长和学院各为一个模式。如果用户经常要在查询学院信息时查询其院长信息,那么可在学院模式中加入院长名和任职年月,其关系模式如下(加下划线为主键,加波浪线为外键):

院长关系(院长名,年龄,性别,职称)

学院关系(学院编号,学院名,地址,电话,院长名,任职年月)

在实际的应用系统设计中,由于院长也是一个大学的教职员工,因此一般在院长关系中加一个代号属性(如工号或身份证号),然后在学院关系中院长名用相应的代号取代。这是一个普遍的数据库表的设计方法。

(2)1:n 的转换

若实体之间的联系是 1:n 的,则在"n 端"实体类型转换成的关系模式中加入"1 端"实体类型转换成的关系模式的键和联系类型的属性。

【例 4.2】 某大学管理中的实体系(系编号,系名,电话,系主任)和实体教师(教师编号,姓名,性别,职称)之间存在着 1:n 的联系(任职年月为联系属性)。则将其转换后的关系模型如下:

系关系(系编号,系名,电话,系主任)

教师关系(教师编号,姓名,性别,职称,系编号,任职年月)

(3)m:n 的转换

若实体之间的联系是 m:n 的,则将联系类型也转换成一个关系模式,其属性为两端实体类型的键加上联系类型自身的属性,而键为两端实体键的组合。

【例 4.3】 某大学管理中的实体学生(学号,系名,年龄,性别,家庭住址,系别,班号)和课程(课程编号,课程名,课程性质,学分数,开课学期,开课系编号)之间存在着 m:n 的选课联系(成绩为联系属性)。则将其转换后的关系模型如下:

学生关系(学号,系名,年龄,性别,家庭住址,系别,班号)

课程关系(课程编号,课程名,课程性质,学分数,开课学期,开课系编号)

选课关系(学号,课程编号,成绩)

4.4.3 逻辑数据模式的优化

模式设计得合理与否,对数据库的性能有很大的影响。数据库设计完全取决于人,而不取决于 DBMS。无论数据库设计得好与坏,DBMS 照样运行。数据库及其应用的性能和调优,都是建立在良好的数据库设计基础上的。数据库的数据是一切操作的基础,如果数据库设计不好,则用其他一切调优方法来提高数据库性能的效果都是有限的。因此,对模式进行优化是逻辑设计的重要环节。

对于从 ER 图转换来的关系模式，就要以关系数据库设计理论为指导，对得到的关系进行规范化处理，即对关系模式逐一分析，确定它们是第几范式，并通过必要的分解得到一组满足范式要求的关系。

对关系模式规范化，其优点是消除异常，减少数据冗余，节约存储空间，相应的逻辑和物理 I/O 次数减少，同时加快了增、删、改等数据操作的速度。但是，对完全规范的数据库的查询，通常需要更多的连接操作，而连接操作很费时间，从而影响查询的速度。因此，有时为了提高某些查询或应用的性能，而有意破坏规范化规则，这一过程就叫逆规范化。

逆规范化的好处是降低连接操作的需求，降低外键和索引的数目，还可能减少关系的数目。相应带来的问题，是可能出现数据的完整性问题。加快了查询速度，但会降低修改的速度。因此决定进行逆规范化设计时，一定要权衡利弊，仔细分析应用的数据存取需求和实际的性能特点。如果通过建立好的索引或其他方法能够解决查询性能问题，那么就不必采用逆规范化这种方法。

关系数据库的优化，一般首先基于 3NF 进行规范化处理；然后，根据实际情况对部分关系模式进行逆规范化处理。有关规范化处理的详细介绍见第 3 章内容，在这里主要介绍逆规范化的方法。

常用的逆规范化处理有增加冗余属性、增加派生属性、重建关系和分割关系等，下面对这些方法做一简单介绍。

（1）增加冗余属性

增加冗余属性是指在多个关系中都具有相同的属性，它常用来在查询时避免连接操作。

【例 4.4】　在广告监测信息系统中，由于数据量特别大（100 万条广告记录/年），统计口径特别多，而对速度的要求也特别高，所以在关系广告中，保留了多个需要经常查询的冗余属性。例如在媒体、播出类型、产品、厂家、栏目、段位等表中，都包含代码和名称两个属性，虽然"名称"属性一般是冗余属性，但是这样可以大大加快各种复杂报表的查询速度。

有时增加冗余属性也是为了保留会变属性的当时的属性值。比如材料的价格是随市场不断变化的，因此发生任何一笔材料的采购和领用，都必须有材料价格这个属性值。因此在进销存系统中，材料（用其中的价格作材料的缺省价格）、采购单/入库单（其中的价格为了核算采购成本），出库单/领料单（其中的价格为核算生产成本）等关系中都必须有材料价格属性。

（2）增加派生属性

增加派生属性，指增加的属性是来自其他关系中的数据，由它们计算生成。它的作用是在查询时减少连接操作，避免使用聚集函数。

【例 4.5】　在广告监测信息系统中，关系广告中有一个费用属性，它是根据关系广告的时长和关系价格中的单价统计出来的。由于广告的单价和媒体、段位、时长都有关系，计算比较复杂，用单纯的连接不一定能计算出费用，因此增加这么一个派生属性，在广告记录插入时通过一定的算法计算得到。

（3）重建关系

重建关系是指如果许多用户需要查看两个关系连接出来的结果数据，则把这两个关系重新组成一个关系，来减少连接而提高性能。

【例 4.6】　在教务管理系统中，教务管理人员需要经常同时查看课程号、课程名称、任课教师号、任课教师名，则可把关系课程（课程号，课程名称，任课教师号）和教师（教师号，教师名）合并成一个关系课程（课程号，课程名称，任课教师号，任课教师名）。

这样可提高性能,但需要更多的磁盘空间,同时也损失了数据的独立性。一般,在实际数据库设计中,一般通过视图的方式加以解决,具体在后面的 SQL 语言中介绍。

(4)分割关系

有时对关系进行分割,可以提高性能。关系分割有两种形式:水平分割和垂直分割。如对于一个大公司的人事档案管理,由于员工很多,可将员工按部门或工作地区建立员工关系,这是将关系水平分割。水平分割通常在两种情况下使用:一是数据量很大,分割后可以降低在查询时需要读的数据和索引的页数,同时也降低了索引的层数,提高查询速度;二是数据本来就有独立性,如数据库中分别记录各个地区的数据或不同时期的数据,特别是有些数据常用而另外一些不常用。

垂直分割是把关系中的主键和一些属性构成一个新的关系,把主键和剩余的属性构成另外一个关系。如果一个关系中某些属性常用,而另外属性不常用,则可以采用垂直分割。垂直分割可以使得列数变少,一个数据页就能存放更多的数据,在查询时就会减少 I/O 次数。缺点是,是需要管理冗余属性,查询所有数据需要连接操作。一般当一个关系属性很多,比如人事档案,此时可进行垂直分割,将常用属性和不常用属性分成两个关系。

4.4.4　逻辑设计实例

根据广告监测信息系统的概念模型,按照关系数据模式规范化理论以及优化处理原则,我们给出了广告监测信息系统的逻辑设计结果(如图 4.8)。这个结果主要表现为一些关系模式,下面的卡片由软件 PowerDesign 设计,该工具的设计结果可以根据目标数据库直接导入到相应的数据库管理系统中。

商品代码 COMMODITY	
商品代码 COMMODITYDM	varchar(20)
商品名称 COMMODITY	varchar(40)
等级 LEVELDJ	int
叶节点 ISLEAF	bit
上级代码 PARENTDM	varchar(20)
系统定义否 SYSTEMDYF	bit
助记符 MNEMONICF	varchar(20)
备注 BZ	varchar(200)

厂家 MAKER	
厂家代码 MAKERDM	int
厂家名称 MAKERNAME	varchar(40)
通讯地址 TXDZ	varchar(40)
助记符 MNEMONICF	varchar(20)
备注 BZ	varchar(200)

日志 RZ	
操作时间 CZSJ	datetime
操作员 ID CZYID	int
姓名 XM	char(10)
操作内容 MKMC	varchar(50)
备注 BZ	varchar(50)

产品 PRODUCT	
媒体代码 MEDIADM	varchar(20)
产品代码 CODE	int
名称 NAME	varchar(60)
商标代码 TRADEMARKDM	int
厂家代码 MAKERDM	int
商品类别代码 COMMODITYDM	varchar(20)
播放时间 LOGINDATE	detetime
助记符 MNEMONICF	varchar(20)
备注 BZ	varchar(200)

操作员 CZY	
操作员 ID CZYID	int
用户名 YHM	varchar(20)
工事情 GH	varchar(20)
姓名 XM	char(10)
口令 KL	varchar(10)
操作级别 CZJB	int
备注 BZ	varchar(20)

播出类型 FORM

类型代码 FORMDM	varchar(20)
类型名称 FORM	varchar(40)
等级 LEVELDJ	int
叶节点 ISLEAF	bit
上级代码 PARENTDM	varchar(20)
系统定义否 SYSTEMDYE	bit
助记符 MNEMONICF	varchar(20)
助记符 MNEMONICF	varchar(20)
备注 BZ	varchar(200)

广告 ADVERTISEMENT

ID	int
媒体代码 MEDIADM	varchar(20)
媒体名称 MEDIA	varchar(40)
播放时间 PLAYTIME	datetime
播出日期 MYDATE	smalldatetime
播出时间 MYTIME	datetime
播出类型代码 FORMDM	varchar(20)
播出类型名称 FORM	varchar(20)
产品代码 CODE	int
产品名称 NAME	varchar(60)
商品类别代码 COMMODITYDM	varchar(20)
商标代码 TRADEMARKDM	int
商标类别 TRADEMARK	varchar(20)
厂家代码 MAKERDM	int
厂家类码 MAKERname	varchar(40)
栏目代码 POSITIONLXDM	varchar(20)
栏目名称 POSITION	varchar(40)
版本 VERSION	varchar(40)
时长 SIZE	varchar(20)
段位代码 BREAKDM	varchar(20)
段位名称 BREAKMC	varchar(20)
磁带号 TAPENo	smallint
费用 EXPENSES	decimal(,14,4)
违法否 ISAGAINST	varchar(20)
违法情况 AGAINSTDETIAL	varchar(200)
图像质量 IMAGE	char(8)
编辑时间 EDITDATE	smalldatetime
编辑人 EDITUSER	varchar(10)
备注 BZ	varchar(200)

商标 TRADEMARK

商标代码 TRADEMARKDM	int
商标名称 TRADEMARK	varchar(20)
助记符 MNEMON ICF	varchar(20)
备注 BZ	varchar(200)

电视价格 TVPRICE

媒体代码 MEDIADM	varchar(20)
段位代码 BREAKDM	varchar(20)
说明 COMMENT	varchar(20)
规格 SIZE	varchar(20)
价格 PRICE	decimal(14,4)
系统定义否 SYSTEMDYF	bit
助记符 MNEMONICF	varchar(20)
备注	text

媒体类型 MEDIALX

类型代码 MEDIALXDM	char(2)
类型名称 MEDIALX	varchar(40)
系统定义否 SYSTEMDYF	bit
助记符 MNEMONICF	varchar(20)
备注 BZ	varchar(200)

媒体 MEDIA

媒体代码 MEDIADM	varchar(20)
媒体名称 MEDIA	varchar(40)
等级 LEVELDJ	int
叶节点 ISLEAF	bit
上级代码 PARENTDM	varchar(20)
系统定义否 SYSTEMDYF	bit
助记符 MNEMONICF	varchar(20)
备注 BZ	varchar(200)
fgrq	varchar(20)

栏目类型 POSITIONLx

类型代码 POSITIONLxDM	varchar(20)
类型名称 POSITIONLX	varchar(40)
等级 LEVELDJ	int
叶节点 ISLEAF	bit
上级代码 PARENTDM	varchar(20)
系统定义否 SYSTEMDYF	bit
助记符 MNEMONICF	varchar(20)
备注 BZ	varchar(200)

段位 BREAK

段位代码 BREAKDM	varchar(20)
段位名称 BREAKMC	varchar(40)
系统定义否 SYSTEMDYF	bit
助记符 MNEMONICF	varchar(20)
备注 BZ	varchar(200)

图 4.8

4.5　物理设计

对于一个给定的基本数据模型选取一个最适宜应用环境的物理结构的过程,称为物理设计。其主要任务是确定文件组织、分块技术、缓冲区大小及管理方式、数据库在存储器的分布等,主要目标是提高数据库系统处理效率和充分利用数据的存储空间。显然,数据库的物理设计是完全依赖于给定的硬件环境和数据库产品的。

在关系数据库系统中,目前流行的数据库管理系统如 Oracle、Sybase、SQL Server 等,它们在数据库服务器的设计中,都采用了许多先进的技术,使得数据库在存储器 I/O、网络 I/O、线程管理及存储器管理上,效率都非常高,一个好的逻辑模式转换成这些系统上的物理模式时,都可以很好地满足用户在性能上的需求。因此数据库应用设计人员可以把主要精力放在逻辑模式的设计和事务处理的设计上,至于物理设计可以透明于设计人员。就目前流行的关系数据库系统 RDBMS 来说,数据库的物理设计比较简单一些,因为文件形式都是记录类型文件,仅包含索引机制、空间大小、块的大小等内容,而且都有比较好的人机界面,只需要选择合适的参数和创建相关索引即可。

由于物理设计比较简单,因此下面对物理设计的步骤进行简单叙述。物理设计可分五步完成,前三步涉及到物理结构设计,后两步涉及到约束和具体的程序设计。

①存储结构设计

确定数据库物理结构主要指确定数据的存放位置和存储结构,包括确定关系、索引、日志、备份等的存储安排和存储结构,确定关系配置等。

一般数据库管理系统为设计者提供了多种不同的存储结构方式,如顺序存储、散列存储、B 树索引等存储结构方式,具体选用何种存储结构要根据具体的应用要求来决定。如对于经常检索而很少使用更新操作的数据或成批处理的数据可以采用顺序存储结构;对于经常需要随机查询的应用要求,采用散列存储结构比较好;如果数据常以关键字查询,则应增加相应的索引。

确定数据的存放位置和存储结构要综合考虑存取时间、存储空间利用率和维护代价三个方面的因素。这三个方面通常是相互矛盾的,因此需要进行权衡,选择一个折中方案。

②建立数据簇集

数据簇集的含义是把有关的一些数据集中放在一个物理块内或物理上相邻的区域内,以提高对这些数据的访问速度。如有一个学生关系,经常需要按年龄查询,在其上按年龄建立了索引。如果某一年龄键对应的元组散布在多个物理块时,则要查询该年龄的学生元组,就必须对多个物理块进行 I/O 操作。如果将该年龄的学生元组放在一个物理块内或相邻物理块内,则获得多个满足查询条件的元组时,会显著地减少 I/O 操作的次数。这里的"年龄"也称簇集键。

目前流行的关系数据库管理系统都支持簇集键来存放元组,簇集键只能有一个,如果改用其他属性或属性组做簇集键或改变元组和簇集键时,RDBMS 会自动对相应的元组进行移动,以构成新的簇集关系。

③存取方法的设计

存取方法设计为存储在物理设备上的数据提供数据访问的路径。数据库系统是多用户共享的系统,对同一个关系要建立多条存取路径才能满足多用户的多种应用要求。物理设计的任务之一就是要确定选择哪些存取方法,即建立哪些存取路径。

索引是数据库中一种非常重要的数据存取路径,在存取方法设计中要确定建立何种索引,以及在哪些表和属性上建立索引。通常情况下,对数据量很大,又需要做频繁查询的表建立索引,并且选择将索引建立在经常用作查询条件的属性和属性组,以及经常用作连接属性的属性和属性组上。

④完整性和安全性考虑

设计者应在完整性、安全性、有效性和效率方面进行分析,作出权衡。

⑤程序设计

在逻辑结构数据库确定后,应用程序设计就应当随之开始。物理数据独立性的目的是消除由于物理结构的改变而引起对应用程序的修改。当物理独立性未得到保证时,可能会发生对程序的修改。

物理设计的结果是物理设计说明书,包括存储记录格式、存储记录位置分布以及存取方法,并给出对硬件和软件系统的约束。由于数据库物理设计过程中需要对时间效率、空间效率、维护代价和各种用户要求进行权衡,其结果必然产生多种方案,因此数据库设计人员必须对这些方案进行细致的评价,从中选择一个比较好的方案作为数据库的物理结构。

评价物理数据库的方法完全依赖于所选用的 DBMS,主要是从定量估量各种方案的存储空间、存取时间和维护代价入手,对估算结果进行权衡、比较,选择出一个较优的合理的物理存储结构。如果该结构不符合用户要求,则需要修改物理设计。

广告监测信息系统的数据库采用 SQL Server2000。根据广告监测信息系统的逻辑设计来设计数据库的物理结构不是很复杂,从数据库和其他数据对象(包括表、索引和存储过程)的设计过程中,基本采用 SQL Server2000 提供的缺省参数,就可以使数据库系统的各方面性能得到比较好的保证,因此本节对该信息系统的物理设计不再进行详细讲解,其中具体的库表和索引将会在后面的 SQL 语言中陆续提到。

4.6　数据库实施

物理数据库设计完成后,就可以组织各类人员具体实施数据库了。这些人员应该包括数据库设计人员、应用程序设计人员、用户等。数据库实施过程包括数据库结构的建立、数据载入、应用程序调试、数据库试运行等几个步骤。下面对这些步骤给以详细说明。

1. 建立数据库结构

设计人员利用 RDBMS 提供的数据定义语言和其他应用程序严格地将逻辑设计和物理设计的结果描述出来,成为 RDBMS 可以接受的源代码,再经过调试产生目标模式。RDBMS 将根据目标代码表示的目标模式建立起实际的数据库结构,然后便可以组织数据入库。

RDBMS 可以接收的源代码一般指 SQL 语言,不同的 RDBMS 一般都支持标准的 SQL 语句。但各个数据库厂商出于各种原因,有时是为了提高和突出自己产品的性能,具体的 SQL 语句和函数会有些差别,尤其是一些增强的 SQL 语句差异会更大。所以,一般最终的建立数据库结构的源代码必定是跟具体的 RDBMS 挂钩,甚至跟同一厂商的相同数据库管理系统的不同版本有关,所以读者要特别注意这点。对于 SQL 语言的具体内容,我们将在后面的章节予以详细说明。

2．数据载入

数据库一个重要的特性是数据量非常大，因此必须在一定量的数据基础上，对数据库的性能和应用程序进行测试。数据库实施阶段的一个重要任务就是载入数据。数据来源可能是原始的账本、票据、档案资料、分散的计算机文件以及原有的数据库系统。

对于数据载入，可以采取以下一些方法来进行：

（1）原始的账本、票据、档案资料等数据的载入

对于这些数据，可以使用已有的软件工具（如开发工具提供的数据录入软件如 Delphi 的 Database Explore）或编写专用的软件工具。一般在数据载入阶段，应用系统的开发也进入一定的阶段，因此此时可以把应用系统的软件作为数据载入的专用工具，这样还有一个好处就是可以测试软件的这部分功能。

（2）原数据库系统数据的载入

在原有系统不中止的情况下，采用手工、第三方工具软件或编写专门软件工具的方法，将原数据库系统（包括分散的数据库文件、原数据库中的数据）转移到新系统的数据库中。这一步很重要，如果贸然停止原有系统的运行，而新系统却无法正常工作，将导致巨大的损失，而且无法挽回。

一般的开发工具以及数据库管理系统都提供一些数据载入工具，如 Delphi 的 Data Pump 和 SQL Server2000 的导入导出数据的工具。但这些工具相对来说比较简单，只能实现一些比较基本的如库表结构基本一致的数据载入，对于比较复杂的情况如字段数据按照一定规则的生成等，只能编写专门的程序实现。程序包括两类，一类是 SQL 语句，还有一类是应用程序。在大多数情况下，用 SQL 语句都可以实现数据载入，只有极少像利用原系统数据的每一条记录进行复杂的加工才能得到新数据的情况，才需要编制专门的应用程序。由于为数据载入而编制的程序在后续的工作中基本丢弃，因此一般编的程序不是很正规和完整，而且经常和手工方式配合来载入数据。

（3）模拟数据的载入

如果由于客观原因，暂时不能载入旧数据，或者原有数据量不足以验证新系统的能力，就需要建立模拟数据。此时如果数据量不大，生成的规则不是很复杂，则只要用 SQL 语句就可以完成，否则就需要编制专用的软件工具，以对原始数据进行提取、分类、检验、综合，从而保证数据的正确性。

3．编写、调试应用程序

数据库应用系统中应用程序的设计，一般应与数据库设计同步进行，它是数据库应用设计的另一个重要方面——行为设计。目前数据库应用系统都采用面向对象与可视化编程技术来实现，专门为开发数据库应用设计的软件系统主要有 Delhpi、C＋＋ Builder、PowerBuilder、VB 等，都是非常优秀的集成开发环境，其强大的应用程序设计能力，使得高效率地建立数据库应用系统成为可能。这些工具在本质上没有很大区别，选择开发工具主要取决于用户的要求和开发人员的熟练程度。

在应用程序设计过程中，要特别注意数据库的安全性和完整性。应用程序在确保数据库安全性的情况下，要尽可能提供给用户一个界面友好、功能强大、提示信息丰富、报表统计功能齐全的应用程序。同时，虽然数据库系统有比较完善的约束机制和安全机制，但由于应用系统的复杂性特别是逆规范化措施的应用，对数据库的完整性带来了一定的隐患。对于没有受到

关系约束检查的数据,应用程序一定要加以严格控制,保证相关数据同步更新。

应用程序初步完成后,应首先用小数据量对应用程序进行初步测试。这实际上是软件工程中的软件测试,目的是检验程序的工作是否正常,即对于正确的输入,程序能否产生正确的输出;对于非法输入,程序能否正确地鉴别出来,并拒绝处理等。

4. 数据库试运行

完成数据载入和应用程序的初步设计、调试后,即可进入数据库试运行阶段,或称联合调试。

数据库试运行期间,应利用各种软件工具,如性能监视器、查询分析器等,对系统性能进行监视、分析。应用程序在小数据量的情况下,如果功能表现完全正常,那么在大数据量时,主要看它的效率,特别是在并发访问情况下的效率。如果运行效率不能达到用户的要求(如查询反应速度慢),就要分析是应用程序本身的问题,还是数据库设计的缺陷。对于应用程序的问题,就要以软件工程方法加以排除;对于数据库设计问题,可能还需要返工,检查数据库的逻辑设计是否不好。接下来,分析逻辑结构在映射成物理结构时是否充分考虑了 DBMS 的特性。如果是,则应转至物理设计阶段,重新生成物理模式。

经过反复测试,直到数据库应用程序功能正常,数据库运行效率也能满足需要,就可以删除模拟数据,将真正的数据全部装入数据库,进行最后的试运行。此时,最好原有的系统与新系统并行运行一段时间,以确保用户的业务能正常开展。但需要注意的是并行运行将成倍增加用户的工作量(两个系统需要两套数据),因此并行运行时间不可太长。在确保新系统基本正常,例如并行运行一段时间两个系统数据一致的情况下,可以停止老系统的运行。

5. 数据库实施示例

针对广告监测信息系统,我们在物理设计阶段选择了 SQL Server2000 数据库管理系统,在逻辑设计阶段设计相应的数据库逻辑结构(包括库表结构和索引),然后利用设计工具 PowerDesign 生成 SQL Server 的 SQL 创建语句,由该 SQL 语句在 SQL Server 环境下生成相应的数据库数据结构。有关数据库数据结构的生成语句在这里不加以描述,但在后面的 SQL 语言中将予以部分说明。

由于广告监测信息系统原来存在老系统,因此新系统的数据主要来自原有系统的数据库。老系统存在不少问题,主要突出表现在两个方面:一个是数据量达到一定数量后(如 100 万条记录以上),数据的录入(在录入时需要做很多的处理)和查询非常慢;二是由于当初数据库结构的设计原因,导致很多新的需求的统计报表无法生成。针对这两个问题,新系统的设计主要增加了部分库表以及在库表中增加了部分字段和索引,因此数据载入相对简单:首先把原有的数据库的数据导入到新系统的相关数据库表的对应字段中,然后利用现有的数据生成增加的字段和库表的数据即可(这个过程基本用 SQL Server2000 提供的导入导出工具以及查询分析器下使用 SQL 语句进行转换)。

广告监测信息系统的应用程序用了大约六个人月的时间设计完成,然后在数据载入完成后与老系统并网运行一个月的时间。经过反复测试和调整,在并网试运行一个月后,停止老系统的运行,使新系统进入正常运行阶段。

4.7　数据库运行和维护

数据库试运行合格后,数据库开发工作就基本完成,进入下一个阶段——数据库运行与维护阶段。由于一方面系统在运行过程中可能产生各种软硬件故障;另一方面,数据库只要在运行使用就需要对它进行监控、评价、调整和修改,因此数据库维护不仅是必要的,而且是一项长期而细致的工作。由于信息系统越来越庞大,开发和维护的成本也越来越高。有人曾经作过统计:在信息系统的整个生命周期企业投入的所有资金中,以前是开发成本占 60～70%,维护成本占 30～40%;而现在是刚好相反,而且维护成本有逐年递增的趋势。

数据库运行和维护的工作主要由数据库管理员来完成,如果系统需要大的改动,则需要数据库设计开发人员参与。数据库维护的工作主要有数据库安全性控制、数据库的备份与恢复、数据库的重组以及重构等四个方面,下面对这几个方面予以详细说明。

1. 数据库安全性、完整性控制

根据用户的实际需要授予不同的操作权限。在数据库系统中,设置操作权限的地方有两个:一个是应用系统软件的权限设置,主要形式表现为应用软件的菜单或操作的授予与否;另外一个是数据库管理系统中的权限设置,表现为数据库的角色。数据库管理员应根据应用环境的变化而修改数据对象的安全级别。另一方面,数据库系统有多级口令保护:首先是开机密码;然后是操作系统的登录口令;三是应用软件的使用口令;最后是数据库用户的口令。数据库管理员应该经常修改口令或保密手段,以增强系统的安全性。

维护数据的完整性也是数据库管理员的主要工作之一。一般说来,数据库应用程序应提供相应的功能,扫描并修正一些敏感数据(如逻辑设计阶段采用了逆规范化手段而没能受到关系约束检查的数据),数据库管理员应根据数据的变化情况,适时地执行该功能。同时随着应用环境的改变,数据库完整性约束条件也会发生变化,数据库管理员应根据实际情况作出相应的调整。

2. 数据库的备份和恢复

在数据库运行过程中,可能存在无法预料的自然或人为的意外情况,如机器故障、介质故障、误操作等,导致数据库运行中断,甚至破坏数据库的部分内容。目前市面上多数数据库管理系统都提供了故障恢复功能,但这种恢复大都需要数据库管理员的配合才能完成,因此需要数据库管理员定期对数据库和数据库日志进行备份,以便发生故障时,能尽快将数据库恢复到某个时刻的数据。

目前,对于数据库的备份方法可以分为硬件备份和软件备份,其中软件备份又可以分为数据库自身所携带的备份系统和第三方软件所提供的数据库的备份系统。

硬件备份指的是用额外的硬件保证系统的连续运行,例如磁盘双工和双机容错;如果某个硬件损坏,备份硬件立即接替它的工作。但是,这种备份方式不能防止逻辑错误。据有关资料统计,系统错误有 80% 以上属于人为误操作。发生逻辑错误时,硬件备份只会将错误复制一遍,而不能保护数据。所以硬件备份也称为硬件容错。

软件备份指的是把数据保存到其他介质里;当系统出错时,备份系统可以把系统恢复到备份时的状态。这种备份方法可以防止逻辑错误,因为备份介质和系统是分开的,错误不会复制到存储介质里。这意味着只要保存足够长的历史数据,就可以恢复正确的数据。

备份工作做得越好,在恢复过程中选择的余地也越大,恢复的速度和成功性也越高。因此在日常的数据维护工作中,一定要做好周期性备份工作。一般在实际的应用系统中,比较简单实用的方法是:数据库服务器采用 RAID5 进行数据保护,这样一个硬盘存储介质的损坏不至于破坏数据库的数据;同时采用具体数据库管理系统的备份工具做周期性的软件备份(可以在线或离线,也可以是自动或人工),同时把备份数据转录到光盘或拷贝到移动硬盘。

3. 数据库重组

数据库重组是指保持数据库原有的逻辑结构和物理结构不变,通过改变数据的存储位置来对数据重新组织和存放。一般说来,数据库运行一段时间之后,由于数据库经过经常性的增、删、改操作,数据库的物理组织会变得不合理,从而降低数据库的性能。比如有效记录之间出现空间残片,插入记录不一定逻辑相连而用指针连接,从而使得 I/O 占用时间增加,导致运行效率下降。

因此,在数据库运行阶段,数据库管理员要对数据库性能进行实时监控和分析。数据库的重组常用的方法是先卸载,然后再加载。由于数据库的重组涉及大量数据的搬移,要占用系统资源,花费一定的时间和人力,因此重组工作不能频繁进行。数据库管理员利用数据库管理系统提供的系统性能监控、分析工具,对系统性能作出综合评价,记录并保存详细的系统参数、性能指标,然后根据性能指标决定是否有必要对数据库进行重组。

广告监测信息系统在正常运行 6 个月后,发现数据库性能出现明显下降,数据的查询统计速度变得很慢。分析结果发现,广告记录数大概在 67 万条左右。按照数据库重组的方法,先删除相关索引,然后再重新建立该索引,发现系统性能马上恢复到比较好的状态。这个现象说明在数据量不大的时候,存储空间的零散化对数据库性能影响不大,但在数据量大到一定时候,则对数据库的性能影响是比较明显的。

4. 数据库重构

随着应用环境的变换,用户的需求也会发生改变,同时也会出现新的需求,这时需要对原有数据库系统进行修正和扩充。这种修正和扩充将部分地改变原有数据库的逻辑结构和物理结构,因此称为数据库重构。数据库重构和重组不一样,重组改变的是数据物理存储结构,而不是逻辑结构和数据库的数据内容,其目的是为了提高数据库的存取效率和存储空间的利用率;而重构则是在已经运行的数据库上改写数据库的模式和存储模式,设计数据内容、逻辑结构和物理结构的改变。这种重构往往会影响与之有关的数据和应用程序,这些数据和应用程序也要做相应的修改。

数据库重构一般需要由数据库管理员、数据库设计人员以及最终用户共同参加。数据库重组可以边组织边运行,而重构则不能边重构边运行,因为重构是一个可能产生错误和有待验证的过程,几乎涉及到所有数据库用户,因此在重构之前一定要做好数据备份工作。当然如果逻辑结构变化不大(而且在实际的应用系统维护过程中,大多数情况属于部分修改),此时只要对相关的局部数据对象和部分应用程序进行修改即可,而对其他应用程序运行则毫无影响。

习 题

1. 数据库设计分为哪几个阶段? 每个阶段的主要工作内容是什么?
2. 用户需求调研的内容主要有哪些?。
3. 数据字典的内容和作用是什么?

4. 将局部概念模式转换为全局概念模式需要考虑哪些问题?

5. 在逻辑设计阶段,为什么要进行规范化处理和逆规范化处理? 常用的逆规范化方法有哪些?

6. 什么是数据库结构的物理设计? 试简述其具体步骤。

7. 数据库实施有哪几个步骤? 对不同的数据载入各采用什么方法?

8. 数据库维护的主要工作有哪些? 数据库备份方法有哪几种?

9. 名词解释

①结构特性设计　　　行为特性设计

②概念冲突　　　　　域冲突

③水平分割　　　　　垂直分割

④硬件备份　　　　　软件备份

⑤数据库重组　　　　数据库重构

10. 请设计一个图书馆数据库,此数据库中对每个借阅者保存读者信息,包括读者号,姓名,地址,性别,年龄,单位。对每本书存有书号,书名,作者,出版社,存储地点。对存储地点有:房间号,书柜号,排,列。对每本被借的书有读者号,借出日期和应还日期。要求:给出 ER 图,再将其转换为关系模型。

第 5 章

关系数据库标准语言 SQL

结构化查询语言(Structured Query Language,简称 SQL)是关系数据库系统为用户提供的,对关系模式进行定义、对关系实例进行操纵的一种语言,是为在关系数据库系统中建立、存储、修改、检索和管理其数据化信息提供的语言工具。目前,SQL 已经成为一种工业标准化的数据库查询语言,广泛应用于商用关系数据库管理系统,受到用户的普遍好评。

本章讲解的数据库表都以广告监测信息系统的数据库表为例,该系统已经在需求分析和概念设计中作了一定的描述。具体的库表结构,读者可以参考逻辑设计中的广告数据库表卡片。

5.1 SQL 语言概述

5.1.1 SQL 的发展过程

1970 年 6 月,IBM 公司的 San Jose 实验室的研究员 Edgar Frank Codd,在 Communication of ACM 上发表了题为《大型共享数据库数据的关系模型》的论文,首次提出了关系数据模型,开创了关系数据库理论和方法的先河,为关系数据库技术的应用和发展奠定了理论基础。在此基础上,许多公司开始了关系数据库系统的理论、产品和应用研究。20 世纪 70 年代中期,IBM 公司在研制 System R 关系数据库系统的过程中,开发了世界上最早的 SQL 语言。1979 年,Oracle 公司最先提出了商用的 SQL 语言,后来在其他几种数据库系统中得以实现。

由于 SQL 广泛地被多种 RDBMS 支持和使用,为避免 SQL 语言的不兼容,以便基于 SQL 语言的程序容易移植,于是在权威机构多年的工作和努力下,制定了不断完善的 SQL 标准。1986 年 10 月,美国国家标准协会(American National Standards Institute,简称 ANSI)的数据库委员会批准了 SQL 作为关系数据库语言的美国标准,同年公布了标准的 SQL 文本,这个文本称为 SQL-86。1987 年 6 月,国际标准化组织(International Organization for Standardization,简称 ISO)将其采纳为国际标准。SQL-86 在 1989 年进行了升级和改进,并于 1989 年 4 月推出了 SQL-89。1992 年,由 ANSI 和 ISO 合作,对 SQL-89 作了较大的改动和完善,并于 1992 年 8 月推出了 SQL-89 的升级版本 SQL-92,也称 SQL2,这是目前绝大多数商用 RDBMS 支持的版本。随后的 SQL3 也于 1999 年上半年正式推出,表示该标准是第三代 SQL 语言,它在

SQL-92 的基础上扩展而成。

本章将参照 ANSI SQL-92 标准,以微软 SQL Server2000 关系数据库系统为背景,来介绍 SQL 的语言概貌。由于不同的关系数据库系统只是遵循 SQL-92 的大部分特性,有时为了提高系统性能,还提供了针对各自系统的、特定的、非标准的 SQL 语句,因此读者在使用实际的 RDBMS 时,一定要参考相关的技术手册。

5.1.2　SQL 语言的特点

SQL 语言是基于关系模型的数据库查询语言,但它不仅仅具有查询功能,还具有数据定义、数据的增加、删除、修改功能和安全以及事务的控制功能。SQL 语言是一种非结构化的程序语言,具体应用中不需要用户考虑如何做,只需要写出做什么的语句即可。写出的语句一般称为查询,将此查询交给关系数据库管理系统去解释执行,就可以得到所需要的查询结果。

SQL 语言是一个综合的、通用的、功能强大的关系数据库语言,综合起来它具有以下四个特点:

① 功能一体化

非关系模型的数据语言一般分为模式 DDL(数据描述语言)、子模式 DDL、内模式 DDL 以及 DML(数据操纵语言)。它们各自完成模式、子模式、内模式定义和数据存取、处理功能。而 SQL 语言能完成关系模式定义、数据录入以及数据库的建立、查询、更新、维护、重构、安全性控制等一系列操作,它具有 DDL、DML、DCL(数据控制语言)为一体的特点,用 SQL 语言就可以实现数据库生命期内的全部活动。

另外,由于关系模型中实体以及实体之间的联系均由关系来表示,这种数据结构的单一性带来了数据库操纵符的统一性。由于信息仅仅以一种方式表示,因此所有操作都只需要一种操作符。

② 使用方式灵活

SQL 语言没有任何屏幕处理或用户输入输出的能力,它只提供访问数据库的标准方法,因此在实际使用中必须和其他工具或语言配合使用才能完成具体的应用任务。SQL 语言有两种使用方式:一种是联机交互方式(如 SQL Server2000 的查询分析器以及 Delphi 的 Database Explore);另一种是嵌入到某种高级语言(如 C、FORTRAN、PASCAL 等)的程序中,以实现对数据库的操作。前一种方式下,SQL 语言为自含式语言,借助第三方工具的交互式界面可以独立使用;后一种方式下 SQL 语言作为嵌入式语言,它依附于主语言。前一种方式适用于非计算机专业人员,后一种方式适用于程序员。这两种方式给了用户灵活选择的余地,提供了极大的方便。尽管方式不同,但是 SQL 语言的语法结构是基本一致的。

③ 高度非过程化

保证数据库过程化的语言要求用户在程序设计中不仅要指明程序做什么,而且需要程序员按照一定的算法编写出怎样做的程序。而对于 SQL 语言来说,只要求用户提出目的即做什么,而不用指出如何去实现目的。在 SQL 语言的两种使用方式中均是如此,用户不必了解存取路径,存取路径的选择以及 SQL 语句操作的过程都交给 RDBMS 来完成。

④ 简洁易学

尽管 SQL 语言功能强大,又有两种使用方法,但由于巧妙的设计,语言十分简洁,因此易于学习和使用。SQL 完成核心功能一共只用了 8 个动词(其中标准 SQL 是 6 个)。表 5.1 列出了表示 SQL 功能的动词。另外,SQL 语言的语法非常简单,接近英语的口语。而且,目前几乎所有的 RDBMS 都支持 SQL 语言,所以使用标准 SQL 语言的程序可以方便地从一种RDBMS 移植到另一种 RDBMS 上。

表 5.1　SQL 语言功能的动词

SQL 功能	动词
数据库查询	SELECT
数据定义	CREATE,DROP
数据操纵	INSERT,UPDATE,DELETE
数据控制	GRANT,REVOKE

5.1.3　SQL 数据库的体系结构

SQL 语言支持关系数据库三级模式结构,如图 5.1 所示。其中外模式对应于视图(View)和部分基本表(Base Table),模式对应于基本表,内模式对应于存储文件。

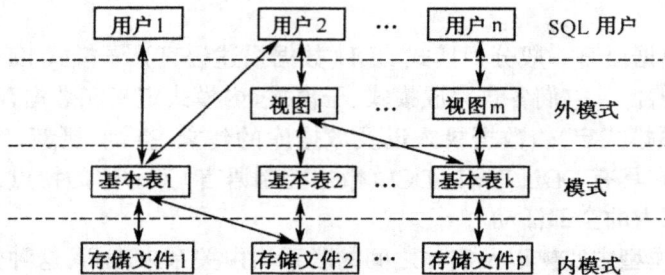

图 5.1　SQL 语言对关系数据库的支持

用户可以用 SQL 语言对基本表和视图进行查询或其他操作,基本表和视图一样,都是关系。基本表是本身独立存在的表;视图是从基本表或其他视图导出的表。视图本身不独立存储在数据库中,即数据库中只存放视图的定义而不存放视图对应的数据,这些数据仍存放在导出视图的基本表中,因此视图是一个虚表。

一个基本表可以跨一个或多个存储文件,而一个存储文件也可以存放一个或多个基本表。一个基本表可以有多个索引,索引也存放在存储文件中。存储文件的逻辑结构组成了关系数据库的内模式;存储文件的物理结构是任意的,对用户透明。

SQL 用户可以是终端用户,也可以是应用程序。SQL 用户交互方式或者嵌入式方式与数据库进行连接操作。

5.1.4　SQL 标准的分级

为了评价数据库厂商的 RDBMS 对 SQL 语言标准的支持情况,一般要对相关的 SQL 语言标准进行分级。由于 SQL-92 是目前大多数商用关系数据库管理系统支持比较好的 SQL语言标准,因此在这儿只讨论 SQL-92 标准的分级问题。其实,对于更新的版本 SQL3 也存在类似的分级结构。

根据实际的支持情况,SQL-92 标准一般分为 3 个级别:入门(Entry)级 SQL、中间(Intermediate)级 SQL 和完全(Full)版 SQL。入门级 SQL 的功能特性接近 SQL-89;中间级 SQL 包含 SQL-92 近一半的新特点;完全版 SQL 则包含 SQL-92 标准版的所有内容。

一般说来,绝大部分 RDBMS 产品不是完全支持 SQL-92 标准的,即不支持完全版 SQL,很多情况下,只支持中间级 SQL。反过来,实际的 RDBMS 产品的 SQL 语言,也有可能出现 SQL-92 标准没有的功能和特性,从而出现各个数据库产品的 SQL 语言和标准之间的差异以及相互之间的不兼容。当然这些差异一般比较小,在学好标准的 SQL 语言基础上,针对具体产品做适当调整比较容易。另外,如果有可能需要移植 SQL 代码,则建议尽可能采用标准 SQL 语言,而尽量少用具体产品中提供的特殊功能。为了考虑应用程序的通用性和可移植性,在实际应用中往往在不是标准的嵌入式 SQL 语言部分,提供所有不同的 SQL 语言版本(一般是针对不同产品的),这些版本的区分通过设置参数的方式加以解决。

5.2　SQL 语言基础

几乎所有的 SQL 语句都牵涉到数据类型、运算以及一些常用函数的问题,因此在讲解 SQL 语句之前,我们简单介绍一下 SQL 语言的基础知识。这些基础对不同的关系数据库产品相互之间会有一些差异,本节的基础知识以及本章后续的 SQL 语句的主要应用背景是 SQL Server2000。考虑到 Sybase 的 SQL 语言和 SQL Server 比较相近,因此在介绍过程中,只是适当地指出 SQL Server 与 Oracle 的相关 SQL 语句的差别。

5.2.1　SQL 语言的数据类型及其运算

SQL 定义的常用数据类型有数字、字符串、布尔、时间和大对象等数据类型,具体如表 5.2 所示。对于每一种数据类型,都有类型转换、赋值、比较和其他操作四类,下面对这些操作做一简单的介绍。

1. 类型转换

数据转换用 CAST 标量算符,数据转换的语法如下:

CAST (源数据 AS 目标数据)

该语法表示把源数据类型值转换为目标数据类型值。这里要特别注意的是并非所有的数据类型之间都可以相互转换;针对不同的数据类型,其目标数据类型也不一样。下面对各种数据类型的转换做一简单介绍。

① 数字类型的 CAST 运算

一般数字类型的数据可以转换为更长类型的数字类型数据,同时近似数据类型和精确数据类型之间可以相互转换。另外,数字类型可以转换为字符串类型的数据。下面举例如下:

CAST(25 AS INTEGER)
CAST(1.47E−5 AS DECIMAL(9,5));得到数字 0.00001。
CAST(25 AS CHAR(2))　　　　　　;得到字符串'25'。
CAST(1.47E−5 AS CHAR(8))　　　　;得到字符串'.0000147'。

表 5.2　SQL 语言的数据类型

类别	数据类型	说明
数字	INT	整数类型,一般长度为 4 个字节
	SMALLINT	小整数类型,一般长度为 2 个字节
	NUMERIC	数值型类型,格式 NUMERIC(N,M),N 表示总位数,M 表示小数点右边的位数。
	DECIMAL	数值型类型,格式和含义同 NUMERIC,区别是它的精度可以大于给定的精度。
	FLOAT	浮点数值类型,格式 FLOAT(N)精度可大于给定精度。由于实际应用系统的小数位数固定,如保留 2 位或 4 位,所以为了不产生累计误差,一般用 NUMERIC 和 DECIMAL
布尔型	BIT	布尔类型,取值 TRUE 和 FALSE。Oracle 没有该类型,一般用 CHAR 代替
字符串	CHAR	字符串类型,格式 CHAR(N),N 表示字符串长度
	VARCHAR	长字符串类型,格式 VARCHAR(N),N 表示最大变长字符串长度,实际占用空间为实际的字符串长度加 1
时间	DATETIME	长时间类型,可以按照指定格式显示和输入。一般格式是年－月－日 时:分:秒
	SMALLDATETIME	短时间类型,可以按照指定格式显示和输入。一般格式是年－月－日。Oracle 只有 DATETIME 一种时间类型。
大对象	IMAGE	图像类型,可把图像等大对象以二进制流形式存入到数据库表,在 Oracle 中数据类型一般是 BLOB。
	TEXT	文本类型,可把大的文本对象以字符流形式存入数据库表,在 Oracle 中一般用 LONG。

② 布尔型

布尔类型可以转换为字符串类型的数据。当布尔值为 TRUE,且字符串的长度至少是 4 位时,转换的结构是'TRUE';当布尔值为 FALSE,且字符串的长度至少是 5 位时,转换的结构是'FALSE'。

③ 字符串类型

字符串类型的数据可以转换为不同类型的字符串数据;当字符串本身是数字字符形式时,可以转换为相应的数字型数据,否则将出错;字符串数据也可以转换为时间类型数据,前提是格式必须符合,否则将出错;当字符串符合"TRUE"、"FALSE"等格式时,还可以转换为布尔类型的数据,下面举例如下:

　　　　CAST('－25' AS SMALLINT)　　　　　　;得到数字－25。
　　　　CAST('050.00' AS DECIMAL(3,1))　　　;得到数字 50.0。
　　　　CAST('2004－01－01' AS DATETIME)　;得到日期 2004 年 01 月 01 日。
　　　　CAST('FALSE' AS BIT)　　　　　　　;得到布尔值 FALSE。

④ 时间类型

时间类型的数据可以转换为其他类型的时间数据,多数情况下是转换为字符串类型的数据。时间类型的数据转换为字符串时,一般按照默认的时间格式进行转换。下面举例如下:

　　　CAST(DATETIME '2004－01－05 10:20:20' AS SMALLDATETIME)

　　　　　　　　　　　　　　　　　　　　　;得到日期 2004－01－05。

CAST(DATETIME '2004 – 01 – 05' AS CHAR(10))

;得到字符串'2004 – 01 – 05'。

2. 赋值

SQL 赋值时,原则上要求源数据和目标数据的数据类型一致。赋值语义相对简单,跟一般的编程语言的赋值含义没有本质差别,因此在这里不再进行详细说明。

3. 比较

SQL 语言提供了一般标量比较运算符:=、<>、<、<=、>和>=来进行运算。所有这些都是读者所熟悉的,在其他计算机语言中也有类似的算符。在 SQL 中比较的结果是一个布尔值:TRUE、FALSE、UNKNOWN,其中 UNKOWN 表示比较的一方的值是 NULL。下面针对不同的数据类型予以简单说明。

① 数字类型的比较运算

数字是按照通常的方式进行比较的,具体示例如下:

NULL = ?	;得到布尔值 UNKNOWN。
97 = 105.2	;得到布尔值 FALSE。
9944 > 944	;得到布尔值 TRUE
97 ⟨⟩ 105.2	;得到布尔值 TRUE。

另外,对于数字型 SQL 还提供了三个量词:ALL,SOME,ANY,可以与比较符一起用于真值与一个子查询返回的真值集合的比较。如果集合是一个空集,或者比较符对于集合中的任何一个值都返回 TRUE,那么 ALL 返回 TRUE;如果比较符对于集合中的至少一个值返回结果 FALSE,则 ALL 返回 FALSE。SOME 和 ANY 是同义词,它们在比较运算符对于集合中的至少一个值返回 TRUE 时,返回 TRUE;如果集合是一个空集,或者比较运算符对于集合中的任何一个值都返回 FALSE 时,则返回 FLASE。

② 布尔型

在 SQL 中,布尔值 TRUE>FALSE,因此布尔型数据的比较运算较简单。对于布尔型,SQL 语言也提供了三个量词:ALL,SOME 和 ANY,具体含义同数字型,这里不再介绍。

③ 字符串类型

对于 CHAR、VARCHAR 等字符串的运算,SQL 语言提供了所有常用的标量运算符;而对于 IMAGE 和 TEXT 之类的大对象(其实也是一种大的字符串数据类型),则只提供了=和<>两个算符。字符串的比较,是从左到右进行的,比较的是每个字符的 10 进制数值,下面举例说明:

'hello' = 'HELLO'	;得到布尔值 FALSE。
'hello' < 'zero'	;得到布尔值 TRUE。
'hello' > 'hez'	;得到布尔值 FALSE。

SQL 对字符串的数据类型也提供了三个量词:ALL,SOME 和 ANY,具体的含义同数字型,在这里不再说明。

④ 时间类型

时间类型的数据在数据库中实际上是以数字的形式存贮的,只是按照时间的格式给年、月、日、时、分、秒以一定的位数,因此时间类型的比较其实就是数字类型的比较。具体示例如下:

DATE '2004 – 01 – 01' = DATE '2004 – 01 – 08'	;得到布尔值 FALSE。
DATE '2004 – 01 – 01' > DATE '2004 – 03 – 08'	;得到布尔值 FALSE。

DATE '2004 - 05 - 01' < > DATE '2004 - 04 - 08' ;得到布尔值 TRUE。

4. 其他操作

常用数据类型的其他操作主要有：

数字类型的：加、减、乘、除,分别记为 + 、 - 、 * 、/,这些运算和普通的数字运算完全一致。

日期类型的：加、减、乘、除,分别记为 + 、 - 、 * 、/,这些运算需要特定的约定才能合法,下面予以说明：

$$日期 + 间隔 = 日期 \qquad 日期 - 间隔 = 日期$$

$$日期 - 日期 = 间隔 \qquad 时间 + 间隔 = 时间$$

$$时间 - 间隔 = 时间 \qquad 时间 - 时间 = 间隔$$

$$间隔 * 数字 = 间隔 \qquad 间隔 / 数字 = 间隔$$

字符串最重要的其他操作是连接运算,在 SQL Server 中,直接用 + 即可,而在 Oracle 中,则需要用连接符‖来完成,示例如下：

$$'hello' + 'bob!' = 'hello bob!'$$

SQL 语言提供了常用的布尔值算符 AND、OR、NOT 和 IS,其中 AND、OR、NOT 运算和其他语言的编程一致,而 IS 的用法是 IS 表达式或者 IS NOT 表达式,分别表示表达式 = TRUE 或者表达式 = FALSE。因此,在实际的应用中,IS 很少使用,一般用 = 代替。

5.2.2　SQL 语言的函数介绍

SQL 语言的函数很多,而且不同的关系数据库产品的函数也会有些差别。常用的基于 SQL server2000 的字符串函数、数学函数和日期函数如表 5.3 所示。对于其他的数据库产品,可能会有一些差别。

在字符串函数中,datalength(char - expr)(有些数据库对应函数名为 length)、substring (expression, start, length)(有些数据库对应函数名为 substr)、upper(char - expr)、lower(char - expr)、char(int - expr)、charindex(char - expr, expression)(有些数据库对应函数名为 indexof)等函数使用较多,由于这些函数定义明确,使用简单,就不再进行详细介绍了。另外去空格函数 ltrim(char - expr)、rtrim(char - expr)使用也比较普遍,有些数据库还提供删除字符串两边空格的函数 trim(char - expr),很显然有下列关系成立：

$$trim(char - expr) = ltrim(rtrim(char - expr))$$

另外比较复杂的是日期转换函数。在 SQL Server 中,字符串转换为日期一般不需要额外的函数予以说明,只要用特定格式的字符串即可(短日期：年 - 月 - 日;长日期：年 - 月 - 日时：分：秒),系统会自动进行数据转换;而 Oracle 则不行,一定要用相关的函数才行,一般用 to - date(char - expr, format),其中 format 的格式基本同 SQL Server。

表 5.3 SQL 语言常用函数

字符串函数	
定义	说明
Datalength(char－expr)	返回 char－expr 所包含的字符个数,不包括尾部空格
Substring(expression,start,length)	返回 char－expr 中从 start 开始的 length 个字符的字符串
Upper(char－expr)	把字符串 char－expr 转换为大写
Lower(char－expr)	把字符串 char－expr 转换为小写
Space(int－expr)	生成 int－expr 个空格的字符串
Ltrim(char－expr)	删除打头的空格串
Rtrim(char－expr)	删除结尾的空格串
Ascii(char－expr)	返回字符串 char－expr 中首字符的 ASCII 码值
Char(int－expr)	把 ASCII 代码转换为字符
Str (float－expr [, length [, decimal]])	数字型转换为字符型
Charindex(char－expr,expression)	返回 expression 在 char－expr 中的起始位置,否则为零
数学函数	
Abs(numeric－expr)	求绝对值
Ceiling(numeric－expr)	大于或等于指定值的最小整数
Floor(numeric－expr)	小于或等于指定值的最大整数
Power(numeric－expr,power)	返回 numeric－expr 的 power 次幂
Round(numeric－expr,int－expr)	把数字表达式四舍五入到 int－expr 指定的精度
Sqrt(float－expr)	指定值的平方根
日期函数	
Getdate	返回当前系统的日期和时间
Datepart(datapart,date－expr)	以整数形式返回 date－expr 中的指定部分
Datediff (datepart, date－ expr1, date－expr2)	以 datepart 指定的方式,返回 date－expr2 和 date－expr1 之间的差值
Dateadd (datepart, number, date－expr)	返回以 datepart 指定的方式表示的 date－expr 加上 number 以后的日期
Convert (datatype [(length)], expression, format)	把 expression 表达的日期按照 format 格式转换为 datatype 所指定的字符串,其中 length 为可选项,表示 datatype 的数据长度

另外,日期函数可以按照特定的格式转换为整数和字符串,用的函数分别为 datepart 和 convert,其中 datepart 和 format 的形式分别见表 5.4 和表 5.5。

表 5.4　SQL Server 的日期部分（datepart）

日期部分	写法	在日期部分中的取值范围
Year	yy	1753 - 9999
Quarter	qq	1 - 4
Month	mm	1 - 12
Dayofyear	dy	1 - 366
Day	dd	1 - 31
Week	wk	1 - 54
Weekday	dw	1 - 7(1 = Sunday)
Hour	hh	0 - 23
Minute	mi	0 - 59
Second	ss	0 - 59
Millisecond	ms	0 - 999

表 5.5　SQL Server 在 convert 函数中的可用日期格式（format）

不带世纪	带有世纪	转换后字符串的日期格式
	0 或 100	Mon dd yyyy hh:hi AM(或 PM)
1	101	mm/dd/yy
2	102	yy. mm. dd
3	103	dd/mm/yy
4	104	dd. mm. yy
5	105	dd - mm - yy
6	106	dd mon yy
7	107	mon dd, yy
8	108	hh:mi:ss
	9 或 109	mon dd, yyyy hh:mi:ss:mmm AM(或 PM)
10	110	mm-dd-yy
11	111	yy/mm/dd
12	112	yymmdd

下面举例予以说明：

　　　　datepart(yy, '2004 - 01 - 18')　　　;结果为 2004。

　　　　datepart(mm, '2004 - 01 - 18')　　　　;结果为 1。

　　　　datepart(dd, '2004 - 01 - 18')　　　;结果为 18。

　　　　convert(char(12), '2004 - 02 - 25', 105)　;得到结果为 25 - 02 - 2004。

5.2.3　SQL 语言的语句结构

　　不管是操作人员直接键人的还是嵌入到宿主语言的某个程序中,SQL 语句都是从动词开始的,紧跟其后的是动词"应该做什么"的确切信息。语句的末尾必须有一个结束符,SQL 标准的语句为空白。不同的 SQL 产品使用的语句结束符也是不同的,如 Oracle SQL 为分号';'。如果动词是对某个表的动作(即动词要求使用某个表),则该表的名称必须出现在语句中。

　　SQL 语言和其他计算机语言一样,保留一些字作为本系统专用。SQL 对它的保留字规定有确切的含义和用法,用户只能按照 SQL 的规范使用其保留字,不能用它们做为表名、列名等。一些常用的 SQL 标准规定的保留字有:SELECT、FROM、WHERE、CREATE、TABLE、DROP、INSERT、UPDATE、DELETE 等。

5.2.4　SQL 语言的命令分类

SQL 语言的命令可以分为以下四类:
① 数据定义语言 DDL。
DDL 命令用来创建数据库中的各种对象,包括模式、表、视图、索引等。
② 数据操纵语言 DML
DML 命令分为数据查询和数据更新两类。数据查询语言用来对已经存在于数据库中的数据按照指定的条件进行检索。数据更新又可以分为插入、删除、修改三种操作。
③ 数据控制语言 DCL
DCL 命令用来完成授予或收回访问数据库的某种特权,控制数据操纵事务的发生时间及效果,对数据库进行监视等动作。
④ 嵌入式 SQL 的使用
这一部分内容涉及到 SQL 语句嵌入在宿主语言程序中的使用规则。
限于篇幅,本章只讲述数据定义、数据操纵和数据控制语言,对于嵌入式 SQL,读者请参考相关书籍。

5.2.5　SQL 语法说明

在本章的 SQL 语句中使用了 BNF 标记的下列通用变型:
①〈　　　〉
尖括号中是语法元素的名称。
②[　　　]
方括号中是选择语法,可以在构造 SQL 语句时决定是否省略这样的语法。
③{　　　}
大括号中的是强制性语法组合。在构造 SQL 语句时必须选择包括所有的组合。
④ |
竖条将语法元素组分开,在构造 SQL 语句时,必须选择一个元素。
上面的四种符号(尖括号、方括号、大括号和竖条)都不是语法的一部分,不要将其包含在 SQL 语句中。

5.3　SQL 语言的数据定义

在具体的 RDBMS 中,维护数据库对象一般都有两种方法,一种是用 SQL 语言来定义和维护数据库对象;另一种是使用 RDBMS 或第三方提供的图形化工具。对于初学者来说,也许用图形化的工具更加方便。但是,随着对 SQL 语言的熟练掌握,读者就会发现编码比使用工具更容易创建和调试数据库对象。

　　SQL 的数据定义语言是用来定义和管理 SQL 数据库中的所有对象,包括数据库、表、视图、索引和存储过程等。每个对象类通常都包含 CREATE、ALTER 和 DROP 语句,如 CREATE TABLE、ALTER TABLE 和 DROP TABLE。

　　下面针对各种对象分别说明 SQL 数据定义语言的运用。

5.3.1　数据库的创建和删除

　　数据库由包含数据的表集合和其他对象(如视图、索引、存储过程等)组成,目的是为执行与数据有关的活动提供支持。存储在数据库中的数据通常与特定的主题或过程(如生产数据或者信息发布数据)相关。一般大中型的 RDBMS 都能够支持许多数据库,每个数据库可以存储来自其他数据库的相关或不相关数据。在创建任何数据库对象之前,必须首先创建数据库。

　　在 SQL Server 中,数据库对象至少对应两个文件:MDF 文件和 LDF 文件,其中 MDF 文件用于存储数据库的所有对象;而 LDF 文件则存储数据库的操作日志。而在 Oracle 中,一般每个数据库由多个设备文件(DAT 文件)组成,在这些设备文件之上可以创建数据库的其他对象。

1. 数据库的创建

　　SQL 语言用 CREATE DATABASE 来创建数据库,其一般格式为:

```
CREATE DATABASE ＜数据库名＞
[ON] ( [ NAME = 逻辑文件名 , ]
    FILENAME = 操作系统文件名
    [ , SIZE = 初始文件大小 ]
    [ , MAXSIZE = ｛最大文件大小 ｜ UNLIMITED ｝]
    [ , FILEGROWTH = 文件每次增量 ])
[LOG ON] ( [ NAME = 逻辑文件名 , ]
    FILENAME = 操作系统文件名
    [ , SIZE = 初始文件大小 ]
    [ , MAXSIZE = ｛最大文件大小 ｜ UNLIMITED ｝]
    [ , FILEGROWTH = 文件每次增量 ])
```

　　其中数据库名为要创建的数据库的名字,数据库名称在服务器中必须唯一,并且符合标识符的规则;ON 用来指定存储数据库数据部分的磁盘文件(数据文件),LOG ON 用来指定存储数据库日志部分的磁盘文件;逻辑文件名指在创建数据库后执行的 SQL 语句中引用文件的名称;操作系统文件名指实际物理存在的带路径的文件名;SIZE 指定所定义的文件的大小;MAXSIZE 指定所定义的文件可以增长到的最大;FILEGROWTH 指定所定义的文件的增长增量,大小设置不能超过文件的 MAXSIZE,若 FILEGROWTH 用 UNLIMITED,则指定所定义的文件将增长到磁盘变满为止。另外,对于可选的参数([ ] 中的参数),如果不指定,则 RDBMS 自动选用缺省参数。

　　【例 5.1】　针对广告监测信息系统,我们建立相关的 GGJC 数据库,具体的创建语句如下:

```
CREATE DATABASE GGJC
```

```
ON
( NAME = 'GGJC_DAT',
  FILENAME = 'C: \ PROGRAM FILES \ MICROSOFT SQL SERVER \ MSSQL
                \ DATA \ GGJC_DATA. MDF',
  SIZE = 100MB,
  MAXSIZE = 500MB,
  FILEGROWTH = 10MB )
LOG ON
( NAME = 'GGJC_LOG',
  FILENAME = 'C: \ PROGRAM FILES \ MICROSOFT SQL SERVER \ MSSQL
                \ DATA \ GGJC_LOG. LDF',
  SIZE = 20MB,
  MAXSIZE = 100MB,
  FILEGROWTH = 5MB )
```

2. 数据库的删除

当某个数据库不再需要时,特别是测试结束,测试的数据库不再需要时,则可以使用 SQL 语句的 DROP DATABASE 删除该数据库,其一般格式为:

DROP DATABASE ＜数据库名＞

由于一旦删除数据库,则数据库中的所有对象将不再存在,因此删除数据库要特别小心。在实际应用中,由于各种原因,有些数据库会损坏或处于置疑状态(比如创建了一个数据库,然后想把其他数据库导入进来,此时很容易发生数据库的置疑),此时可以用 DROP 语句删除数据库。

【例 5.2】　针对广告监测信息系统,删除数据库 GGJC 的备份数据库 GGJCBAK 的语句如下:

DROP DATABASE GGJCBAK

5.3.2　表的创建和删除

在创建了数据库之后,就可以在其上建立各种数据表。数据库表按照使用的时效性可分为永久表和临时表。永久表在数据库的整个生命周期之内有效,而临时表顾名思义,只在某一段时间(用户创建该临时表开始到用户退出连接为止)内有效,而且只能对所创建的用户是可见的。SQL Server 临时表的支持比 Oracle 要强些,使用和定义都比较灵活,而 Oracle 估计是考虑语义的严格性,在这方面不是很好用。临时表在 SQL Server 中用 '♯' 打头,后面的名字命名与普通表一致。

临时表的创建、修改和删除与普通表是一样的,下面分类加以说明。

1. 表的创建

SQL 语言用 CREATE TABLE 语句来创建表,其一般格式为:

CREATE TABLE ＜表名＞(＜列名＞ ＜数据类型＞ [列级完整性约束条件]
　　　　　　[,＜列名＞ ＜数据类型＞ [列级完整性约束条件]…]
　　　　　　[,＜表级完整性约束条件＞]

其中表名为所要创建的表的名字,它可以有一个或者多个列属性。建表的同时通常还可以定义与该表有关的完整性约束,这些完整性约束条件被存入系统的数据字典中,当用户操作表中数据时由数据库管理系统自动检查操作是否违背这些完整性约束条件。如果完整性约束条件涉及到该表的多个属性列,则必须定义在表级上,否则既可以定义在列级上也可以定义在表级上。

定义表的每一个列的属性必须给出列名和数据类型,而对于列级的完整性约束一般包括NULL、NOT NULL、缺省值、键的约束等内容。

【例5.3】 广告监测信息系统最主要的表是广告记录,它的创建语句如下:

```
CREATE TABLE ADVERTISEMENT (
        ID INT NOT NULL ,                           ;序号
        MEDIADM VARCHAR (20) NOT NULL ,             ;媒体代码
        MEDIA VARCHAR (40) NOT NULL ,               ;媒体名称
        PLAYTIME DATETIME NOT NULL ,                ;播出时间
        FORMDM VARCHAR (20) NULL ,                  ;播出类型代码
        FORM VARCHAR (20) NULL ,                    ;播出类型
        CODE INT NOT NULL ,                         ;产品代码
        NAME VARCHAR (60) NOT NULL ,                ;产品名称
        COMMODITYDM VARCHAR (20) NOT NULL ,         ;商品代码
        TRADEMARKDM INT NOT NULL ,                  ;商标代码
        TRADEMARK VARCHAR (20) NULL ,               ;商标
        MAKERDM INT NOT NULL ,                      ;厂家代码
        MAKERNAME VARCHAR (40) NULL ,               ;厂家名称
        POSITIONLXDM VARCHAR (20) NULL ,            ;栏目类型代码
        POSITION VARCHAR (40) NULL ,                ;栏目类型
        SIZE VARCHAR (20) NULL ,                    ;时长(为与报纸兼容取字符串)
        BREAKDM VARCHAR (20) NOT NULL ,             ;段位代码
        BREAKMC VARCHAR (20) NULL ,                 ;段位名称
        TAPENO SMALLINT NULL ,                      ;录象带号
        EXPENSES DECIMAL(14, 4) NULL ,              ;费用
        ISAGAINSTLAW VARCHAR (20) NOT NULL ,        ;违法否(分不违法、轻度和重度违法)
        AGAINSTDETIAL VARCHAR (200) NULL ,          ;违法情况
        IMAGE CHAR (8) NULL ,                       ;图像质量
        BZ VARCHAR (200) NULL                       ;备注
        )
```

其中序号 ID = 'YYYYMMDDHHMISS' + '999999'。

SQL 支持 NULL 和 NOT NULL 数据。NULL 表示允许取空值,一般非键属性可以作为NULL;NOT NULL 表示在输入数据时,该字段必须输入数据。

另外,创建表还可以用 SELECT … INTO <新表名>语句来实现,该语句我们将在数据的插入语句中予以说明。

2. 表的修改

一个表创建好之后,由于环境变化、需求变化或设计者在设计的时候考虑不完善,需要对已经存在的表进行修改。修改表用 ALTER TABLE 语句,具体格式如下:

ALTER TABLE <表名> [ADD <新列名> <数据类型> [完整性约束条件]]

　　　　　［DROP ＜约束名＞］
　　　　　［DROP COLUMN ＜列名＞［CASCADE|RESTRIC]]
　　　　　　［ALTER COLUMN ＜列名＞ ＜数据类型＞]

　　从上面可以看出,修改表可以增加列,删除列或约束以及修改列的属性,其中删除列和删除约束的区别是删除列时需要带关键字 COLUMN。在删除列时,可以带参数 CASCADE 或者 RESTRIC,其中 CASCADE 表示删除该属性时同时删除引用该属性的视图和约束,而 RESTRIC 则表示在没有视图或约束引用该属性时才能删除该属性。每一个有关列的操作语句都可以带有多个属性列,属性列之间用‘,’分开。

　　【例 5.4】　在例 5.3 所示的 ADVERTISEMENT 表中,考虑到经常需要查询一段时间范围内每天的 17：00—5：00 的广告记录(其实相当于当天的 17：00—23：59：59 和第二天的 00：00：00—5：00),为了统计的方便和查询速度的加快,我们增加两个字段：MYDATE 和 MYTIME,其中 MYDATE ＝ PLAYTIME 的日期部分,MYTIME ＝ ‘2000 － 01 － 01’ ＋ PLAYTIME 的时间部分。另外考虑到 IMAGE 字段没有什么用处,予以删除,同时把 ISAGAINSTLAW 的数据类型改为数字类型,则修改语句如下所示：

```
ALTER TABLE ADVERTISEMENT
    ADD MYDATE SMALLDATETIME NOT NULL ,
    MYTIME DATETIME NOT NULL            ;增加 MYDATE 和 MYTIE 列
ALTER TABLE ADVERTISEMENT
    DROP COLUMN IMAGE                   ;删除 IMAGE 列
ALTER TABLE ADVERTISEMENT
    ALTER COLUMN ISAGAINSTLAW INT       ;修改 ISAGAINSTLAW 的列属性
```

　3. 表的删除

　　当某个表不再需要时,可以使用 DROP TABLE 把该表删除,格式如下：

DROP TABLE ＜表名＞[CASCADE|RESTRIC]

　　其中 CASCADE 和 RESTRIC 的语义和前面的属性列的删除类似。删除表时一定要非常小心,特别是对于含有大量数据的表格的删除更加要小心,要确保万无一失。如果不是绝对有把握,则可以先备份该表的数据,然后再删除。备份表数据的方式可以使用 SELECT … INTO ＜新表名＞语句实现。

　　【例 5.5】　假设我们在数据库 GGJCBAK 中创建了一个调试的表 CZY,现在要把它删除,则可以使用如下语句：

DROP TABLE CZY

5.3.3　视图的创建和删除

　　视图是一种虚拟表,其数据是由其他表和视图中提取的,它并不包含真正的数据,也不分配任何存储空间,仅仅是一条 SQL 查询语句,只是查询语句返回的结果以表的形式来表示。和表一样,用户也可以在视图中插入、删除、修改、查询数据,只是有时通过视图对数据操作有一定的限制。

　　视图就如数据库的一个窗口,它具有如下优点：可以提高数据库对于应用程序的独立性,有利于保持数据的一致性;简化复杂的查询,可以在视图上查询数据;视图提供了一种保持数据安全性的手段,通过把视图授权给用户,可以向不同用户提供不同的视图而无需提供基本表,从而不让用户知道基本表中的某些内容,如有关财务的保密数据。

1. 视图的创建

在同一个表上可以建立多个视图,一个视图也可以建立在多个表上。视图的的建立通过 CREATE VIEW 来实现,具体 SQL 语句的格式如下:

CREATE VIEW ＜视图名＞ [(列名 1[,列名 2]…)]

AS 子查询

其中视图名为所要创建的视图的名字,视图名后面的参数包含了视图中各字段的名称,但也可以省略,省略时子查询的字段自动作为视图的字段。不过,当目标列中是库函数或字段表达式或者多表连接时选出几个同名字段作为视图的字段时,则在视图定义中必须给出它的字段名。一般建议列出视图的字段列表,以免引起歧义。视图定义中所罗列的字段和子查询中所罗列的顺序一一对应。

定义视图的查询子句即 SELECT 语句。有关 SELECT 语句的详细内容见 5.5 节。若要从创建视图的 SELECT 子句所引用的对象中选择,必须具有适当的权限。视图不必是具体某个表的行和列的简单子集,可以用具有任意复杂性的 SELECT 子句,使用多个表或其他视图来创建视图。在所有视图定义中,SELECT 语句必须是单个表的语句或带有可选聚合的多表 JOIN。对于视图定义中的 SELECT 子句有如下几个限制:

①不能包含 COMPUTE 或 COMPUTE BY 子句。

②不能包含 ORDER BY 子句。

③不能包含 INTO 关键字。

④不能引用临时表或表变量。

在定义视图的 SELECT 语句中可以使用函数,也可以使用多个由 UNION 分隔的 SELECT 语句。

【例 5.6】 在广告记录表中,假设部分用户只需要频繁查询某个媒体(假设媒体为西湖明珠电视台,代码为 010108)下面的广告信息,内容只包括播出时间、产品、时长、栏目等信息,则我们可以建立如下视图:

CREATE VIEW v_ADVERTISEMENT_MZDS (PLAYTIME,PRODUCT,SIZE,POSITION)

AS

SELECT PLAYTIME,PRODUCT,SIZE,POSITION

FROM ADVERTISEMENT

WHERE (MEDIADM = ´010108´)

其中视图名 v_ADVERTISEMENT_MZDS 中的 v_ 表示对象为视图,后面的_MZDS 表示该视图是明珠电视的广告记录。这是取名技巧,便于阅读。

假设广告监测中心经常需要关心各个媒体的所有违法广告(一般违法和严重违法)的播出时间、产品、商标、厂家、厂家地址等信息,则可建立如下视图:

CREATE VIEW v_ADVERTISEMENT_WF (MEDIADM,MEDIA,PLAYTIME,

PRODUCT, TRADEMARK,MAKERNAME,TXDZ)

AS

SELECT MEDIADM,MEDIA,PLAYTIME,PRODUCT,A. TRADEMARK,A. MAKERNAME,TXDZ

FROM ADVERTISEMENT A,MAKER B

WHERE (A. MAKERDM = B. MAKERDM)

AND (A. ISAGAINSTLAW LIKE ´%违法´)

2. 视图的修改

更改一个先前创建的视图(用 CREATE VIEW 创建),不影响相关的存储过程,也不更改权限。修改视图用 ALTER VIEW 语句,其格式基本同视图的创建,具体如下:

ALTER VIEW ＜视图名＞ ［(列名 1［,列名 2］…)］
　　　　　AS 子查询

其实视图的修改相当于先删除原来的视图,然后再按照新的子查询来创建新的视图。使用视图的修改语句的好处在于不需要重新设置视图的权限,也无需重新创建关联的存储过程(如果使用删除方法,则关联的存储过程也会被删除)。

【例 5.7】　假设在例 5.6 创建的视图中,用户还需要查看每一条广告的费用情况,此时可以把原来的视图做如下修改:

ALTER VIEW v ADVERTISEMENT MZDS (PLAYTIME,PRODUCT,SIZE,
　　　　　EXPENSES ,POSITION)
AS
SELECT PLAYTIME,PRODUCT,SIZE,EXPENSES,POSITION
FROM ADVERTISEMENT
WHERE (MEDIADM = ′010108′)

3. 视图的删除

视图的删除仅仅是将视图的定义删除,而对基本表及其数据没有任何影响。但要注意的是,如果基本表被删除,则由该表导出的视图也将被删除。删除视图用 DROP VIEW 来实现,具体格式如下:

DROP VIEW ＜视图名＞

【例 5.8】　假设要删除例 5.6 创建的视图 v ADVERTISEMENT MZDS,则删除视图语句如下:

DROP VIEW v ADVERTISEMENT MZDS

5.3.4　索引的创建和删除

对于一个基本表,可以根据需要建立若干索引来提供多种存取途径。正如书籍索引有助于读者更快地找到信息一样,表中的索引也有助于更快地检索到数据。特别是对于海量数据的查询,设计巧妙的索引将会大大加快其速度。一般说来,只有表或视图的所有者才能为表创建索引。索引可以随时创建,而不管表中是否有数据。

1. 索引的创建

正如视图一样,我们也可以在同一个表上建立多个索引。索引的建立通过 CREATE IN-DEX 来实现,具体 SQL 语句的格式如下:

CREATE ［UNIQUE］ ［CLUSTERED|NONCLUSTERED］INDEX ＜索引名＞
　　　　ON ｛表名|视图名｝(列名［ASC|DECS］ ［,列名［ASC|DECS］］…)
　　　　［其他参数］

其中索引名为所要创建的索引的名字。关键字 INDEX 前面的可选参数 UNIQUE 表示每一个索引值只有唯一的一条记录与之对应;关键字 CLUSTERED 表示该索引为簇索引,表示表中记录的物理排序与索引排序相同,并且簇索引的最低一级(叶级)包含实际的数据行。

一个表或视图只允许同时有一个簇索引,必须先为表或视图创建唯一簇索引,然后才能为其定义其他索引。如果没有指定 UNIQUE,则创建非唯一索引;如果没有指定 CLUSTERED,则创建非簇索引。

一个表或视图的索引可以包含多个字段,索引中这些字段值的排序由列名后面的属性决定:如果是 ASC 或者未指定,则索引按升序排列;如果是 DESC,则按降序排列。其他参数主要是一些与物理存储有关的一些参数,在这里就不与介绍了。

【例5.9】 广告监测信息系统主要的操作就是对表 ADVERTISEMENT 做大量的、各种统计口径的查询汇总,因此我们在其上建立了多个索引,分别予以说明:

CREATE UNIQUE CLUSTERED INDEX ADVERTISEMENT_ICU_ID

ON ADVERTISEMENT(ID)(目的:建立簇索引)

CREATE INDEX ADVERTISEMENT_INCU_MEDIADMPLAYTIME

ON ADVERTISEMENT (MEDIADM, PLAYTIME)(目的:对于大量的统计,都是针对媒体和广告的播出时间)

CREATE INDEX ADVERTISEMENT_INCU_MEDIADMMYDATEMYTIME

ON ADVERTISEMENT (MEDIADM, MYDATE, MYTIME)(目的:有部分报表要求统计某段时间内 17:00-5:00 的广告情况,该索引可以加快这部分报表的查询速度)

这里需要注意的是索引名的命名问题。一般索引名的格式是:表名_IC(NC)U(NU)_字段组合。有时使用字段组合索引名会比较长,此时可以在索引名中列出第一个和最后一个字段,中间加下划线组成。这样命名的好处是可以从索引名中知道该索引建立在哪张表上,是簇索引(C)还是非簇索引(NC),是唯一索引(U)还是非唯一索引(NU)。

2. 索引的删除

如果一个索引不需要了,就可以删除它。删除索引用 DROP INDEX 来实现,具体格式如下:

DROP INDEX <索引名>

【例5.10】 假设要删除例5.9创建的索引 ADVERTISEMENT_INCU_MEDIADMMY-DATEMYTIME,则删除索引语句如下:

DROP INDEX ADVERTISEMENT_INCU_MEDIADMMYDATEMYTIME

索引的重构是先删除然后再重新建立。

5.3.5 存储过程的创建和删除

存储过程(stored procedure)是独立存在于表之外的数据库对象,可以由用户像函数一样调用,也可以由另外的存储过程调用。使用存储过程具有多方面的优点,具体如下:

①快速执行

在第一次执行之后,存储过程就驻留在内存中,而省去了重新分析、优化和编译过程,加快运行速度。

②减少网络通信量

存储过程可以由多至几百条的 SQL 语句组成,但执行它,仅用一条语句即可,所以只有少量的 SQL 在网络上传输。

③模块化设计

利用存储过程可以做到化整为零,各个击破。

④有限的、基于函数的表访问

通过授权,可以只允许用户通过存储过程对表进行访问,从而提高系统的安全性。

⑤减少操作出错

因为只有少量的信息在网上传递,因此可以减少出错的机会。

⑥增强一致性

如果用户仅通过自己的存储过程访问表,则可以使库表数据的访问出现高度的一致性。

⑦保证数据完整性

在一个存储过程中对某些表进行各种处理,可以保证这些表的数据完整性。

由于存储过程的以上优点,存储过程在实际系统中应用比较普遍。需要注意的是不同的 RDBMS,存储过程的定义也不一样。下面以 SQL Server2000 为例对存储过程的创建、修改和删除的 SQL 语句作一具体说明。

1. 存储过程的创建

存储过程的建立通过 CREATE PROCEDURE 来实现,具体的 SQL 语句格式如下:

```
CREATE PROCEDURE ＜过程名＞
    [ ｛@参数 1 类型 ｝[ ＝ 缺省值 ] [ OUTPUT ]]
    ｛,｛@参数 2 类型 ｝[ ＝ 缺省值 ] [ OUTPUT ]｝
    [ ,… ]
AS SQL 语句
```

其中过程名为所要创建的存储过程的名字,存储名后面跟的是存储过程的参数,每个参数以@开始。在 CREATE PROCEDURE 语句中可以声明一个或多个参数,用户必须在执行过程时提供每个所声明参数的值(除非定义了该参数的缺省值)。OUTPUT 表示该参数为返回参数,使用 OUTPUT 参数可将信息返回给调用过程。AS 表示存储过程要进行的操作,后面 SQL 语句可以包含任意数目的合法语句。

【例 5.11】 在广告监测信息系统中,如果要求返回某一个具体电视台的代码,则我们可以编写如下的简单存储过程:

```
CREATE PROCEDURE P_GETMEDIADM(@MEDIA VARCHAR(40),
        @MEDIADM VARCHAR(20)OUTPUT)
AS
SELECT @MEDIADM＝MEDIADM
FROM MEDIA
WHERE MEDIA＝@MEDIA
RETURN 0
```

而调用上面的存储过程的 SQL 语句如下:

```
DECLARE @PPP VARCHAR(20)
EXEC P_GETMEDIADM '杭州电视台',@PPP OUTPUT
SELECT @PPP
```

此时显示结果为:

010107

2. 存储过程的修改

更改一个先前创建的存储过程(用 CREATE PROCEDURE 创建),用 ALTER PROCE-DURE 语句,其格式基本同过程的创建,具体如下:

ALTER PROCEDURE ＜过程名＞

[｛@参数 1 类型｝] [＝ 缺省值] [OUTPUT]]

｛,｛@参数 2 类型｝[＝ 缺省值] [OUTPUT]｝

[,…]

AS SQL 语句

存储过程的修改也相当于先删除原来的过程,然后再按照新的 SQL 语句来创建新的存储过程。使用过程的修改语句的好处在于不需要重新设置过程的权限,也无需重新创建关联的存储过程和其他数据库(如果使用删除方法,则关联的存储过程和对象也会被删除)。

【例 5.12】 在例 5.11 创建的存储过程中,要求增加一个返回参数 MEDIALX,则相应修改的存储过程语句如下:

ALTER PROCEDURE P_GETMEDIADM (@MEDIA VARCHAR(40),

　　　　　@MEDIADM VARCHAR(20)OUTPUT,@MEDIALX VARCHAR(20) OUTPUT)

AS

SELECT @MEDIADM = MEDIADM, @MEDIALX = MEDIALX

FROM MEDIA A,MEDIALX B

WHERE (MEDIA = @MEDIA)

　　AND (SUBSTRING(A.MEDIADM,1,2) = B.MEDIALXDM)

RETURN 0

而调用上面的存储过程的 SQL 语句如下:

DECLARE @PPP VARCHAR(20)

DECLARE @QQQ VARCHAR(20)

EXEC P_GETMEDIADM '杭州电视台',@PPP OUTPUT,@QQQ OUTPUT

SELECT @PPP, @QQQ

此时显示结果为:

010107 电视

3. 存储过程的删除

存储过程的用 DROP PROCEDURE 来实现,具体格式如下:

DROP PROCEDURE ＜过程名＞

【例 5.13】 假设要删除例 5.11 创建的存储过程 P_GETMEDIADM,则删除语句如下:

　　　DROP PROCEDURE P_GETMEDIADM

5.4　SQL 语言的数据更新

　　数据更新是指对已经存在的数据库表或者视图进行记录的插入、删除、修改操作。SQL 语言用 INSERT、UPDATE、DELETE 三条语句来改变数据库中的记录行。这三条语句和 SELECT 语句一起构成数据操纵语言。

5.4.1　数据的插入

　　数据的插入包括基本插入语句、用 SELECT 插入数据以及用 SELECT 在创建新表的同时插入记录三种。

1. 基本的插入语句

数据插入的基本语句格式为：

> INSERT INTO ＜表名＞[(〈字段名〉[,〈字段名〉]…)]
> VALUES(〈常量〉[,〈常量〉]…)

其中字段名是将要输入值的字段名,它们与 VALUES 子句中的值要一一对应。如果字段名省略,则必须由 VALUES 子句提供表中所有字段的值,且顺序和表的定义一致。在 IN-SERT 语句中没有指定的字段将自动赋予空值 NULL 或字段的缺省值,如果该字段定义为非空 NOT NULL,则会出错。该语句只能向表中插入一行。

【例 5.14】 向媒体类型表 MEDIALX 中插入三条记录,分别是('01','电视'),('02', '报纸'),('03','广播'),则相应的 SQL 语句如下：

> INSERT INTO MEDIALX(MEDIALXDM,MEDIALX) VALUES('01','电视')
> INSERT INTO MEDIALX(MEDIALXDM,MEDIALX) VALUES('02','报纸')
> INSERT INTO MEDIALX(MEDIALXDM,MEDIALX) VALUES('03','广播')

2. 子查询的插入语句

利用 SELECT 语句插入数据的基本语句格式为：

> INSERT INTO ＜表名＞[(〈字段名〉[,〈字段名〉]…)]
> 子查询

该语句的特点是可以利用任意复杂的查询语句得到数据,然后插入到已经存在的数据库表中。该语句的最大优点就是一次可以插入多条语句。

【例 5.15】 在很多时候,当天的广告和前一天的广告是大同小异。因此,在广告记录的录入过程中,为了加快录入的速度,客户要求广告记录有拷贝功能,即把前一天的广告数据拷贝到今天,同时要求相应的日期改为今天的日期。这样,操作员在录入的时候可以节省大量重复数据的录入工作,只要做适当的调整就可以了。此时相应的 SQL 语句如下：

```
INSERT INTO ADVERTISEMENT (ID,MEDIADM,MEDIA,PLAYTIME,
        MYDATE, MYTIME,FORMDM,FORM,CODE,NAME,COMMODITYDM,
        POSITION,POSITIONLXDM, TRADEMARKDM, TRADEMARK,
        MAKERDM,MAKERNAME,SIZE, BREAKDM,BREAKMC,EXPENSES,
        ISAGAINSTLAW, TAPENO)
SELECT DATESTR1 + SUBSTRING(ID,15,6),MEDIADM,MEDIA,
        DATESTR + ' ' + CONVERT(CHAR(8),PLAYTIME,108),DATESTR,
        MYTIME, FORMDM,FORM,CODENAME,COMMODITYDM,POSITION,
        POSITIONLXDM, TRADEMARKDM,TRADEMARK,MAKERDM,MAKERNAME,
        SIZE, BREAKDM,BREAKMC,EXPENSES,ISAGAINSTLAW,TAPENO
FROM ADVERTISEMENT
WHERE (MEDIADM = STR_ MEDIADM)
    AND (PLAYTIME > = DT_ BEGIN)
    AND (PLAYTIME < = DT_ END)
```

其中 DATESTR 为当天日期的字符串形式,如'2004－03－05',而 DATESTR1 格式则为 YYYYMMDD 形式,如'20040305';STR_ MEDIADM 表示选中的某个媒体;DT_ BEGIN = DATESTR + '17:00:00',即当天的 17:00 如'2004－03－05 17:00:00',而 DT_END 表示第

二天的 5 点,如'2004 - 03 - 06 05:00:00'。在选择语句中,主要对 ID 和 PLAYTIME 做了一定的计算:ID= DATESTR1 + SUBSTRING(ID,9,12),表示原 ID 的年、月、日由当天的年、月、日替换而保留原时分秒和序号的不变;PLAYTIME = DATESTR + ' ' + CONVERT (CHAR(8),PLAYTIME,108)表示原播出时间中的年、月、日部分由新的日期替换而保留原播出时间的时、分、秒部分不变。

3. 子查询创建新表的插入语句

利用 SELECT 语句创建新表的插入数据的基本语句格式为:

子查询 INTO <表名>

该语句的特点是可以利用任意复杂的查询语句得到数据,然后用这些数据来创建一个新表,新表的结构与子查询的结果完全一样(查询结果的字段名或别名就是新表的字段名,查询结果的数据类型就是新表的数据类型)。新表的名字就是表名,该语句在创建新表的同时,把查询结果数据全部插入到新表中。

子查询创建新表的插入语句在调试阶段和数据载入过程中用得比较多,此时往往用作数据的备份或者加工数据的一个中间过程;另外,在编制应用系统程序过程中,建立一些复杂的数据加工过程或者设计复杂的统计报表往往也用到该语句。

【例 5.16】 要求创建一个临时表,并把杭州电视台(代码为'010107')的 2004 - 03 - 01 的广告数据导入临时表中,假设临时表名为 # tmp_ ADVERTISEMENT,包括内容为播出时间、产品代码、产品名称、播出类型、栏目等信息。此时相应的 SQL 语句如下:

SELECT PLAYTIME,CODE,NAME,FORM,POSITIONLX
INTO # tmp_ AD VERTISEMENT
FROM ADVERTISEMENT
WHERE (MEDIADM = '01017')
    AND (PLAYTIME > = '2004 - 03 - 01 17:00:00')
    AND (PLAYTIME < = '2004 - 03 - 02 5:00:00')

需要注意的是,广告的监测是从当天的 17:00 到次日的 5:00。

5.4.2 数据的修改

修改数据库表中的记录用 UPDATE 语句,具体的 SQL 语句格式如下:

UPDATE <表名>
SET <字段> = <表达式 1>[,<字段> = <表达式 2>]…
[WHERE 语句]

修改语句一次可以只修改一个字段,也可以同时修改很多字段;WHERE 条件语句可选,如果省略,则表示修改该表中的所有记录;否则只修改满足条件的一条或多条记录。

【例 5.17】 操作员在录入广告信息没有注意,一段时间后发现某一段时间内某个产品的广告在录入时认为是合法的,现在通过调查发现全部都是严重违法的,因此需要把所有这些广告都改成严重违法。假设时间范围从 2004 - 02 - 01 到 2004 - 02 - 15,产品代码为 353(产品名称略),则相应的 SQL 语句为:

UPDATE ADVERTISEMENT
SET ISAGAINSTLAW = '严重违法'
WHERE (CODE = 353)

　　AND（MYDATE＞＝'2004－02－01'）

　　AND（MYDATE＜＝'2004－02－15'）

5.4.3　数据的删除

删除数据库中的记录用 DELETE 语句,其语句格式为:

　　DELETE FROM ＜表名＞

　　　　［WHERE 语句］

如果带 WHERE 条件语句,则该语句表示删除所有满足条件的记录;反之如果省略条件语句,则删除数据库中的所有记录,但此表的定义还在数据字典中。

【例 5.18】　操作员把在录入广告信息时,使用拷贝功能把西湖明珠电视台的 2004－03－06 的数据拷贝到 2004－03－09 中后发现,该数据没有什么用,因此要予以删除,此时我们可以设计如下的删除语句:

　　DELETE FROM ADVERTISEMENT

　　WHERE（MEDIADM＝'010108'）

　　　　AND（MYDATE＝'2004－03－09'）

5.4.4　视图数据的修改

在 SELECT 语句中,视图基本上可以当作实际的数据库表来处理,但对于 INSERT、UPDATE 和 DELETE 操作则受到一定的限制。对视图的修改最终要转换为对基本表的修改。在 RDBMS 中,并非所有的视图都是可以修改的,也就是说,有些视图的修改不能唯一地转换为对基本表的修改。若一个视图是从单个基本表中导出的,并且只是去掉了基本表的某些行和列(不包括键),那么就可以执行插入、删除、修改的操作。目前 RDBMS 只提供对上面这种情况下的视图的数据的修改。

SQL 标准对与视图数据修改的限制包括:

①若视图的字段来自字段表达式或常数,则不允许对此视图执行 INSERT 和 UPDATE 操作,但允许执行 DELETE 操作。

②若视图的字段来自库函数,则此视图不允许更新。

③若视图的定义中有 GROUP BY 或者有 DISTINCT 任选项,则此视图不允许更新。

④若视图的定义中有嵌套查询,并且嵌套查询的 FROM 子句中涉及的表也是导出该视图的表,则此视图不允许更新。

⑤若视图是由两个以上基本表导出的,则此视图不允许更新。

⑥在不允许更新的视图上定义的视图也不允许更新。

需要注意的是,不允许更新只是系统不允许对它们执行 INSERT、UPDATE 和 DELETE 操作,并不表示视图本身不可更新。另外由于视图的更新的前提条件是视图必须来自单表,而视图更新的 SQL 语句与基本表的更新语句完全一致,因此在这里就不再予以具体说明。

5.5　SQL 语言的数据查询

数据库查询语句是 SQL 语言的核心,而且它只有一条语句 SELECT,用途广泛,功能强大。一个 SELECT 语句可以在一个或多个表上进行操作,并产生另一个表,这个表的内容就是 SELECT 语句的查询结果。

SELECT 语句的内容非常丰富,下面我们分成几个部分加以说明。

5.5.1　SELECT 语句的格式

SELECT 语句的一般格式为:

　　　SELECT [DISTINCT] 目标列

　　　FROM 基本表|视图列

　　　[WHERE 条件表达式]

　　　[GROUP BY 列名列[HAVING 内部函数表达式]]

　　　[ORDER BY 列名[ASC|DESC][,列名[ASC|DESC]…]

整个语句的含义是:根据 WHERE 子句的条件表达式,从基本表或视图中找出满足条件的记录行,按 SELECT 子句中的目标列,选出记录行中的列值形成结果表;如果有 ORDER BY 子句,则结果表根据指定的列名序列按升序(ASC)或者降序(DESC)进行排列;GROUP BY 子句将结果按列名列分组,每个组产生结果集中的一条记录;分组的附加条件用 HAVING 短语给出,只有满足内部函数表达式的记录才被输出。

5.5.2　单表查询

单表查询分为简单查询和条件查询两种,而条件查询根据条件的不同又可以分为比较条件查询、范围条件查询、枚举条件查询、字符串匹配查询和空值条件查询等,下面予以详细说明。

1. 简单查询

单表的简单查询是指从单表中选出指定列,没有任何条件的约束,格式为:

　　　SELECT 目标列 FROM <表名>

其中目标列可以是具体的列名,也可以用 * 代替。当用 * 代替时,表示选择表中的所有列。

【例 5.19】　要求从媒体类型 MEDIALX 表中选择出媒体类型代码和媒体类型名称。此时我们可以设计如下的查询语句:

　　　SELECT MEDIALXDM,MEDIALX FROM MEDIALX

执行结果为:

MEDIALXDM	MEDIALX
01	电视
02	报纸
03	广播

2. 带搜索条件的查询

当 SELECT 语句带有 WHERE 子句时,表示该查询为带搜索条件查询,查询结果为满足条件语句的记录集。如果要使记录集的记录不重复,则选择参数 DISTINCT。下面列出几种常见的搜索条件,其中每种搜索条件都只列出了条件的基本表达式,这些表达式都可以通过 AND 和 OR 形成复合的条件表达式。

①比较条件查询

比较查询是最为常见的查询,其基本结构为:

　　　　　　WHERE ＜表达式＞＜比较运算符＞＜表达式＞

其中比较运算符有 = 、＜＞ 、＜、＜ = 、＞、＞ = 等,其中基本条件＜表达式＞＜比较运算符＞＜表达式＞可以有多个,相互之间用 AND 或者 OR.进行连接,分别表示且和或。对于数字、时间、字符串都可以进行比较。

【例 5.20】　要求从媒体 MEDIA 表中选择出杭州地区('0101')和温州地区('0103')的电视媒体,内容包括媒体代码和媒体名称。此时我们可以设计如下的查询语句:

SELECT MEDIADM, MEDIA

FROM MEDIA

WHERE (SUBSTRING(MEDIADM, 1, 4) = '0101')

　　OR (SUBSTRING(MEDIADM, 1, 4) = '0103')

执行结果为:

MEDIADM	MEDIA
010101	浙江电视台新闻综合频道
010102	浙江电视台钱江都市频道
010103	浙江电视台教育科技频道
010104	浙江电视台影视文化频道
010105	浙江电视台经济生活频道
010106	浙江电视台体育健康频道
010107	杭州电视台
010108	西湖明珠电视台
010109	杭州有线综艺频道
010110	杭州有线影视频道
010301	温州电视一台

②范围条件查询

范围条件的语法为:

WHERE ＜表达式 1＞ [NOT] BETWEEN ＜表达式 2＞ AND ＜表达式 3＞

如果不选择参数 NOT,则该条件表示表达式 1 的值在表达式 2 和表达式 3 的值之间,它等价于(表达式 1＞ = 表达式 2) AND (表达式 1＜ = 表达式 3);否则,则表示表达式 1 的值不在表达式 2 和表达式 3 的值之间,它等价于(表达式 1＜表达式 2) OR (表达式 1＞表达式 3)。一般这个条件在年龄和日期条件的选择中用得比较多。

【例 5.21】　要求从广告记录 ADVERTISEMENT 表中选择出在 2004 - 03 - 01 到 2004 - 03 - 03 之间的杭州电视台(代码 = '010107')的广告记录,则有如下的查询语句:

SELECT ＊ FROM ADVERTISEMENT

WHERE (MEDIADM = '010107')

　　AND (MYDATE BETWEEN '2004 - 03 - 01' AND '2004 - 03 - 03')

③枚举条件查询

枚举条件的语法有两种形式,分别为:

　　　WHERE ＜表达式＞［NOT］IN (＜取值清单＞|＜子查询＞)

　　　WHERE ＜表达式＞ ＜＞［＝］ANY(＜取值清单＞|＜子查询＞)

IN 实际上是一系列 OR 的缩写,等价于一组 OR(或)运算。其选中的值可以直接以枚举方式给出取值清单,也可以是一个子查询的返回结果。＝ANY 的含义是,如果对于取值清单中或子查询返回的任何一个值和表达式的值相等时,WHERE 子句就为真,因此＝ANY 和 IN 的效果完全等同;当取＜＞ANY 时,只有当取值清单中或子查询返回的任何一个值和表达式的值都不相等时,WHERE 子句才为真,所以此时含义为全部不相等。另外还有一个谓词 ALL,其用法与 ANY 相似,＝ALL 表示全部相等时为在真;＜＞ALL 表示只有部分相等时为真。

【例 5.22】 例5.20 的 SQL 查询语句也可以写成如下方式:

SELECT MEDIADM,MEDIA

FROM MEDIA

WHERE (SUBSTRING(MEDIADM,1,4) IN ('0101','0103'))

④字符串匹配条件查询

字符串匹配条件的语法为:

　　　　　　WHERE ＜列名＞［NOT］LIKE ＜字符串常数＞

字符串匹配条件在字符串的条件语句中应用广泛,特别是在分级代码体系中应用更多。在该条件语句中,列名必须是字符串类型的字段。在字符串常数中常有一些特殊字符,它代表特殊含义,如:字符＿(下横线)表示可以和任意的单个字符匹配;字符％表示可以和任意长的字符串匹配等。

例如:

　　　NAME LIKE 'DS＿'　　　;表示长度为 3 个字符,且前两个字符为 DS 的名字。

　　　NAME LIKE '％DS'　　　;表示任何以 DS 结尾的名字。

　　　NAME LIKE 'DS％'　　　;表示任何以 DS 开头的名字。

　　　NAME LIKE '％DS％'　　;表示含有 DS 字符的任何名字。

【例 5.23】 例5.20 的 SQL 查询语句也可以写成如下方式:

SELECT MEDIADM,MEDIA

FROM MEDIA

WHERE (MEDIADM LIKE '0101％')

　　OR (MEDIADM LIKE '0103％')

⑤空值条件查询

空值匹配条件的语法为:

　　　　　WHERE ＜列名＞ IS ［NOT］NULL

在 SQL 中,NULL 的唯一含义是未知值。NULL 不能用来表示无形值、默认值、不可用值。在 SQL 中,由 NULL 引起的麻烦主要是查询条件如何取值的问题。

【例 5.24】 在表厂家 MAKER 中查询缺少通讯地址的厂家,其查询语句如下:

SELECT ＊ FROM MAKER

WHERE (TXDZ IS NULL)

5.5.3　多表查询

用子查询和连接查询可以实现同时对多个表的查询操作,并把查询结果合并成一个表。

在实际的应用中,大多数的查询都牵涉到多表查询问题。

1. 子查询

子查询是嵌套在另一种 SELECT、INSERT、UPDATE 或 DELETE 语句中的查询语句。在 SELECT 语句中使用子查询,就是在 SELECT 语句中先用子查询查出一个表的值,主句根据这些值再去查另一个表的内容。子查询总是在括号中,作为表达式的可选部分出现在运算符的右边,并且可以有选择地跟在 ANY、ALL 后面,也可以用在 IN、NOT IN 后。子查询语法格式与 SELECT 语法格式相同,但不能含有 ORDER BY、COMPUTE 子句及 INTO 关键字。(这些谓词将在后面介绍)

【例 5.25】 要求列出录入厂家 MAKER 的操作员信息(CZY),此时可以得到查询语句:

```
SELECT * FROM CZY
WHERE YHM IN
    (SELECT DISTINCT EDITUSER
     FROM MAKER)
```

2. 连接查询

把两个以上的表连接起来,使查询的数据从多个表中检索取得。连接查询是关系数据库中最主要的查询功能。在 SELECT 的 FROM 子句中写上所有有关的表名(可以定义简单的别名,用以指定同名字段用),就可以得到由几个表中的数据组合而成的查询结果。为了得到感兴趣的结果,一般在 WHERE 子句中给出连接条件。

【例 5.26】 例5.25 的查询语句也可以用连接查询来表示:

```
SELECT CZYID, YHM, XM
FROM CZY A, MAKER B
WHERE (A. YHM = B. EDITUSER)
```

多表查询和子查询嵌套使用可以构造出十分复杂的查询语句。

5.5.4 聚合函数

SQL 语言提供了下列聚合函数:

COUNT(*)	表示计算记录的总条目数
COUNT([DISTINCT|ALL]列名)	对一列中的值计算个数,如果选 DISTINCT 则计算该字段值非重复的记录条数;ALL 为缺省值,如果选 ALL 则相当于 COUNT(*)
SUM(列名)	求某列总和
AVG(列名)	求某列均值
MAX(列名)	求某列最大值
MIN(列名)	求某列最小值

【例 5.27】 求2004 – 03 – 08 杭州电视台(代码为'010107')的所有广告的记录数、总广告时间、费用总数、平均费用(由于时长由电视和报纸合用,类型为字符串,所以对电视时间统计需用 CAST 函数把字符型转化为整数型)。查询语句如下:

```
SELECT COUNT(*),SUM(CAST(SIZE AS INTEGER)),SUM(EXPENSES),AVG(EXPENSES)
FROM ADVERTISEMENT
WHERE (MEDIADM = '010107')
```

AND (PLAYTIME> = '2004 – 03 – 08 17:00:00')

AND (PLAYTIME < = '2004 – 03 – 09 5:00')

5.5.5 数据分组

在实际应用中,经常需要将查询结果进行分组,然后再对每个分组进行统计,SQL 语句提供了 GROUP BY 子句和 HAVING 子句来实现分组统计。具体用法举例如下。

【例 5.28】 国家规定在单位时间内广告时间不能超出规定的时间,因此我们先统计每个电视台在 2004 – 03 – 08 的广告总时长的分布情况:

SELECT MEDIA,SUM(CAST(SIZE AS INTEGER))

FROM ADVERTISEMENT

WHERE (PLAYTIME> = '2004 – 03 – 08 17:00:00')

AND (PLAYTIME < = '2004 – 03 – 09 5:00')

GROUP BY MEDIA

假设规定在 12 个小时里面广告时间不允许超过 1 小时,超过即为违规,那么我们使用 HAVING 子句可以把所有违规的电视媒体罗列出来,具体如下:

SELECT MEDIA,SUM(CAST(SIZE AS INTEGER))

FROM ADVERTISEMENT

WHERE (PLAYTIME> = '2004 – 03 – 08 17:00:00')

AND (PLAYTIME < = '2004 – 03 – 09 5:00')

GROUP BY MEDIA

HAVING SUM(CAST(SIZE AS INTEGER)) > = 60 * 60

因为广告时间以秒为单位,所以 1 小时需要转换为秒,用 60 * 60 代替。

5.5.6 联合操作

SQL 语言的 UNION 关键字允许请求两个或多个结果集合的逻辑合并,列出在各结果集合中的行。其基本语法结构为:

SELECT 查询语句 1

UNION [ALL]

SELECT 查询语句 2

UNION [ALL]

[…]

[ORDER BY 列名序列]

每一个集合都必须有和第一个结果相同数量和数据类型的列,每列的列名都是从第一个结果集合中派生出来的。同时,还可以对 UNION 操作的结果进行排序。需要注意的是 ORDER BY 子句出现在最后的 SELECT 语句后面,但它引用的列名或表达式是在第一个 SELECT 列表中。

【例 5.28】 要求列出 2004 – 03 – 08 的每个电视台的广告明细记录以及广告的总时长,可以设计如下 UNION 查询语句:

SELECT MEDIA,PLAYTIME,NAME,POSITIONLX,SIZE

FROM ADVERTISEMENT

WHERE (PLAYTIME>= '2004 - 03 - 08 17:00:00')

　　AND (PLAYTIME < = '2004 - 03 - 09 5:00')

UNION

SELECT MEDIA, '2004 - 03 - 08', ' ', ' ', SUM(CAST(SIZE AS INTEGER))

FROM ADVERTISEMENT

WHERE (PLAYTIME>= '2004 - 03 - 08 17:00:00')

　　AND (PLAYTIME < = '2004 - 03 - 09 5:00')

ORDER BY MEDIA, PLAYTIME

5.6　SQL 语言的数据控制

　　SQL 数据控制的功能包括事务管理功能和数据保护功能,即数据库的恢复、并发控制、安全性和完整性。SQL 语言的数据完整性功能主要体现在 CREATE TABLE 和 ALTER TABLE 语句中,这里主要讨论 SQL 语言的安全控制功能。

　　数据库管理系统保证数据库安全的重要措施是进行存取控制,即规定不同用户对于不同数据对象所允许进行的操作,并控制各用户只能存取他有权存取的数据。不同的用户对不同的数据一般应具有不同的操作权限。

　　某个用户对某类数据具有何种操作权力是由 DBA 决定的。DBA 具有数据库管理员特权,拥有系统的全部特权。首先,DBA 把授权的功能告诉系统,这是由 SQL 的 GRANT 和 RE-VOKE 语句来实现的;接着,将授权的结果存入数据字典;最后,当用户提出操作请求时,根据授权情况进行检查,来决定是执行操作请求还是拒绝执行。

5.6.1　授权

　　授权语句用 GRANT 来实现,其语法格式为:

　　　　GRANT 权力[,权力]…[ON 对象名]TO 用户[,用户]…;

　　　　[WITH GRANT OPTION];

其中权力表示授予用户何种权限,对象名可以为表列、表、视图或存储过程等,用户既可以是数据库的具体用户,也可以是数据库的角色(某一类用户)。下面对权力作一简单说明:

　　① 对基本表、视图和字段的操作权力有:查询(SELECT)、插入(INSERT)、修改(UP-DATE)删除(DELETE)以及它们的总和 ALL PREVILEGES。

　　②对基本表的操作权力还有修改表(ALTER)和建立索引(INDEX)。

　　③对数据库的操作权力有建立表(CREATRE TABLE)。某用户有了此权力后,就可以建立基本表,此用户称为表的主人,拥有对此表的一切操作权力。

　　GRANT 语句中的选项 WITH GRANT OPTION 使得在给用户授予使用权的同时授予一种特殊的权限:即把该权力传播授予其他用户。由此可知,GRANT 命令的使用者(即授权者)可以是 DBA、表的属主以及根据 WITH GRANT OPTIOIN 获得特权传递权限的用户。

　　【例5.29】 把插入、删除、修改、查询 ADVERTISEMENT 表的权限授予用户蒋菲(用户名为 JF),把查询 MEDIA 表的权限授予用户张雷(用户名为 ZL),并给张雷再授权的权力。可以写出如下授权语句：
> GRANT INSERT ,DELETE,UPDATE,SELECT ON ADVERTISEMENT TO JF
> GRANT SELECT ON ADVERTISEMENT TO ZL WITH GRANT OPTION

5.6.2 取消特权

授予的权力可以用 REVOKE 语句收回,其格式为：
> REVOKE 权力[,权力]…[ON 对象名] FROM 用户[,用户]…

语句中的参数与 GRANT 完全一致,这里不再予以说明。

【例 5.30】 把例 5.29 蒋菲对表 ADVERTISEMENT 的 DELETE 权限收回,同时把张雷对表 MEDIA 的查询权力收回。此时取消授权语句如下：
> REVOKE DELETE ON ADVERTISEMENT FROM JF
> REVOKE SELECT ON MEDIA FROM ZL

需要注意的是,当将用户的权力收回时,系统将自动地将对同一对象的传播授予权力收回。如例 5.30 中张雷的权力收回时,同时收回由张雷授予其他用户的对表 MEDIA 查询的权力。SQL 的授权机制十分灵活,用户对子集建立的基本表和视图拥有全部的操作权力。它可以用 GRANT 语句把某些权力授予其他用户,包括"授权"的权力。必要时,再把授予的权力用 REVOKE 语句收回。

5.7   SQL 语言综合应用示例

本书提供广告监测信息系统的范例数据库。该数据库的实际数据包含了 2001 年 01 月 01 日至 2001 年 07 月 14 日之间的电视媒体广告约 570000 条记录,这些数据的一部分是本节的 SQL 语言的示例数据,也是后面实验的基础数据。

5.7.1   树形库表的设计

随着编程技术的进步,对数据库应用系统的要求特别是人机界面的要求越来越高。任何应用系统几乎都含有大量的代码表,而代码表中有不少库表是属于分级结构,如材料代码、产品代码、产品类别、媒体代码等。这些代码往往按照大、中、小的方式进行分类,每一级占用一定的字符(如两位 00 - 99)。为了使这些代码表的数据的维护和查询有一个好的界面(如以树的形状进行显示),往往要求代码表的设计做一些特殊的处理,从而支持树形显示。

树一般包括根节点、叶节点和中间节点。其中根节点只有一个,中间节点表示它的下面还有其他节点,而叶节点则表示其下没有任何节点。考虑到树的这些特点,我们发现一个节点至少应该有如下属性：代码、名称、等级、上级代码、末级否,而每一级代码考虑到应用的方便性,取两位。这些属性之间有一定的相关性。比如等级 = 代码的长度 /2;上级代码 = 代码去掉末 2 位字符;末级否与以该节点代码作为上级代码的记录数和 0 的比较的结果相关,若相等则为 TRUE,否则为 FALSE。但是考虑到实际应用的方便性,我们还是保留所有这些属性。故以媒体表 MEDIA 为例建立如下的支持树形显示的库表：

```
CREATE TABLE MEDIA (
    MEDIADM VARCHAR (20) NOT NULL ,        ;媒体代码
    MEDIA VARCHAR (40) NOT NULL ,          ;媒体名称
    LEVELDJ INT NULL ,                     ;等级
    ISLEAF BIT NOT NULL ,                  ;叶节点否
    PARENTDM VARCHAR (20) NULL ,           ;上级代码
    EDITDATE SMALLDATETIME NULL ,          ;编辑日期
    EDITUSER VARCHAR (10) NULL ,           ;操作员
    SYSTEMDYF BIT NOT NULL ,               ;系统定义否
    MNEMONICF VARCHAR (20) NULL ,          ;助记符
    BZ VARCHAR (200) NULL                  ;备注
)
```

同时,这样的库表应该有两个索引,一个基于代码,一个基于上级代码和代码字段,因此建立如下索引:

```
CREATE UNIQUE CLUSTERED INDEX MEDIA_ ICU_ MEDIADM
        ON MEDIA(MEDIADM)
CREATE UNIQUE INDEX MEDIA_ INCU_ PARENTDMMEDIADM
        ON MEDIA(PARENTDM, MEDIADM)
```

在广告检测信息系统的数据库表中,类似的库表还有商品类别 COMMODITY、播出类型 FORM、栏目类型 POSITIONLX 等。

5.7.2　表 ID 的设计

在大量的数据库表的设计中,都存在唯一标识库表记录的 ID 字段,如采购单、入库单、出库单、广告记录、购货小票等。这些 ID 往往只要求是流水序号,最好能自动递增。在 SQL Server 中,自增字段可以用 IDENTITY 来定义,但总的来说有两个缺点:一个是在程序中的操纵和显示不是很方便;二是通用性比较差,如 Oracle 数据库就没有 IDENTITY 字段。而 Oracle 是用序列来解决自增字段的问题,虽然操纵比较灵活,但其通用性也比较差,因为类似 SQL Server 这样的数据库没有序列对象。为此需要有更好更通用的解决方案来解决自增字段的问题。

根据数据库和程序设计的经验,我们用存储过程来解决自增字段的问题:首先建立一个类似定义序列这样的库表,然后再定义一个存储过程;这个存储过程从该表中抽取代表字段的记录,修改该记录的当前值(当前值加一),然后返回当前值。这样就完成了类似 Oracle 序列对象的功能。该库表的创建语句如下:

```
CREATE TABLE XTWH_ INTID (
    TABLENAME VARCHAR(30) NOT NULL ,       ;表名
    COLUMNNAME VARCHAR(30) NULL ,          ;字段名
    ID INT NULL                            ;当前值
)
```

其索引的建立语句如下:

```
CREATE UNIQUE CLUSTERED INDEX INTID_ ICU_ TABLENAMECOLUMNNAME
ON XTWH_ INTID (TABLENAME, COLUMNNAME)
```

　　而相应的存储过程为：

```
CREATE PROC P_GETINCID
(@TABLENAME VARCHAR(30), @COLUMNNAME VARCHAR(30),@ID INT OUTPUT)
AS
UPDATE XTWH_INTID SET ID=ID+1
WHERE (TABLENAME=@TABLENAME)
    AND (COLUMNNAME=@COLUMNNAME)
SELECT @ID=ID FROM XTWH_INTID
WHERE (TABLENAME=@TABLENAME)
    AND (COLUMNNAME=@COLUMNNAME)
RETURN 0
```

　　从上面可以看出，对于一个表，可以定义多个自增字段；调用时，只要把表名和字段名作为输入参数，然后定义一个输出变量，再通过存储过程 P_GETINCID 来得到相应的 ID 值。需要注意的是，Oracle 的存储过程和 SQL Server 的存储过程有些差别，读者可以自行完成相应的存储过程。

　　从实际的使用效果来看，这种方式来产生库表的自增 ID 灵活方便，使用可靠。

5.7.3　复杂报表制作技术

　　在实际的数据库应用系统的设计中，需要制作各种各样的报表。在这些报表中，有些是通过一些条件查询语句即可以实现，我们称为简单报表；而有些报表则需要通过各种复杂的方法经过多个步骤才能得到，这些报表称作复杂报表。如何制作和统计复杂报表是数据库应用系统的一个设计难点，因此如何熟练运用各种 SQL 来制作复杂报表显得很有必要。

　　根据经验，我们觉得制作复杂报表的技术主要有临时表、临时数据永久表、视图、联合使用等方法。由于复杂报表的设计一般需要使用多条的 SQL 语句，因此此时需要使用事务处理的概念。所谓事务处理，简单地说就是把递交的多条 SQL 语句当成一个整体，它包含的 SQL 语句要么全部成功执行，要么一条也不执行，绝对不会出现部分执行成功的情况。事务处理比较符合实际应用情况，比如银行转账需要两个操作：第一步需要从一个账号扣除转出的金额，第二步需要给另一个账号增加转入的金额。这两个步骤要么同时完成，要么一个步骤都不做，才能保证完整性。如果只是部分完成如一个账号扣除了金额而另一个账号未增加金额，则结果是不正确的。因此银行转账是一个典型的事务处理。

　　下面以统计媒体 MEDIA 表的分组报表为例，来讲解各种复杂报表的制作技术。在 MEDIA 表中，要求设计一个分组报表，该报表既要显示各种媒体的数量，又要显示具体媒体的情况，具体格式如表 5.6 所示。

　　下面针对各种技术对该报表的 SQL 语句的设计作一详细的说明。

　　1. 临时表技术

　　分普通临时表（表名＃号打头）和永久临时表（＃＃打头），普通临时表只对创建的用户可见；永久临时表对所有用户可见；普通临时表主要用于复杂报表的产生，需分多步才能完成。创建临时表可用 CREATE TABLE ＃TMP_TRY ……（同普通表），也可 SELECT…INTO ＃TMP_TRY FROM … WHERE …，表名为＃TMP_TRY，用法同普通表。使用临时表技术生成表 5.6 所示报表的 SQL 语句如下：

表 5.6　媒体分组统计报表

代　码	媒　　体	数　量
	媒体 总计	14
01	电视 小计	6
0101	杭州地区电视 小计	4
010107	杭州电视台	
010108	西湖明珠电视台	
010109	杭州有线综艺频道	
010110	杭州有线影视频道	
0102	宁波地区电视 小计	1
010201	宁波电视一台	
0103	温州地区电视 小计	1
010301	温州电视一台	
02	报纸小计	7
0201	杭州地区报纸 小计	4
020101	浙江日报	
020103	杭州日报	
020105	钱江晚报	
020107	都市快报	
0205	湖州地区报纸 小计	1
020501	湖州日报	
0206	嘉兴地区报纸 小计	2
020601	嘉兴日报	
020602	南湖晚报	
03	广播 小计	1
0301	浙江广播电台 小计	1
0301	浙江广播电台	

```
;开始一个事务,可选
[BEGIN TRANSACTION]
;汇总所有媒体的记录数,同时用该记录创建临时表
SELECT ' ' MEDIADM,0 XH,'媒体' MEDIA ,'总计' LB,COUNT( * ) SUM
INTO #TMP_TRY
FROM MEDIA
WHERE (ISLEAF=1)
;按两位媒体代码即媒体类型统计媒体的小计数,包括电视、报纸、广播等媒体类型
INSERT INTO #TMP_TRY(MEDIADM,XH,MEDIA,LB,SUM)
SELECT SUBSTRING(A.MEDIADM,1,2) ,1 XH,' '+B.MEDIA,'小计',COUNT( * )
FROM MEDIA A,MEDIA B
WHERE (SUBSTRING(A.MEDIADM,1,2)=B.MEDIADM)
```

```
    AND (A. ISLEAF=1)
GROUP BY SUBSTRING(A. MEDIADM,1,2),B. MEDIA
;按四位媒体代码即地区媒体类别统计媒体的小计数
INSERT INTO #TMP_TRY(MEDIADM,XH,MEDIA,LB,SUM)
SELECT SUBSTRING(A. MEDIADM,1,4),2 XH,' '+B. MEDIA,'小计',COUNT( * )
FROM MEDIA A,MEDIA B
WHERE (SUBSTRING(A. MEDIADM,1,4)=B. MEDIADM)
    AND (A. ISLEAF=1)
GROUP BY SUBSTRING(A. MEDIADM,1,4),B. MEDIA
;插入媒体明细记录
INSERT INTO #TMP_TRY(MEDIADM,XH,MEDIA,LB,SUM)
SELECT MEDIADM,3 XH,' '+MEDIA,' ',NULL
FROM MEDIA
WHERE (ISLEAF=1)
;选出记录
SELECT MEDIADM,XH,MEDIA+' '+LB,SUM
FROM #TMP_TRY
ORDER BY MEDIADM,XH
;事务执行,可选
[COMMIT TRANSACTION]
```

其中 XH 字段的目的主要是为了排序,在该例子中,总数和小计数在明细记录的上方显示,有些报表则要求小计数显示在明细记录的下方,此时只要把 XH 字段的取值从小到大变为从大变小即可。另外,选择记录的时候,MEDIA+' '+LB 是把两个字符字段合并,目的是显示时变为一个字段。最后 XH 字段作为关键字段在 SELECT 序列中,实际显示时不要显示 XH。

2. 临时数据永久表

SQL SERVER 和 SYBASE 对临时表支持较好,但 Oracle 对临时表支持不是太好,此时我们创建普通表当临时表用,需要比临时表多两个字段:USERNAME 和 LRRQ(录入日期),以示某天某个用户插入的数据归某人使用,使用时也需加条件某天某用户,使用结束后一般予以删除。采用临时数据永久表技术设计表 5.6 所示报表的 SQL 语句如下所示:

```
;开始一个事务,可选
[BEGIN TRANSACTION]可选
;创建临时数据永久表
CREATE TABLE TMP_TRY(
        MEDIADM VARCHAR(20),
        XH         INTEGER,
        MEDIA     VARCHAR(40),
        LB         VARCHAR(10),
        SUM       INTEGER,
        USERNAME VARCHAR(10),
        LRRQ      SMALLDATETIME
)
;汇总所有媒体的记录数,同时插入临时数据永久表
```

INSERT INTO TMP﹣TRY(MEDIADM,XH,MEDIA,LB,SUM,USERNAME,LRRQ)
SELECT ' ' MEDIADM,0 XH,'媒体' MEDIA ,'总计' LB,COUNT(*) SUM,
      'LXR','2002 - 04 - 20'
INTO TMP﹣TRY
FROM MEDIA
WHERE (ISLEAF = 1)
;按两位媒体代码即媒体类型统计媒体的小计数,包括电视、报纸、广播等媒体类型
INSERT INTO TMP﹣TRY(MEDIADM,XH,MEDIA,LB,SUM,USERNAME,LRRQ)
SELECT SUBSTRING(A. MEDIADM,1,2) ,1 XH,' ' + B. MEDIA,'小计',
      COUNT(*) , 'LXR','2002 - 04 - 20'
FROM MEDIA A,MEDIA B
WHERE (SUBSTRING(A. MEDIADM,1,2) = B. MEDIADM)
    AND (A. ISLEAF = 1)
GROUP BY SUBSTRING(A. MEDIADM,1,2),B. MEDIA
;按四位媒体代码即地区媒体类别统计媒体的小计数
INSERT INTO TMP﹣TRY(MEDIADM,XH,MEDIA,LB,SUM,USERNAME,LRRQ)
SELECT SUBSTRING(A. MEDIADM,1,4) ,2 XH ,'   ' + B. MEDIA,'小计',
      COUNT(*),'LXR','2002 - 04 - 20'
FROM MEDIA A,MEDIA B
WHERE (SUBSTRING(A. MEDIADM,1,4) = B. MEDIADM)
    AND (A. ISLEAF = 1)
GROUP BY SUBSTRING(A. MEDIADM,1,4),B. MEDIA
;插入媒体明细记录
INSERT INTO TMP﹣TRY(MEDIADM,XH,MEDIA,LB,SUM,USERNAME,LRRQ)
SELECT MEDIADM,3 XH,'   ' + MEDIA,' ',NULL,'LXR','2002 - 04 - 20'
FROM MEDIA
WHERE (ISLEAF = 1)
;选出记录
SELECT MEDIADM,XH,MEDIA + ' ' + LB,SUM
FROM TMP﹣TRY
WHERE (USERNAME = 'LXR')
    AND (LRRQ = '2002 - 04 - 20')
ORDER BY MEDIADM,XH
;事务执行,可选
[COMMIT TRANSACTION] 可选

3. 联合(UNION)

联合的概念我们已经在前面已经讲到,这儿只列出使用联合创建报表的相关的 SQL 语句,具体如下:
;汇总所有媒体的记录数
SELECT ' ' MEDIADM,0 XH,'媒体' MEDIA ,'总计' LB,COUNT(*) SUM
FROM MEDIA
WHERE (ISLEAF = 1)
UNION
;按两位媒体代码即媒体类型统计媒体的小计数,包括电视、报纸、广播等媒体类型
SELECT SUBSTRING(A. MEDIADM,1,2) ,1 XH,' ' + B. MEDIA,'小计',COUNT(*)

```
FROM MEDIA A,MEDIA B
WHERE (SUBSTRING(A. MEDIADM,1,2)=B. MEDIADM)
    AND (A. ISLEAF=1)
GROUP BY SUBSTRING(A. MEDIADM,1,2),B. MEDIA
UNION
;按四位媒体代码即地区媒体类别统计媒体的小计数
SELECT SUBSTRING(A. MEDIADM,1,4),2 XH ,' '+B. MEDIA,'小计',COUNT( * )
FROM MEDIA A,MEDIA B
WHERE (SUBSTRING(A. MEDIADM,1,4)=B. MEDIADM)
    AND (A. ISLEAF=1)
GROUP BY SUBSTRING(A. MEDIADM,1,4),B. MEDIA
UNION
;选择媒体明细记录
SELECT MEDIADM,3 XH,' '+MEDIA,' ',NULL
FROM MEDIA
WHERE (ISLEAF=1)
;选择排序方式
ORDER BY MEDIADN,XH
```

其中也要注意,XH 字段按要求不显示;用具体编程工具制作报表时把 MEDIA 和 LB 合并显示。

4. 视图

视图的概念在前面也作了比较详细的介绍,这里也只介绍用视图制作相关报表的 SQL 语句,具体如下:

```
CREATE VIEW VIEW_ TRY AS
SELECT ' ' MEDIADM,0 XH,'媒体' MEDIA ,'总计' LB,COUNT( * ) SUM
FROM MEDIA
WHERE (ISLEAF=1)
UNION
SELECT SUBSTRING(A. MEDIADM,1,2) ,1 XH,' '+B. MEDIA,'小计',COUNT( * )
FROM MEDIA A,MEDIA B
WHERE (SUBSTRING(A. MEDIADM,1,2)=B. MEDIADM)
AND (A. ISLEAF=1)
GROUP BY SUBSTRING(A. MEDIADM,1,2),B. MEDIA
UNION
SELECT SUBSTRING(A. MEDIADM,1,4) ,2 XH ,' '+B. MEDIA,'小计',COUNT( * )
FROM MEDIA A,MEDIA B
WHERE (SUBSTRING(A. MEDIADM,1,4)=B. MEDIADM)
AND (A. ISLEAF=1)
GROUP BY SUBSTRING(A. MEDIADM,1,4),B. MEDIA
UNION
SELECT MEDIADM,3 XH,' '+MEDIA,' ',NULL
FROM MEDIA
WHERE (ISLEAF=1)
```

SELECT ＊ FROM VIEW_ TRY

ORDER BY MEDIADM,XH

　　其中第一句用联合的 SELECT 语句创建视图,然后从视图中选择数据。由于联合的每一句语句的含义已经做了介绍,这里不再重复。

　　灵活运用上面的制作复杂报表的技术,特别是使用多个临时表和临时数据永久表的方式,可以设计任意复杂的统计报表,该统计报表可以是经过任意多个步骤得到,下面我们将对广告监测信息系统中的典型复杂报表的设计做一简单介绍。

5.7.4　广告监测信息系统典型报表分析

1. 各电视媒体各类节目广告情况分析表

需求分析:

　　统计某一电视或某一地区电视或所有电视在某段日期内各类栏目的某种播出类型的广告情况。(栏目类型代码及名称放在 POSITIONLX 表中。包括新闻类、经济类、电视剧、电影、少儿类等)

条件:

　　播出类型、媒体类型、日期范围、时间范围、常规和非常规可选。

样表:

各电视媒体各类节目插播广告情况分析表

时间:2001－06－08—2002－06－30

媒体类别:杭州地区　　　　　　　　　　　　　　　　每日:17:00:00—23:00:00

媒体名称	新闻类	经济类	电视剧	电影	少儿类	音乐戏曲	综艺类
浙江电视台新闻综合频道	3126	0	1060	0	0	1050	0
浙江电视台钱江都市频道	1754	152	10409	528	1282	81	1143
杭州电视台	449	43	1361	0	146	7	0
西湖明珠电视台	609	0	2295	0	84	37	0
杭州有线综艺频道	267	195	1486	12	178	39	0
杭州有线影视频道	0	0	2086	710	270	34	0
总计	6248	907	19275	1250	1960	1248	1143

SQL 语句如下:

```
;创建电视广告节目播出情况分析临时表 #TMP_DSGGJMBCQKFX
CREATE TABLE #TMP_ DSGGJMBCQKFX
([MEDIADM][CHAR](10) NULL,
[MEDIA][VARCHAR](30) NULL,
[LMLX1][INT] NULL,
[LMLX2][INT] NULL,
[LMLX3][INT] NULL,
[LMLX4][INT] NULL,
[LMLX5][INT] NULL,
```

```
    [LMLX6] [INT] NULL,
    [LMLX7] [INT] NULL,
    [LMLX8] [INT] NULL,
    [LMLX9] [INT] NULL,
    [LMLX10] [INT] NULL,
    [LMLX11] [INT] NULL,
    [LMLX12] [INT] NULL,
    [LMLX13] [INT] NULL,
    [LMLX14] [INT] NULL,
    [LMLX15] [INT] NULL)
```

;以 ADVERTISEMENET 的部分字段的类型来创建临时表 #TMP1(用整数型 AREA 来创建 BCCS 字段)

```
SELECT MEDIADM,POSITIONLXDM,AREA BCCS
INTO #TMP1 FROM ADVERTISEMENT WHERE (1=0))
```

;初始化所选媒体的广告次数为 0

```
INSERT #TMP-DSGGJMBCQKFX (MEDIADM,MEDIA,LMLX1,LMLX2,LMLX3,
        LMLX4,LMLX5,LMLX6,LMLX7,LMLX8, LMLX9,LMLX10,LMLX11,
        LMLX12,LMLX13,LMLX14,LMLX15 )
SELECT MEDIADM,MEDIA,0,0,0,0,0,0,0,0,0,0,0,0,0,0,0
FROM MEDIA
WHERE (MEDIADM LIKE :MEDIADM)
    AND (MEDIADM< >:MEDIADM1)
```

;选出某一段时间范围内的某个媒体的某种播出类型的某个栏目的广告播出次数

```
INSERT INTO #TMP1 (MEDIADM,POSITIONLXDM,BCCS)
SELECT MEDIADM,POSITIONLXDM,COUNT( * ) BCCS
FROM ADVERTISEMENT
WHERE (MEDIADM LIKE :MEDIADM)
    AND (FORMDM LIKE :FORMDM)
    AND (MYDATE> = :MINDATE)
    AND (MYDATE< = :MAXDATE)
    AND (MYTIME> = :MINTIME)
    AND (MYTIME< = :MAXTIME)
GROUP BY MEDIADM,POSITIONLXDM
```

;针对每一个栏目,修改相关媒体的该栏目下广告播出次数,需要循环 15 次

```
UPDATE #TMP-DSGGJMBCQKFX
SET 'LMLX' + INTTOSTR(LI_LMLXCOUNT)= B.BCCS
FROM #TMP_DSGGJMBCQKFX A, #TMP1 B
WHERE (A.MEDIADM=B.MEDIADM)
    AND (B.POSITIONLXDM= :POSITIONLXDM));
```

;插入所有媒体的广告次数的合计数

```
INSERT #TMP_DSGGJMBCQKFX (MEDIADM,MEDIA,LMLX1,LMLX2,LMLX3,
        LMLX4,LMLX5,LMLX6,LMLX7,LMLX8, LMLX9,LMLX10,LMLX11,
        LMLX12,LMLX13,LMLX14,LMLX15 )
SELECT '09','总计',SUM(LMLX1) ZJ1,SUM(LMLX2) ZJ2,SUM(LMLX3) ZJ3,
```

SUM(LMLX4) ZJ4,SUM(LMLX5) ZJ5,SUM(LMLX6) ZJ6,SUM(LMLX7) ZJ7,

SUM(LMLX8) ZJ8,SUM(LMLX9) ZJ9,SUM(LMLX10) ZJ10,

SUM(LMLX11) ZJ11,SUM(LMLX12) ZJ12,SUM(LMLX13) ZJ13,

SUM(LMLX14) ZJ14,SUM(LMLX15) ZJ15

FROM ＃TMP﹍DSGGJMBCQKFX

;选择最后报表的数据

SELECT ＊ FROM ＃TMP﹍DSGGJMBCQKFX

ORDER BY MEDIADM);

　　其中带'：'的变量都是参数,参数内容为所选条件的内容或者是栏目的类别,由于参数较多但容易理解,所以不一一介绍;在程序中,设计栏目类型为 15 个,限于显示的宽度,在表格中只显示 8 个;另外,在 UPDATE 语句中,'LMLX' ＋ INTTOSTR(LI﹍LMLXCOUNT) ＝ B.BCCS 表示相应的栏目字段值＝广告播出次数,由于本语句用循环,所以栏目字段名用'LM-LX' ＋ INTTOSTR(LI﹍LMLXCOUNT)生成。

　　2. 电视媒体每日播出量统计

　　需求分析:

　　统计某一电视或某一地区电视各个电视在某个月内的播出次数总计及每天的播出次数,分上半月和下半月打印。

条件:

　　月份、媒体选择。

　　样表:

电视媒体每日播出量(时间)统计

单位:分　　　　　　　　　　　　　　　　　　　　时间段：17:00－24:00

媒体名称	2001 年 5 月份															
	总计	1	2	3	4	5	6	7	8	9	10	11	12	13	14	15
浙江电视台新闻综合频道	256	9	8	3	6	5	6	5	5	7	8	8	9	29	88	80
浙江电视台钱江都市频道	126	6	5	3	3	4	7	3	4	2	5	10	4	20	20	30
杭州电视台经济生活频道	293	7	6	4	5	6	9	8	7	6	5	20	30	50	50	80

　;创建临时表 ＃TMP﹍DSGGMRBCLTJ,存放报表数据

CREATE TABLE ＃TMP﹍DSGGMRBCLTJ

　([MEDIADM] [CHAR] (10) NULL,

　[MEDIA] [VARCHAR] (30) NULL,

　[SCHJ] [INT] NULL,

　[SC1] [INT] NULL,

　[SC2] [INT] NULL,

　[SC3] [INT] NULL,

　[SC4] [INT] NULL,

　[SC5] [INT] NULL,

　[SC6] [INT] NULL,

　[SC7] [INT] NULL,

　[SC8] [INT] NULL,

　[SC9] [INT] NULL,

　[SC10] [INT] NULL,

```
        [SC11] [INT] NULL,
        [SC12] [INT] NULL,
        [SC13] [INT] NULL,
        [SC14] [INT] NULL,
        [SC15] [INT] NULL,
        [SC16] [INT] NULL,
        [SC17] [INT] NULL,
        [SC18] [INT] NULL,
        [SC19] [INT] NULL,
        [SC20] [INT] NULL,
        [SC21] [INT] NULL,
        [SC22] [INT] NULL,
        [SC23] [INT] NULL,
        [SC24] [INT] NULL,
        [SC25] [INT] NULL,
        [SC26] [INT] NULL,
        [SC27] [INT] NULL,
        [SC28] [INT] NULL,
        [SC29] [INT] NULL,
        [SC30] [INT] NULL,
        [SC31] [INT] NULL,
        )
;插入满足条件的每一个媒体的月份内的合计广告时长,同时当天的时长初始化为 0。
INSERT #TMP_DSGGMRBCLTJ (MEDIADM,MEDIA,SCHJ,SC1,SC2,SC3,
        SC4,SC5,SC6,SC7,SC8,SC9,SC10, SC11,SC12,SC13,SC14,
        SC15,SC16,SC17,SC18,SC19,SC20, SC21,SC22,SC23,SC24,
        SC25,SC26,SC27,SC28,SC29,SC30,SC31)
SELECT MEDIADM,MEDIA, (SUM(CONVERT(INT,SIZE))+30)/60,
        0,0,0,0,0,0,0,0,0,0,0, 0,0,0,0,0,0,0,0,0,0,0,0,0,0,0,0,0,0,0,0,0
FROM ADVERTISEMENT
WHERE (MEDIADM LIKE :MEDIADM)
    AND (MYDATE>=:MINDATE)
    AND (MYDATE<=:MAXDATE)
    AND (MYTIME>=:MINTIME)
    AND (MYTIME<=:MAXTIME)
GROUP BY MEDIADM,MEDIA
;统计每一个媒体每天的广告时长,并创建临时表 #TMP_DSGGMRBCLTJ1
;下列语句为一个循环,循环次数为月内的天数
SELECT MEDIADM,MEDIA,(SUM(CONVERT(INT,SIZE))+30)/60 SCHJ
INTO #TMP_DSGGMRBCLTJ1
FROM    ADVERTISEMENT
WHERE (MEDIADM LIKE :MEDIADM)
    AND (MYDATE>=:MINDATE1)
    AND (MYDATE<=:MAXDATE1)
```

```
          AND (MYTIME>=:MINTIME1)
          AND (MYTIME<=:MAXTIME1)
    GROUP BY MEDIADM,MEDIA
   ;更新对应日期的对应媒体的广告时长
    UPDATE #TMP-DSGGMRBCLTJ
    SET SC+INTTOSTR(LI-COUNT+1)+=B.SCHJ
    FROM #TMP-DSGGMRBCLTJ A,#TMP-DSGGMRBCLTJ1 B
    WHERE (A.MEDIADM=B.MEDIADM)
   ;循环结束,更新对应媒体的合计时长
    UPDATE #TMP-DSGGMRBCLTJ
    SET SCHJ=SC1+SC2+SC3+SC4+SC5+SC6+SC7+SC8+SC9+SC10+SC11+SC12+
             SC13+SC14+SC15+SC16+SC17+SC18+SC19+SC20+SC21+SC22+
             SC23+SC24+SC25+SC26+SC27+SC28+SC29+SC30+SC31
   ;选择报表数据
    SELECT * FROM #TMP-DSGGMRBCLTJ
    ORDER BY MEDIADM
```

格式基本同上面,在这里不再一一解释。

3. 系列产品电视广告播出时长/次数/费用排名

需求分析:

某一类别商品在某段日期某地区电视或所有电视媒体上的播出情况的查询与报表输出。统计项目包括广告费用、播出时长、播出次数,及播放的电视台,并计算各产品所占比重。

条件:

商品类别、媒体类型、日期范围、时间范围、常规和非常规可选。

输出:

报表顺序号、商标(有商标的显示商标,无商标的显示产品名称)、费用(万元)、比重(%)、时长(分)、比重(%)、次数(次)、比重(%)

样表:

各电视台播放酒类系列广告费用排序

地　　区:杭州地区电视　　　　　　　　时间:2001-06-01—2001-06-20
广告类型:常规广告　　　　　　　　　　每日:17:00:00—23:59:59

| | 品牌 | 估计费用 | | 播出时长 | | 播出次数 | | 备　注 |
		费用(万元)	比重(%)	时长(分)	比重(%)	次数(次)	比重(%)	
1	老八大	6.28	63.18	4	66.66	14	38.89	
2	稻花香	2.18	21.93	1	16.67	14	38.89	
3	塔牌	1.48	4.89	1	16.67	8	22.22	

SQL 语句如下:

```
   ;创建临时表 #TMP1,用来存储满足条件的广告记录的所有媒体的品牌费用/时长/次数统计
    CREATE TABLE #TMP1
      ([MEDIADM] [CHAR] (10) NULL,
       [TRADEMARKDM] [CHAR] (10) NULL,
       [TRADEMARK] [VARCHAR] (30) NULL,
       [EXPENSES] [INT] NULL,
```

```
      [SC] [INT] NULL,
      [BCCS] [INT] NULL
  )
;创建临时表#TMP_XLCPDSGGPM,存放报表数据
CREATE TABLE #TMP_XLCPDSGGPM
  ([TRADEMARKDM] [CHAR] (10) NULL,
   [TRADEMARK] [VARCHAR] (30) NULL,
   [EXPENSES] [INT] NULL,
   [SC] [INT] NULL,
   [BCCS] [INT] NULL,
   [FY_BZ] [NUMERIC(4,2)] NULL,
   [SC_BZ] [NUMERIC(4,2)] NULL,
   [CS_BZ] [NUMERIC(4,2)] NULL
  )
;创建临时表#TMP2,用来存储满足条件的所有广告记录的总费用/总时长/总次数
CREATE TABLE  #TMP2
  ( [ZFY] [INT] NULL,
   [ZSC] [INT] NULL,
   [ZCS] [INT] NULL
  )
;统计满足条件的媒体下面的各个品牌的费用、时长、次数并插入临时表#TMP1
INSERT INTO #TMP1(MEDIADM,TRADEMARKDM,TRADEMARK,EXPENSES,SC,BCCS)
SELECT MEDIADM,TRADEMARKDM,TRADEMARK,SUM(EXPENSES),
        SUM(CONVERT(INT,SIZE)),COUNT( * )
FROM ADVERTISEMENT
WHERE (MEDIADM LIKE :MEDIADM)
   AND (COMMODITYDM LIKE :COMMODITYDM)
   AND (TRADEMARKDM<>0)
   AND (FORMDM LIKE :FORMDM)
   AND (MYDATE> = :MINDATE)
   AND (MYDATE< = :MAXDATE)
   AND (MYTIME> = :MINTIME)
   AND (MYTIME< = :MAXTIME)
GROUP BY MEDIADM,TRADEMARKDM,TRADEMARK
;统计满足各个品牌的费用、时长、次数并插入临时表#TMP XLCPDSGGPM
INSERT #TMP_XLCPDSGGPM (TRADEMARKDM,TRADEMARK,EXPENSES,SC,BCCS)
SELECT TRADEMARKDM,TRADEMARK,SUM(EXPENSES)/10000,
        (SUM(SC) + 30)/60,SUM(BCCS)
FROM #TMP1
GROUP BY TRADEMARKDM,TRADEMARK
;统计所有广告的总费用/总时长/总次数,并插入临时表#TMP2
INSERT #TMP2 (ZFY,ZSC,ZCS) +
SELECT SUM(EXPENSES)/10000, (SUM(SC) + 30)/60,SUM(BCCS)
FROM #TMP1
```

;修改 ＃TMP＿XLCPDSGGPM 的费用比重/时长比重/次数比重

UPDATE ＃TMP＿XLCPDSGGPM

SET FYBZ＝A. EXPENSES/B. ZFY,

　　SCBZ＝A. BCSC/B. ZSC,

　　CSBZ＝A. BCCS/B. ZCS

FROM ＃TMP＿XLCPDSGGPM A, ＃TMP2 B

;选择报表数据

SELECT ＊ FROM ＃TMP＿XLCPDSGGPM

其中费用的单位是万元,时长的单位是分钟。

习　题

1. 在 SQL 语言的发展过程中,产生了哪些标准? SQL 语言的特点是什么?

2. 假设一个日期字段 PLAYTIME 的值为 2004－03－09 12:34:56,要求分别写出其年、月、日、时、分、秒的函数以及函数的值;假设要把该日期转换为字符串,格式为 YYMMDD,请写出相应的函数以及转换结果。

3. SQL 语言分成哪几类?

4. 仿照广告监测信息系统中的媒体表 MEDIA,设计供货单位分类表,主要内容为供货单位分类代码和供货单位分类名字,但要求其支持树形显示。另外,针对浙江省,要求写出插入全部(01)、浙江省(0101)、杭州地区(010101)、宁波地区(010102)、金华地区(010103)等分级记录的 SQL 语句,并写出浙江省下面有供货单位分类代码的个数的 SELECT 语句。

5. 对于教学数据库中有三个基本表:学生(学号、姓名、年龄、性别、系别)、选课(学号、课程号、分数)和课程(课程号、课程名、开课系别、教师),要求:

①写出创建三个基本表及其索引的 SQL 语句,字段用英文名(字符)而不是中文名。

②检索刘伟老师所授课程的课程号和课程名。

③检索学号为 S1 的学生所学课程的课程名和任课教师。

④检索张玲同学没有选修的课程号和课程名。

⑤检索全部学生都选修的课程的课程号、课程名以及任课教师。

6. 对于教学数据库中有三个基本表:学生、选课和课程,要求设计以下更新语句:

①要求把学生张伟的姓名改为张威。

②要求修改数学任课教师为刘玲。

③要求把张威的数学成绩改为 95。

④要求删除张威同学的所有选课记录。

⑤要求把选修数学课程的所有学生的成绩置为空值 NULL。

7. 对于教学数据库中有三个基本表:学生、选课和课程,要求设计以下查询语句:

①统计所有学生选修课程的门数,要求列出学号、姓名和课程数三列。

②求选修 C4 课程的学生的平均年龄。

③求刘威老师所授课程的每门课程学生人数以及平均成绩,要求列出课程号、课程名、学生人数、平均成绩。

④求年龄大于女同学平均年龄的男学生姓名和年龄。

⑤检索姓名中含有"伟"字的所有学生的学号和姓名。

本章的上机实验,以 SQL Server 2000 为工具,内容主要包括了 SQL 的数据定义语言、数据操纵语言、SQL 查询语言技巧以及 SQL 语言的综合使用等四个部分。要求读者掌握使用 SQL 语言制作实际复杂报表的能力。针对各种不同的、重要的、可操作性的 SQL 语言,提供了专门的实验练习,并给出了一定的思路。

实验一　SQL 数据定义语言

一、实验目的

熟练掌握 SQL 的各种数据定义语言,包括各种数据库对象如数据库、表、视图、存储过程、索引等的定义。

二、实验内容

使用 SQL Server 的查询分析器,按下列要求建立数据库对象

1. 创建数据库广告监测数据库 GGJC 的后备数据库 GGJCBAK。

2. 按照广告监测信息系统的逻辑设计的库表卡片结构,在数据库 GGJCBAK 下面设计所有的库表包括 MEDIA、MEDIALX、ADVERTISEMENT 等。

3. 设计这些库表的各种索引 ,包括簇索引和其他索引。

4. 在这些表的基础上,练习视图和存储过程的定义(可以参考教材上的例子做练习)。

三、实验步骤

1. 使用 SQL Server 的企业管理器(Enterprise Manager)来设计数据库对象。

2. 使用 DROP 语句删除这些数据库对象。

3. 用 SQL 语句重新定义数据库对象。

实验二　SQL 数据操纵语言

一、实验目的

熟练掌握 SQL 的各种基本数据操纵语言,包括插入、删除、修改、查询等。

二、实验内容

使用 SQL Server 的查询分析器,设计下列 SQL 语句:

1. 使用 INSERT 语句参考 GGJC 下面的数据,在数据库 GGJCBAK 下面对 MEDIALX、MEDIA 表的数据进行插入。

2. 使用 INSERT INTO…SELECT 语句,把数据从 GGJC 插入到 GGJKCBAK 下面,要求使用该语句插入除 ADVERTISEMENT 表之外的其他所有库表的数据。注意当跨数据库操作时,一般当前数据库选目标数据库,而语句中的源数据库表的格式是:源数据库.DBO.表名。

3. 要求使用 INSER INTO … SELECT 语句把数据库 GGJC 下面的 2001 年 6 月份的广告数据插入到 GGJCBAK 的广告记录表中。

4. 使用 SELECT 和 DELETE 语句对除 ADVERTISEMENT 表之外的其他表做基本操作练习。

5. 使用查询语句,查询数据库 GGJCBAK 下面的 ADVERTISEMENT 的 2001 年 6 月 1 - 6 月 7 日的广告数据(可以按媒体、栏目分别予以查询),然后使用删除语句删除这一周的广告数据。

实验三　SQL 数据查询语言

一、实验目的

熟练掌握 SQL 的各种查询语句的用法,熟悉广告监测数据库的内容。

二、实验内容

使用 SQL Server 的查询分析器,设计下列 SQL 语句:

1. 熟悉广告监测数据库的各个表结构:用 select * from 表名 where 1＝0 可得到表字段名;加 where 条件可得到带字段名的数据,注意 advertisemnet 一定要加日期范围,一般选一天即可。

2. 熟悉 SELECT 语句,包括单表、多表关联;熟悉基本函数如数据类型转换、字符串处理等、统计 count(*)/sum( )/average 等。

3. SELECT 语句有大量的变种,由难而易希望做大量的练习,真真做到熟悉基本的 SE-LECT 语句。

4. 关于选择条件可自己编排,参考条件如下(每一个都可做大量练习):

a. (COMMODITY 表)商品类别下有哪些明细类别(ISLEAF = TRUE);共有多少条记录(COUNT(*));电子类(可以是其他类)下面直接类别有哪些,共多少种。

b. (FORM 表)电视下面有多少种播出方式? 具体是什么?

c. (MEDIA 表) 杭州地区下面有哪些电视台,共有多少个?

d. (MYBREAK)电视下面有哪些段位,共多少种?

e. (POSITIONLX) 电视下面有哪些栏目,共多少种?

f. (PRODUCT)已做过广告的娃哈哈(商标)的产品有哪些? 共多少种?(与 TRADE-MARK 关联)

g. (TRADEMARK) 有哪些商标已做过广告? 共多少种?

h. (PRODUCTLOGIN) 具体某个月的某个电视台的新广告有哪些? 多少种?

i. (ADVERTISEMENT) 特别注意选择时间范围不要太大,否则比较慢某一天某台某时间段的广告情况?

娃哈哈产品在某电视台某一月的广告情况? (TRADEMARK)

某电视台在某一段日期内各品牌的广告情况(如次数、时长、费用)等?

某一品牌(如娃哈哈)在杭州地区各电视台的广告投放情况(如次数、时长、费用)?

某台某时间段的违法广告情况?

某产品在某台某一月的违法广告情况? (TRADEMARK)

某一品牌在杭州地区各电视台的违法广告情况(如次数、时长、费用)?

某台在某一段日期内某类产品的各品牌的广告情况(如次数、时长、费用)等?

某一类产品在杭州地区各电视台的广告投放情况(如次数、时长、费用)?

某一品牌(如娃哈哈)在杭州地区各电视台的某一段位、某一电视节目下的某一播出类型的广告投放情况(如次数、时长、费用)?

注意举一反三,任一字段都可能作为条件进行选择,汇总。

j. (advertisement/productlogin/commodity)某个时间段的某个电视台的某种条件下的新广告有哪些? 多少种? (条件自己编排)

实验四　广告监测系统报表制作

一、实验目的

熟悉临时表、临时数据永久表、视图、联合来制作报表的技术,熟练制作各种报表。

二、实验内容

使用 SQL Server 的查询分析器,设计下列 SQL 语句(注意,对于本实验的报表,在实验之前要做好充分准备,设计好 SQL 语句):

1. 参考教材的复杂报表设计技术,调试教材上的使用临时表、临时数据永久表、视图、联合等 SQL 语句来制作媒体 MEDIA 分组报表的 SQL 语句。

2. 简单报表:某一电视台、某种播出类型的、某种商品类别的、某种电视节目的、某三天内的新广告明细。

3. 分组报表:某一电视台、某种播出类型的、某种商品类别的、某一周内的违法广告情况,要求罗列出总计条数、品牌小计数以及明细产品广告。

4. 典型报表中任选两张,提交正式报表(其中典型报表的内容参考附录)。

注意:

为了使查询语句和报表统计简单化,在做实验时每天的广告时间选取 17:00 至 23:59:59,而不要选择 17:00 至次日的 5:00。

报表一:分析报表——电视(总体)——W
(各电视媒体各类节目广告情况分析表)

需求分析:

统计某一电视台或某一地区电视台或所有电视台在某段日期内各类栏目的某种播出类型的广告情况。(栏目类型代码及名称放在 POSITIONLX 表中。包括新闻类、经济类、电视剧、电影、少儿类等)

条件:播出类型、媒体类型、日期范围、时间范围、常规和非常规可选。

样表:

各电视媒体各类节目插播广告情况分析表

时间 001－06－08—2002－06－30

媒体类别:杭州地区每日:17:00:00—23:00:00

媒体名称	新闻类	经济类	电视剧	电影	少儿类	音乐戏曲	综艺类
浙江电视台新闻综合频道	3126	0	1060	0	0	1050	0
浙江电视台钱江都市频道	1754	152	10409	528	1282	81	1143
杭州电视台	449	43	1361	0	146	7	0
西湖明珠电视台	609	0	2295	0	84	37	0
杭州有线综艺频道	267	195	1486	12	178	39	0
杭州有线影视频道	0	0	2086	710	270	34	0
总计	6248	907	19275	1250	1960	1248	1143

思路:

1. 用 CREATE TABLE ♯ 创建临时表,字段数如上(15)(MEDIADM, MEDIA, LB1, LB2…LB13)。

2. 把满足某一条件下的媒体插入到临时表(SELECT MEDIADM, MEDIA FROM MEDIA WHERE MEDIADM LIKE '..%' AND ISLEAF＝1),具体数值都为0。

3. 从 ADVERTISEMNET 表中选择满足条件的记录(播出类型,日期范围,媒体),针对不同类别,分别统计对应的类别播出次数＝COUNT(＊),其他为0,插13次。

4. 使用分组统计功能从临时表中选出数据,并用联合:

SELECT MEDIADM, MEDIA, SUM(LB1),…, SUM(LB13) FROM ♯ GROUP BY MEDIADM, MEDIA UNION

SELECT '9999','总计',SUM(LB1),…,SUM(LB13) FROM ♯
ORDER BY 1

5. 若把播出次数改为时长(CAST SIZE AS INTEGER),费用(EXPENSES),如何做???

6. 若选本报表作为作业,则必须按要求5的其中之一的条件做。

报表二:分析报表——电视(总体)——Y

需求分析:

统计某一电视台或某一地区电视台或各个电视台在某个月内的播出次数总计及每天的播出次数,分上半月和下半月打印。

样表:

电视媒体每日播出量(时间)统计

单位:分   时间段:17:00－24:00

媒体名称	2001 年 5 月份														
	总计	1	2	3	4	5	6	7	8	9	10	11	12	13	14	15
浙江电视台新闻综合频道	256	9	8	3	6	5	6	5	5	7	8	8	9	29	88	80
浙江电视台钱江都市频道	126	6	5	3	3	4	7	3	4	2	5	10	4	20	20	30
杭州电视台经济生活频道	293	7	6	4	5	6	9	8	7	6	5	20	30	50	50	80

思路:

1. CREATE TABLE ♯ 创建临时表,字段数如上(33)(MEDIADM, MEDIA, RQ1, RQ2。。。RQ31)。

2. 把满足某一条件下的媒体插入到临时表(SELECT MEDIADM,MEDIA FROM MEDIA WHERE MEDIADM LIKE '.. %' AND ISLEAF＝1),具体数值都为0。

3. 从 ADVERTISEMNET 表中选择满足条件的记录(播出类型,日期范围、媒体),针对不同日期,分别统计对应的播出次数＝COUNT(∗),其他为0,插28~31次。

4. 使用分组统计功能从临时表中选出数据:

SELECT MEDIADM,MEDIA,SUM(RQ1＋..＋RQ31) ZJ,SUM(RQ1)…,SUM(RQ31) FROM ♯ GROUP BY MEDIADM,MEDIA UNION

5. 若把播出次数改为时长(CAST SIZE AS INTEGER),费用(EXPENSES),如何做???若把日期改为星期,如何做?

6.若选本报表作为作业,则必须按要求5的其中之一的条件做。

报表三:分析报表——系列产品——Q
(系列产品电视媒体播出情况表)

需求分析:

某一类别商品在某段日期某个电视媒体上的播出情况的查询与报表输出。统计项目包括广告费用、播出时长、播出次数,计算出每种产品所占比重。

条件:

商品类别、媒体类型、日期范围、时间范围、常规和非常规可选。

输出:

报表顺序号、商标(有商标的显示商标,无商标的显示产品名称)、费用(万元)、比重(%)、

时长(分)、比重(%)、次数(次)、比重(%)

要求：

标题中的年月份从日期范围中得到；常规广告(包括平播、插播、特约、赞助播映、协助播映)，可选择要打印的记录。费用、次数、时长哪个显示在第一列可选。

样表：

2001 年 6 月各电视台播放酒类系列产品情况

时间：2001 - 06 - 01—2001 - 06 - 20

广告类型：常规广告　　　　　　　　　　　每日：17：00：00—23：59：59

	品牌	估计费用		播出时长		播出次数	
		费用(万元)	比重(%)	时长(分)	比重(%)	次数(次)	比重(%)
1	老八大	6.28	63.18	4	66.66	14	38.89
2	稻花香	2.18	21.93	1	16.67	14	38.89
3	致中和	1.48	4.89	1	16.67	8	22.22

思路：

1. CREATE TABLE ♯创建临时表 1，字段数如上(33)(CODE，NAME，FY，FYBZ，SC，SCBZ，CS，CSBZ)。

2. 从 ADVERTISEMNET 表中选择满足条件的记录(播出类型，日期范围、媒体，产品类别)，用分组功能统计出所有满足条件的商标(TRADEMARK)的费用、时长、次数，插入到临时表 1。

3. CREATE TABLE ♯创建临时表 2，字段数如上(3)(ZFY，，ZSC，ZCS)。

4. 从 ADVERTISEMNET 表中选择满足条件的记录(播出类型，日期范围、媒体，产品类别)，用统计出所有满足条件所有广告的费用、时长、次数，插入到临时表 2。

5. 更新临时表 1 的数据 UPDATE ♯1 SET FYBZ＝A.FY/B.ZFY，
　　SCBZ＝A.SC/B.ZSC，CSBZ＝A.CS/ZCS FROM ♯1 A，♯2 B

6. SELECT ＊ FROM ♯1 ODER BY FY，SC，CS 即可。

报表四：分析报表——系列产品——V
（系列产品电视广告规格次数比较）

需求分析：

某一类别商品在某段日期某地区电视或所有电视媒体上的各种播出时长的播出次数的统计及总计。

条件：

商品类别、媒体类型、日期范围、时间范围、常规和非常规可选。

输出：

商标(有商标的显示商标，无商标的显示产品名称)、各种播出时长的次数及总计。

要求：

常规广告(包括平播、插播、特约、赞助播映、协助播映)，可选择要打印的记录。

思路：

基本同报表二：分析报表——电视(总体)——Y，在报表 2 中以日期作为列统计，在这里以广告时长 SIZE 来作为列进行统计。SIZE 也叫规格,实际的广告长度不可能刚好是上面所列的数字,因此统计时把 SIZE<7.5″ 的作为规格 5″ 统计,7.5″=<SIZE<12.5″ 的作为 10″ 统计,其他类推。具体思路略。

样表:

杭州地区电视酒类系列产品电视广告版本次数比较

广告类型:常规广告　　　商品类别:酒类　　　　　　　　日期:2001-05-10—001-05-31

品牌	总次数	5″	10″	15″	20″	25″	30″	35″	40″	45″	50″	55″	60″	>60″
伊力	230	0	0	230	0	0	0	0	0	0	0	0	0	0
致中和	143	0	0	74	0	0	66	0	0	0	0	0	3	0
老作坊	88	44	0	44	0	0	0	0	0	0	0	0	0	0
今世缘	47	0	47	0	0	0	0	0	0	0	0	0	0	0
五粮春	44	0	0	44	0	0	0	0	0	0	0	0	0	0
青梅酒	44	0	0	44	0	0	0	0	0	0	0	0	0	0
稻花香	44	44	0	0	0	0	0	0	0	0	0	0	0	0
大红鹰	44	44	0	0	0	0	0	0	0	0	0	0	0	0
亚洲干红	44	0	0	44	0	0	0	0	0	0	0	0	0	0
红星	15	0	0	15	0	0	0	0	0	0	0	0	0	0
剑南春	13	0	0	13	0	0	0	0	0	0	0	0	0	0
洋河大曲	8	0	0	8	0	0	0	0	0	0	0	0	0	0
天贝春酒	6	0	6	0	0	0	0	0	0	0	0	0	0	0
孔府宴	6	6	0	0	0	0	0	0	0	0	0	0	0	0
孔府家	4	0	0	4	0	0	0	0	0	0	0	0	0	0
大华	2	2	0	0	0	0	0	0	0	0	0	0	0	0

报表五:新增报表
(电视广告频道分布)

需求分析:

某一品牌或某一产品在某段日期某地区电视或所有电视媒体上的播出费用、次数、时长总量及频道分布(即在哪些频道上播出及所占比重)。

条件:

商标或产品、媒体类型、日期范围、时间范围、常规和非常规可选。

思路:

1. CREATE TABLE #创建临时表 1,字段数如上(4)(CODE,NAME,XM,PDFB)。

2. 从 ADVERTISEMNET 表中选择满足条件的记录(地区,日期范围、播出类型),用分组功能统计出所有满足条件的各个媒体的费用、时长、次数,插入到临时表 2。

3. 从临时表 2 中分别统计所有地区媒体的总费用、总次数、总时长,填入临时表 1,同时在临时表 2 中统计出各个媒体的相关项目的比例。

4. 使用循环语句从临时表 2 中按照频道格式的要求生成字符串,并填入临时表 1 即可。

样表：

"娃哈哈"电视广告频道分布

地区：杭州地区电视　　　　　　　　　　　　　　　　　　　广告类型：常规广告

日期：2001－05－10 —001－05－20　　　　　　　　　　　时间 7：00：00 —23：59：59

媒体名称	项　目	总量	频道分布
杭州地区电视	费用(万元)	58.11	浙江台 43%　钱江台 13%　教育台 1%　杭州台 3%　明珠台 18% 杭综艺 13%　杭影视 9%
	时长(分)	76	浙江台 15%　钱江台 12%　教育台 3%　杭州台 3%　明珠台 23% 杭综艺 20%　杭影视 24%
	次数(次)	209	浙江台 21%　钱江台 18%　教育台 5%　杭州台 5%　明珠台 19% 杭综艺 15%　杭影视 18%

报表六：新增报表
（电视广告投放量时段分布）

需求分析：

某一品牌或某一产品在某段日期在某一电视或某地区电视或所有电视媒体上的播出费用、次数、时长总量及在各个时段的分布。

条件：

商标或产品、媒体类型、日期范围、时间范围、常规和非常规可选。

思路：

基本同报表二、四，这里以广告播出的时间段进行分类统计，具体思路略。

样表：

"娃哈哈"电视广告投放量时段分布

地区：杭州地区电视　　　　　　　　　　　　　　　　　　　广告类型：常规广告

日期：2001－05－10 —001－05－20　　　　　　　　　　　时间 7：00：00 —23：59：59

媒体名称	项　目	17:00－18:00	18:00－19:00	19:00－20:00	20:00－21:00	21:00－22:00	22:00－23:00	23:00－24:00
杭州地区电视	费用(万元)	58.11	3.25	0	4.56	5.39	2.36	9.89
	时长(分)	76	9	0	5	5	3	8
	次数(次)	209	37	0	21	19	11	30

1. 黄刘生、唐策善. 数据结构. 合肥:中国科学技术大学出版社,2002

2. 严蔚敏、吴伟民. (C语言版)数据结构. 北京:清华大学出版社,1996

3. 刘彦明等. 计算机软件技术基础教程. 西安:西安电子科技大学出版社,2001

4. 张海藩. 软件工程. 北京:清华大学出版社,1998

5. 刘军、张景安等. 数据库应用系统开发技术. 北京:机械工业出版社,2003

6. Abraham Silberschatz,Henry F. Korth 等著,杨冬青,唐世渭等译. 数据库系统概念. 北京:机械工业出版社,2001

7. 丁宝康、董健全. 数据库实用教程. 北京:清华大学出版社,2003

8. 陶宏才等. 数据库原理与设计. 北京:清华大学出版社,1998

9. 侯炳辉,郝宏志等. 企业信息管理师(上、下). 北京:机械工业出版社,2004

10. 孟彩霞. 计算机软件基础. 西安:西安电子科技大学出版社,2003

11. 徐士良. 计算机软件技术基础. 北京:清华大学出版社,2002

12. 陈维钧. 计算机软件基础. 北京:中国电力出版社,2000

13. Peter Gulutzan,Trudy Pelzer 等著,齐舒创作室译. SQL - 3 参考大全. 北京:机械工业出版社,2000

14. 李香敏. SQL Server2000 编程员指南. 北京:北京希望电子出版社,2000

15. 李真文. SQL Server2000 开发人员指南. 北京:北京希望电子出版社,2001